Was lebt in Tümpel, Bach und Weiher?

Prof. Dr. Wolfgang Engelhardt

vollständig überarbeitet und aktualisiert von
Dr. Peter Martin und Dr. Klaus Rehfeld

Was lebt in Tümpel, Bach und Weiher?

Pflanzen und Tiere unserer Gewässer

KOSMOS

Inhalt

Vorwort

Mit dieser überarbeiteten und erweiterten Auflage treten wir erstmals offiziell als Autoren des „Engelhardt" in Erscheinung. Für uns, die wir schon die beiden vorausgegangenen Auflagen bearbeitet haben, eine Ehre und Herausforderung zugleich. Denn: „Was lebt in Tümpel, Bach und Weiher?" zählt zu den legendären Titeln des Kosmos-Verlags. Knapp und treffend umreißt er eine damals wegweisende Programmatik. Sein Autor, Wolfgang Engelhardt (1922–2006), langjähriger Präsident des Deutschen Naturschutzringes resümierte in der 14. Auflage: *„Sein Erfolg beruht sicher zum Teil auf der Tatsache, dass es nicht nur die Kenntnis von Pflanzen- und Tierarten vermittelt, sondern darüber hinaus deren Lebensräume schildert. Als erster Kosmos-Naturführer hat er schon 1954 ökologische Sachverhalte ausführlich behandelt."*

Ein anderer Grund für seinen Erfolg liegt unzweifelhaft in der Thematik: Tümpel, Bach und Weiher sind relativ gut abgrenzbare Lebensräume, die jedem Naturfreund leicht zugänglich sind. Welche anderen Lebensräume enthalten eine solche Vielfalt an Lebensformen und gewähren so freigiebig Einblicke in verschiedenste Anpassungen? Es kommt nicht von ungefähr, dass viele Biologen prägende Erlebnisse mit dem „Tümpeln" verbinden und dass es in der Naturpädagogik einen festen Stellenwert hat. Und es ist auch kein Zufall, dass grundlegende Prinzipien der Ökologie an Gewässern des Binnenlandes, insbesondere an Seen, erkannt wurden. Um den gesteckten Rahmen nicht zu sprengen, werden Seen und Flüsse nicht in der Tiefe behandelt wie die klassischen Kleingewässer. Dennoch finden sie, wenn es geboten ist, Erwähnung, sind doch die Grenzen in der Biologie häufig fließend.

Der Anfrage des Verlags, eine weitere Neuauflage gemeinsam vorzubereiten, sind wir gerne nachkommen, verbinden wir doch Persönliches mit dem Buch. Der ältere von uns (KR) war 1991 als Volontär des Kosmos-Verlags mit dem Werk befasst. Damals galt es, das Buch zusammen mit Professor Engelhardt um die aquatischen und amphibischen Wirbeltiere zu erweitern. Der jüngere von uns (PM) kennt das Werk aus langjähriger Praxis als Kursleiter ökologischer Bestimmungskurse an der Universität Kiel. Vor allem ist er als Gutachter von Binnengewässern in Norddeutschland mit Fragen der Artbestimmung, der ökologischen Bewertung und mit Naturschutzaspekten vertraut.

Die Zielsetzung des Werkes ist geblieben: Es möchte (1) eine sichere Bestimmung der wichtigsten Pflanzen und Tiere der Binnengewässer Mitteleuropas ermöglichen, (2) Kenntnisse über die Biologie der Arten und Gruppen vermitteln, (3) zu einem Verständnis ökologischer Zusammenhänge beitragen und (4) über Wissensvermittlung und Anregungen zur Naturbeobachtung motivieren, sich für den Schutz der Binnengewässer und ihrer Lebensgemeinschaften einzusetzen.

Die vordere und hintere Buchklappe enthalten Übersichten zur Bestimmung, die direkt zu den Abbildungstafeln mit den zughörigen Beschreibungen führen. Vertiefende Informationen finden sich in eigenen Kapiteln: Das Kapitel „Die Pflanzenwelt" ist ökologisch ausgerichtet: (1) Es widmet sich den Anpassungen der Wasserpflanzen an ihren Lebensraum und vermittelt damit Grundlagen für ein Verständnis umweltbezogener Bauplaneigenschaften. (2) Zudem stellt es die auf den Tafeln gezeigten Pflanzen in einen größeren ökologischen Zusammenhang: Sie sind Teil von Pflanzengesellschaften, die sich je nach Standortbedingungen in charakteristischer Weise ausprägen und damit auch den Lebensraum mitgestalten.

Im Kapitel „Die Tierwelt" steht die Systematik im Vordergrund, denn nur aus Kenntnis des gruppenspezifischen Bauplans und der evolutionären Vorgeschichte lassen sich die besonderen Anpassungen an das Leben am und im Wasser verstehen. Insbesondere bei den Tieren stellt sich das Problem der Artbestimmung, die in einigen Gruppen Spezialisten vorbehalten ist. An betreffender Stelle wird daher ausdrücklich auf kritische Fälle hingewiesen, oft wird auch nur eine Gattung vorgestellt und/oder Spezialliteratur genannt. Werden auch viele Nutzer primär zu diesem Buch greifen, um bestimmte Pflanzen und Tiere ansprechen und damit die Frage nach dem „Was?" beantworten zu können, so werden sie rasch erkennen, dass die Arten nur zu verstehen sind, wenn man sie als Teil ihrer Umwelt begreift. Ihre Lebensbühne, die Gewässer, weisen hinsichtlich physikalischer und chemischer Bedingungen grundlegende Gemeinsamkeiten auf, sind aber im Einzelnen sehr vielgestaltig. Darüber, welche Bedeutung die Eigenschaften des Wassers für Lebewesen haben, wie Klima, Geologie und Landschaft zusammenwirken und verschiedene Gewässertypen entstehen lassen und was schließlich Tümpel, Bach und Weiher auszeichnet, ist in der Einleitung Näheres zu erfahren. Dort wird auch auf die Bedeutung der biologischen Art eingegangen, ein Konzept, das für die Verständigung über Lebewesen und für ein Verständnis ihrer Lebensweise von grundlegender Bedeutung ist. Lebewesen sind nämlich Akteure in ihrer Umwelt, sie wirken mit an ihrer Gestaltung, was natürlich auch für den Menschen gilt. Allzu viele Gewässer und Feuchtbiotope hat er aus Unkenntnis, aber auch aus grober Missachtung natürlicher Zusammenhänge zerstört oder gar vernichtet. Manches hat sich seit dem ersten Erscheinen dieses Buches zum Besseren verändert. Dennoch ist die Situation trotz gewachsenen Umweltbewusstseins bei weitem noch nicht befriedigend. Einen anspruchsvollen und verpflichtenden Rahmen zur Verbesserung bieten die Europäische Wasserrahmenrichtlinie sowie die Fauna-Flora-Habitat-Richtlinie, deren Grundzüge in der Einleitung knapp vorgestellt werden und jedem bekannt sein sollten.

Bei der Vorbereitung dieser Auflage haben wir vielfältige Unterstützung erfahren. Jörg Pfadenhauer (Freising) sah den von ihm Mitte der 1980er-Jahre erstmals erstellten botanischen Teil durch, hilfreiche Auskünfte zur Erweiterung des faunistischen Teils verdanken wir folgenden Kollegen: Reinhard Gerecke (Tübingen, diverse Anregungen zum allgemeinen Teil), Karsten Grabow (Karlsruhe, v. a. Krebse), Clemens Grosser (Elstertrebnitz, Egel), Andreas Martens (Karlsruhe, Libellen), Peter J. Neu (Kasel, Köcherfliegen), Ira Richling (Stuttgart, Weichtiere), Andreas Schmidt-Rhaesa (Hamburg, Saitenwürmer), Dietmar Spitzenberg (Hechlingen, Käfer), Arnold H. Staniczek (Stuttgart, Eintagsfliegen, Steinfliegen), David Tempelmann (Amsterdam, v. a. Wanzen) und Rüdiger Wagner (Schlitz, v. a. Zweiflügler).
Die Vorschläge führten zu Aufnahme von 52 zusätzlichen Arten bzw. fünf neuen Tafeln, die Herr Kay Elzner (Oschersleben) fertigte. Ihm und der Projektleiterin des Franckh-Kosmos-Verlags, Claudia Salata, sowie Barbara Kiesewetter (Lektorat und Satz) danken wir für die gute Zusammenarbeit und das geduldige Eingehen auf unsere (Sonder)Wünsche.

Möge die neue Auflage ihren Weg gehen – auch in Zeiten, in denen schier unendlich viel Wissen in den elektronischen Medien bereitsteht, denn alles Wissen dieser Welt kann nicht ersetzen, was man mit eigenen Augen sieht und selbst entdeckt. Nochmals sei Wolfgang Engelhardt zitiert:
„Wählen Sie einen Tümpel oder einen Bach und machen Sie ihn zu ‚Ihrem' Tümpel, zu ‚Ihrem' Bach.... Besuchen Sie ihn immer wieder, nicht nur im Sommer zur Badezeit, sondern auch im ersten Frühjahr, im Herbst, im Winter! Und lassen Sie sich Zeit, viel, viel Zeit! ... Nicht wer die meisten Bäche abgelaufen ist, die meisten Tümpel aufgestöbert hat, besitzt die beste Chance, in die Geheimnisse ihrer Lebewesen einzudringen und vielleicht das eine oder andere zu ergründen, sondern wer mit der größten Ausdauer beobachtet. Und es gibt noch so viel zu erforschen!"

Peter Martin, Mielkendorf (bei Kiel)
Klaus Rehfeld, Stuttgart

LIMNOLOGIE – DIE ÖKOLOGIE DER BINNENGEWÄSSER

Die Limnologie widmet sich der Ökologie der Binnengewässer. Sie beschäftigt sich also mit Fließgewässern (Quellen, Bäche, Flüsse), stehenden Gewässern (von Tümpeln bis zu Seen) und dem Grundwasser, erforscht die in ihnen vorherrschenden physikalischen und chemischen Bedingungen und widmet sich nicht zuletzt den Lebewesen, die in ihnen vorkommen.
Wer mit offenen Augen durch die Landschaft geht, wird sich schon die Frage gestellt haben, warum bestimmte Arten nur in besonderen Gewässertypen anzutreffen sind und sich dort oft nur in bestimmten Abschnitten, etwa im Uferbereich, aufhalten. Bei der Suche nach einer Antwort schälen sich weitere Fragen heraus, die im Wesentlichen in zweierlei Richtung gehen:
(1) Zum einen richten sie sich auf die vorherrschenden Bedingungen der unbelebten Umwelt – wie Temperatur, Sonnenexposition, Strömung, Trübung, Sauerstoffgehalt, Nährstoffgehalt, pH-Wert oder Beschaffenheit des Untergrunds. Schon allein diese Faktoren können ein Gewässer für bestimmte Arten zu einer geeigneten **Lebensstätte (Habitat)** machen oder nicht. Auch ob ein Gewässer die geeignete Größe hat, dauerhaft oder nur kurzfristig vorhanden ist, entscheidet über das Vorkommen von Arten. Dies alles sind **abiotische Faktoren**.
(2) Zum anderen richten sich die Fragen auf die Lebewesen, die das Gewässer prägen, also seine Bewohner. Lebewesen stehen stets in Wechselwirkung mit anderen Lebewesen: Sie können Nahrungskonkurrenten oder Symbionten sein, Teil komplexer Räuber-Beute-Beziehungen sein oder anderen Arten den Weg bereiten, wie etwa Pflanzen, die Insekten als Nahrung dienen. All dies sind zusammengefasst **biotische Faktoren**.
Durch das Zusammenleben können komplexe Lebensgemeinschaften aufgebaut werden, die sich durch bestimmte Charakterarten kennzeichnen lassen. Die Glieder derartiger **Lebensgemeinschaften (Biozönosen)** haben vielfältige Beziehungen, die sie miteinander knüpfen. Auf diese Weise kann ein Wirkungsgefüge entstehen, das der Lebensgemeinschaft, die sich in einem **Lebensraum (Biotop)** etabliert hat, eine gewisse Stabilität und die Fähigkeit zur Selbstregulation verleiht.
Wenn Biozönose und Biotop als Gesamtsystem Bestand haben, spricht man von einem **Ökosystem**. Grundlage seiner dauerhaften Existenz sind **Primärproduzenten**, also Algen und grüne Pflanzen, die mithilfe des Sonnenlichts über die Fotosynthese organische Substanz aufbauen. Sie liefern die energetische Grundlage tierischen Lebens, das auf dieser Basis Nahrungsketten aufbaut – mit Pflanzenfressern **(Primärkonsumenten)**, die ihrerseits von einer mehr oder weniger großen Reihe räuberischer Arten (Prädatoren) gefressen werden, bis hin zu dem Top-Konsument an der Spitze der Nahrungskette bzw. eines Nahrungsnetzes.
Damit ein solches System Bestand hat, müssen letztlich die Tier- und Pflanzenleichen und die Ausscheidungen von Detritusfressern zerkleinert und von **Destruenten** (Bakterien und Pilzen) in anorganische Verbindungen abgebaut werden, die dann wieder zum Aufbau organischer Substanz zur Verfügung stehen. Es versteht sich, dass Ökosysteme wie etwa Seen einem Wandel unterliegen (vgl. S. 81, Verlandung) und ihrerseits nur Teil eines größeren Umweltgefüges sind, von dem sie sich nicht scharf abgrenzen lassen. Hinsichtlich Energiefluss und Stoffkreislauf handelt es sich letztlich immer um offene Systeme.
Wichtig ist: Nicht nur zwischen Lebewesen bestehen Wechselwirkungen, dies gilt auch für die abiotischen Faktoren. Sie sind für die Lebewesen nicht nur statische Kulisse, sie können diese vielmehr beeinflussen bzw. nutzen. So verwenden Köcherfliegenlarven Sandkörner, um damit transportable Kö-

cher zu bauen oder kleine, am Boden fixierte Gehäuse, in denen sie geschützt leben. In großem Stil gestaltend wirken Biber, die durch ihre Bauaktivitäten die Strömungsverhältnisse tiefgreifend verändern und damit eine ganze Flusslandschaft prägen können, mit weitreichenden Folgen für Biotop und Lebensgemeinschaft.
Da Binnengewässer recht gut abgrenzbare Naturkörper in der Landschaft sind und sie eine überschaubare und zugleich vielfältige Lebensgemeinschaft aufweisen, ist es nicht verwunderlich, dass viele grundlegende Konzepte der Ökologie der limnologischen Forschung zu verdanken sind, insbesondere der Erforschung von Seen, die als Paradebeispiel eines Ökosystems gelten dürfen. Der Fokus dieses Buches liegt bewusst auf Tümpel, Bach und Weiher (flache Seen), also auf „überschaubaren" Gewässern, die auf engem Raum ein reichhaltiges und v. a. hinsichtlich ihrer Anpassungen an den Lebensraum Wasser vielfältiges Leben beherbergen.

SÜSSGEWÄSSER: BEDEUTUNG UND GEFÄHRDUNG

Süßwasser ist für alles Landleben von existenzieller Bedeutung, insbesondere auch für den Menschen. Neben dem „Nahrungsmittel" Trinkwasser benötigt er große Mengen an Brauchwasser für Haushalt, Landwirtschaft und Industrie. Den Wasserbedarf deckt er aus dem Grundwasser und den unterschiedlichsten Oberflächengewässern. Hinzu kommt die Nutzung von Gewässern für die Schifffahrt, für die Energiegewinnung und -speicherung sowie für Erholung und Freizeit. Nicht zuletzt sind Gewässer Lebensraum für eine mannigfaltige Tier- und Pflanzenwelt und tragen erheblich zum Erhalt der biologischen Vielfalt bei.
Deutschland ist durch seine Lage im gemäßigten Mitteleuropa ein vergleichsweise wasserreiches Land. Seit dem ersten Erscheinen dieses Buches zu Beginn der 1950er-Jahre wurden in unserem Land Zehntausende von Kleingewässern, Bäche, Tümpel und Weiher, zerstört, d. h. in erster Linie trockengelegt und besonders Quellen und Fließgewässer nach rein technischen Gesichtspunkten umgestaltet und damit als Biotop entwertet. In erster Linie handelte es sich um die Folgen der Flurbereinigung. Viele Feuchtgebiete und Kleingewässer fielen auch dem Straßen- und Siedlungsbau zum Opfer. Bis in die 1980er-Jahre hinein erfolgten beispielsweise bei den Fließgewässern umfangreiche Veränderungen. Nur noch etwa 10 % der kleineren Bäche (Fließgewässer 3. Ordnung) waren bis dahin unberührt (ungefähr 15 % in den Mittelgebirgen, etwa 5 % im Tiefland). Zwischen 1950 und Mitte der 1980er-Jahre wurden allein in Westdeutschland rund 360 000 Kilometer solcher Lebensadern der Landschaften begradigt, mit Betonschalen oder Brettern aus afrikanischem Bongossiholz ausgepflastert, teils sogar in unterirdische Rohre gezwängt, in jedem Fall ökologisch vernichtet. Im Bereich des Messtischblattes 4316 (Lippstadt, Nordrhein-Westfalen) etwa wurden zwischen 1958 und 1975/76 von 72 vorhandenen Kleingewässern 76 % völlig zerstört, 12 % mehr oder weniger schwer geschädigt. Im Oberallgäu wurden zwischen 1945 und 1981 etwa 90 % aller ehemaligen tümpelreichen Streuwiesen durch Dränage trockengelegt (Melioration). Seit Einführung der Europäischen Wasserrahmenrichtlinie (WRRL) Ende 2000 (S. 59) hat sich zwar vieles verbessert, doch ist die Situation nach wie vor unbefriedigend. Vor diesem Hintergrund ist es nicht verwunderlich, dass viele der in diesem Buch vorgestellten Arten auf den amtlichen „Roten Listen" stehen, also mehr oder weniger stark vom Aussterben bedroht sind (S. 57f.).
Jeder, der beruflich oder seines Hobbys wegen „tümpelt", sollte darauf achten, die Gewässerbiotope bei Untersuchungen und Begehungen nicht weiter zu gefährden. An erster Stelle sollte immer die Beobachtung

vor Ort stehen, begleitet von entsprechenden Aufzeichnungen, sinnvollerweise ergänzt durch eine fotografische Dokumentation. Erst danach kommt, falls überhaupt erforderlich, der Fang eines Tieres, seine Verbringung in ein geeignetes Gefäß und schließlich die Bestimmung mithilfe des vorliegenden Buches oder mit Spezialliteratur. Nach erfolgter Diagnose sind die Tiere wieder behutsam in das Herkunftsgewässer zu setzen. Das gilt in gleicher Weise für Tiere, die zur Beobachtung vorübergehend in einem Aquarium gehalten wurden. Auch bei Pflanzen ist eine Diagnose meist vor Ort oder im Nachhinein mithilfe von Fotos möglich. Nur ausnahmsweise ist es erforderlich, Pflanzenteile zur Bestimmung zu entnehmen.

Jeder Naturfreund kann nicht nur durch sein Handeln zur Bewahrung bestehender Gewässer beitragen, er kann auch mithelfen, dass Kleingewässer neu entstehen, sei es durch Anlage eines naturnahen Gartenteiches (wofür es zahlreiche Bücher und Anregungen im Internet gibt, sei es durch praktische Mitwirkung oder auch finanzielle Beteiligung an entsprechenden Naturschutzaktionen. Auch Initiativen zur Sanierung von Gewässern sind von großer Bedeutung.

DIE BIOLOGISCHE ART

Artenkenntnis ist in der Ökologie unerlässlich, doch müssen wir die Leser darauf hinweisen, dass die Artbestimmung mit dem vorliegenden Buch an seine Grenzen stößt. Besonders in der artenreichen Tierwelt können immer nur exemplarische Vertreter vorgestellt werden. Eine Ansprache auf Artniveau bleibt z. B. bei vielen Köcherfliegen, Zweiflüglern und Käfern Spezialisten vorbehalten. An der betreffenden Stelle wird daher auf Spezialliteratur hingewiesen. Der Anspruch ist nicht, Vollständigkeit zu bieten, sondern einen Überblick zu geben. Wenn wir hier dennoch näher auf die Artthematik eingehen, so deshalb, weil die Arten (Spezies) für die Systematik und für die Ökologie fundamentale Bedeutung haben, die weit darüber hinausgeht, mit ihnen die Naturbestände zu inventarisieren.

Betrachten wir zunächst die systematische Seite: Primär sind es ja immer Individuen, ob einzeln oder in größerer Zahl, denen wir in der Natur begegnen. Durch Beobachtung bzw. Erfahrung wissen wir, dass sie nie isoliert sind, sondern in einem größeren, über die Fortpflanzung geschaffenen Zusammenhang stehen. Bei zweigeschlechtlicher Fortpflanzung sind die Individuen Teil einer Population (Biopopulation). Arten sind somit Fortpflanzungsgemeinschaften **(Biospezies)**, die gegenüber anderen gemeinsam vorkommenden (sympatrischen) Arten genetisch isoliert sind. Dieser genetische Zusammenhalt ermöglicht, dass besondere Anpassungen an den Lebensraum innerhalb der Art bewahrt bleiben. Damit kommt die ökologische Facette der Art ins Spiel: Arten können nur dank spezieller Anpassungen in ihrer Umwelt leben. Sie bauen stets Beziehungen zu ihrer belebten wie unbelebten Umwelt auf. Nur wenn „alles Nötige" geboten wird, können sie auf Dauer vorkommen.

Unsere überaus langlebige Flussperlmuschel (*Margaritifera margaritifera*) beispielsweise kann als Art nur dort existieren, wo es Bachforellen gibt, an deren Kiemen die Jugendstadien leben, und sie ist auf ein sauberes, von sauerstoffreichem Wasser durchströmtes Bachbett angewiesen, wo die Jungmuscheln heranwachsen. Damit sind für diese Art nur zwei markante Umweltbedingungen herausgegriffen. Die Gesamtheit des Beziehungsgeflechts, das die Arten in spezifischer Weise mit ihrer Umwelt aufbauen, bezeichnet man als **ökologische Nische** (die damit nicht nur räumliche Dimensionen hat). Hinter jeder Art, die wir beschreiben bzw. die wir genau benennen, steht somit eine eigene, spezifische Lebensweise, von der wir dank generationenlanger Beobachtung

von Naturforschern wissen. Die Bestimmung einer Art öffnet somit einen ganzen Schatz des Wissens, zu dem man womöglich durch eigene Beobachtungen noch Neues beitragen kann.
Die Artbestimmung ist also ernst zu nehmen. Viele Beobachtungen verlieren an Wert, wenn sie sich nicht mit Sicherheit einer Art zuordnen lassen. Besonders bei wirbellosen Tieren ist die Bestimmung heikel, weil sich viele Arten zum Verwechseln ähnlich sind (sogenannte Zwillingsarten). In Einzelfällen bedienen sich Spezialisten heute genetischer Verfahren (DNA-Barcoding), um die Arten zu differenzieren. Man ist sogar in der Lage, über sogenannte Umwelt-DNA das Vorkommen von Arten anhand von Gewässerproben nachzuweisen.
Abschließend sei angemerkt, dass nicht alle Lebewesen Fortpflanzungsgemeinschaften bilden. Hierzu gehören z. B. Tiere, die sich ungeschlechtlich oder über Jungfernzeugung (**Parthenogenese**, d. h. über unbefruchtete Eier) fortpflanzen. Bei Pflanzen gibt es Linien, die sich vegetativ, etwa über Ausläufer oder abgelöste Pflanzenteile, vermehren. In diesen Fällen gibt es allerdings auch einen – wenn auch lockeren – genetischen Zusammenhalt in der direkten Generationenlinie. Insbesondere bei Pflanzen kommt es darüber hinaus in z. T. größerem Umfang zu **Bastardierung** (Kreuzung) von Arten – wodurch u. U. Merkmalskombinationen zustande kommen, die unter den gegebenen Umweltbedingungen besonders erfolgreiche Linien begründen, die sich dann über Generationen fortsetzen.

NOMENKLATUR

Seit Carl von Linné (1758) werden Arten international verbindlich mit einem zweiteiligen, latinisierten Artnamen benannt. Die Malermuschel heißt zum Beispiel *Unio pictorum*. *Unio* ist die Bezeichnung der Gattung (zu der auch die ähnliche Kleine Flussmuschel und die Große Flussmuschel gehören), *pictorum* ist das Artbeiwort (Artepitheton). Hinter dem Artnamen steht – oft abgekürzt – der Name des Erstbeschreibers (für Linné steht z. B. L.). Er wird in Klammern gesetzt, wenn ein späterer Bearbeiter die Art einer anderen Gattung zuordnete. In wissenschaftlichen Werken folgt darauf noch die Jahreszahl der Erstbeschreibung. Der vollständige Name der Malermuschel lautet z. B. demnach *Unio pictorum* (Linnaeus, 1758). Auf Beschreibernamen und Jahreszahlen der Beschreibung haben wir in diesem Buch, das sich in erster Linie an Laien wendet, aus pragmatischen Gründen verzichtet, sie sind den empfohlenen Bestimmungswerken zu entnehmen. Ist nur die Gattung eines bestimmten Organismus bekannt, so steht z. B. *Unio* sp. (sp. für species = Art). Unterscheidbare Populationen einer Art werden oft als Unterarten (ssp. für Subspezies) betrachtet. Sie erhalten einen dreiteiligen Namen (z. B. *Ranunculus peltatus* ssp. *baudotii*). Schwer unterscheidbare Arten, zwischen denen es gelegentlich Genfluss gibt, werden vor allem in der Botanik zuweilen als Sammelart (Aggregat, agg.) zusammengefasst, z. B. *Callitriche palustris* agg. Der Hinweis s. l. (sensu lato = im weiteren Sinne) wird gerne verwendet, wenn man es mit nächstverwandten, schwer unterscheidbaren Arten zu tun hat oder wenn vermutet wird, dass sich unter einem Namen mehrere Arten verbergen.
Die nach ihrer stammesgeschichtlichen Abkunft nächstverwandten Arten werden zu umfassenderen Gruppen (**Taxa**; Einzahl: Taxon) zusammengefasst, denen man aus praktischen Gründen einen unterschiedlichen systematischen Rang (systematische Kategorie) gibt: Das Taxon Muscheln hat z. B. den Rang „Klasse". Es gehört zusammen mit Schnecken, Tintenfischen und anderen zum Stamm der Weichtiere. Vom höchsten zum niedrigsten Rang geordnet, lautet die Reihenfolge der systematischen Kategorien: **Stamm**, **Klasse**, **Ordnung**, **Familie**, **Gattung**, **Art**. Bei den Tieren werden die

Taxa oberhalb der Familie (Endung „-idae") oft uneinheitlich verwendet. Die systematischen Kategorien gehen ebenfalls auf Linné zurück, der entdeckte, dass man die Lebewesen in ein hierarchisches System einordnen kann. Die Bedeutung der Kategorien liegt aber einzig darin, die relative Stellung in dem System zu kennzeichnen, verbindliche Kriterien für die Vergabe gibt es nicht, ausgenommen die Kategorie „Art" (festgelegt durch Fortpflanzungsbeziehungen). Einige Gruppennamen, wie „Turbellaria", „Reptilia" und „Pisces", stehen in diesem Buch in Anführungszeichen. Sie stellen keine geschlossenen Verwandtschaftsgruppen dar, da eine Teilgruppe ausgeschlossen wurde (bei den „Reptilia" etwa sind es die Vögel). Die wissenschaftlichen Namen der vorgestellten Pflanzen richten sich nach WISSKIRCHEN & HAEUPLER (1998). Für die wissenschaftlichen Namen der Tierarten war in den meisten Fällen die Internet-Datenbank der Fauna Europaea (DE JONG et al. 2014) maßgebend.

PRAKTISCHE HINWEISE

Viele der in diesem Buch vorgestellten Tiere lassen sich im Freien mit einfachsten Hilfsmitteln beobachten und zumindest auf höherer systematischer Ebene bestimmen. Einige Tiere wird man aus dem Wasser fangen müssen. Die Ausrüstung hierfür ist denkbar einfach. Zum Keschern benötigt man ein Wassernetz, das einen starken Bügel aus Metall hat, damit es sich beim schnellen Durchstreifen des Wassers nicht verbiegt. Um Tiere am Gewässerboden aufstöbern zu können, ist es günstig, wenn der Netzbügel eine gerade Seite hat; in Gewässern mit oft geringer Wasserführung (z. B. Quellen, Moore) haben sich auch Kescher mit runden Öffnungen bewährt. Der Netzbeutel soll 30–40 Zentimeter lang sein und aus widerstandsfähigem, gut wasserdurchlässigem Stoff bestehen (Nylon, Straminstoff; zirka ein Millimeter Maschenweite). Auch ein Küchensieb aus Plastik eignet sich, wenn man nichts anderes zur Verfügung hat. Aus sehr seichtem Wasser, am Uferrand oder aus Pfützen fängt man die Tiere am besten einzeln mit einem Löffel, der Hand oder einer Pinzette; sehr kleine Tiere saugt man mit einer Pipette auf. Zum Ergreifen von Insekten und kleinen Muscheln und Schnecken eignet sich am besten eine Federstahlpinzette, die sehr nachgiebig ist und die Tiere nicht verletzt.

Zur Untersuchung des Bodenschlamms kann man sich mit einem Haushaltssieb behelfen. Mit einem Kescher (oder Sieb) gewonnene Schlammproben müssen gründlich ausgewaschen werden (durch Schwenken des Keschers im freien Wasser oder durch intensives Spülen mit klarem Wasser), da einem sonst die vorhandenen Tiere verborgen bleiben. Planktonkrebschen werden am besten mit einem Planktonnetz gefangen. Im Fließgewässer gilt es v. a., Steine herauszunehmen und genau abzusuchen und ggf. unter Beobachtung vorsichtig abzubürsten, besonders die Unterseite. Nach der Untersuchung sind die Steine möglichst wieder an ihre alte Stelle zurückzusetzen.

Gute Ergebnisse liefert auch das Absuchen von im Wasser liegenden Ästen, von Brückenpfeilern und Wasserpflanzenbüscheln. Zum Beobachten vor Ort haben sich flache, weiße Plastikschalen bewährt sowie Gläser und durchsichtige Plastik- oder Glasbehälter. Die Tiere werden mit einer Federstahlpinzette oder einem Löffel in die Beobachtungsschale überführt. Weichhäutige Tiere (z. B. Eintagsfliegenlarven) löst man mit einem feinen Pinsel vorsichtig vom Untergrund ab und setzt sie dann in ein mit Wasser gefülltes Gefäß.

Um die Tiere und Pflanzen vor Ort anzusprechen, reicht eine 10-fach vergrößernde Taschenlupe aus, besser ist noch eine kleine, transportable Stereolupe (Binokular). Es empfiehlt sich, ein Taschenfernglas mitzunehmen, um etwa Libellen aus der Ferne bestimmen und beobachten zu können. Um-

Bild 1. Gummistiefel, ein Kescher und ein Eimer: Mehr braucht es nicht, um eine Vielzahl interessanter Süßwassertiere zu entdecken. Besonders Kinder sind damit sehr schnell zu begeistern.

gekehrt benutzte Ferngläser eignen sich zudem als behelfsmäßige Lupe.
Einige Tiere wird man zur Beobachtung, Bestimmung und zum Fotografieren vorübergehend mit nach Hause nehmen wollen. Hierbei sollten nie zu viele Tiere in einem Gefäß sein und räuberische Arten stets einzeln transportiert werden. Das Wasser ist fast vollständig abzugießen. Am besten ist es, die Tiere auf feuchtes Moos oder Wasserpflanzen zu setzen. Die Gefäße dürfen nicht fest verschlossen sein, am besten werden sie mit einem Gazestück überspannt. Bachbewohner sind auf kaltes, sauerstoffreiches und fließendes Wasser angewiesen, sodass man sie am besten nur vor Ort untersucht. Besitzt man ein Aquarium, das ihren hohen Ansprüchen genügt, so müssen die Tiere in einem Thermosgefäß oder einer Kühltasche transportiert werden.
Unbedingt sollte ein Notizbuch mit wasserfestem Einband in Taschengröße zum Eintragen von Beobachtungen mit Bleistift mitgeführt werden. Sich auf sein Gedächtnis zu verlassen und die Aufzeichnungen zu Hause nachzuholen, führt selten zu brauchbaren Ergebnissen. Auch ist es sinnvoll, einen mit Bleistift beschrifteten Zettel in das Transportgefäß zu legen, um unterschiedliche Aufsammlungsorte nicht durcheinanderzubringen. Untersucht man ein Gewässer näher, werden alle Eigentümlichkeiten vermerkt, wie etwa Gefälle, Wasserströmung, Bodenbeschaffenheit, Uferbewuchs, Wassertemperatur und Wasserfarbe.
Man glaube nicht, es sei schon alles erforscht. Vom Vorkommen mancher Artengruppen und selbst von der Lebensweise der meisten Süßwassertiere ist noch so vieles unbekannt, dass Generationen von Forschern Arbeit haben werden. Jeder Naturfreund kann hier durch geduldige Beobachtung und gewissenhafte Aufzeichnung Wertvolles für seinen persönlichen Erkenntnisgewinn, aber auch für die Wissenschaft leisten!

DER WASSERKREISLAUF

Der letztlich von der Sonne angetriebene Wasserkreislauf ist die Grundlage für die Existenz der Süßwasser-Lebensräume. In Mitteleuropa fallen im Jahresdurchschnitt etwa 800 Millimeter Niederschlag pro Quadratmeter. Ein Teil versickert in den Boden, ein Teil wird im Hochgebirge als Schnee festgelegt, doch der Großteil verdunstet an den Oberflächen der Meere und des Festlands. Der Wasserdampf steigt in die Höhe, kühlt sich ab und verdichtet sich zu Wolken. Aus diesen erfolgen bei weiterer Abkühlung wieder die Niederschläge.
Folgende Faustregel gilt für Mitteleuropa: *Vier Achtel* des Gesamtniederschlags (Regen, Schnee, Hagel, Tau, Reif) verdunsten. Ein Teil hiervon erreicht den Boden gar nicht, sondern verdunstet direkt von den Blattoberflächen der Pflanzen, besonders der Waldbäume (Interzeption). Ein anderer Teil verdunstet vom Erdboden, von Straßen, Hausdächern und dergleichen. Ein letzter Teil dieser vier Achtel sickert in die oberen Bodenschichten ein, wird von den Wurzeln der Pflanzen aufgesaugt und schließlich ebenfalls von den oberirdischen Pflanzenteilen verdunstet (Transpiration).
Drei Achtel der Gesamtniederschläge fließen durch oberirdische Gewässer zum Meer, aus dem sie ebenfalls wieder verdunsten. *Ein Achtel* des Gesamtniederschlags sickert zum Grundwasser ab und gelangt nach unterschiedlich langer Zeit auf verschiedene Weise wieder an die Oberfläche, z. B. durch Quellaustritte.

PHYSIKALISCHE UND CHEMISCHE EIGENSCHAFTEN

Das Süßwasser hat einige physikalische Eigenschaften, die für viele Süßwassertiere lebenswichtig sind.
Die Wassermoleküle – in physikalischer Hinsicht Dipole mit positiver (H-Atome) und negativer (O-Atom) Ladung – werden durch elektrische Kräfte zusammengehalten (Wasserstoffbrückenbindungen).
Diese Anziehungskräfte bewirken die **Oberflächenspannung** und lassen an der Wasseroberfläche eine mikroskopisch dünne, elastische „Haut" entstehen. Sie trägt z. B. die Wasserlinsen und ermöglicht dem Wasserläufer, auf der Wasseroberfläche zu laufen. Die Oberflächenspannung bzw. die Kohäsion der Wassermoleküle erlaubt es auch zahlreichen Wasserinsekten, ihren Körper zu stabilisieren, wenn sie mit ihren unbenetzbaren Atemstrukturen die Oberfläche durchstoßen und atmosphärische Luft aufnehmen (S. 133).
Die Oberflächenspannung sinkt mit der Temperatur und kann durch Zugabe von Tensiden (z. B. Waschmittel) herabgesetzt werden.
Die Dipoleigenschaften des Wassers machen sich auch in der Dichte des Wassers bemerkbar, die bei 4 °C ihren Maximalwert hat. Ein Liter wiegt dann genau ein Kilogramm. Eis hat bei 0 °C (Gefrierpunkt) nur eine **Dichte** von 0,917. Diese Dichteverhältnisse sind dadurch bedingt, dass die Wassermoleküle im Eis in einer voluminösen Kristallgitter-Ordnung vorliegen. Bei Erwärmung bis auf 4 °C wird diese Ordnung zunehmend aufgelöst, was eine zunehmend dichtere Zusammenlagerung der Wassermoleküle ermöglicht **(Dichteanomalie)**. Bei höheren Temperaturen nimmt die Dichte des Wassers wieder ab, weil die das Volumen erhöhende Wärmebewegung der Moleküle zunimmt. Deshalb frieren die Gewässer von der Oberfläche her zu, und da auch das Tiefenwasser sehr tiefer Seen nie kälter als 4 °C werden kann, frieren nur ganz flache stehende Gewässer in sehr kalten Wintern bis zum Boden durch. Außerdem ist Eis ein schlechter Wärmeleiter, wodurch nur wenig Wärme durch die geschlossene Eisdecke nach außen dringt. Unter normalen Verhältnissen können die Wasserpflanzen und -tiere deshalb die kalte Jahreszeit unter der schützenden Eisdecke gut überstehen.
Wasser erwärmt sich durch die Sonnenstrahlung viel langsamer als Luft, kühlt sich

aber auch wieder langsamer ab. Die Wasserorganismen sind deshalb bedeutend geringeren Temperaturschwankungen ausgesetzt als die Landbewohner. Eine weitere fundamentale Eigenschaft des Wassers ist seine durch die innere Reibung in der Flüssigkeit hervorgerufene Zähigkeit (Viskosität), gegen die ein sich im ruhenden Wasser bewegender Organismus arbeiten muss. Bedeutsam ist, dass sich die Zähigkeit gegenüber den Trägheitskräften umso stärker bemerkbar macht, je kleiner die Organismen sind. Diese können deshalb als Plankton im ruhenden Wasser gleichsam schweben (S. 31, 34).

Die **Temperatur** der Gewässer ist für das Vorkommen von Tieren von entscheidender Bedeutung. Wir unterscheiden solche Tiere, die große Temperaturschwankungen vertragen (eurytherme Tiere), von solchen, die nur geringe Temperaturschwankungen aushalten (stenotherme Tiere). Kaltstenotherme Tiere kommen in unserem Klima v. a. in Hochgebirgsbächen und den Oberläufen der Mittelgebirgsbäche vor.

Die Temperatur hat bei Wechselwarmen unmittelbare Folgen für den Stoffwechsel: Die **Van't Hoffsche Regel** (auch Reaktionsgeschwindigkeits-Temperatur- oder RGT-Regel) besagt, dass die Geschwindigkeit der chemischen Reaktionen bei mittleren Temperaturen verdoppelt bis verdreifacht wird, wenn sich die Temperatur um 10 °C erhöht. Sie gilt auch für die Lebensvorgänge im Körper der Süßwassertiere. Wie bereits Illies (1952) festgestellt hat, erfolgt z. B. die Entwicklung der Eintagsfliegenlarven in Abhängigkeit von der Wassertemperatur. Sinkt die Temperatur im Herbst auf einen bestimmten Wert – er liegt bei den einzelnen Arten verschieden tief, zwischen 10 und 5 °C –, so stellen die Larven jegliches Wachstum ein und überwintern in der bis dahin erreichten Größe. Diese kritische Temperatur nennt man den Entwicklungsnullpunkt. Erst bei steigender Temperatur im Frühjahr beginnt das Wachstum der Larven wieder.

Die meisten Insektenarten benötigen zur Entwicklung vom Ei zum geschlechtsreifen Adulttier eine bestimmte Wärmesumme. Im kälteren Oberlauf eines Mittelgebirgsbachs steht eine geringere jährliche Gesamtwärmemenge zur Verfügung als im Mittellauf mit seiner im Sommer bereits größeren Erwärmung. Dementsprechend hat z. B. die Eintagsfliege *Ecdyonurus venosus* im Mittellauf eine einjährige Entwicklung, im Oberlauf des gleichen Bachs jedoch eine zweijährige.

Die **chemische Zusammensetzung** des Wassers vom Menschen unbeeinflusster Gewässer wird allein vom geologischen Untergrund bestimmt. Von großer Bedeutung sind die im Wasser gelösten Salze des Kalziums, des Magnesiums und der Kieselsäure. Die Kalziummengen entscheiden über die sogenannte **Härte** des Wassers. Sie wird in Deutschen Härtegraden (°dH) angegeben. 1 mmol/l Erdalkali-Ionen (Kalzium- und Magnesium-Ionen) entspricht 5,6 °dH. Trinkwasser von < 8,4 °dH gilt als weich, von 8,4–14 °dH als mittelhart und von > 14 °dH als hart.

Bild 2. Durch Ablagerung von Eisenocker weitgehend verödeter Wiesenbach.

Manche Wasserpflanzenarten bevorzugen weicheres, andere kalkreicheres Wasser (vgl. S. 76, 86). Viele Wassertiere benötigen Kalzium zur Bildung ihrer Außenskelette (Krebse) und Schalen (Schnecken und Muscheln). Das Skelett der Kieselalgen, die vielen wirbellosen Tieren als Nahrung dienen, ist hauptsächlich aus Kieselsäure aufgebaut. Ein höherer Gehalt an Eisenverbindungen (z. B. Eisenocker) ist für Pflanzen und Tiere lebensfeindlich (S. 15, Bild 2).

Der **Säuregehalt** des Wassers kommt in seiner Wasserstoffionenkonzentration, dem pH-Wert, zum Ausdruck. Wasser mit dem pH-Wert 7 ist neutral, unter 7 ist es sauer, über 7 ist es alkalisch. Der pH-Wert der mitteleuropäischen, nicht verunreinigten Gewässer schwankt um pH 7. Dies ist auch der Vorzugswert der meisten Organismen.

Von großer Bedeutung ist die Fähigkeit des Wassers, **Sauerstoff** und **Kohlendioxid** zu lösen. Die Löslichkeit beider Gase ist in starkem Maße temperaturabhängig – die Löslichkeit sinkt stark mit steigender Temperatur (vgl. SCHWOERBEL & BRENDELBERGER 2013). Beides sind lebenswichtige Gase, die in einem Kreislaufprozess miteinander verbunden sind: Die chlorophyllhaltigen Algen und Höheren Wasserpflanzen brauchen Kohlendioxid, um mit ihm auf dem Wege der Fotosynthese organische Stoffe aufzubauen (Kohlenstoffassimilation), wobei Sauerstoff freigesetzt wird. Sie selbst, alle Tiere und die aeroben Bakterien benötigen Sauerstoff zur Atmung, bei der wiederum Kohlendioxid entsteht.

Die Besonderheit an **Kohlendioxid** ist, dass es nicht nur physikalisch gelöst wird, sondern dass ein kleiner Teil davon (etwa 0,1%) mit dem Wasser reagiert, wobei Kohlensäure (H_2CO_3) entsteht:

$$CO_2 + H_2O \rightleftarrows H_2CO_3$$

Die Kohlensäure kann in zwei Schritten dissoziieren:

$$H_2CO_3 \rightleftarrows H^+ + HCO_3^-$$

und weiter zu

$$HCO_3^- \rightleftarrows H^+ + CO_3^{2-}$$

Hierbei zeigt sich eine starke pH-Abhängigkeit: Bei $pH < 4$ ist in 25 °C warmem Wasser nur CO_2 gelöst, bei 7 bis 10 fast nur HCO_3^-, bei $pH > 10$ fast nur CO_3^{2-}.

Von großer ökologischer Bedeutung ist, dass kohlendioxidhaltiges Wasser das praktisch unlösliche Kalziumkarbonat (Kalkstein) in gelöstes Kalziumhydrogenkarbonat überführt, wobei beide in einem Gleichgewicht stehen:

$$CaCO_3 + CO_2 + H_2O \rightleftarrows Ca(HCO_3)_2$$

Das in fester Form unbekannte Kalziumhydrogenkarbonat (kohlensaurer Kalk) stellt als „gebundene Kohlensäure" eine CO_2-Reserve für die Fotosynthese dar, aber nur dann, wenn überschüssiges Kohlendioxid vorhanden ist. Bei Entzug von CO_2 verschiebt sich das Gleichgewicht auf die linke Seite. Dies ist der Fall, wenn CO_2 durch Fotosynthese assimiliert wird. In kalkreichen Gewässern ist daher oft eine **biogene Entkalkung** zu beobachten. Auch beim Austritt kohlendioxidübersättigten Wassers in kalkreichen Gebieten kann es infolge einer CO_2-Abgabe an die Atmosphäre zur Ablagerung von Kalziumkarbonat kommen **(chemische Entkalkung)**.

Die Aufnahmefähigkeit von **Sauerstoff** wird im Wesentlichen nur von der Temperatur bestimmt. Bei 0 °C und einem Norm-Luftdruck von 1013,25 hPa (760 mm Quecksilbersäule) werden 9,7 cm³ Sauerstoff, bei 25 °C nur 5,7 cm³ Sauerstoff in einem Liter Wasser gelöst. Dies spielt angesichts der Belastung vieler Gewässer mit organischen, bei der Zersetzung Sauerstoff zehrenden Stoffen und der Wassernutzung zu Kühlzwecken eine wichtige Rolle für die Wasserorganismen (S. 50, 52). Hinzu kommt, dass deren Sauerstoffbedarf wegen des bei hohen Temperaturen erhöhten Stoffwechsels (s. o.) ansteigt.

Da die Diffusion der Gase im Wasser sehr langsam ist, führen über Kiemen oder ihre Körperoberfläche atmende Tiere bei Sauerstoffmangel Ventilationsbewegungen durch, um in den Genuss noch „unverbrauchten" Wassers zu kommen.

GRUNDWASSER

Das Grundwasser füllt die Spalten der Schotter- und Kiesschichten, die Gesteinsklüfte, bedeckt in vielen Gebirgshöhlen den Boden, sammelt sich aber auch in riesigen unterirdischen Becken und fließt in oft kilometerbreiten Strömen tief unter der Bodenoberfläche dahin, der Neigung wasserundurchlässiger Schichten folgend. Der wichtigste Unterschied gegenüber den oberirdischen Gewässern ist die völlige Finsternis im Grundwasserraum. Deshalb fehlen grüne Pflanzen und damit die von anderen Lebewesen unabhängige Erzeugung organischer Stoffe.
Bakterien und Pilze, die die Grundwasserräume besiedeln und kein Tageslicht zum Leben benötigen, ernähren sich im Allgemeinen von den feinsten Teilchen zersetzter Tier- und Pflanzenreste (Detritus), die andauernd mit dem Sickerwasser in das Grundwasser hinuntergespült werden. In manchen Höhlen und Bergwerksstollen spielen vermoderndes Holz und der Kot von Fledermäusen eine zusätzliche Rolle. Detritus, Bakterien und Pilze sind auch die Nahrungsquellen der Grundwassertiere, soweit sie nicht räuberisch leben.
Ein weiteres wichtiges Merkmal der unterirdischen Gewässer ist der fehlende Einfluss der Jahreszeiten. Die Wassertemperatur schwankt lediglich zwischen 8 und 10 °C. Der Sauerstoffgehalt ist fast immer sehr gering, die Sauerstoffsättigung beträgt meist nur sehr wenige Prozent.
Den besonderen Eigenschaften der unterirdischen Gewässer sind ihre Bewohner aus der Tierwelt bestens angepasst. So sind die im engporigen Lückensystem lebenden Arten meist klein und von länglicher Gestalt. Sie benötigen gleichmäßig kühles Wasser, sie sind farblos, Körperhaut und Panzer sind mehr oder weniger durchscheinend. In Anpassung an die ständige Dunkelheit sind die Augen meist verkümmert oder sogar ganz zurückgebildet. Dafür sind Geschmacks- und Tastorgane wie Fühler und Borsten meist besser ausgebildet als bei verwandten, in oberirdischen Gewässern lebenden Arten. Da es in den unterirdischen Gewässern keine Jahreszeiten gibt, besitzen viele Grundwassertiere wohl auch keine ausgeprägten Fortpflanzungszeiten.
Die echten Grundwassertiere (Troglo- oder Stygobionten) gehören verschiedenen systematischen Gruppen an. Gut vertreten sind Strudelwürmer, hauptsächlich Arten der Gattung *Dendrocoelum* und andere kleinere Arten („Microturbellaria"), weiterhin Ruderfußkrebse, Wasserasseln und Flohkrebse. Seltener sind Arten von Ringelwürmern, Schnecken, bestimmten Wassermilben (Halacaridae) und Muschelkrebsen. Von Wasserinsekten kennen wir nur ein paar blinde Schwimmkäfer. Auch in Quellen (S. 18 f.) treten gelegentlich echte Grundwassertiere, z. B. Flohkrebse der Gattung *Niphargus* (S. 210/4), in größeren Zahlen auf. Manche Tiere führen sogar tagesperiodische Wanderungen zwischen dem Grund- und dem Quellwasser durch.
Nach derzeitigem Kenntnisstand stammt die Tierwelt des Grundwassers von oberirdischen Arten ab, die, z. T. vor vielen Zehntausend Jahren, in die unterirdischen Gewässer eingewandert sind. Es mag sich dabei um lichtscheue Arten gehandelt haben, wie man sie ja auch heute z. B. unter den Steinen und dem Genist schattiger Waldbäche findet. Oder es handelte sich um Tiere, denen die Temperaturen bei der fortschreitenden Vereisung großer Teile Mitteleuropas zu niedrig geworden waren, oder umgekehrt um solche, denen nach dem Ende der Eiszeiten die oberirdischen Gewässer wegen ihrer zunehmenden Erwärmung nicht mehr zugesagt haben. Wir haben in diesen Fällen also Relikte aus der Tertiär- (Paläogen und Neogen) bzw. Quartärzeit vor uns. Außerdem wird eine parallele Einwanderung aus dem Meer durch das salzige Grundwasser bis hin in das süße Grundwasser vermutet.

QUELLEN UND FLIESSGEWÄSSER

Quellen

Dort, wo Grundwasser stauende Bodenschichten sich mit der Erdoberfläche schneiden, wo Spalten und Höhlungen des Gesteins sich nach außen öffnen, tritt das Grundwasser als Quelle ans Tageslicht. Man unterscheidet Sturz- oder Sprudelquellen (Rheokrenen, Bild 3), Teichquellen (Limnokrenen, Bild 5; früher oftmals fälschlicherweise als „Tümpelquelle" bezeichnet) und Sicker- oder Sumpfquellen (Helokrenen). Bei den besonders im Bergland häufigen **Sturzquellen** strömt das Wasser sofort und schnell talwärts. Bei den **Teichquellen** liegt der Quellmund am Grund einer mehr oder weniger tiefen Mulde des Quellteiches, über dessen Rand der Quellbach abfließt. Sicker- oder **Sumpfquellen** treffen wir v. a. im Flach- und Hügelland an. Das Wasser durchtränkt – aufgelöst in zahlreiche kleine Adern – den Oberboden. So entsteht ein Quellsumpf, in den nur kleine offene Wasserflächen eingestreut sind.

In vielen Fällen sind in der Landschaft jedoch Quellen vorhanden, die keinem dieser Idealtypen entsprechen. Auch sind oft nicht klar voneinander abgrenzbare Einzelquellen anzutreffen, sondern flächige Bereiche aus vielen Quellaustritten.

Die umgebende Landschaft hat tiefgreifenden Einfluss auf die Eigenschaften der Quellen: Waldquellen sind z. B. fast immer beschattet, Wiesenquellen, die oft in extensiv genutzten landwirtschaftlichen Flächen auftreten, besonnt.

So vielgestaltig Quellen aber auch sind, ihnen gemeinsam ist die meist geringe Schwankungsbreite ihrer Wassertemperatur im Jahreslauf (nur wenige Grad Celsius), der geringe Sauerstoffgehalt des Quellwassers und dessen Armut an pflanzlicher Nahrung. Darin zeigt sich sehr deutlich seine Herkunft aus dem Grundwasser. Sind die Quellwässer reich an kohlensaurem Kalk, bilden sich oft Sinterbänke: Manche Moose (S. 76) und Algen sowie Wasserpflanzen

Bild 3. Quellen-„Prototyp": die Sturzquelle (Rheokrene) mit schlagartig zu Tal stürzendem Wasser.

Bild 4. Überrieselte Felsen beherbergen eine eigene Fauna, die sogenannte „Fauna hygropetrica".

Bild 5. In einer Teichquelle (Limnokrene) sammelt sich das Wasser vor dem oberflächlichen Abfluss.

entziehen bei ihrer Assimilationstätigkeit dem Wasser Kohlendioxid, sodass sich das Kalziumkarbonat an der Unterseite der Pflanzen niederschlägt und immer höhere Schichten bildet. Die Sintersteine bieten Quelltieren in ihren Nischen und Höhlungen Unterschlupf. Die seltenen, sogenannten Kalktuffquellen gehören nach der FFH-Richtlinie (S. 59) zu den prioritär geschützten Lebensraumtypen.
Vor allem in Norddeutschland enthält das Wasser vieler Quellen beträchtliche Mengen von Eisenhydrogenkarbonat, das sich unter Mitwirkung von Eisenbakterien in orangegelben Eisenhydroxidflocken abscheidet und so mitunter das ganze Quellgebiet überzieht (Eisenocker, S. 15, Bild 2).
Die typischen Quellbewohner (Krenobionten) treten ausschließlich im Bereich des Quellmundes, dem Eukrenal, auf. Sie sind im Vergleich zu ihren Verwandten oft recht klein (z. B. die Strudelwürmer *Crenobia alpina* und *Polycelis felina* sowie die winzigen Quellschnecken der Gattung *Bythinella*). Daneben gibt es in Quellen Arten, die auch im anschließenden Quellbach zu finden sind (Krenophile). In anthropogen geschädigten Quellen können zudem Arten häufig sein, die in unbeeinträchtigten Quellen nur vereinzelt vorkommen (Krenoxene). Einige Arten haben als Grenzgänger eine unterschiedlich starke Bindung an das Quellwasser und das terrestrische Umfeld. Unbedingt benötigen sie jedoch hohe Feuchtigkeit.
So sind an Stellen, wo Sturzquellen an steilen Felswänden austreten, viele Felsen von einer nur wenige Millimeter mächtigen Wasserschicht überrieselt (Bild 4). Diese **überrieselten Felsen** stellen einen besonderen Lebensraum dar, gekennzeichnet durch hohen Sauerstoffgehalt, starke Temperaturschwankungen, stetige Wasserbewegung und durch die zähe Spannung des Oberflächenhäutchens. Grüne oder schwärzliche Algenteppiche überziehen die Felsen. Typische Bewohner sind unter anderem die U-förmig gebogenen Larven der Tastermücken (Dixidae) und die Larven der Dunkelmücken (z. B. *Thaumalea testacea*). Sie bewegen sich mit seitlichen Körperkrümmungen im Wasserfilm. Zusammen mit den Larven einiger Zuckmücken-, Waffen- und Köcherfliegenarten bilden sie die „Fauna hygropetrica", die „Tierwelt feuchter Felsen".

Thermalquellen kommen aus großen Tiefen des warmen Erdinnern. Ihre Wassertemperatur liegt daher stets über der Jahresdurchschnittstemperatur der betreffenden Landschaft, meist Gebieten tektonischer Bruchzonen und tätiger oder erloschener Vulkane. Thermalwässer sind gewöhnlich sehr sauerstoffarm, jedoch reich an anderen gelösten Gasen und Salzen. Eine charakteristische Lebensgemeinschaft stellt sich erst über etwa 40 °C ein. Einige Arten von Cyanobakterien („Blaualgen") vertragen Temperaturen von über 40 °C. Am widerstandsfähigsten sind verschiedene Rädertiere und Einzeller; aber auch verschiedene Wasserschnecken finden sich noch bei bis zu 53 °C.
Ein weiterer, sehr seltener Quelltyp sind die kalt temperierten **Salz- oder Solequellen**, die einen Salzgehalt von 10 g/l oder mehr aufweisen können (vgl. S. 46). Auch bei ihnen stammt das Grundwasser meist aus großen Tiefen und durchläuft bei seiner Passage an die Oberfläche salzhaltige Gesteine.
Ein letzter im Zusammenhang mit Quellen zu nennender Gewässertyp sind die **Quellmoore**. Ihre Fauna scheint ähnlich derjenigen der „normalen" Quellfauna zusammengesetzt zu sein (Lauterbornia 2006). Dies unterscheidet sie von den Hochmooren, die sich auch vegetationskundlich von ihnen absetzen (S. 43ff.).

Der Bach

Durch die Vereinigung mehrerer Quellrinnsale entsteht der Bach. In besonderen Fällen kann er auch einem See entspringen und hat dann oft eine Fauna, die der der Flüsse ähnelt. Doch auch sonst weisen Bäche je nach Landschaft und Relief in vielerlei Hinsicht große Unterschiede auf, wenn man etwa einen Gletscherbach im Hochgebirge mit dem sich durch die Talaue schlängelnden (mäandrierenden) Bach der Norddeutschen Tiefebene vergleicht, oder einen Bach des Kalkgebirges mit dem, dessen Ursprung und Lauf im Urgestein liegt. Im Folgenden wird eine idealisierende Übersicht über die verschiedenen Bachtypen in einer hypothetischen höhenzonalen Abfolge vorgestellt. So lässt sich die Abfolge von Fließgewässerzonen mitsamt der sie kennzeichnenden Lebensbedingungen und Artengemeinschaften besonders deutlich machen.

Der Gletscherbach

Am Zungenende des Gletschers entspringt der Gletscherbach. Da der Hauptteil seines Wassers von den Schmelzwässern der Gletscheroberfläche stammt, schrumpft er während der kalten Jahreszeit oft bis zu einem schmalen Rinnsal. Während des Hochsommers aber quellen die Wassermassen immer reichlicher aus dem Gletschertor, zunächst milchig trüb, dann graugrün gefärbt, durch zahllose Gesteins- und Erdteilchen, die sie vom Schutt auf der Oberfläche und aus der Grundmoräne des Gletschers mitschwemmen. Zur Zeit der größten Wasserführung stürzt schmutzig braunes Wasser tosend zu Tal und rollt, schiebt oder stößt die Felsbrocken und den Sand des Bachgrunds talwärts. Keine Wasserpflanze kann hier Halt finden. Eiskalt ist das Wasser auch im Sommer. Beim Austritt aus dem Gletschertor misst man 0 °C, und erst nach vielen Hundert bis mehreren Tausend Metern – das hängt von der Gestalt des Bachlaufs und des Tales ab – erreicht es eine Temperatur von etwa 5 °C. Selbst in diesem unwirtlichen Gewässer ist ständiges tierisches Leben möglich (Steinböck 1931). Eine regelmäßige Bewohnerin alpiner Gletscherbäche ist die fünf bis sechs Millimeter lange Larve der Gletscherzuckmücke (*Diamesa steinboecki*). Sie hält sich vorzugsweise auf der Unterseite von flachen Felsstücken auf, wo sie weniger der Strömung ausgesetzt ist, und ernährt sich von den pflanzlichen Stoffen, die durch den Wind auf die Eisfläche geweht werden und mit dem Schmelzwasser in den Bach gelangen.

Der Hochgebirgsbach

Weiter unten, wo das Gefälle geringer wird und daher die Geschiebebewegung und auch der Schwebstoffgehalt nachlassen, ist das Wasser klarer. Hier beginnt die Region des Hochgebirgsbachs, wie er in ähnlicher Ausprägung aus den Quellen der Matten und Bergwälder der Hochgebirge über die Talflanken heruntersprudelt (Bild 6, 7). Seine Wasserführung ist zwar ebenfalls im späten Frühjahr und Sommer, wenn die Firn- und Schneefelder abschmelzen, am größten, aber viel ausgeglichener als die des Gletscherabflusses. Die Strömungsgeschwindigkeit beträgt häufig über 2,5 m/sec und sinkt selten auf kürzeren Strecken unter 1 m/sec ab. Das Bachbett befindet sich hier nicht in dauernder Umgestaltung wie im Gletscherbach.

Zwar setzt sich der größte Teil des Bachgrunds aus Steinen und Felsblöcken zusammen, aber dazwischen finden sich in Kolken, Buchten und an flacheren Stellen kleine Sandbänke und Ablagerungen von feinstem Detritus. Viele Steine sind von grünen, gelben, braunen, sogar prächtig roten Algenflächen überzogen. In den Bächen der kalkarmen Urgebirge bedecken dichte Moosrasen die Felsen.

Die Wassertemperatur ist niedrig, ihre jährliche Schwankung gering: Sie erreicht im Oberlauf auch während der heißen Jahreszeit selten über 9 °C, bleibt in höheren Lagen oft beträchtlich darunter und beträgt im Winter etwa 2 °C. Infolge der großen Strömungsgeschwindigkeit friert der Hochgebirgsbach nicht einmal bei strengem Frost zu. Mögen sich hie und da auch dicke Schneebrücken von Ufer zu Ufer wölben, unter ihnen plätschert das eiskalte Wasser. Die innige Berührung des sprühenden Wassers mit der Luft, seine niedrige Temperatur sowie der nahezu völlige Mangel Sauerstoff zehrender Fäulnisprozesse bedingen den hohen Sauerstoffgehalt des Hochgebirgsbachs. Rund 100 % Sättigung ist die Regel.

Bild 6. Starkes Gefälle und starke Luftdurchmischung charakterisieren den Oberlauf eines Hochgebirgsbachs.

Bild 7. Mittellauf eines Hochgebirgsbachs. Zwischen den Felsbrocken liegen Zonen geringerer Strömung.

So finden Tiere, die an gleichmäßig kühles, sauerstoffreiches Wasser gebunden sind (Kaltstenotherme, Polyoxibionte), im Bergbach geeignete Bedingungen. Um in deren Genuss zu kommen und die besonderen Lebensbedingungen zu nutzen, müssen sie eine Fülle von Anpassungen aufweisen, die gesondert vorgestellt werden (Exkurs S. 24). Der Einfluss der Jahreszeiten, der in stehenden Gewässern eine bedeutende Rolle für die Entwicklung der Lebenswelt spielt, ist in den gleichmäßig kühlen Gebirgsbächen viel weniger ausgeprägt. Bei Tieren, die ständig im Wasser leben, sind die Fortpflanzungszeiten häufig verwischt. Die Hauptwachstumsphasen liegen in den Wintermonaten. Die ausgewachsenen Larven zahlreicher Insektenarten (besonders ausgeprägt bei den Steinfliegen) schlüpfen im Frühling und paaren sich dann als geflügelte Vollinsekten.
Daher beherbergt der Gebirgsbach im Hochsommer oft nur Eigelege und jüngste Larvenstadien von Insekten. Die größte Fülle tierischen Lebens enthält der Bach also im Winter.

Der Mittelgebirgsbach

Die vielfältigen Anpassungen der Bewohner des Hochgebirgsbachs an ihren Lebensraum sind auch bei vielen Tieren der Mittelgebirgsbäche zu beobachten (S. 24). Trotz mancher Ähnlichkeit ist der Mittelgebirgsbach ein Fließgewässer eigener Prägung. Nach der Fließgewässereinteilung der Fischereibiologen, die in den Bächen und Flüssen von der Quelle bis zur Mündung entsprechend dem jeweiligen Hauptnutzfisch verschiedene Regionen unterscheiden, gehört der Mittelgebirgsbach der Forellenregion und bisweilen noch dem oberen Teil der Äschenregion an. Diese beiden Regionen werden, da sie sich eigentlich nur durch das Vorkommen oder Fehlen der Äsche unterscheiden, als **Salmonidenregion** (Salmoniden = Familie der forellenartigen Fische) zusammengefasst. Sie schließt an die fischfreie Quellregion, also die Quellen selbst und ihre Abflüsse an. Quellregion und Salmonidenregion sind zwei klar umrissene, verschiedenartige Lebensräume. Man kann sie beide als Biotope 1. Ordnung bezeichnen.
Im Mittelgebirgsbach selbst lassen sich nach den jeweils herrschenden besonderen Umweltbedingungen und den diesen entsprechenden Lebensgemeinschaften drei Abschnitte unterscheiden: Ober-, Mittel- und Unterlauf (Biotope 2. Ordnung).
Zum **Oberlauf** haben sich meist schon mehrere Quellabflüsse vereinigt. Seine Wasserführung ist daher bereits größer, die meisten Steine des Bachbodens sind hier ständig von Wasser bedeckt, nur die größten Brocken ragen teilweise darüber hinaus. Stark strömende Strecken wechseln mit nahezu stagnierenden Gewässerteilen ab, entsprechend den Bodenverhältnissen und von außen einwirkenden Faktoren, seien es aufstauende Geniste aus Stämmen und Ästen besonders in waldigen Gebieten oder Veränderungen des Bachlaufs, etwa bei Wege- oder Straßenbaumaßnahmen.
Das ursprünglich gleichmäßig temperierte Quellwasser ist im Oberlauf schon längere Zeit den äußeren klimatischen Einwirkungen ausgesetzt, es erwärmt sich im Sommer mehr und kühlt sich im Winter stärker ab. Trotzdem ist die Jahresschwankung der Temperatur noch nicht allzu groß, der Oberlauf des Mittelgebirgsbachs ist noch für kaltstenotherme Tiere geeignet. Die Wasserführung hängt wesentlich von den jeweiligen geologischen Verhältnissen, von der Höhe und der zeitlichen Folge der Niederschläge und von der Vegetation des Einzugsgebietes ab. Bei Normalstand beträgt sie im Oberlauf von Bächen kalkreicher Gebiete, wie im Jura, durchschnittlich 10 l/sec, in Oberläufen von Urgebirgsbächen 30–50 l/sec. Bei Hochwasser, etwa wegen rasch einsetzender Schneeschmelze oder Starkregenereignissen, kann die Wasserführung aber auf das 5- bis 30-Fache anschwellen.

Bild 8. Mittelgebirgsbach: Auch hier gibt es ein Mosaik starker und schwacher Strömung. Die Steine des Bachbetts sind meist vom Wasser bedeckt.

Der Oberlauf friert nur selten zu und fällt unter natürlichen Verhältnissen nicht trocken. Das Bachbett wird ständig, bei Hochwasser in verstärktem Maße, umgestaltet. Zu den Blütenpflanzen gehörende Wasserpflanzen, etwa der Flutende Hahnenfuß, können in diesem Bachabschnitt, je nach den örtlichen Bedingungen (z. B. vorhandene oder fehlende Beschattung), völlig fehlen oder auch reich entwickelt sein.

Der Oberlauf erstreckt sich über den Bachabschnitt, in dem die jährliche Temperaturschwankung 10 °C nicht überschreitet (sommerkalter Bach).

Der sich bachabwärts anschließende **Mittellauf**, der etwa bis zu einer jährlichen Temperaturamplitude von 15 °C reicht, stellt sowohl nach seinen Eigenschaften als auch nach seiner Besiedlung einen Übergangsbereich zum nun folgenden **Unterlauf** dar. Dessen Wassertemperatur unterliegt nun schon beträchtlichen Schwankungen, seine Wasserführung ist bedeutend größer, die Strömungsgeschwindigkeit gleichmäßiger, das Bachbett wird nicht mehr so häufig umgestaltet.

Ober- und Unterlauf der Salmonidenregion sind durch besondere Lebensgemeinschaften und Leitformen gekennzeichnet. Charakterformen des Oberlaufs sind z. B. die Steinfliegenlarven *Isoperla rivulorum* und *Leuctra nigra*, die Köcherfliegenlarve *Lithax niger* sowie der Klauenkäfer *Limnius perrisi*. Leitformen des Mittelgebirgsbachunterlaufs sind z. B. die Eintagsfliegenlarve *Torleya major* sowie die Köcherfliegenlarven *Lepidostoma hirtum* und *Brachycentrus subnubilus*.

Der Niederungsbach

Am unteren Ende seines Unterlaufs kann der Mittelgebirgsbach in den Niederungsbach, also hinsichtlich der Fischregionen in die **Barbenregion** übergehen. Selbstverständlich gibt es aber Niederungsbäche, deren gesamter Lauf ab der Quelle im Tiefland liegt. Im Niederungsbach ist die Wasserführung bedeutend gleichmäßiger. Nur die stärksten Hochwasser verändern das Bachbett durch Uferabbrüche und Verlagerung von Schlamm- und Sandbänken in höherem Maße.

EXKURS: ANPASSUNGEN DER ORGANISMEN AN DAS FLIESSENDE WASSER

Bewohner der Fließgewässer müssen Anpassungen an den prägenden Faktor Strömung aufweisen, sonst würden sie talabwärts geschwemmt. Dies gilt v. a. für Tiere der Hochgebirgs- und Bergbäche mit reißender Strömung. STEINMANN hat bereits 1908 die **Abflachung des Körpers** als eines der Hauptmerkmale der bodenlebenden Tiere rasch fließender Gewässer (Torrentikole) angesehen. Die flache Gestalt bietet dem Wasser weniger Widerstand, besonders wenn vorspringende Körperfortsätze fehlen und z. B. durch Haarsäume und Chitinlamellen für einen allseitig guten Randschluss gesorgt ist.
Ohne Zweifel handelt es sich um eine Anpassung an das Leben im Bergbach. Bei torrentikolen Eintagsfliegenlarven (*Rhithrogena*, *Epeorus*, *Ecdyonurus*, *Heptagenia*, S. 216) ist der schildartige Kopf an den Rändern verbreitert, sodass die Augen auf dem Scheitelrücken sitzen. Die am Hinterleib sitzenden Tracheenkiemen sind blattartig groß und vergrößern die Auflagefläche. Außerdem sind bei ihnen und den torrentikolen Steinfliegenlarven die aus flachen Einzelgliedern bestehenden Beine nicht wie bei verwandten Arten stehender Gewässer auf der Bauchseite des Körpers eingelenkt, sondern an den Seitenrändern und stehen auch seitlich ab. So bleibt der Körper während der Fortbewegung, die eher ein Rutschen als ein Schreiten ist, eng an die Unterlage gepresst.
Worin genau der Anpassungswert der Abplattung liegt, wurde in der Literatur kontrovers diskutiert. Lange galt die Theorie von STEINMANN, dass die flache Gestalt nicht alleine den Widerstand vermindert, sondern die Wirkung hat, dass die Tiere von der Strömung auf den Untergrund gepresst werden.
Als man entdeckte, dass sich an der Oberfläche umströmter Flächen eine Grenzschicht ausbildet, in der die Strömung in feinen parallelen Schichten (laminar) und zum Untergrund hin mit zunehmend verminderter Fließgeschwindigkeit fließt, während es im darüber fließenden, viel rascheren Wasser zu Verwirbelungen (Turbulenzen) kommt, wurde von AMBÜHL (1959) auf der Grundlage von Experimenten mit einer Fließwasserrinne die Vorstellung vertreten, dass die Abflachung dazu dient, in der strömungsarmen Grenzschicht zu leben. Tatsächlich drücken sich Eintagsfliegenlarven mit zunehmender Fließgeschwindigkeit und damit abnehmender Grenzschicht stärker an die Unterlage.
Neuere Techniken ermöglichten eine genauere Betrachtung der Strömungsverhältnisse an den Aufenthaltsorten der Tiere, die sich weit differenzierter darstellen. Demnach ist die strömungsreduzierte Grenzschicht dünner als anfangs vermutet und sie bildet auch kein Kontinuum. Grenzschichten lösen sich am Gewässerboden vielmehr immer wieder auf und werden neu gebildet (SCHWOERBEL & BRENDELBERGER 2013). Abgeplattete Tiere kommen damit nicht automatisch in den Genuss der strömungsarmen Grenzschicht, sie können in turbulenter Strömung sogar (entgegen der alten Steinmann'schen Vorstellung) besonders gut durch entstehende Auftriebskräfte fortgerissen werden. Wahrscheinlich stellt die Körperform also einen Kompromiss zwischen verschiedenen Erfordernissen dar.
Auch dem **Verhalten** kommt eine wichtige Rolle zu. Torrentikole *Epeorus*-Larven halten sich tagsüber auf der Unterseite von Steinen auf, wo sie dank ihrer flachen Körper gut Spalträume aufsuchen können und besser vor optisch orientierten Fressfeinden (v. a. Fische) geschützt sind. Bei einsetzender Dämmerung wandern sie dann auf die stark strömungsexponierte Oberseite der Steine im Bachbett (STATZNER & HOLM 1982). Wüsste man nichts von dieser nächtlichen Wanderung, so würde man diese Eintagsfliegenlarven womöglich als rheophob (Strömung meidend) einschätzen. In Wirklichkeit sind sie negativ fototaktisch (meiden Licht) und

zusätzlich rheophil (strömungsliebend). Die Tatsache, dass *Epeorus*-Larven sich in stark beschatteten Bachteilen auch tagsüber auf den Steinen aufhalten, bestätigt dies.

Eine flache Körpergestalt gibt es aber nicht nur bei Insektenlarven, sondern bei vielen anderen torrentikolen Arten. Generell abgeflacht sind die Strudelwürmer, von denen im Normalfall *Crenobia alpina* den Oberlauf der Bergbäche, *Polycelis felina* den mittleren Abschnitt und *Dugesia gonocephala* den Unterlauf der Bäche besiedeln (S. 196). Weitere Beispiele sind die Larven der Haken- und Klauenkäfer (Dryopidae und Elmidae, S. 262), die Puppengehäuse der Kriebelmücken (*Simulium*) und die Puppe der Lidmücke (*Liponeura*, S. 268/1a, 3a).

Bei manchen torrentikolen Köcherfliegenarten hat zwar der Körper die normale, etwa walzenförmige Gestalt bewahrt, aber die Bauweise der ursprünglich röhrenartigen Gehäuse wird den Bedingungen des Bergbachs angepasst: *Goera* und die verwandten Gattungen *Silo* (S. 278) und *Lithax* fügen den beiden Längsseiten des Köchers breite Steinchen an und glätten die Übergänge durch den Einbau von Sandkörnern derartig, dass eine Platte entsteht.

Auch eine geringe **Körpergröße** ist als Anpassung an das Leben im Bergbach anzusehen. So wird der Gemeine Flohkrebs (*Gammarus pulex*, S. 208/4) in rasch strömenden Bächen niemals so groß wie in stehenden oder langsam fließenden Gewässern. Die hier lebenden Wassermilben sind die kleinsten Vertreter der ganzen Gruppe. Winzig sind auch die echten Bachformen unter den Käfern, wie der Hakenkäfer *Elmis maugetii* oder der Langtasterwasserkäfer *Hydraena riparia* (S. 262). Kleine Tiere finden auch noch in den engsten Spalten Schutz vor Abschwemmung.

Weitverbreitet unter den Bachbewohnern ist die vorübergehende oder dauernde **Befestigung an der Unterlage**. Sie erfolgt bei den Strudelwürmern und der Mützenschnecke (S. 290/7) z. B. durch Schleim. Die Haken- und Klauenkäfer klammern sich mit ihren großen Fußkrallen an Wasserpflanzen. Die Larven der Kriebelmücken spinnen sich einen Haftplatz aus Sekret, um sich darauf mit ihrem verbreiterten Hinterende, das mit einem terminalen Kranz aus vielen kleinen Häkchen versehen ist, zu verankern (Kiel et al. 1989; S. 268/1).

Die Bachmilben haben, im Gegensatz zu ihren Verwandten aus stehenden Gewässern, häufig kräftige Klauen und dornartige, der Verankerung dienende Borsten.

Das becherartige Schutzgehäuse der Larven der Zuckmücken-Gattung *Rheotanytarsus* (S. 264/2) ist mit einem Stielchen aus erhärtetem Sekret an die Blättchen der Bachmoose angeklebt. Andere Zuckmückenlarven spinnen auf Steinen röhrenartige, meist mit Sandteilchen bedeckte Gänge. Dies gilt auch für die Puppen all jener Köcherfliegen, deren Larven auf dem Gewässerboden frei herumschweifen. Häufig erfolgt die Ortsbehauptung im reißenden Wasser durch Saugnäpfe oder ähnlich wirkende Gebilde. Zu Saugnäpfen können die verschiedensten Körperteile gestaltet sein. Bei den Larven der Eintagsfliegen-Gattung *Rhithrogena* ist es das 1. Paar der Kiemenblätter, die nierenförmig verbreitert und nur von spärlichen Tracheenästen durchzogen sind. Die vollendetsten Saugnäpfe aber haben zweifellos die Lidmücken-Larven (*Liponeura*): Sie leben in den Bächen der Gebirge fast immer an solchen Felsen, über die das Wasser mit tosender Wucht herunterschießt und an denen der Aufenthalt eines Lebewesens unmöglich erscheint. Die sechs Saugnäpfe auf ihrer Bauchseite bestehen aus einem äußeren Chitinring und einem zentralen Chitinpfropfen, der nach Anheftung des Rings durch senkrechten Muskelzug nach oben bewegt wird und so einen luftleeren Raum schafft (S. 165, Bild 112; S. 268/3).

Die Wirkung derartiger Schutzmechanismen kann man überprüfen, indem man verschiedene Bachtierarten steigenden Strömungsgeschwindigkeiten aussetzt. Bei derartigen Experimenten hat Dittmar (1955) eine „mittlere begrenzende Strömungsgeschwindigkeit" bestimmt, bei der sich die betreffenden Tiere noch auf Steinen des Bachbetts halten können, die allseits der Strömung ausgesetzt sind. Da sie bei höheren Strömungswerten abgespült werden, können sie in den Bächen nur an Stellen leben, an denen diese Grenzwerte nicht überschritten werden. „Sieger" war die Lidmückenlarve *Liponeura cinerascens*: Noch bei mehr als 3 m/sec hielt sie sich fest an ihrer Unterlage. Es folgten die Kriebelmückenlarven (*Simulium* sp.), für die die mittlere begrenzende Strömungsgeschwindigkeit 2,8 m/sec beträgt. Für die Eintagsfliegenlarve *Epeorus sylvicola* war dieser Wert 1,24 m/sec, für den Strudelwurm *Dugesia gonocephala* 0,93 m/sec, für den Klauenkäfer *Elmis maugetii* 0,91 m/sec und für die Schnecke *Radix labiata* 0,48 m/sec. Für die Mützenschnecke *Ancylus fluviatilis* bestimmte er eine Strömungsgeschwindigkeit zwischen 0,2 und 1 m/sec.

Viele Tiere stehender oder nur langsam fließender Gewässer, wie die Schwimm- und Wasserkäfer, die Wasserwanzen und manche Schnecken, kommen zum Atmen an die Oberfläche. Dies ist für die Bewohner reißender Bäche unmöglich. Viele, v. a. die Kleinsten, können sich in dem sauerstoffreichen Wasser mit **Hautatmung** begnügen; andere atmen durch **Kiemen** oder, soweit es sich um Wasserinsektenlarven handelt, mit Tracheenkiemen. Das sind zarte, an verschiedenen Körperstellen, meist am Hinterleib sitzende Hautausstülpungen in Blättchen- oder Schlauchform, in denen sich die feinsten Atemröhren (Tracheen) verzweigen (S. 133, Bild 75).

Die besprochenen Anpassungen an das Leben in reißender Strömung zielen auf eine mehr oder weniger sitzende (semisessile) oder zumindest ortsgebundene Lebensweise hin. Diese erschwert natürlich den **Nahrungserwerb** wiederum bedeutend. Zahlreiche Pflanzenfresser unter den Torrentikolen, wie die Eintagsfliegenlarven, weiden den aus Kieselalgen bestehenden Aufwuchs der Steine ab und unternehmen nur kleine Wanderungen (s. o.). Wer aber nahezu oder völlig an einem Ort verbleibt, der ist meist auf driftende Lebewesen und Detritus angewiesen, die aus dem Bach selbst stammen oder eingeschwemmt sind und durch die Strömung zugetragen werden. Zum Herausfangen dieser Nahrungsteilchen aus dem Wasserstrom dienen verschiedenste Einrichtungen wie Planktonnetze oder Filter und Siebe. Mehrere Köcherfliegenlarven bauen keinen Köcher, sondern stellen mit dem Sekret ihrer Spinndrüsen zarte, netzartige Gewebe her, die sie z. B. zwischen Steinen und Ästen ausspannen (S. 276). Sie bilden ein regelmäßiges Geflecht und dienen dem Fang angeschwemmter Algen und kleinsten Wassergetiers. Die Netze von *Plectrocnemia conspersa* sind flach liegenden Tüten ähnlich. *Hydropsyche*-Larven bauen kreisrunde Netze von fünf bis sieben Millimeter Durchmesser mit regelmäßig rechteckigen Maschen in kleinen Rahmen aus Nadeln oder Ähnlichem. Mit den eigentlichen Fangnetzen ist meist ein gleichfalls aus Gewebe hergestellter Gang oder ein kammerartiger Raum verbunden, in dem sich die Larve gewöhnlich aufhält. Von Zeit zu Zeit kommt sie heraus und weidet die am Netz angetriebenen Nahrungsteilchen ab (S. 173, Bild 117).

Vollendete Fächer bilden die beiden seitlichen Anhänge der Oberlippe der Kriebelmückenlarven, die in bestimmten Abständen abwechselnd mundwärts geführt und von Haarbürsten an den Mandibeln ausgekämmt werden (S. 268/1).

Für räuberische Arten, die umherschweifen müssen und dabei leicht von der Unterlage weggespült werden können, ist die Strömung besonders gefährlich. Die Larven der köcherlosen Köcherfliegen-Gattung *Rhyacophila* (S. 276) haben einen Ausweg gefunden: Sie spinnen einen im Wasser erstarrenden elastischen Sekretfaden, den sie bei ihren Beutezügen durch Auftupfen mit dem Kopf von Zeit zu Zeit an der Unterlage befestigen und dann beim Weiterkriechen ausziehen. An diesem ständig verlängerten Sicherungstau sowie an der Unterlage klammern sie sich fest.

Die Tierwelt der Bäche wird häufig in **Bewohner der Steine und der Moosrasen** eingeteilt. Die Strudelwürmer und die abgeplatte-

ten Stein- und Eintagsfliegenlarven z. B. bevorzugen moosfreie Gesteinsflächen, und zwar besonders die der großen Felsen, die als ruhende Punkte in dem tosenden Element die sichersten Anheftungsmöglichkeiten bieten. Wegen ihrer Vorliebe für steinigen Untergrund werden diese Arten als lithotaktisch bezeichnet.
Die Hakenkäfer und viele Bachmilben ziehen dagegen im Allgemeinen die Moosbüschel als Habitat vor. Die Bachmoose dienen vornehmlich als Lebensraum, nicht aber als Nahrung. Zwischen den Blättchen und Stängeln der Moospflanzen schlagen sich ständig die vom Wasser mitgeführten Zerfallsstoffe nieder. In den Moosrasen entwickeln sich auch zahlreiche Algen, vorwiegend Kiesel- und Grünalgen. Daher finden in den Moosbüscheln Detritus- und Algenfresser beste Ernährungsmöglichkeiten, was die Büschel wiederum auch für Räuber attraktiv macht. Anderen Tieren bieten die Moospflanzen Schutz vor der Strömung.
Besonders bedeutungsvoll ist jedoch die durch die verästelten, beblätterten Moosstängel bewirkte beträchtliche Oberflächenvergrößerung. Die Besiedlungsdichte der Bachmoosrasen ist daher oft überraschend hoch: Im Sauerland fand Dittmar (1955) in einem auf anstehendem Fels wachsenden Rasen des Mooses *Scapania undulata* von nur 0,119 m² (ca. 34,5 × 34,5 cm) Fläche und 4,98 Gramm Trockengewicht 4309 Tiere. Im Quellmoos (*Fontinalis antipyretica*), das meist lange, in der Strömung flutende Büschel bildet, die nur mit einer kleinen Fläche dem Untergrund aufsitzen und daher nur wenig Detritus ansammeln, fand er weit weniger Arten. In einem *Fontinalis*-Büschel von annähernd gleichem Trockengewicht (5,2 g), aber nur 0,0007 m² (ca. 2,65 × 2,65 cm) Anheftungsfläche zählte er „nur" 1414 Lebewesen.
Angesichts der ständigen Bedrohung durch das reißende Wasser sollte man annehmen, die meisten Bachtiere in den zwar spärlichen, aber doch immerhin vorhandenen Strecken ruhigerer Strömung zu finden (S. 21, Bild 7). Gerade das Gegenteil ist der Fall. Zunächst glaubte man, das rasch strömende Wasser besitze mehr Sauerstoff. Zahlreiche Untersuchungen beweisen jedoch, „dass gerade strudelndes Wasser nie einen höheren **Sauerstoffgehalt** aufweist, als dem jeweiligen Sättigungsgleichgewicht gegenüber der Luft entspricht, während in stehenden Gewässern häufig Übersättigungen vorkommen. In ruhendem oder schwach bewegtem Wasser sind die Organismen von einer adhäsiv festgehaltenen Flüssigkeitsschicht umgeben, die alsbald einen an lebenswichtigen Stoffen verarmten Hof um das Tier oder die Pflanze bildet" (Ruttner 1962). Hier muss der Sauerstoff also erst über langsame Diffusionsvorgänge an die aufnehmende Oberfläche gelangen. In turbulenter Strömung hingegen wird die Oberfläche immer wieder mit neuem, sauerstoffgesättigtem Wasser in Berührung gebracht, was Atmung und Nahrungsaufnahme begünstigt.
Trotz der vielfältigen Anpassung an das Leben in der Strömung werden natürlich immer wieder Tiere der Bergbäche vom reißenden Wasser losgerissen und talwärts geschwemmt **(organismische Drift)**. Sobald sie jedoch irgendwo einen Halt gefunden haben, wandern sie wieder der Strömung entgegen (positive Rheotaxis). Viele Insekten gleichen das Abdriften ihrer Larven aus, indem die Imagines zur Eiablage stromaufwärts fliegen (**Kompensationsflug** z. B. bei vielen Arten der Eintagsfliegen).
Auch die Eier bzw. Gelege werden vor dem Abdriften geschützt, indem sie mit aufquellender, klebriger Gallerte oder mit einer Kittsubstanz an einem geeigneten Untergrund im Bach oder an Pflanzen in Nähe des Wassers angeheftet werden (vgl. Tab. S. 171).
Alle diese Anpassungen tragen dazu bei, eine Abspülung in Niederungsbäche oder gar in Seen zu verhindern. Andererseits dürfte die Drift in gewissem Umfang eine einfache Möglichkeit des Ortswechsels sein, indem sich die Tiere ein Stück weit abwärts transportieren lassen, um durch Wanderung stromaufwärts geeignetere Lebensstätten aufzusuchen.

Lassen im Bergbach Gefälle und Strömungsgeschwindigkeit vom Ober- zum Unterlauf gleichmäßig nach, so wechseln in den Bächen der Ebene Strecken stärkster und schwächster Strömung je nach Wassermenge, Gefälle, Breite, Tiefe und Gestalt des Bachbetts unregelmäßig miteinander ab.
In Bachabschnitten, die Wiesengräben ähneln, ist die Wasserbewegung besonders bei starkem Makrophytenwachstum oft kaum merklich. In Schnellen misst man dagegen, wenigstens zur Zeit des Frühjahrshochwassers, nicht selten über 1 m/sec, beim sommerlichen Normalwasserstand allerdings gewöhnlich nicht über 0,7 m/sec. Als mittlere Strömung von Flachlandbächen kann man etwa 0,4–0,5 m/sec annehmen. Diese Geschwindigkeit erlaubt es bereits dem Stoßwasserläufer *Velia* sowie dem Taumelkäfer *Orectochilus villosus*, die Wasseroberfläche zu ihrem dauernden Lebensraum zu machen (S. 246, 258).
Auch der Untergrund ist im Bach der Ebene abwechslungsreicher gestaltet als in dem des Gebirges. Kies- und Sandbänke, Schlamm und dichte Pflanzenbestände wechseln nach Untergrund und Strömungsgeschwindigkeit in bunter Folge (Bild 9). Der Bodenschlamm kann mehrere Dezimeter mächtig werden. An ruhigeren Strecken hemmt dichter Bewuchs von Schwanenblume, Wasserpest und zahlreichen Sumpfpflanzen die Strömung noch mehr und erleichtert die Schlammablagerung. In stärker fließenden Strecken fluten wahre Wälder schmalblättriger Laichkräuter (S. 90); die Teichrose (S. 88) siedelt in geschlossenen Beständen im Steingrus. Auch vereinzelte, größere Gesteinsbrocken können hie und da im Bachbett liegen, oft dicht überzogen von der Zweigalge *Cladophora*. Da die Wassertemperatur von der der Luft oft nur um 1–3 °C abweicht, können sich starke jahreszeitliche Temperaturunterschiede ergeben, von 0,5 °C im Winter bis zu über 20 °C im Sommer.
Auch der von Temperatur, Fließgeschwindigkeit und Pflanzenbewuchs abhängige Sauerstoffgehalt ist bei Weitem nicht so gleichmäßig hoch wie im Gebirgsbach. Wohl kann die Sauerstoffsättigung bei entsprechender Strömung während der kühlen Jahreszeit oder auch im Sommer in ausgedehnten Wasserpflanzenbeständen 100 % und darüber betragen, aber an den gleichen Stellen oder in anschließenden Bachabschnitten kann sie bei geänderten Bedingungen, wie starker Erwärmung des Wassers

Bild 9. Ein durch Grünland laufender Wiesenbach. Gleichmäßige Wasserführung und ein abwechslungsreicher Bachboden aus Kies, Sand und Schlamm kennzeichnen den Niederungsbach.

EXKURS: DAS HYPORHEISCHE INTERSTITIAL

Ein ganz besonderer Lebensraum ist das Lückensystem unter dem Bach- bzw. Flussbett, das mit dem Grundwasser in Beziehung steht, das **hyporheische Interstitial**.
In diesem Grenzbiotop zwischen oberirdischen und unterirdischen Gewässern finden viele kleine Tiere und besonders auch Jugendstadien (Junglarven der Großmuscheln, Eier und Jugendstadien der Salmoniden u. a.) Schutz vor der Strömung, aber auch Rückzugsräume bei Austrocknung. Von hier aus kann eine Wiederbesiedlung nach reißenden Hochwassern oder Trockenheit stattfinden. Das hyporheische Interstitial ist prinzipiell im gesamten Flusslauf vorhanden und hat eine wichtige ökosystemare Funktion, die lange unterschätzt wurde (vgl. Kolmation, S. 54). So ist die große Oberfläche der Sedimente durch einen mikrobiellen Biofilm besiedelt, der intensiv am Kohlenstoff- und Nährstoffumsatz des gesamten Fließgewässers beteiligt ist. Das Lückensystem ist aber nicht nur als Rückzugsort für die Bachbewohner wichtig, sondern weist zumindest bei einigen wenigen Gruppen (z. B. den Wassermilben) eine eigenständige, recht diverse und nur dort vorkommende Artengemeinschaft auf. Oft sind diese Spezialisten anhand besonderer Anpassungen (geringe Pigmentierung, länglich wurmförmige Gestalt, Fehlen von Augen) zu erkennen (Schwoerbel 1967). Findet man diese Arten in den Bachsedimenten, kann man von einem funktionsfähigen und stabilen hyporheischen Interstitial ausgehen. Das hyporheische Interstitial ist thermisch besonders ausgeglichen, mit im Sommer meist geringeren, im Winter etwas höheren Temperaturen als im frei fließenden Wasser.

oder Fäulnisvorgängen im Bodenschlamm, um mehr als die Hälfte absinken.
Die Tierwelt des Flachlandbachs umfasst viele euryoxibionte und eurytherme Arten, also solche, die beträchtliche Schwankungen des Sauerstoffgehalts und der Temperatur tolerieren. Dank der vielfältigen Ausprägung des Bachbodens, des reichen Nahrungsangebotes (Pflanzen), der ausgeglichenen Wasserführung und der geringeren Strömung umfasst die Tierwelt oft mehr Arten als der Gebirgsbach.
Im Bodenschlamm und -sand graben *Ephemera*-Larven ihre Gänge (S. 216), lauern *Gomphus*-Larven (vgl. S. 226) auf Beute, leben die Larven von Zuckmücken sowie Würmer in großer Arten- und Individuenzahl, außerdem Erbsen-, Kugel- und Flussmuscheln. Auf den Stängeln und Blättern der Wasserpflanzen kriechen Wasserschnecken, die Larven von Köcherfliegen und die der Prachtlibelle (*Calopteryx*). Im Genist und unter den Steinen sitzen Flohkrebse, Wasserasseln, Strudelwürmer und Steinfliegenlarven. Und da im Niederungsbach die schwächere Strömung auch wirbellosen Tieren eine schwimmende Fortbewegung erlaubt, schlängeln sich zwischen Wasserpflanzen Egel, rudern kleine Wasserkäfer und -wanzen, Milben und Eintagsfliegenlarven. An Steinen, Pfählen und Ästen siedeln Wasserschwämme.
Diese keineswegs vollständige Aufzählung zeigt, dass sich unter den Bewohnern der Flachlandbäche oft auch die eine oder andere Art stehender Gewässer einstellt. Eine besondere, verarmte Lebensgemeinschaft bergen Bäche, die ganz oder streckenweise für kürzere oder längere Zeit trockenfallen, wie z. B. Fließgewässer in Moränen- und Karstgebieten. Meist finden wir in ihnen nur Larven von Insekten, die ihre Entwicklung noch vor dem sommerlichen Austrocknen beenden. Manche Arten können jedoch auch eine gewisse Zeit in Trockenstarre überdauern.

Vom Bach zum Fluss

Wenn die Breite eines Fließgewässers an der Oberfläche mehr als fünf Meter beträgt, spricht man gemeinhin von einem Fluss. Manchmal wird ein breites Fließgewässer erst dann als Fluss bezeichnet, wenn die Ufergehölze keine das ganze Gewässer umfassende Beschattung ermöglichen. Dank seiner bedeutend größeren Wasserkraft prägt der Fluss die Landschaft weit mehr als der wasserärmere Bach. Unter natürlichen Bedingungen verlagert der Fluss, meist als Folge von Hochwassern, seinen Lauf (Bild 10). Es entstehen Seitenarme, Altwasser und Inseln. Große Steine im Flussbett tragen dicke, im Wasser flutende Algen- und Moosdecken, in seichten Uferbuchten wuchern die Unterwasserwälder der Wasserpflanzen.
Meist entsteht der junge Fluss durch Vereinigung mehrerer Bäche. Hier, in seinem Oberlauf, ist seine Wassermenge zunächst noch nicht allzu groß, aber das Wasser ist klar und sauerstoffreich. Auch der Oberlauf der Flüsse gehört noch zur **Forellenregion** mit den Charakterfischen Bach- und Regenbogenforelle, Elritze und Groppe. Sie geht – mit abnehmendem Gefälle und zunehmender Wasserführung – in die **Äschenregion** über. Ihr Wasser erwärmt sich auch im Sommer nicht über 15 °C.
An die Äschenregion schließt sich die **Barbenregion** an, deren Charakterfische Barbe, Rotauge, Rotfeder, Zander, Barsch und Aal sind. Äschen- und Barbenregion bilden zusammen den Mittellauf des Flusses. In seinem Bereich ist die Flusssohle meist steinig oder sandig.
Im nun folgenden Unterlauf ist die Wassermenge stark angeschwollen, das Wasser durch Schwebstoffe getrübt und bis zu mehrere Meter tief. Es erwärmt sich im Sommer bis auf 20 °C und darüber. Schlamm bedeckt die Flusssohle, die streckenweise von dichten Wasserpflanzenbeständen besiedelt ist. Die typischen Fischarten dieser **Brachsenregion** sind neben den Brachsen Karpfen, Schleie, Karausche, Wels, Zander und Barsch-Arten, die auch mit sauerstoffärmerem Wasser auskommen.
Allerdings gibt es in Mitteleuropa keinen einzigen Fluss mehr, der von der Quelle bis zur Mündung natürliche oder naturnahe Verhältnisse aufweisen würde (S. 50).

UMWELTFAKTOREN IN FLIESSGEWÄSSERN

Wasserbewegung

Das wohl augenfälligste Merkmal der Fließgewässer ist ihre Strömung. Sie gestaltet die Kleinlebensräume der Bäche und Flüsse wesentlich und ist bestimmend für die qualitative und quantitative Zusammensetzung ihrer Pflanzen- und Tierwelt.
Anknüpfend an das im vorangegangenen Exkurs (S. 24) Gesagte, können wir uns hier auf allgemeine und ergänzende Aspekte beschränken.
Grundsätzlich unterscheidet man zwischen laminarer und turbulenter Strömung. Laminar bedeutet, dass das Wasser in parallelen „Wasserfäden" abfließt, bei turbulenter Strömung kommt es hingegen zu Verwirbelungen, also zu einer starker Durchmischung des Wasserkörpers. In welcher Weise das Wasser strömt, hängt von der Fließgeschwindigkeit, dem Querschnitt des Gerinnes und der kinematischen Zähigkeit des Wassers ab. Letztere Größe ist das Verhältnis von Viskosität (Zähigkeit) und Dichte und kann in etwa der Zähigkeit des Wassers gleichgesetzt werden. Die Zähigkeit ist der Widerstand, den das Wasser dem freien Fließen entgegensetzt bzw. der bei Bewegungen im ruhenden Wasser überwunden werden muss (vgl. S. 15). Die Zähigkeit hängt stark von der Temperatur ab: Wasser von 5 °C hat etwa die 1,5-fache Zähigkeit von 20 °C warmem Wasser, die Viskosität von Wasser ist bei 0 °C etwa doppelt so groß wie die von Wasser bei 20 °C (ein im ruhenden Wasser „schwebender" Plankton-

organismus sinkt in 20 °C warmem Wasser also doppelt so schnell wie in Wasser von 0 °C!). Für festsitzende Fließgewässerorganismen bedeutet dies, dass die mechanische Schubkraft des Wassers in kaltem Wasser höher ist als in warmem. Auch die Dicke der strömungsarmen Grenzschicht (vgl. S. 24) ist davon beeinflusst. Sie nimmt bei gleicher Fließgeschwindigkeit mit steigender Temperatur ab.
Entscheidend für die Strömungsverhältnisse ist auch die Gestalt des Gerinnes: Verengungen führen zur Erhöhung der Fließgeschwindigkeit, große Steine und Felsen fördern die Ausbildung von Wirbeln und Strudeln, lassen aber auch an der Gewässersohle strömungsgeschützte „Totwasserbereiche“ entstehen, in denen sich u.a. Falllaub ansammeln kann. In der Praxis ist davon auszugehen, dass laminare Strömung in Gewässern nur in der Grenzschicht und im Porenraum des hyporheischen Interstitials anzutreffen ist, möglicherweise auch in durchströmten Moosrasen.
Die Fließgeschwindigkeit kann man grob durch Einbringen eines Schwimmkörpers und Stoppen der Zeit zum Zurücklegen einer abgesteckten Strecke bestimmen. Generell nimmt die Strömungsgeschwindigkeit von der Oberfläche und Mitte der Fließgewässer gegen die Ufer und die Sohle hin ab und besitzt an der Vorderseite eines Steines am Gewässergrund einen ganz anderen Wert als an dessen Rückseite. Um wertvolle Aussagen über die Habitatpräferenzen von Tieren machen zu können, muss man also die Geschwindigkeit am jeweiligen Aufenthaltsort der untersuchten Tiere ermitteln (vgl. S. 24, Statzner & Holm 1982).

Licht

Wenig untersucht ist der Einfluss des Lichtes auf die Fließwasserorganismen. Augenfällig ist seine Bedeutung für die Bachpflanzen, für deren Assimilation es unentbehrlich ist. Im vollbelichteten Wiesenbach entwickeln sich Algen und Höhere Pflanzen viel stärker als im beschatteten Waldbach, wo Rasen aus Kieselalgen die Hauptnahrungsquelle für pflanzenfressende Tiere darstellen. Ohne beschattende Ufergehölze fehlt somit vielen der anspruchsvollen Arten, die sich als Weidegänger auf Kieselalgen spezialisiert haben, die Nahrungsgrundlage. Die

Bild 10. Unter natürlichen Bedingungen verändert ein Fluss ständig seinen Lauf, wodurch solche Altwasserarme entstehen. Oft sind davon nur noch kümmerliche Überbleibsel erhalten.

Eiablage und das Schlüpfen mancher Wasserinsekten, z. B. der Eintagsfliege *Torleya major* (S. 222), wird durch die Lichtintensität beeinflusst. Köcherfliegen schlüpfen z. B. vorzugsweise bei unbedecktem Himmel, schlüpfreife Puppen warten, bis sich günstiges Flugwetter einstellt.

Wasserchemie

Bezüglich der chemischen Verhältnisse können wir auf das in Kapitel 2 „Wasser als Lebensraum" Gesagte verweisen (S. 14ff.).

Ernährungsbeziehungen

Von den verschiedenen, in einer Lebensgemeinschaft wirksamen Umweltfaktoren sind die Ernährungsbeziehungen zweifellos am wichtigsten (Thienemann 1913). Die größte Bedeutung für die pflanzenfressenden Bachtiere (Primärkonsumenten) haben Algenteppiche des Gewässergrunds, vorwiegend Kiesel- und Grünalgen. Erst in weitem Abstand folgen die Höheren Wasserpflanzen. Moose werden nur von ganz wenigen Arten gefressen (S. 27). Die Hauptnahrung der räuberischen Tiere (Sekundärkonsumenten) sind Mücken-, Fliegen-, Steinfliegen-, Eintagsfliegen- und Köcherfliegenlarven. Dittmar (1955) stellte bei zahlreichen Magenuntersuchungen fest, dass die Bachtiere bezüglich ihrer Nahrung wenig wählerisch sind: „Die Pflanzenfresser unterscheiden zwar zwischen Kiesel- und Fadenalgen, aber nur in den seltensten Fällen zwischen den Arten …". Entsprechend fressen die Räuber am häufigsten die Beutetiere, die sie in größter Zahl an ihrem Wohnort antreffen. Die Arten- und Individuenzahl der Konsumenten, die man in den verschiedenen Bachtypen und ihren Abschnitten findet, spiegelt das jeweilige Nahrungsangebot wider. In der Quellregion und im Oberlauf des Hochgebirgsbachs leben weniger Arten und Individuen, meist auch Formen geringerer Körpergröße als im Unterlauf des Mittelgebirgsbachs oder im Niederungsbach.

Für naturnahe Bäche bis hin zu kleinen Flüssen sind standorttypische Ufergehölze (v. a. Schwarzerlen) ein entscheidender Faktor, der v. a. die Ernährung der Bachtiere, aber z. B. auch die Stabilität der Ufer beeinflusst (Böttger 1986). So hat die Beschattung zahlreiche indirekte Auswirkungen: Einerseits hat sie eine geringere sommerliche Erwärmung und gleichbleibend hohe Sauerstoffsättigungen des Wassers zur Folge, andererseits ist sie unerlässlich für das Wachstum der Kieselalgen, die die Nahrungsgrundlage vieler Weidegänger sind. Durch die Beschattung wird zudem das Aufkommen von Makrophyten verhindert, die wiederum eine Verringerung der Strömungsgeschwindigkeit und eine verstärkte Sedimentation bewirken. Unmittelbar dienen das Totholz und die oftmals flutenden Erlenwurzeln als besiedelbare Substrate (und als Nahrung). Falllaub bildet den wichtigsten Eintrag organischen Materials, nicht nur für die Zerkleinerer selbst (z. B. *Gammarus*), sondern auch für die folgenden Glieder der Nahrungskette.

Untergrund (Substrate)

Allein schon die Beschaffenheit des Untergrunds bestimmt in vielen Fällen die Zusammensetzung der Lebensgemeinschaft. **Glatter Fels** ohne Feinsedimente tritt in Wasserfällen und Schnellen auf. Das Wasser schießt meist über sie hinweg, ist sauerstoffreich und wegen der ständigen Zerstäubung besonders kühl (Verdunstungskälte). Dieser Lebensraum ist gewöhnlich nahrungsarm, da die Algen größtenteils abgeschwemmt werden und nur ein geringer Prozentsatz des Lichtes bis auf den Grund dringen kann, da es durch die zahllosen feinen Luft- und Wasserteilchen zurückgeworfen wird. Nur Tiere, die der Strömung hervorragend angepasst sind, können hier leben.

Der gewachsene Fels kann von der Strömung nicht bewegt werden, der Schotter unterliegt der Umschichtung. Die Schottergröße hängt vom geologischen Untergrund und der Wasserführung ab. **Grobschotter** mit einer Korngröße von über 50 Millimeter kommt in Bächen mit hartem Untergrund vor. Er wird nur bei starkem Hochwasser umgeschichtet. Sein Hohlraumsystem verändert sich daher wenig. Es ist gut durchströmt und dank einer ausreichenden Belichtung nahrungsreich.

In diesem Hohlraumsystem, teilweise auch auf der Oberfläche der Steine, leben zahlreiche Arten. Besonders die Strudelwürmer (*Dugesia*), Eintagsfliegen (*Epeorus*, *Rhithrogena*, *Baetis*, *Ephemerella*), Steinfliegen (*Perlodes*, *Perla*, *Leuctra*, *Protonemura*) und Köcherfliegen (*Rhyacophila*, *Philopotamus*, *Hydropsyche*, *Silo*), Dipteren (*Liponeura*) sind artenreich vertreten (Dittmar 1955).

Kleinschotter mit einer Korngröße von 10–50 Millimeter finden wir hauptsächlich in Gewässern mit verhältnismäßig weichem Untergrund (oft Kalkgestein). Er wird durch die Strömung schon stärker bewegt. Sein Hohlraumsystem ist englumiger, sodass sich Detritus leichter ablagert. Dieses Substrat wird gern von Detritusfressern wie dem Bachflohkrebs besiedelt.

In Bächen mit sehr kalkhaltigem Wasser (über 30 mg/l) sind die Steine des Bachbetts oft durch ausfallenden Kalk zusammengekittet. Dadurch sind Sinterstrecken durch ein enges Hohlraumsystem ausgezeichnet, das nur von kleinen Organismen besiedelt werden kann.

Kiese und Sande (Korngröße 10–0,1 mm) lagern sich nur an Stellen des Gewässergrunds ab, an denen die Strömungsgeschwindigkeit weniger als 0,3 m/sec beträgt. Ihr Hohlraumsystem ist zwar weit verzweigt, aber äußerst englumig. Da sich die Einzelteilchen fast dauernd in gegeneinander mahlender Bewegung befinden, wird dieses Substrat nur von recht wenigen Tierarten bewohnt, z. B. Junglarven der Eintagsfliegen-Gattungen *Baetis* und *Ephemera*.

Noch feiner ist die Korngröße der **tonig-schlammigen Ablagerungen** mit 0,05–0,001 Millimetern. Daher findet sich dieses Sediment auch nur in Gewässerabschnitten mit völlig oder nahezu stehendem Wasser. Fast immer ist es mit Detritus angereichert, sodass dort häufig Fäulnisprozesse ablaufen. Detritusfresser entwickeln sich an solchen schlammigen Stellen des Bachgrunds oft in Massen. In zehn Zentimeter dicken Schlammschichten ruhiger Buchten eines Sauerlandbachs fanden sich durchschnittlich 2200 Tiere pro m^2: 81 % hiervon waren Zuckmückenlarven (Dittmar 1955).

In langsamer fließenden Gewässern kommt es, meist durch Abbruch von Uferteilen oder auch durch Anspülung von Schwemmmaterial, zur Ausbildung von Uferbänken. Sie sind ein Grenzlebensraum zwischen festem Land und Wasser. Sie werden aber von zahlreichen Wassertieren bewohnt, die dort Gänge graben, z. B. Larven von Zuckmücken und der Eintagsfliegen-Gattungen *Ephemera* oder *Palingenia*.

Auch die **Pflanzenbestände** der Gewässer und Ufersäume sowie Moosrasen und -büschel muss man zum Substrat rechnen (S. 26 f.). Die flutenden Pflanzen des Freiwasserraums bieten in ihren Blattachseln zahlreiche, strömungsgeschützte Wohnräume. Auch die Stängel, Blätter und Wurzeln der Uferpflanzen tauchen häufig mehr oder weniger weit ins Wasser ein und schaffen so einen strömungsarmen Lebensraum. Hier finden sich bevorzugt Larven von Kleinlibellen, Köcherfliegen, ferner Wasserkäfer (und ihre Larven) sowie Jungfische. Große Pflanzenbestände erzeugen bei Tag durch ihre Assimilation beträchtliche Mengen von Sauerstoff. Nachts kann es jedoch besonders an stark verkrauteten, nährstoffreichen Strecken langsam fließender Gewässer zu einer weitgehenden Sauerstoffverminderung kommen. Die Atmungsprozesse führen in ungünstigen Fällen zu einem Sauerstoffschwund mit katastrophalen Folgen für die Tierwelt.

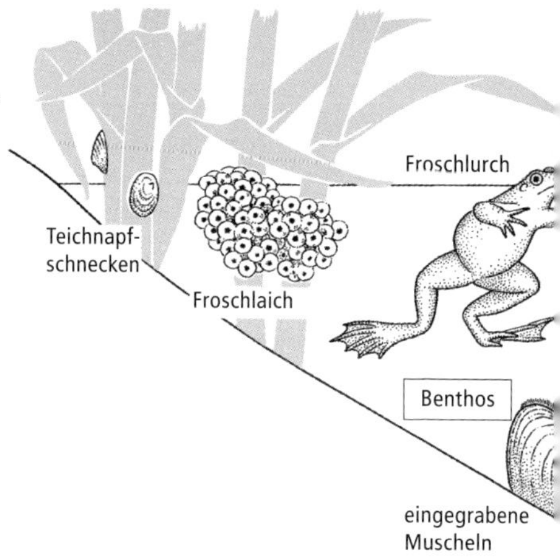

Bild 11. Lebensräume und -gemeinschaften in einem Stillgewässer. Das freie Wasser **(Pelagial)** wird von aktiv schwimmenden Tieren genutzt **(Nekton)**, ebenso von kleinsten, schwebenden Formen **(Plankton)**. Die Oberfläche weist eine eigene Lebensgemeinschaft **(Pleuston)** auf, mit darauf schwimmenden bzw. laufenden Arten (Wasserlinsen, Wasserläufer) sowie solchen, die sich bevorzugt unterhalb von ihr aufhalten (Rückenschwimmer). Die Lebensgemeinschaft aus Pflanzen und Tieren des Gewässerbodens wird als **Benthos** zusammengefasst.

STEHENDE GEWÄSSER

Weiher, See und Teich

Weiher, See und Teich sind stehende Gewässer, die jeder kennt und in denen der Umweltfaktor Strömung im Gegensatz zu den Fließgewässern kaum eine Rolle spielt. Anders als in einem Bach können sich deshalb im freien Wasser **(Pelagial)** nicht nur aktive Schwimmer wie die Fische halten, sondern auch Kleinstorganismen, die im Wasser schweben. Diese Welt der Schweber wird als **Plankton** zusammengefasst, unabhängig davon, ob es sich nun um ein- oder vielzellige Tiere und Pflanzen handelt oder um Viren und Bakterien (vgl. Bild 11). Planktonorganismen nutzen den Effekt, dass bei kleinen Körpern die Zähigkeitskräfte des Wassers gegenüber den Trägheitskräften an Bedeutung gewinnen (S. 30f.). Oberflächenvergrößerungen wie lange, abstehende Körperfortsätze oder scheibenförmige Zellkörper oder Kettenbildung bei Einzellern verstärken diesen Effekt und schwächen die Wirkung der Schwerkraft ab. Das Schweben kann zudem durch den hydrostatischen Auftrieb erhöhende Bildungen erleichtert werden, wie Gallerthüllen (einige Algen und Planktontiere), Gasvakuolen (Cyanobakterien), Gasblasen (Larve der Büschelmücke *Chaoborus*) oder Einlagerung von Öl (einige pelagische Algen und Tiere). Dem allmählichen Absinken wird unter anderem durch Geißelschlag (Einzeller), lange bewegliche Antennen (Hüpferlinge und Wasserflöhe) oder koordinierten Schlag von Beinen (Hüpferlinge) entgegengewirkt. Dem Plankton werden die aktiven Schwimmer als **Nekton** gegenübergestellt, zu dem die Fische wie auch viele Insekten gehören.

Die Bodenzone, das **Benthal**, der stehenden Gewässer ist in charakteristischer Weise gegliedert. Sie beginnt mit der Uferzone, dem Litoral. Das Litoral reicht vom trockenliegenden, aber im Einflussbereich des Wassers liegenden Saum bis zu den ständig überfluteten unterseeischen Wiesen. Daran kann sich beim See eine lichtlose Tiefenzone, das **Profundal**, anschließen, in der kein pflanzliches Leben mehr möglich ist (S. 78, Bild 33).

Die Wissenschaft unterscheidet Weiher, Teich und See. Worin liegen die Unterschiede? „Ein Weiher ist ein See ohne Tiefe", hat Forel (1892–1904), Begründer der Limnologie, erklärt und hinzugefügt, dass sein ganzer Boden von Wasserpflanzen besiedelt werden könne. Dem **Weiher** fehlt also das Profundal. Entscheidend ist die Wassertiefe, die beim Weiher selten mehr als zwei Meter beträgt, nicht die Ausdehnung der Wasserfläche. Häufig ist der Weiher der letzte Rest eines Sees und damit ein Stadium der Verlandung (S. 81).

Der **Teich** gleicht dem Weiher, ist aber nicht natürlich entstanden. Oft wird er durch

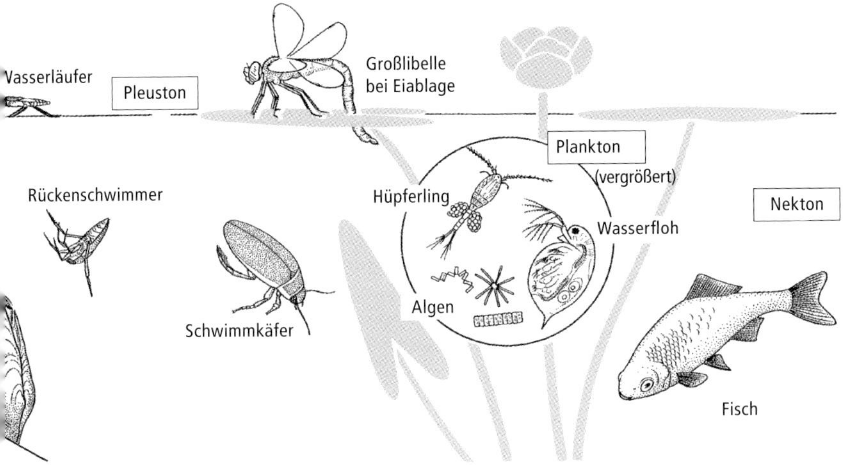

Aufschüttung von Dämmen in den Lauf eines Bachs angelegt. Er hat Zu- und Abfluss und kann durch Öffnen einer Schleuse abgelassen werden.
Am Beispiel des Weihers (Bild 12) sollen einige der für alle Stillgewässer typischen Eigenschaften dargestellt werden, ist doch dieser Gewässertyp im Allgemeinen besonders artenreich. Ausnahmen sind Weiher, deren Untergrund von nacktem Fels gebildet wird, wie häufig im Hochgebirge, oder von unfruchtbarem Sand und Kies, wie im Heideland und auf den Schotterterrassen unserer Flüsse. Unter diesen Bedingungen ist der Pflanzenbewuchs nur spärlich. In fruchtbares Wald- oder Wiesenland eingebettet, umgibt den Weiher meist ein breiter Saum von Schilf mit eingestreuten Rohrkolben und Bulten (bewachsene Bodenerhebungen) von Sauergräsern. Im Wasser wachsen dichte Wälder von Laichkräutern, Krebsschere, Tausendblatt, Tannwedel oder Wasserpest. Seerosen, Froschbiss, Pfeilkraut und andere Pflanzen breiten ihre Schwimmblätter auf dem Wasserspiegel aus (Die Pflanzenwelt, ab S. 66).
Die **Wasserpflanzen** sind für die Tiere von vielfältiger Bedeutung. Frische und verrottende Pflanzenteile dienen manchen Tieren als Nahrung, wobei allerdings nur wenige Arten an eine bestimmte Pflanze gebunden sind. Darüber hinaus bieten Pflanzen Möglichkeiten zur Eiablage: Zahlreiche Tiere legen ihre Laichballen und -schnüre im Blattwerk untergetauchter Pflanzen ab, andere heften ihre Eier auf die Ober- oder Unterseite von Schwimmblättern. Schließlich bohren die Weibchen einiger Insekten ihre Eier mit einem Legeapparat in pflanzliches Gewebe ein, z. B. die *Aeshna*-Arten unter den Großlibellen (die Grüne Mosaikjungfer *Aeshna viridis* zeigt hierbei eine ungewöhnliche Bindung an die Krebsschere) sowie Wasserskorpion und Stabwanze. Pflanzenteile dienen auch dem Bau von Gehäusen, v. a. von Köcherfliegenlarven (v. a. bei Limnephiliden-Arten), aber auch von den Raupen der Wasserschmetterlinge.
Blätter und Stängel der Pflanzen bieten zudem Verstecke, Halt und Unterschlupf für Räuber, die dort auf Beute lauern, oder für die Pflanzenfresser. Manche Käfer stützen sich mit Vorliebe auf Wasserpflanzen, um an der Wasseroberfläche Luft zu schöpfen. Ruderwanzen und Rückenschwimmer, die wegen ihres Luftvorrats im Wasser oft überkompensiert sind, klammern sich an Pflanzen fest, um nicht wie ein Korken an die Wasseroberfläche getrieben zu werden.
Eine besonders wichtige Rolle spielen die Pflanzen aber für Tiere, die über die Haut oder über Kiemen atmen. In den oberen

Bild 12. Reicher Uferbewuchs kennzeichnet den in fruchtbarer Landschaft gelegenen Weiher.

Wasserschichten werden durch die Fotosynthese große Mengen Sauerstoff frei. An sonnigen Tagen kann man beobachten, wie er von den Blattspreiten der höheren Wasserpflanzen in silbrigen Bläschen zur Oberfläche steigt. Hierbei kann das Wasser allerdings nicht viel Sauerstoff aufnehmen, denn es ist dann meist schon gesättigt. Algen entlassen dagegen den Sauerstoff in mikroskopisch feinen Perlen, die sich gut im Wasser lösen, sodass bei sonniger, warmer Witterung Sauerstoffübersättigungen von bis zu 130 % in den obersten Wasserschichten nicht selten sind. In tieferen Zonen werden dagegen gewöhnlich recht geringe Werte gemessen.

Auch unter der winterlichen Eisdecke assimilieren viele Pflanzen (z. B. Wasserpest, Tannenwedel und Tausendblatt), sofern keine allzu mächtige Schneedecke die Lichteinstrahlung abschirmt. Die Sauerstoffblasen sammeln sich im Pflanzengewirr und unter der Eisdecke, wo sie schließlich einfrieren. Viele luftatmende Wasserinsekten, die dann von der Oberfläche abgeschnitten sind, suchen sie zur Erneuerung ihres Luftvorrats auf. So bleibt der gesamte Wasserkörper des Weihers auch im Winter recht sauerstoffreich. Deshalb unternehmen flugfähige Wasserinsekten wie Ruderwanzen oder Wasserkäfer im Herbst weite Flüge, um in pflanzenreiche Überwinterungsgewässer zu gelangen.

Die geringe Tiefe des Weihers ermöglicht nicht nur eine ungeheure Artenfülle, sie hat auch Konsequenzen für den **Stoffhaushalt**. Der üppige Pflanzenbestand führt zur Anhäufung dicker Schichten abgestorbener, verwesender Pflanzenteile auf dem Weihergrund. Infolge der hohen Tiefentemperaturen des Weihers (im Sommer bis zu 20 °C) zersetzen sie sich in kürzester Zeit, jedenfalls doppelt bis dreifach so schnell wie im nur etwa 4 °C warmen Wasser am Grund von Seen. Vorgänge, für die in einem tiefen See ein Jahr benötigt wird, können hier an einem einzigen Tag erfolgen.

In dieser Hinsicht wie auch in der während der Sommermonate sehr beträchtlichen Verdunstung ähneln die Weiher Mitteleuropas den Seen der Tropen. Die Endverbindungen des pflanzlichen Zerfalls werden von dem kolloidreichen Bodenschlamm, dem eigentlichen Nährstoffspeicher des Weihers, aufgenommen. Sie bleiben aber nicht auf lange Zeit im Bodenschlamm festgelegt, der übrigens ein reiches Tierleben beherbergt. Vielmehr können sie schon in kurzen Abständen wieder der Gesamtmenge beigemischt werden. Dies hängt mit der Durchmischung und der **Temperaturschichtung** des Wasserkörpers zusammen.

Die Besonderheiten des Weihers werden bei einem vergleichenden Blick auf die Seen gemäßigter Zonen verständlich: In **Seen** lagern im Winter kühlere Wasserschichten von 1–3 °C über dem Tiefenwasser von 4 °C (S. 14). Umgekehrt liegt im Sommer wärmeres Oberflächenwasser über dem auch dann rund 4 °C warmen Wasser der Tiefe. In diesem Zustand der sogenannten Winter- bzw. Sommerstagnation findet nur ein geringer Wärme- und Stoffaustausch zwischen der Oberflächenschicht (Epilimnion) und dem Tiefenwasser (Hypolimnion) statt. Beide Schichten sind durch eine Zone mit steilem Temperaturgefälle (Metalimnion, Sprungschicht) getrennt. Nur in den Übergangsjahreszeiten werden die Wassermassen entsprechend der Erwärmung oder Abkühlung von der Oberfläche her umgeschichtet (Frühjahrs- bzw. Herbstvollzirkulation). Beträgt in einem See die Temperaturspanne zwischen Oberfläche und Boden im Sommer rund 20 °C, so ist sie beim Weiher dank der viel höheren Bodentemperatur auf höchstens 10 °C herabgesetzt. Daher kühlt der Weiher, dessen verhältnismäßig kleine Wassermasse sich der Lufttemperatur ohnehin leichter angleicht, schon in jeder strahlungsklaren, kalten Sommernacht, erst recht aber beim Wechsel von sonnigem zu trübem, regnerischem Wetter bis zum Grund aus, und seine gesamte Wassermasse wird umgeschichtet. Zumindest Teilzirkulationen, die umso tiefer reichen, je seichter der Weiher ist, erfolgen fast täglich. Die Umschichtungen betreffen auch die im Wasser gelösten Stoffe, von denen das Kohlendioxid und die Nährsalze für das Pflanzenleben ganz besonders bedeutungsvoll sind. So konnten 1000 mg/l Phosphat (P_2O_5), die bei einer Probe dicht über dem Boden eines Teiches gelagert wurden, schon nach wenigen Stunden über das ganze Wasser verteilt sein. Diese Vorgänge ermöglichen insbesondere bei flachen Teichen die häufigen, oft plötzlichen Massenentfaltungen pflanzlichen Planktons und führen zu den bekannten Wasserblüten, die einen Weiher bisweilen über Nacht grün färben.

Der starke Pflanzenbestand verbraucht die Nährstoffe des Wassers wegen der günstigen Licht- und Temperaturverhältnisse sehr schnell und führt sie nach dem Absterben wieder dem Schlamm zu. Starke Schwankungen des Nährstoffgehalts sind daher die Regel. Zur Zeit der herbstlichen Verrottung der Pflanzen des Weiherbodens und der Uferzone entstehen im Bereich des Bodenschlamms große Mengen Ammoniak, während gleichzeitig die Sauerstofferzeugung durch die Pflanzen den niedrigsten Wert des Jahres erreicht. Zudem schichtet sich während dieser Jahreszeit wegen der großen Temperaturgegensätze zwischen Tag und Nacht das Wasser besonders häufig um und verteilt so den vielen Ammoniak und den wenigen Sauerstoff auf die Gesamtwassermenge. Trotzdem kommt es in natürlichen Weihern höchst selten zu völligem Sauerstoffschwund, welcher für die meisten Tiere tödlich wäre.

Recht auffällig ist die außerordentlich hohe Erwärmung des Uferwassers (etwa bis zu 20 Zentimeter Tiefe) schon an klaren Frosttagen des zeitigen Frühjahrs. Die Höchstwerte werden in den frühen Nachmittagsstunden erreicht, v. a. an nördlichen Ufern, die der Besonnung vom Süden her ausgesetzt sind. Die Erwärmung ist über dunklem Grund, wie Erde oder faulenden, schwarzbraunen Blättern, bedeutend stärker als über hellem Sand. Wesenberg-Lund (1939)

maß z. B. am eisfreien Rand eines Weihers, dessen übrige Oberfläche noch von Eis bedeckt war, einen halben Meter vom Eis entfernt 16 °C. Die Temperatur betrug 5 °C in der Luft und 1 °C in einem ins Eis geschlagenen Wasserloch.
Die hohen Ufertemperaturen sind für das Leben im Weiher bedeutungsvoll. Hier sprießen die ersten neuen Triebe der Wasser- und Uferpflanzen bereits kräftig und die ganze Tierwelt des Weihers strömt hier zusammen. Fische und Lurche laichen, die Larven von Eintagsfliegen und Libellen machen ihre letzten Häutungen durch, und Hüpferlinge, Milben, Wasserkäfer und -wanzen schreiten zur Fortpflanzung. In windgeschützten Buchten kann man an heißen Sommertagen über 30 °C messen.

Bild 13. Dorfteiche gehören zu den typischen nährstoffreichen Gewässern mit reichem Algenwachstum und einer Decke aus Wasserlinsen.

Der Wind, der die Wellen der Seen aufwirft, kann die Oberfläche des Weihers nur kräuseln. Der Weiher hat daher kein Brandungsufer und keine an das bewegte Wasser dieser Zone angepasste Tierwelt. Seine Bewohner sind durchweg Formen des stillen, ruhenden (lenitischen) Wassers. Sie vertragen beträchtliche Schwankungen der Wassertemperatur und des Sauerstoffgehalts. Das Ufer kann daher vollständig von höheren Wasserpflanzen umsäumt sein. Auch dies unterscheidet ihn von Seen. Ein Sondertyp der meist weiherartigen Kleingewässer sind die oft kreisrunden **Sölle** (Einzahl Soll), die ihren Ursprung in eiszeitlichen Toteislöchern haben.
Auf die Vielfalt der **Seen** und weitere Besonderheiten dieser noch stärker zonierten Gewässer sei hier aber nicht weiter eingegangen, zumal das Profundal der Beobachtung schwer zugänglich ist und zu weiteren Phänomenen führt (wie tagesperiodischen Wanderungen des Planktons von der durchlichteten Zone bis ins Benthal), deren Besprechung den hier gesteckten Rahmen überschreiten würde. Viele der vorgestellten Tier- und Pflanzenarten wird man aber auch in bzw. an Seen entdecken können.
Fisch- und Dorfteiche sind Gewässertypen, die erst durch die Tätigkeiten des Menschen entstanden sind. Bewirtschaftete Fischteiche werden häufig im Herbst abgelassen, über den Winter trockengelegt, mit Ätzkalk bestreut und gedüngt. Beide Maßnahmen führen zu Abweichungen vom Stoffkreislauf und der Lebenswelt des natürlichen Weihers. Besondere Bedingungen herrschen in den heute seltenen Dorfteichen (Bild 13), in die früher häufig Jauche oder Gülle eingeleitet wurde oder unterirdisch einsickerte. Hier wurden die Zehrungsprozesse durch die Überdüngung so gewaltig verstärkt, dass nur noch in den obersten, nur wenige Zentimeter oder Millimeter mächtigen Wasserschichten durch Diffusion aus der Luft oder durch die Assimilationstätigkeit einzelliger Algen (Eugleniden) während der Tagesstun-

Bild 14. Schmelzwassertümpel im Bergland. Manchmal liegen sie in vom Vieh genutzten Flächen.

den Sauerstoff vorhanden ist, bisweilen sogar in gewisser Übersättigung. Auch wenn die Einleitung von Abwässern in Gewässer längst verboten ist, kommt es in vernachlässigten Teichen gelegentlich infolge einer Überdüngung zu einer Massenentwicklung von Schwefelbakterien und Wimpertierchen. Erstaunlicherweise finden in solchen Gewässern oft noch Kleinkrebse wie *Daphnia pulex*, *D. magna* und *Moina brachiata* Lebensmöglichkeiten, wenigstens solange nicht ein dichter Teppich von Wasserlinsen den ganzen Wasserspiegel bedeckt. Dieser Entwicklungszustand lässt mit hoher Sicherheit auf stärkere Schwefelwasserstoff-Bildung im Bodenschlamm schließen. Nachts, meist in den frühen Morgenstunden, wenn die dünne, sauerstoffhaltige Oberflächenschicht in die Tiefe abgesunken und der Sauerstoff durch die Zehrungsvorgänge verbraucht ist, kommt es zu völligem Sauerstoffschwund; bei Fischbesatz kommt es dann zu dem gefürchteten Fischsterben. Dorfteiche, die gelegentlich auch als Feuerlöschteiche genutzt wurden und als Wasserreservoir dienten, sowie aufgelassene Fischteiche sind vielerorts ökologisch aufgewertet worden, sodass sie wichtige Ersatzlebensräume für viele der inzwischen aus der Landschaft verschwundenen Klein- und Kleinstgewässer darstellen.

Periodische Gewässer: Tümpel

Tümpel nennen wir oft nur wenige Dezimeter tiefe Gewässer, die nicht ständig Wasser führen, sondern oft nur ein paar Wochen bis Monate im Jahr. In der übrigen Zeit erinnert an sie eine eingetrocknete, rissige Schlammfläche. Solche vorübergehenden, periodischen Gewässer können auf verschiedene Weise entstehen. Schmelzwasser füllt im Frühjahr die Geländemulden, wenn die obersten Bodenschichten einigermaßen wasserundurchlässig sind (Bild 14). Im Sommer und Herbst werden sie oft durch lang dauernden Regen oder heftige Gewitter gespeist. Seltener verdanken Tümpel ihr Dasein dem Austritt von Grundwasser; in diesem Fall kann man an ihnen

Bild 15. Beschattete Waldtümpel können in manchen Jahren auch den Sommer über bestehen bleiben.

unmittelbar Schwankungen des Grundwasserspiegels verfolgen. Eine besondere, weil selten gewordene Art der Tümpel findet man in Überschwemmungsbereichen (Auen) von Flüssen, die meist im Frühjahr, im Herbst oder nach größeren Unwettern im Sommer entstehen. Sie sind wichtige Lebensräume von seltenen Amphibien sowie besonders urtümlichen Krebsen (S. 120). Auch entlang begradigter und eingedämmter Flüsse können solche Tümpel zur Zeit des Hochwassers entstehen. Sie werden dann von dem sogenannten Drängewasser (Qualmwasser) gespeist, das durch den aufgestauten Deich hindurchsickert und in Bodenmulden aufsteigt. Am längsten wasserführend sind die Waldtümpel (Bild 15), denn das Kronendach der Bäume schirmt die Sonnenstrahlung weitgehend ab und vermindert die Verdunstung. Tümpelartig sind auch die **Wasserlachen** („Pfützen"), temporäre Kleinstgewässer mit geringer Wassertiefe, die sporadisch auftreten.

Die Wassertemperatur dieser flachen Gewässer folgt weitgehend der Lufttemperatur und unterliegt daher großen Schwankungen. Nicht selten klettert an klaren Frühlingstagen die Temperatur einer der freien Sonneneinstrahlung ausgesetzten Wasserlache von 2–3 °C um vier Uhr früh auf über 30 °C am frühen Nachmittag. Wenn wir von den Waldtümpeln absehen, liegt die Wassertemperatur dieser Kleingewässer aber meist etwas höher als die der Luft. Dies rührt von der Wärmeabgabe des Untergrunds her, dem durch die dünne Wasserschicht noch ein hoher Teil der Sonnenwärme zugestrahlt werden kann. Temperaturschichtungen wie in tieferen Gewässern sind in den seichten Tümpeln nur selten, und dann sind sie von so kurzer Dauer, dass sie für die Lebewesen keine Bedeutung haben. Trotz des Mangels an assimilierenden Wasserpflanzen beträgt der Sauerstoffgehalt meist über 50 %, oft bedeutend mehr, da die im Verhältnis zu der dünnen Wasserschicht große Oberfläche reichliche Diffusion von Sauerstoff in das Wasser und eine gute Durchmischung gestattet. Der Gehalt des Tümpelwassers an bestimmten chemischen Verbindungen ist weitgehend von der Unterlage abhängig. Die Konzentration schwankt entsprechend der Wassermenge sehr stark. Das wichtigste Kennzeichen der Tümpel aber bleibt ihr periodisches Austrocknen, mag nun Verdunstung, Rückgang des Grundwassers, Nutzung als Viehtränke oder Ausfrieren bis zum Grund Ursache dafür sein.

Die geringe Wassermenge der Tümpel bedingt neben der periodischen Austrocknung auch die übrigen Eigentümlichkeiten dieses Lebensraums. Echte Wasserpflanzen können wegen der Kurzlebigkeit der Lebensstätten nicht Fuß fassen, dagegen finden sich Landpflanzen und gelegentlich Sumpfpflanzen, welche die kurze Überschwemmung vertragen.

Kleine Arten mit kurzer Generationsdauer sind dagegen in der Lage, einen Tümpel sehr rasch zu besiedeln. So findet man in Tümpeln und Lachen einige grüne, zur Fotosynthese fähige einzellige begeißelte Algen („Flagellaten"), die dort bisweilen zur Massenentwicklung kommen.

Besonders unter den Tieren gibt es eine Reihe von Spezialisten, die sich auf diese kurzlebigen Kleingewässer spezialisiert haben. Eine Schlüsselanpassung ist, dass sie zwischenzeitliche Austrocknung durch Dauerstadien im Boden überstehen können. Außer zahlreichen Einzellern, besonders Wurzelfüßern und Wimpertierchen, finden sich darunter regelmäßig viele Arten von Rädertierchen und rhabdocoelen Strudelwürmern. Fadenwürmer sind oft in großen Mengen unter Laub oder faulendem Holz am Grund der Lachen zu entdecken. Die eigentlichen Charakterarten aber sind verschiedene Gruppen der „Niederen Krebse": An erster Stelle sind die Kiemenfußkrebse mit den Gattungen *Branchipus* und *Eubranchipus*, die Rückenschaler (*Triops*, *Lepidurus*) und die Muschelschaler (*Limnadia*) zu nennen. Fast sämtliche Arten treten nur lokalisiert auf, sind selten und werden entsprechend in Roten Listen geführt. Diese Krebse sind nur während weniger Wochen im Frühjahr oder Frühsommer zu beobachten und bewohnen fast ausschließlich Gewässer, die in der fortgeschrittenen Jahreszeit austrocknen. Für viele dieser Arten ist nachgewiesen, dass die Entwicklung ihrer Eier erst dann bei Wiederbefeuchtung einsetzt, wenn sie eine gewisse Zeitspanne in trockenem oder gefrorenem Zustand waren.

Auch die Wasserflöhe (Daphnien) weisen einige für Tümpel typische Arten auf, z. B. mehrere *Moina*-Arten sowie *Daphnia pulex* und *D. magna*, die verschmutzte Regenlachen bevorzugen. Weiterhin finden wir viele Muschelkrebse, wie einige *Cypris*- und *Candona*-Arten, unter den Hüpferlingen *Diaptomus castor*, *Cyclops strenuus* und einige *Canthocamptus*-Arten.

Alle diese Tiere halten die hohen Temperatur- und Strahlungswerte ebenso gut aus wie die oft beträchtlichen Schwankungen der Wärme und Konzentration chemischer Stoffe. Die Zeit, die vom Schlüpfen aus dem Ei bis zur Geschlechtsreife verstreicht, beläuft sich bei den meisten der genannten Krebse auf weniger als 14 Tage. In Wasserlachen Berliner Parkanlagen waren innerhalb von sechs Tagen adulte *Moina*-Weibchen herangewachsen, deren Bruträume prall mit Embryonen gefüllt waren (Fürst von Lieven & Mangers 2014).

In der kurzen Zeitspanne, in der aktives Leben möglich ist, folgt dank kurzer Entwicklungszeiten Generation auf Generation. Dabei verzichten zahlreiche Arten auf zweigeschlechtliche Fortpflanzung. Das heißt, es entstehen viele Generationen hindurch immer nur Weibchen, die sich mithilfe unbefruchteter Eier (Jungfernzeugung, Parthenogenese) fortpflanzen. Eine Lache, die kurz nach ihrem Entstehen völlig unbelebt erscheint, kann wenige Wochen später einen roten Brei von Daphnien enthalten. Er-

Bild 16. Mit Regenwasser gefüllte Wagenspuren sind kurzlebige Biotope, die Unken gerne als Laichgewässer nutzen.

möglicht wird diese Massenvermehrung durch die hohen Wassertemperaturen, die die Stoffwechselvorgänge im Tierkörper wesentlich beschleunigen.

Die echten Tümpelarten haben verschiedene Strategien, die Trocken- und Frostzeiten zu überstehen. Kiemenfußkrebse, Rücken- und Muschelschaler haben meist besonders hartschalige Eier, die, mit Erde bedeckt, 9–15 Jahre im Trocknen liegen können, ohne ihre Entwicklungsfähigkeit zu verlieren. Die Dauereier der Daphnien sind durch sattelartige, verdickte Schalenteile (Ephippien) besonders geschützt und überstehen unbeschadet den Winter oder auch die Passage durch einen Vogeldarm (Verbreitungsmöglichkeit!).

Flohkrebse überdauern in Schlamm eingebettet bis zu 14 Monate und lufttrocken, ohne Schlamm, vier bis fünf Monate. Andere, wie manche Strudelwürmer, graben sich im Schlamm ein und schaffen sich durch die Ausscheidung von erstarrendem Schleim, der die umliegenden Erdteilchen fest verkittet, eine Schutzhülle gegen die tödliche Verdunstung. Viele Rädertiere, Muschel- und Ruderfußkrebse können in ihren Jugendformen ebenso wie in erwachsenem Zustand in Trockenstarre ohne jede Schutzhülle lange Zeitspannen überdauern und bei Anfeuchtung wieder „zum Leben erwachen" (manche Fadenwürmer überstehen als Dauerlarve über zehn Jahre). Einige Wassermilben haben die Strategie, die Trockenheit an einem Wirt zu überdauern.

Die verschieden gearteten Dauerstadien können mit dem staubtrockenen Schlamm oft weit verbreitet werden. Viel seltener ist die Verschleppung durch Wasservögel und Insekten (z. B. Ephippien von *Moina* durch den Rückenschwimmer *Notonecta glauca*; Fürst von Lieven & Mangers 2014).

Die Kurzlebigkeit dieser Kleinstbiotope hat für die Besiedler den Vorteil, dass sie wenig Konkurrenz durch andere Arten haben und der Feinddruck gering ist. Doch es gibt auch Risiken: Für die Larven der Gelbbauchunke, die häufig in zeitweise wasserführenden Tümpeln ablaicht (Bild 16), besteht die Gefahr, ihre Metamorphose vor dem Austrocknen der Tümpel nicht vollenden zu können. Ein ähnliches Schicksal erleiden oft

die Larven von Köcherfliegen (insbesondere Limnephiliden), Stechmücken, Schwimm- und Taumelkäfern.
Noch extremer sind die Bedingungen in Hochgebirgstümpeln. Ihre Tierwelt ist artenärmer als die der Flachlandtümpel und keineswegs einheitlich. In nahrungsreicheren Hochgebirgstümpeln kann man zahlreiche Fadenwürmer, Zuckmückenlarven, Ruderfußkrebse, Rädertierchen, Larven von Schwimmkäfern und Wasserwanzen antreffen. Diese Tümpel werden auch vom Bergmolch zur Eiablage aufgesucht. Eine bemerkenswerte und seltene Erscheinung sind leuchtend rot gefärbte Tümpel, die im Volksmund „Blutseen" genannt werden. Meist sind es besonders flache, stark durchwärmte, nährstoffreiche Almtümpel mit einem lehmig schlammigen Boden, deren Farbe auf den rot gefärbten Einzeller *Euglena sanguinea* zurückgeht.

Hochmoore, Torfstiche

Hochmoore können sich nur in niederschlagsreichen Gebieten bilden, in denen wasserundurchlässige Schichten anstehen, die den Abfluss verhindern. Sie sind durch ein Mosaik von kissenförmigen, hauptsächlich von Torfmoosen gebildeten Buckeln (Bulten) und wassergefüllten Senken (Schlenken) gekennzeichnet. Für diese stark durch die Vegetation geprägten kleineren oder größeren Gewässer gibt es mehrere, differenzierende Bezeichnungen (Schlenken, Blänken, Kolke); einige größere erinnern an Weiher. Es sind Gewässer eigenartiger Prägung (S. 84, Bild 41): Ihre Lebensgemeinschaft ist außerordentlich artenarm. Höhere Wasserpflanzen suchen wir oft vergeblich, finden aber auch nur wenige Arten viel- und einzelliger Algen. Die reichste Tierwelt lebt noch im zerlappten Schwingpolstergürtel des Uferrands, der der Schilf- und Schwimmpflanzenzone gewöhnlicher Weiher entspricht. Mehrere Arten von Wassermilben, v. a. rote Formen und solche mit

Bild 17. Torfstich im Hochmoor.

kräftigem Chitinpanzer, rudern langsam zwischen den Torfmoosblättchen umher. Sehr regelmäßig treffen wir hier die Larve der Libelle *Leucorrhinia dubia* an, die Hochmoorgewässer allen anderen vorzuziehen scheint, daneben auch Larven von *Aeshna cyanea*, *Libellula quadrimaculata*, *Cordulia aenea*, *Sympetrum flaveolum* und *S. vulgatum* und die eine oder andere Köcherfliegenlarve. Dazu kommen die Larven verschiedener Zuckmücken.
Auch im Plankton findet man nur ein paar Arten, die allerdings große Individuenzahlen erreichen können, wie z. B. die Charakterart der Hochmoorweiher oder Blänken, der kleine, grüngelbe Lappenkrebs *Acantholeberis curvirostris*, weiterhin einige *Chydorus*-Arten, besonders *Chydorus sphaericus*, *Bosmina longirostris* und *Sida crys-*

tallina. Regelmäßig stehen die durchsichtigen, gelblichen Larven der Büschelmücke *Chaoborus crystallinus* ruhig schwebend im dunklen Wasser.
Das Nekton der Hochmoorgewässer ist nur durch den Rückenschwimmer (*Notonecta*), die Schwimmwanze (*Ilyocoris cimicoides*) und einige Schwimmkäfer vertreten, von denen in erster Linie der Furchenschwimmer (*Acilius sulcatus*) zu nennen ist. Häufig, allerdings nicht ausschließlich in Hochmooren anzutreffen, ist schließlich die Wasserspinne *Argyroneta aquatica*.
Noch besser als durch ihre wenigen Bewohner ist die Tierwelt der Hochmoorblänken durch das völlige Fehlen ganzer Gruppen von Süßwassertieren gekennzeichnet, die in anderen Gewässern vergleichbarer Größenordnung eine bedeutsame Rolle spielen. Dies gilt für wichtige Familien der Rädertiere, die Strudelwürmer, Wenigborster, Egel, die Höheren Krebse (Flohkrebs, Wasserassel), die Gattungen *Daphnia* und *Simocephalus* der Wasserflöhe, für die Muschelkrebse, die meisten Ruderfußkrebse, die Schnecken und Muscheln sowie für sehr viele Larven von Wasserinsekten, z. B. die der Eintagsfliegen, der Schlammfliege *Sialis* und der Stechmücken.
Wie ist diese auffällige Artenarmut zu erklären? Zunächst durch die besonderen Temperaturverhältnisse des Hochmoors: Der nasse, an Humuskolloiden reiche Moorboden ist ein sehr schlechter Wärmeleiter. Daher kommt es auf der Hochmooroberfläche zu großen Temperaturschwankungen zwischen Tag und Nacht. Diese treten insbesondere in den kleinen, wassergefüllten Senken zwischen den Torfmoospolstern auf, den nur wenige Zentimeter tiefen Schlenken und in den oberen Schichten der Blänken. Sie halten alle stenothermen Tiere von den Moosgewässern fern. In der Tiefe der Moorweiher, etwa unterhalb 1–1,3 Meter, machen sich die Temperaturschwankungen aber wegen der abschirmenden Wirkung der dicken Torfschichten kaum mehr bemerkbar. Dort könnten auch kälteliebende Arten leben.
Durch die viele Meter mächtige Torfdecke ist das Hochmoor vom mineralischen Untergrund und dessen Grundwasser völlig abgeschlossen. Auch die Wasserläufe der Umgebung berühren oder durchschneiden höchstens die Randgebiete des Hochmoors wegen dessen schildförmiger Aufwölbung. Daher ist sein Wasser rein atmosphärischen Ursprungs, es wird nur durch Regenwasser gespeist („Regenmoor" im Gegensatz zu den grundwassergespeisten Quellmooren, vgl. S. 20). Das Niederschlagswasser ist frei von jenen Mineralstoffen, die das aus der Erde quellende Wasser aus den durchflossenen Gesteinsschichten löst und die für viele Tiere von lebenswichtiger Bedeutung sind. Auf den Kalkmangel dürfte auch das Fehlen von Schnecken, Muscheln und Höheren Krebsen zurückgehen, die in ihre Exoskelette Kalksalze einbauen.
Die wichtigste und für eine reiche Tierbesiedlung ungünstigste Eigenschaft des Hochmoorwassers ist aber seine Säure. Der pH-Wert liegt immer unter 5. In den mittleren Teilen intakter Hochmoore misst man meist pH-Werte zwischen 3,2 und 4,0. Dieser Säuregrad beruht im Wesentlichen auf dem Ionenaustausch der Torfmoose (*Sphagnum*-Arten). Diese sind gezwungen, ihren Nährsalzbedarf mit ihrer ganzen Oberfläche aus den im Niederschlagswasser gelösten Stoffen, aus Flugstaub und gelegentlich aus Pflanzen- und Tierresten zu decken. Durch elektrochemische Umsetzungen in ihren Zellen erzeugen sie positiv geladene Wasserstoffionen, die sie gegen Kationen aus den soeben erwähnten Stoffquellen austauschen. Der ständige Überschuss an Wasserstoffionen verursacht die saure Reaktion des Hochmoorwassers. Diese wirkt auf zahlreiche Wassertiere mehr oder weniger schädigend, häufig tödlich. Möglicherweise wirken auch die Huminsäuren an sich giftig.
Die saure Reaktion des Hochmoorwassers ist auch für seine Nährstoffarmut verant-

wortlich. Saures Wasser tötet Bakterien und ohne diese gibt es auch keine Zersetzung und damit keinen richtigen Stoffkreislauf. Die abgestorbenen Pflanzenreste und Tierleichen werden vielmehr konserviert.
In dem nahrungsarmen Wasser können sich einzellige Algen – wichtige Primärproduzenten – nur mäßig entwickeln. Entsprechend ist das tierische Plankton nur gering vertreten.
Trotzdem schwebt viel Detritus im Moorwasser. Er schlägt sich im Planktonnetz als gelbbraune, schleimige Substanz nieder. Es handelt sich dabei aber um ausgeflockte und eingeschwemmte Humuskolloide, die offenbar für die allermeisten Detritusfresser nicht verwertbar sind.
Schließlich ist das Hochmoorwasser noch sehr sauerstoffarm. Besonders die seichten Schlenken sind oft nahezu sauerstofffrei. Das gilt auch für die tieferen Wasserschichten der Blänken. Die riesigen Mengen oxidierbarer Humusstoffe bedingen stärkste Sauerstoffzehrung. Torfbildung erfolgt überhaupt nur bei spärlichem Sauerstoffgehalt.
Armut an Nährstoffen, Mineralsalzen und Sauerstoff, hoher Säuregrad und Gehalt an Huminsäuren sowie beträchtliche Temperaturschwankungen sind also die charakteristischen Eigenschaften des Hochmoorwassers, denen nur wenige Tierarten gewachsen sind.

Salzgewässer

Eine Reihe hinsichtlich Ausdehnung, Tiefe, Temperatur- und Sauerstoffverhältnissen sowie der Dauer der Wasserführung höchst unterschiedlicher Gewässer eint eine Besonderheit, die eine zusammenfassende Beschreibung rechtfertigt: Es sind Gewässer, die durch den mehr oder weniger hohen Salzgehalt ihres Wassers geprägt sind. Die Salinität kann sehr gering sein, aber auch bis über 20 % betragen. Hohe Salzkonzentrationen kann man an den grauweißen, auskristallisierten Krusten erkennen, die die Gewässerränder und teilweise sogar die Wasseroberfläche bedecken. Ihre Entstehung verdanken die Salzgewässer verschiedenen Ursachen.
Im **Küstengebiet** liegen häufig seichte Gewässer oder Strandseen landeinwärts dicht hinter dem Strand. Sie sind in den ehemaligen Meeresboden eingebettet, der heute zu Wiesengelände geworden ist. Ihr Salzgehalt kann erheblich schwanken. Bei Sturmflut eilen die Brandungswellen über sie hinweg und füllen sie mit frischem Meerwasser. Lange Regenzeiten führen dagegen zu beträchtlicher Aussüßung, wogegen sommerliche Hitze und Trockenheit durch die Wasserverdunstung starke Erhöhungen des Salzgehalts bedingen können.
Anstelle von Schilf und Rohrkolben sind die **Salzwiesengewässer** meist von Binsen und Sauergräsern besiedelt. Die Wasserpflanzen stehen oft so dicht, dass das Wasser selbst kaum mehr durchschimmert. Besonders Wasserhahnenfuß, der nach dem Austrocknen eine Landform entwickelt, und Tannenwedel, der ebenfalls im Trockenen weiterwächst, bilden dichte „Wälder", durchsetzt von dicken Watten grüner Fadenalgen.
Die Tierwelt besteht überwiegend aus Arten, die man auch in anderen Kleingewässern findet. Auffällig ist aber, dass einige Tiergruppen völlig fehlen oder nur durch wenige Arten vertreten sind. Dies gilt insbesondere für die Egel, Muscheln, Schnecken, Wassermilben und die Larven weniger Eintagsfliegen und Libellen (*Sympetrum striolatum*). Die meisten Arten vertragen offensichtlich sogar den schwachen Salzgehalt nicht. Strandnahe Tümpel oder dauerhaft wasserführende Gewässer sind also durch eine verarmte Süßwasserlebensgemeinschaft gekennzeichnet, in der salzempfindliche Tiere fehlen und zu der bisweilen auch salzliebende (halophile) oder salztolerante (halotolerante) Arten hinzukommen. Ein anderes Bild bieten die Tümpel im Einflussbereich der Gezeiten, die bei jeder Flut von den Wellen überspült werden. Schon ihre

Umgebung ist durch echte salzliebende Pflanzen (Halophyten) wie Strandhafer, Stranddisteln und Queller gekennzeichnet. Im Wasser fehlen Höhere Pflanzen, dafür schweben große Mengen von Algen als fädige Matten in ihnen oder liegen als weitflächige Polster auf der Oberfläche.
Auf dem Grund lagern dicke Schichten von Detritus, der hauptsächlich von eingeschwemmten und hier absterbenden Meeresalgen stammt. Die starken Fäulnisprozesse verlaufen unter Entstehung von Schwefelwasserstoff und einer Massenentwicklung von Schwefelbakterien, die den Boden rosarot oder weiß färben können. Diese Fäulnis ertragen nur wenige typische Brackwasserarten, echte Meerestiere hingegen gar nicht, ausgenommen dem Flohkrebs *Gammarus locusta*.
Die Lebensbedingungen in diesen Salzwassertümpeln des Strandbereichs ähneln sehr denen der **Salzgewässer des Binnenlands**, denn wo salzhaltiges Gestein ansteht und salzhaltiges Quellwasser zutage tritt, können sich auch weit von der Küste entfernt Salzwasser führende Sümpfe, Tümpel und Gräben bilden. In Deutschland gibt es nicht viele derartige Vorkommen. Bis zu einem Salzgehalt von ungefähr 2,5 % herrscht noch eine große Artenfülle; unter den noch zahlreichen Wasserinsekten sind bereits auch solche, die offensichtlich salziges Wasser bevorzugen (Halophile), insbesondere bestimmte Mückenlarven wie *Chironomus aprilinus*, *Ch. salinarius* und *Ochlerotatus dorsalis*. Je höher der Salzgehalt ist, desto geringer ist die Artenzahl, desto größer ist aber der Individuenreichtum der wenigen noch vorhandenen Arten. Ab einem Salzgehalt von etwa 10 % verschwinden auch die Halophilen immer mehr, bis schließlich die echten Salzwasserbewohner, die Halobionten, das Feld beherrschen. Dazu gehören die Larven der Zuckmücke *Halocladius varians*, die der Salzwasserfliege *Ephydra* mit verschiedenen Arten und einige kleine Wasserkäfer, wie *Enochrus bicolor* und *Ochthebius marinus*. Den höchsten Salzgehalt (etwa 20 %) vertragen die *Ephydra*-Larven, der Salinenkrebs (*Artemia salina*) und der Hüpferling *Arctodiaptomus salinus*. Die beiden zuletzt genannten Arten bevölkern Salzwassertümpel bisweilen in so riesigen Mengen, dass das Wasser wegen ihres hohen Hämoglobin- bzw. Astaxanthingehalts rot zu sein scheint.
Sicherlich sind die Halophilen und erst recht die Halobionten in besonderer Weise für das Leben in ihrem salzreichen Lebensraum ausgerüstet. Die Körperbedeckung zahlreicher Wassertiere ist nämlich nicht nur für Wasser, sondern auch für die meisten Ionen durchlässig. Bewohner von Salzgewässern müssen also in der Lage sein, einerseits den osmotischen Wasserverlust an das höher konzentrierte äußere Medium möglichst niedrig zu halten und Ersatzwasser aufzunehmen, andererseits aber auch die Bildung eines Ionenüberschusses im Körper zu verhindern. Zudem müssen die Gewebe dieser Tiere auch gewisse Schwankungen des osmotischen Drucks und der Ionenkonzentration in ihrem Körper aushalten können, nicht zuletzt, weil die Konzentration des Salzgehalts ihrer Lebensstätte zwischen recht unterschiedlichen Extremwerten hin- und herpendelt.
Es ist aber wohl nicht in erster Linie die Höhe des Salzgehalts, sondern v. a. die chemische Zusammensetzung eines Gewässers, die über Artenfülle und -bestand entscheidet. Gewässer mit ausgeglichenem Salzgemisch haben eine reichere Tierwelt als diejenigen, in denen ein bestimmtes Salz überwiegt.
Die eben besprochenen wohlumgrenzten Salzgewässer können nicht mit den Lebensstätten in der Mündungszone von Flüssen (Ästuar) gleichgestellt werden, die durch die Mischung von Meer- und Süßwasser geprägt sind. Dieses **Brackwasser** weist einen Salzgehalt auf, der kontinuierlich bis zum Meer hin ansteigt. Der Brackwasserbereich ist für Meeresorganismen wie für Lebewesen der Binnengewässer zugäng-

lich. So setzt sich denn auch die Tierwelt des Brackwassers etwa zu gleichen Teilen aus echten Meerestieren und salztoleranten Süßwassertieren zusammen, während bei den binnenländischen Salzgewässern echte Meerestiere fast ausnahmslos fehlen. In den Ästuaren kommen aber auch typische Brackwasserformen vor, wie der Keulenpolyp *Cordylophora caspia*. An Süßwassertieren sind im Brackwasser unter anderem folgende Arten vertreten: der Schwamm *Ephydatia fluviatilis*, die Strudelwürmer *Dendrocoelum lacteum* und *Planaria torva*, die Wenigborster *Nais elinguis* und *Stylaria lacustris*, die Schnecken *Potamopyrgus antipodarum*, *Theodoxus fluviatilis*, *Bithynia tentaculata* und *Radix balthica* sowie erschiedene Zuckmückenlarven (z. B. Nellen 1967).

Kiesgruben

Fast überall in unserer Landschaft entlang von Flüssen werden Rohstoffe für die Bauwirtschaft gewonnen. Je nach den geologischen Gegebenheiten handelt es sich um unterschiedliche Materialien wie Ton, Lehm, Sand und Kies oder um Gesteine wie Basalt, Granit, Bims, Sand- und Kalkstein. Viele dieser Abbaustätten füllen sich aus dem Grundwasser oder auch durch oberflächlichen Zufluss ganz oder teilweise mit Wasser und werden so zu Weihern, manchmal auch zu Seen. Nicht selten werden sie fischereilich genutzt oder als „Freizeitgewässer" für den Wassersport ausgebaut, womit eine besondere Rekultivierung des Uferbereichs verbunden ist. Häufig werden solche neu entstandenen Gewässer aber auch sich selbst überlassen oder durch vorsichtige Gestaltung der Uferbereiche einer naturnahen Entwicklung zugeführt (Bild 18). Größere Abbaustätten enthalten neben diesen Gewässern eine Vielzahl anderer Biotope, wie Steilwände, Geröllhalden, verdichtete Fahrspuren mit Pfützen, Quellbereiche, Tümpel, Hänge unterschiedlicher Steilheit und Exposition. In einer Kulturlandschaft, die oft an natürlichen Elementen verarmt ist, können

Bild 18. Aufgelassene Kiesgruben füllen sich mit Grundwasser und können sich im Laufe der Zeit zu wertvollen Ersatzbiotopen entwickeln, die vielfältige Beobachtungsmöglichkeiten bieten.

Bild 19. Die Gelbbauchunke nutzt Kleingewässer wie Lachen und temporäre Fahrrinnen.

sich solche Abbaustätten zu wertvollen Biotopen entwickeln und einen gewissen Ersatz für viele andernorts zerstörte Lebensräume von Pflanzen und Tieren darstellen.

Aus der Vielzahl verschiedenartiger, durch Abbau oder Abgrabung entstandener Gewässer wird der Kiesweiher stellvertretend für alle übrigen näher betrachtet. Seine Herkunft verdankt er in der Regel einer Kiesbaggerung im Grundwasserbereich. Da viele Kiesvorkommen von großen Grundwasserströmen durchzogen werden, wird der Kiesweiher von den Eigenarten des Grundwassers entscheidend geprägt. Vor allem die neu entstandenen Baggerweiher oder -seen werden – genau wie vorher der Kies in seiner natürlichen Lagerung – vom Grundwasser langsam durchströmt. Die Wasseraustauschrate ist oft erstaunlich hoch, das Wasser des Weihers wird laufend erneuert. Wer in Kiesweihern badet, macht die Erfahrung, dass es im Wasser wärmere und kältere Bereiche gibt. Die kälteren Stellen liegen dort, wo das Grundwasser einströmt, das stets gleichmäßig kühl ist. Im Winter, wenn das Grundwasser wärmer als die Luft ist, bleiben diese Stellen oft eisfrei und bieten Wasservögeln Aufenthalts- oder Ernährungsmöglichkeiten.

In vielen Kiesgebieten schwankt der Grundwasserspiegel während des Jahres. Diese Schwankung teilt sich auch den Kiesweihern mit, sodass Schwankungsbereiche von zwei bis drei Meter keine Seltenheit sind. Damit fallen flache Uferpartien im Jahresverlauf zeitweise trocken. Diese Schwankungen sind allerdings nicht so ausgeprägt mit hohen Veränderungen der Temperatur und der Konzentrationen chemischer Stoffe verbunden wie bei den Tümpeln. Eine Eigenart junger, weitgehend unbeeinflusster Kiesweiher ist ihre Nährstoffarmut (Oligotrophie), die ebenfalls auf die Speisung durch Grundwasser zurückzuführen ist. Dies ist eine Parallele zu nährstoffarmen, oligotrophen Seen, die beispielsweise durch die Eiszeiten in Mitteleuropa entstanden sind.

Da nährstoffarme Gewässer in der Kulturlandschaft Mitteleuropas selten geworden sind, kommt den oligotrophen Kiesweihern eine wichtige Bedeutung zu. Ein neu entstandener Kiesweiher bietet darüber hinaus die Möglichkeit, die Besiedlung mit Pflanzen und Tieren praktisch von der „Stunde null“ an zu beobachten. Wenn der Abbau beendet ist und der Mensch nicht weiter störend eingreift (was besonders häufig etwa durch Besatz mit Fischen durch Angler geschieht), haben wir gewissermaßen ein jungfräuliches Gewässer vor uns, gefüllt mit kaltem, klarem und nährstoffarmem Grundwasser, das selbst Kleinorganismen kaum Nahrung bietet. Erst nach und nach stellen sich hier die ersten Besiedler ein. Im Wasser erscheinen frei schwimmende Algen, die ihm eine gelblich oder bläulich grüne Färbung verleihen. Am gut belichteten Gewässergrund beginnen Rasen von Armleuchteralgen (Characeae) zu wachsen. Bald werden aber auch Höhere Pflanzen zu sehen sein, deren Samen durch den Wind oder durch Wasservögel – die gelegentlich auch Spross- oder Rhizomstücke mit sich tragen – in das Gewässer gelangen. Froschlöffel, Breitblättriger Rohrkolben, Blutweiderich sowie einige Seggen- und Binsen-Arten setzen erste grüne Tupfer in die Uferzone.

Erst später gesellen sich zu diesen Pionierpflanzen die eigentlichen Röhrichtarten wie Schilf (*Phragmites australis*), Teich-Binse und im Zuge der natürlichen Nährstoffanreicherung auch Gelbe Schwertlilie, Pfeilkraut und Ästiger Igelkolben. In der Flachwasserzone vor dem Röhricht stellen sich Laichkräuter (*Potamogeton*-Arten), seltener auch Spreizender Hahnenfuß (*Ranunculus circinatus*) und Wasserknöterich (*Persicaria amphibia*) ein. Erst relativ spät folgen die Teichrosen, manchmal auch die Weiße Seerose.

Die Entwicklung der Röhrichte, der Schwimmblatt- und anderen Wasserpflanzen-Gesellschaften verläuft oft recht einseitig, sodass die Pflanzendecke über längere Zeit artenarm bleiben kann. Bis sich eine wirklich artenreiche Ufervegetation wie bei natürlichen Gewässern gebildet hat, können 20–30 Jahre vergehen. Für diese natürliche Abfolge der Artengemeinschaft (Sukzession) ist es von großem Vorteil, wenn in der Nähe des Kiesweihers ein natürlicher Weiher oder See oder auch ein Altwasser eines Flusses vorhanden ist, von dessen Artenbestand das junge Gewässer rasch besiedelt werden kann.

Ähnlich zufällig und oft auch einseitig verläuft die Besiedlung des jungen Kiesweihers mit Tieren. Zunächst siedeln sich hauptsächlich wirbellose Tiere an. Bekanntlich suchen viele Insekten nach Vollendung ihrer Entwicklung durch Ausbreitungsflüge neue Lebensstätten. Von vielen Wasserinsekten wie z. B. Schwimmkäfern und Wasserwanzen (z. B. Notonectidae und Corixidae) ist bekannt, dass sie spiegelnde Wasserflächen gezielt anfliegen (sie landen daher gelegentlich auch auf horizontalen Glasflächen oder spiegelndem Asphalt). Libellen stellen sich erst ein, wenn sich die ersten Pflanzen angesiedelt haben. Typischer Erstbesiedler ist die Vierflecklibelle. Trotz aller Zufälligkeiten geht aber die Besiedelung eines Kiesweihers keinesfalls regellos vor sich. Die ersten wirbellosen Besiedler sind – entsprechend der Vegetationsentwicklung – Algenverzehrer wie z. B. manche Zuckmücken oder Ruderwanzen. Erst dann können räuberische (carnivore) Arten wie Wasserläufer und Schwimmkäfer Fuß fassen. Hat sich eine durchgehende Ufervegetation entwickelt, so folgen in Abhängigkeit ihrer Artenzusammensetzung viele pflanzenfressende Arten von Wirbellosen und mit dem Absterben von Pflanzenteilen auch die ersten Abfallverzehrer (detritophage und saprophage Arten).

Durch Zufälligkeiten bedingt, treten ähnlich wie bei den einzelligen Algen auch einzelne Kleintierarten oft in Massen auf. So können Wasserflohkrebse, Ruderfüßer und Muschelkrebse unvorhersehbar in sehr großen Populationen erscheinen.

Kiesweiher haben aber auch für Amphibien eine große Anziehungskraft. Der Großteil ihrer Laichplätze liegt heute in solchen Sekundärgewässern. Gerade die fischfreien, von der Sonne schnell durchwärmten, flachen Weiher, die nach dem Durchlaufen ihrer ersten Entwicklungsstadien ein reichhaltiges Nahrungsangebot aus Algen und Kleintieren enthalten, sind eine ideale Kinderstube für Lurche. In vielen Kiesweihern, aber auch in Sand- und Lehmweihern kommen, je nach Lage im Verbreitungsgebiet, Kreuzkröte, Wechselkröte und Gelbbauchunke (Bild 19) in mitunter recht stattlichen Populationen vor. Außer ihnen können sich im Laufe der Zeit auch Kammmolch, Bergmolch, Teichmolch sowie Laubfrosch und Knoblauchkröte einfinden. Ältere und tiefere Kiesweiher können zusätzlich dem Grasfrosch, dem Wasserfrosch und der Erdkröte als geeigneter Laichplatz und Lebensraum dienen.

Gefährdungen der Gewässer

Während der letzten Jahrzehnte wurden in Deutschland unter Einsatz erheblicher finanzieller Mittel beachtliche Fortschritte bei der Abwasserreinigung erzielt.
Die Situation hat sich erfreulicherweise auch in ganz Mitteleuropa verbessert, sodass eine unmittelbare Verschmutzung der Gewässer heute zur Ausnahme geworden ist. Trotzdem ist der Zustand der Gewässer nicht befriedigend, und es bleibt wichtig, im Bewusstsein zu behalten, welchen Gefährdungen die Gewässer durch menschliche Aktivitäten stets ausgesetzt sind. Neben gesetzeswidrigen Handlungen zählen hierzu noch nicht vollständig vom Wassermanagement erfasste neuere Gefährdungen sowie die schwer beherrschbaren Folgen, die mit der Globalisierung zu tun haben.

VERSCHMUTZUNG UND BELASTENDE STOFFE

Die Verschmutzung durch Einleitung von Abwasser stellt eine unmittelbare Gefährdung der Gewässer dar, die natürlich bei der Aufbereitung von Trink- und Brauchwasser auch für uns von höchster Relevanz ist. Hinsichtlich der Herkunft der belastenden Stoffe, ihrer Abbaubarkeit und ihrer Wirkung auf aquatische Organismen werden folgende Belastungsgruppen unterschieden.
Leicht abbaubare Stoffe sind organische, fäulnisfähige Verunreinigungen (z. B. Abwässer aus überlasteten Kläranlagen, Kanalisationen, Güllebehältern), die während einer bestimmten Verweilzeit in dem betreffenden Gewässer durch die Tätigkeit allein von Wasserorganismen zu einfachen chemischen Verbindungen abgebaut (mineralisiert) werden **(natürliche Selbstreinigung)**. Die hauptsächlichen Abbauschritte erfolgen durch Bakterien (wie *Sphaerotilus natans*, bekannt als „Abwasserpilz“) und Pilze (z. B. *Fusarium aquaeductum*), auf denen dann andere Destruenten aufbauen. Der Abbau wird nicht allein durch die Stoffwechseltätigkeit der Organismen, sondern auch durch physikalische und chemische Faktoren bestimmt, z. B. durch die Wassertemperatur und ganz besonders den Sauerstoffgehalt des Wassers. Ist das Verhältnis zwischen der eingeleiteten Abwassermenge und der Wasserführung des Gewässers ungünstig, entsteht eine sauerstoffarme oder sogar sauerstofflose (anaerobe) Strecke, da die Abbauvorgänge primär immer unter Sauerstoffverbrauch ablaufen.
Schwer abbaubare Stoffe können primär von Mikroorganismen mineralisiert bzw. oxidiert werden, aber nur langsam und über zahlreiche Abbaustufen. Hierher gehören viele, meist recht komplizierte organische Verbindungen, z. B. Halogenkohlenwasserstoffe oder polyzyklische Aromate. Sie treten fast ausschließlich im Abwasser von Gewerbe- und Industriebetrieben auf und sind oft auch schon in geringer Konzentration schädlich.
Phosphate und Nitrate. Das Problem der Gewässerverschmutzung wurde bis in die 1960er-Jahre durch die damals häufig sichtbaren Schaumberge auf den Flüssen überdeutlich. Verursacht wurden sie von den in den Waschmitteln enthaltenen Tensiden; besonders gravierend wirkte sich aber der damals hohe Phosphatgehalt der Waschmittel aus, der das Algen- bzw. Pflanzenwachstum förderte und damit zur gefürchteten Überdüngung (Eutrophierung) führte. Beim Absterben der Pflanzen fiel entsprechend viel Biomasse an, die beim Abbau zur Sauerstoffzehrung führte. Besonders für Seen wirkte sich die Eutrophierung dramatisch aus. Dank gesetzlicher Maßnahmen der 1970er- und 1980er-Jahre, die zu neuen Rezepturen (abbaubare Tenside, Phosphatersatzstoffe) führten, wurde das Problem entschärft. Hinzu kam die Einführung einer dritten Reinigungsstufe zur Phosphatfällung im Abwasser. Neben den häuslichen Abwässern spielt nach wie vor der Phosphateintrag aus der Landwirtschaft

(Erosion gedüngter Ackerflächen, Viehwirtschaft) eine wichtige Rolle.
Weitere für die pflanzliche Produktion wichtige Nährstoffe stellen die Nitrate dar, im Wasser sehr gut lösliche Salze der Salpetersäure (HNO_3). Im Gegensatz zu den Phosphaten sind sie auch heute noch ein großes Problem im Gewässerschutz. In der Landwirtschaft werden sie als Mineraldünger eingesetzt und im Optimalfall nach ihrer Einbringung auf die Felder unmittelbar von den Pflanzen aufgenommen. Allerdings wird überschüssiges Nitrat durch Auswaschung in die Oberflächengewässer verfrachtet und gelangt vielerorts auch durch den Boden in das Grundwasser. Dort ist der gesetzliche Grenzwert von 50 mg/l bereits oft überschritten (S. 59, WRRL). Dies ist deswegen besonders problematisch, da über die Nahrung aufgenommenes Nitrat bei Säuglingen zu Gesundheitsproblemen führen kann (Säuglingszyanose).
Salze. Versalzung spielt nur noch in wenigen deutschen Flüssen eine größere Rolle (z. B. Oberrhein, Saale, Unstrut, Werra, Weser, Emscher). Meist handelt es sich um Abwässer aus Kalibergwerken und Mineraldüngerfabriken, Gemische von Kaliumchlorid (KCl), Kalziumchlorid ($CaCl_2$), Natriumchlorid (NaCl), Magnesiumchlorid ($MgCl_2$) und Magnesiumsulfat ($MgSO_4$).
Gesteigerte Salzkonzentrationen lassen die Artenzahl der Gewässer verarmen und beeinträchtigen die Trinkwassergewinnung aus Uferfiltrat, die Verwendung als Brauchwasser in Industrie und Gewerbe und für Kreis- und Rücklaufkühlung in Kraftwerken und Industriebetrieben. Ein weiteres Problem stellt die Benutzung von Streusalz zur Enteisung etwa von Bürgersteigen und Straßen dar. Im Schmelzwasser gelöstes Salz wird nur in geringem Maße zurückgehalten und gelangt daher in die Bäche und Flüsse. Dort, wo das salzhaltige Wasser einfließt, können kleinräumig für die Organismen kritische Konzentrationen überschritten werden.

Schwermetallverbindungen. Blei (Pb), Cadmium (Cd), Chrom (Cr), Kobalt (Co), Kupfer (Cu), Nickel (Ni), Quecksilber (Hg) und Zink (Zn) kommen unter anderem im Abwasser von Betrieben der Legierung und Oberflächenveredelung von Metallen, der Leder- und Kunstseideherstellung, von Stahlwerken, Erzbergwerken und Erzwäschereien vor. Sie sind meist schon in geringer Konzentration (0,1 mg/l) für viele wasserbewohnende Pflanzen- und Tierarten sehr giftig. Zum Teil rufen sie genetische Schäden hervor.
Durch Laborversuche wissen wir heute recht gut, in welcher Konzentration bestimmte Fremdstoffe auf Wasserorganismen giftig wirken. In der Praxis sind diese aber meist der gleichzeitigen Einwirkung verschiedener Schadstoffe ausgesetzt. Über die Auswirkungen dieser „Schadstoffcocktails" haben wir noch ungenügende Kenntnisse. Auch die Dauer der Schadstoffeinwirkung ist bedeutungsvoll: Eine hochgiftige Substanz, über kurze Zeit eingeleitet, schadet dem Gewässer unter Umständen weniger als eine weniger giftige Substanz, die aber über eine lange Zeit einwirkt.
Sonstige Verunreinigungen. Mit dem Abwasser von Gewerbe- und Industriebetrieben können Blausäure und deren Verbindungen, Salz-, Schwefel- und schwefelige Säure, Laugen und radioaktive Stoffe in Gewässer gelangen. Dies gilt bei fahrlässiger oder falscher Handhabung auch für chemische Schädlingsbekämpfungsmittel (Pestizide), die im Garten- und Weinbau, in der Land- und Forstwirtschaft in großen Mengen verwendet werden.
Eine neuere Belastung sind Medikamentenrückstände (Antibiotika, Hormone etc.). Diese gelangen durch gedankenlose Entsorgung von Medikamenten, aber auch über die Exkremente von Nutztieren und Menschen in die Gewässer. Östrogene können, wie auch manche Waschmittelzusätze, zur Verweiblichung männlicher Fische führen. Auch wenn über die Effekte einzelner

Substanzen bereits einige Untersuchungen vorliegen (Ökotoxizitätstests), ist über die Wirkungen ihrer Abbauprodukte (Metabolite) wenig bekannt. Dies gilt auch für die Wirkungen von Gemischen eigentlich harmloser Substanzen.

SONSTIGE BEEINTRÄCHTIGUNGEN

Die direkte **Erwärmung von Gewässern** ist zwar in erster Linie ein Problem der größeren Flüsse, kann aber auch in mittelgroßen Fließgewässern auftreten. Meist handelt es sich um Abwärme aus Wärmekraftwerken oder Industriewerken, die mit Durchlaufkühlung betrieben werden. Dabei wird das benötigte Kühlwasser oberhalb des Werkes entnommen und nach entsprechender Aufheizung im Kühlsystem des Betriebes flussabwärts wieder eingeleitet.
Für die Lebensgemeinschaften der betroffenen Gewässer stellt eine übermäßige Erwärmung eine Belastung dar, da fast alle an der natürlichen Selbstreinigung beteiligten Organismen für ihren Stoffwechsel Sauerstoff benötigen. Die Sättigung des Wassers mit Sauerstoff sinkt jedoch mit steigender Temperatur, andererseits laufen biochemische Prozesse bei höheren Temperaturen beschleunigt ab (S. 15). Stoffe der ersten beiden genannten Belastungsgruppen werden folglich bei erhöhter Temperatur schneller abgebaut. Dabei wird jedoch entsprechend mehr Sauerstoff verbraucht. Im Extremfall, z. B. bei hohen Außentemperaturen, führt die Erwärmung zum Tod v. a. jener Gewässerbewohner, die über Kiemen atmen. Es kommt zum Fischsterben, das Gewässer „kippt um".
Dauerhaft erwärmte Gewässer können andererseits attraktiv für wärmeliebende Neozoen und Neophyten werden, die sonst in Mitteleuropa nicht existieren könnten (z. B. tropische und subtropische Guppys in Gillbach und Erft; Kempkes et al. 2018).
Saure Niederschläge, die durch Ausstoß von Luftschadstoffen entstehen, wurden in den 1970er-Jahren zu einem Problem auch für industrieferne (insbesondere stehende) Gewässer, die in Gebieten mit saurem Urgestein teilweise völlig verödeten. Niederschläge aus völlig sauberer Atmosphäre haben aufgrund des Kohlendioxidgehalts der Luft einen pH-Wert von 5,6. Liegt der Wert darunter, so spricht man von saurem Regen. Im Bayerischen Wald wurde damals sogar ein extremer pH-Wert von 3,3 gemessen. Das ist 130-mal saurer als das normale Regenwasser.
Hauptursache der Versauerung von Niederschlägen sind die Luftschadstoffe Schwefeldioxid und Stickoxid. Sie entstehen bei der Verbrennung von Kohle, Heizöl und seinen Derivaten sowie Gas und werden von Kraft- und Heizwerken, Industrie- und Gewerbebetrieben, Kraftfahrzeugen und Haushalten abgegeben (emittiert). Mit der Luftfeuchtigkeit verbindet sich Schwefeldioxid letztlich zu Schwefelsäure und Stickoxid zu Salpetersäure. In Wolken können diese Stoffe durch Winde über Hunderte von Kilometern getragen werden.
In Oberflächengewässern von Landschaften mit kalkhaltigem (basischem) Untergrund wird die Säure der Niederschläge durch den Kalkgehalt des Wassers neutralisiert. In Gebieten mit weitgehend kalkfreien Urgesteinsböden fehlt diese Pufferungsmöglichkeit, z. B. in Skandinavien, im Schwarzwald, im Bayerischen Wald sowie im Fichtelgebirge. So ist der pH-Wert der Gewässer in diesen Landschaften während der Zeiten mit atmosphärischer Belastung stetig gesunken (bis zu einem pH-Wert von 2,7), mit weitreichenden Folgen:
Forellenartige Fische (Salmoniden) können in Gewässern mit einem pH-Wert von weniger als 5 nicht leben, pH-Werte unter 4 sind für viele Wasserorganismen tödlich. Die negative Wirkung geht z. T. unmittelbar auf die Versauerung zurück, indem Stoffwechselprozesse gestört werden, z. T. ist sie Folge von Metallen wie Aluminium, die in nichtgebundener, ionischer Form toxisch sind.

Mittlerweile hat sich die Situation dank Rauchgasreinigung bei Kraftwerken und Einführung von Abgaskatalysatoren verbessert: In Deutschland sind etwa die Konzentrationen des Schwefeldioxids seit den 1990er-Jahren um 90 % zurückgegangen. Säuresensitive Taxa, wie Weichtiere oder viele Arten unter den Eintags-, Stein- und Köcherfliegen, kehrten in viele der ehemals versauerten Bäche zurück. In anderen Regionen Europas und der Welt ist das Problem der Versauerung aber nach wie vor aktuell.

Technische Veränderungen

Neben den Beeinträchtigungen, die vornehmlich auf die Eigenschaften des Wassers und/oder der Wasserqualität einwirken, gibt es v. a. durch die Urbarmachung von landwirtschaftlich nutzbaren Flächen vielgestaltige strukturelle Veränderungen der unterschiedlichen Gewässertypen. Derartige, als Melioration bezeichnete Maßnahmen umfassen u. a. die Entwässerung (Dränage) von Mooren oder Quellbereichen, Quellfassungen, Seeuferbebauung oder Begradigung von Flüssen. Exemplarisch sei hier auf den **Ausbau von kleinen Bächen** eingegangen, weil hier die fatalen Folgen, aber auch die Wirkung von Sanierungsmaßnahmen sehr augenfällig sind.
Wie gravierend die menschlichen Eingriffe waren, zeigt allein die quantitative Bilanz: In Deutschland sind nur etwa 10 % der kleinen Fließgewässer noch unberührt. Zwischen 1950 und Mitte der 1980er-Jahre wurden hier Bäche und Gräben in einer Gesamtlänge von 360 000 Kilometern als Biotop entwertet. Meist geschah dies im Rahmen von Flurbereinigungsverfahren und wurde mit der Notwendigkeit begründet, die betriebswirtschaftlichen Bedingungen der Landwirte zu verbessern und die Unterhaltung der Gewässer zu erleichtern. Bereits das Entfernen von Ufergehölzen hat vielfältige negative Auswirkungen auf die Bachfauna (S. 32): Infolge der fehlenden

Bild 20. Durch Begradigung und Auspflasterung mit Betonschalen ökologisch vernichteter, ehemaliger Bach im Grünland.

Beschattung kommt es im Sommer zu stärkerer Erwärmung und damit zu einer Abnahme des Sauerstoffgehalts. Unter den geänderten Lichtverhältnissen werden zudem Makrophyten gegenüber den Kieselalgen gefördert, was in manchen Fällen sogar zu einem „Krautstau" und damit einer Verlangsamung des Abflusses führt und den Charakter des Fließgewässers tiefgreifend verändert. Davon abgesehen wurde hierdurch ein ökologisch wertvoller Saumbereich zerstört.
Geradezu verheerend war die in der Vergangenheit tausendfach durchgeführte Auskleidung des Bachbetts mit Betonschalen. Dadurch wird die Verbindung zwischen Oberflächenwasser und Boden- bzw. Grundwasser unterbrochen und der Bach wird für die meisten Tiere und Pflanzen unbewohnbar. Er wird zum Abflussgerinne degradiert, verödet mehr oder weniger, verliert sein Selbstreinigungsvermögen und selbstverständlich auch seinen Wert als prägendes Landschaftselement.

Allein die widernatürlich geradlinige Trassierung und gleichförmige Gestaltung von Gewässerbett und -ufern schädigen die betroffenen Gewässer. Sie führen meist zu einer Abflussbeschleunigung. Anstelle der ursprünglichen Strukturvielfalt (überhängende Uferteile, tiefe Kolke, umspülte Steine, Sand- und Schlammbänke) schaffen diese Maßnahmen bezüglich Ufergestalt und -neigung, Gewässerbreite und -tiefe sowie der Fließgeschwindigkeit eine Einförmigkeit aller Teilbereiche (S. 53, Bild 20). Als Folge verarmt die Lebensgemeinschaft. Oft geht die Artenzahl auf weniger als die Hälfte, die Individuenzahl auf 10–20 % der vor dem Ausbau vorhandenen zurück.
Am schlimmsten wirkt sich eine Verrohrung aus. Dadurch werden die Gewässer völlig aus dem landschaftsökologischen Gefüge herausgenommen und als Lebensraum für Pflanzen und Tiere vernichtet. Eine weitere Ursache für die fortschreitende Verarmung unserer Bachfauna bilden die zahlreichen Entwässerungsgräben und Dränagen, die meist nur kurze Zeit im Jahr Wasser führen. Beim Austrocknen wirken Gräben für typische Süßwasserbewohner wie Fallen. In einem solchen, völlig austrocknenden Wiesengraben fand Dittmar (1955) z. B. in einer nur 0,7 m^2 großen, übrig gebliebenen Wasserpfütze allein 1720 Köcherfliegenlarven.
Auch die **Kolmation**, die „Verstopfung" des hyporheischen Interstitials (S. 29), hängt mit der Entwässerung der Landschaft zusammen: Die Dränagen und Gräben führen den Gewässern oft unnatürlich große Mengen Sand und Ton zu, sodass die ursprünglich durchgängige Verbindung zwischen Bach-/Flussbett und Grundwasser weitgehend unterbrochen wird.
Heute dürfen natürliche Gewässer nur noch aus zwingenden wasserwirtschaftlichen Gründen verändert werden. Natürliche Hochwasserrückhalteräume (Überschwemmungsgebiete, Altarme) sollen möglichst erhalten und abflussbeschleunigende Maßnahmen auf ein Mindestmaß beschränkt werden. Ist ein Ausbau unvermeidbar, muss er in möglichst naturnaher Weise und mit entsprechenden Methoden erfolgen und/oder es muss durch sogenannte Ausgleichsmaßnahmen an anderer Stelle Ersatz geschaffen werden.
Der Rückbau von Gewässern, die durch technische Maßnahmen degradiert wurden, wird insbesondere durch die Europäische Wasserrahmenrichtlinie forciert (S. 59ff.). Unter Anwendung naturnaher wasserbaulicher Methoden lässt sich der ursprüngliche Zustand zwar nicht wiederherstellen, doch viele Fließgewässer werden ökologisch aufgewertet und erhalten ihre landschaftprägende Bedeutung zurück.

Klimawandel

Der weltweite Klimawandel geht über die Beeinflussung einzelner Gewässer hinaus und wird vielfältige Auswirkungen auf alle Gewässertypen haben. Seine Ursachen liegen in der Verstärkung des Treibhauseffekts durch den Menschen (insbesondere durch Verbrennen fossiler Energieträger und die dabei entstehenden Treibhausgase, vor allem CO_2).
Die über die erhöhte Lufttemperatur bewirkte Erwärmung der Gewässer wirkt sich unmittelbar auf die aquatischen Organismen bzw. die Lebensgemeinschaften aus. Auf einige Folgen wurde bereits im Zusammenhang mit der Erwärmung durch Wassernutzung hingewiesen (S. 52).
Die allgemeine Erwärmung wirkt aber permanent und dürfte zum Ausfall wärmeempfindlicher Arten führen. Auch der Lebenszyklus wird dadurch verändert: Bei Insekten, die ihre Larvalentwicklung im Wasser durchlaufen, kommt es z. B. zum früheren Schlupf.
Eine nur um einige wenige Grad erhöhte Wassertemperatur wird sich vermutlich v. a. negativ auf die als kaltstenotherm geltenden Quell- und Quellbachbewohner auswirken. Der Klimawandel bringt aber auch hydrologische Veränderungen mit sich: Häufigere

Bild 21. Gartenteiche können einen kleinen Ausgleich für den Verlust natürlicher Feuchtbiotope schaffen.

und schlecht vorhersehbare Starkregen führen entsprechend zu lokalen Hochwasserereignissen. Umgekehrt führt ausbleibender Niederschlag im Sommer zum Versiegen oder sogar vollständigen Austrocknen kleinerer Gewässer, woran v. a. die allermeisten Bacharten nicht angepasst sind. Besonders betroffen sind Gewässer und Feuchtbiotope, die v. a. vom Oberflächenwassereintrag, d. h. hauptsächlich von Niederschlägen abhängig sind. Sommerliche Trockenheit wirkt sich nachweislich auch auf den Grundwasserspiegel aus, zumal wenn im anschließenden Winterhalbjahr Niederschläge ausbleiben, die das Defizit ausgleichen können. Zur Dokumentation der durch Klimawandel verursachten Faunenveränderung sind Langzeituntersuchungen aus der Vergangenheit wichtig (z. B. am Breitenbach in Hessen; Wagner et al. 2011 oder an Fließgewässern Baden-Württembergs; LUBW 2011), die unbedingt fortgeführt werden sollten.

Neubürger (Neobiota)

Ein weiteres Phänomen, das in jüngerer Zeit im Zusammenhang mit den Umweltfolgen menschlichen Handelns in den Blick geriet, aber schon seit Langem präsent ist, sind die Neobiota. Hierunter verstehen wir gebietsfremde Arten („Neophyta" – Pflanzen, „Neomyceta" – Pilze, „Neozoa" – Tiere), die durch indirekte oder direkte menschliche Mitwirkung in einer zuvor nicht besiedelten Region heimisch geworden sind (S. 56, Bild 22, 23). Wenn sich solche Arten explosionsartig vermehren, spricht man auch von invasiven Arten. Als zeitliche Grenze, ab der man sie als Neobiota bezeichnet, wurde die Entdeckung Amerikas durch Christoph Kolumbus im Jahr 1492 festgelegt (~ 1500). Von Neobiota spricht man erst, wenn sie im neuen Gebiet über mindestens 25 Jahre nachweisbar sind und/oder sich über mehrere Jahre hinweg erfolgreich reproduzieren können.

Bild 22. Die Schmalblättrige Wasserpest (*Elodea nuttalii*) ist ein noch in Ausbreitung befindlicher Neophyt aus Nordamerika.

Die meisten eingeführten bzw. eingeschleppten Arten können nicht auf Dauer Fuß fassen, weil sie den neuen Verhältnissen nicht gewachsen sind. Einige aber finden optimale Bedingungen vor, nicht zuletzt, weil eingespielte Fressfeinde und Parasiten fehlen. Generell besteht die Gefahr, dass Neobiota ökologisch ähnliche heimische Arten auf diese Weise verdrängen können. Neozoen spielen auch in der Bewertung der Gewässer nach der Wasserrahmenrichtlinie eine wichtige Rolle (S. 59ff.).

Die Ausbreitung erfolgt über Kanäle (Rhein-Main-Donau-Kanal!), Ferntransporte von Ballastwasser, aber auch Überlandtransporte von austrocknungsresistenten Stadien (etwa angeheftet an Schiffsrümpfen). Zwischen 1900 und 1998 stieg der Anteil gebietsfremder größerer bodenlebender Arten unter den wirbellosen Tieren (Makrozoobenthos) im Rhein von weniger als 2 % auf 18 % an. Für deutsche Binnengewässer sind zurzeit mehr als 50 Neozoa bekannt, bei den Neophyten sind es immerhin mehr als 20 Arten. Unter den Tieren sind es v. a. die Krebse, aber auch Muscheln (z. B. Körbchenmuscheln *Corbicula*, S. 290/5), die sich besonders erfolgreich etablieren konnten. Das Vorkommen vieler Neozoen ist von einer hohen Dynamik geprägt. Manche Arten, die z. B. im Rhein sehr häufig waren, wurden mittlerweile durch andere Neozoen ersetzt (z. B. der Tiger-Flohkrebs *Gammarus tigrinus* (S. 210/1) durch den Großen Höckerflohkrebs *Dikerogammarus villosus* (S. 210/2). Manche Arten sind bereits seit einigen Jahren oder gar Jahrzehnten in unserer Flora und Fauna vorhanden, z. B. die Kanadische Wasserpest *Elodea canadensis* (S. 86/5), die Zebramuschel *Dreissena polymorpha* (S. 290/4) und der Nordamerikanische Flusskrebs *Orconectes limosus* (S. 212/5). In jüngerer Zeit sind sogar weitere, mit diesen verwandte Arten hinzugekommen: die Schmalblättrige Wasserpest (*Elodea nuttallii*, Bild 22), die Quagga-Muschel (*Dreissena rostriformis*) und der Rote Sumpfkrebs, *Procambarus clarkii*.

In diesem Naturführer sind meist nur solche Neobiota aufgeführt, die bereits seit Längerem in hiesigen Gewässern existieren und die z. T. noch in Ausbreitung befindlich sind (z. B. die Chinesische Wollhandkrabbe *Eriocheir sinensis*; S. 131, Bild 73).

Nicht jeder „Neubürger" ist indes durch eine Verschleppung oder beabsichtigte Einführung zu uns gekommen: Es gibt auch eine natürliche Arealerweiterung mancher Arten. Ein Beispiel ist die Feuerlibelle *Crocothemis erythraea*, die früher hauptsächlich in Afrika und mediterran verbreitet war, nun aber (begünstigt durch die Erwärmung?) selbst in Schleswig-Holstein verbreitet ist.

Bild 23. Die Gauklerblume (*Mimulus guttatus*) ein Neophyt in der Ufervegetation.

Wer immer sich mit Gewässern beschäftigt, sollte die Naturschutzgesetze respektieren: So ist es generell nicht erlaubt, wild lebende Tiere „ohne vernünftigen Grund" zu fangen oder zu stören. Geschützte Arten dürfen überhaupt nicht gefangen, gesammelt, gestört oder irgendwie beeinträchtigt werden, z. B. beim Fotografieren. Diesem **absoluten Schutz** unterliegen u. a. sämtliche Stadien der Libellen und Amphibien sowie alle Reptilien; ferner der Große Kolbenwasserkäfer, Steinkrebs, Edelkrebs sowie einige Kleinkrebse (*Triops*, *Branchipus*), Wasserspinne, Medizinischer Blutegel und bestimmte Muscheln (*Unio*, *Anodonta*, *Margaritifera*). Geschützte Pflanzen dürfen nicht gepflückt werden.

ROTE LISTEN

Neben den Bestimmungen über den Schutz einzelner Arten, die im Bundesnaturschutzgesetz und den Gesetzen und Verordnungen der Bundesländer festgelegt sind, gibt es in der Bundesrepublik Deutschland, aber auch in Österreich und der Schweiz sogenannte „Rote Listen", in denen die mehr oder weniger vom Aussterben bedrohten Pflanzen- und Tierarten aufgeführt sind. Sie dienen der Unterrichtung der Öffentlichkeit, aller einschlägigen Behörden und insbesondere auch als Entscheidungshilfen bei der Planung und Ausführung von landschaftsverändernden Maßnahmen. Darüber hinaus sind sie eine wichtige Grundlage für Forschungen über mögliche Schutzmaßnahmen. 2009 wurden für alle Organismengruppen bundesweit einheitliche Gefährdungskriterien eingeführt, um damit Bestandstrends für einzelne Arten erfassen und im europäischen oder globalen Rahmen zugänglich zu machen; zudem werden damit letzte Nachweise ausgestorbener oder verschollener Arten sowie das Auftreten von Neobiota dokumentiert.
Rote Listen werden regelmäßig überarbeitet und aktualisiert; regionale Rote Listen der Bundesländer sind bei den Umweltäm-

Tabelle 1: Gefährdung der an Gewässer gebundenen Pflanzenwelt
(Daten nach RENNWALD 2000): Die drei an Wasser gebundenen Formationen von Pflanzengesellschaften und ihre Gefährdung in Deutschland. Zusätzlich werden 8 weitere Formationen (Felsgesellschaften, Zwergstrauchgesellschaften und Borstgrasrasen, Waldgesellschaften u. a.) unterschieden. Der Anteil der als gefährdet einzustufenden Pflanzengesellschaften der Formationen I, IV und V ist hoch.
0 = Verschwunden oder verschollen, 1 = Vom Verschwinden bedroht, 2 = Stark gefährdet, 3 = Gefährdet, G = Gefährdung anzunehmen, R = Extrem selten, V = Zurückgehend, Gesellschaft der Vorwarnliste, * = Ungefährdet, D = Daten ungenügend.

Formationen von Pflanzengesellschaften	Gefährdungskategorie einzelner Gesellschaften									Gesamt
	0	1	2	3	G	R	V	*	D	
I. Wasserpflanzengesellschaften	–	16	33	37	1	–	5	22	2	116
IV. Röhrichte und Seggenriede	1	–	4	9	1	–	14	17	1	47
V. Quell- und Moorgesellschaften	–	7	16	13	1	–	1	5	–	43
Pflanzengesellschaften aller 11 Formationen	2	46	140	186	10	30	56	293	25	788
Pflanzengesellschaften der Formationen I, IV, V	1	23	53	59	3	0	20	44	3	206
%-Anteil der Gesellschaften der Formationen I, IV und V	50	50	38	32	30	0	36	15	12	26

Tabelle 2: Gefährdung der an Gewässer gebundenen Tierwelt
Ausgewählte Tiergruppen der Binnengewässer (nach Binot et al. 1998, Binot-Hafke et al. 2011, Gruttke et al. 2016, aktualisiert: Muscheln nach Jungbluth & von Knorre 2011, Libellen nach Ott et al. 2015, Köcherfliegen nach Robert 2016, Käfer nach Spitzenberg et al. 2016, Blattfußkrebse nach Simon 2016):
0= Ausgestorben oder verschollen, 1 = Vom Aussterben bedroht, 2 = Stark gefährdet, 3 = Gefährdet. Für die letzte Rubrik („Potenziell gefährdet") ist außerdem angegeben, ob die genannten Arten der Kategorie G (= Gefährdung unbekannten Ausmaßes), der Kategorie V (= Vorwarnliste) oder der Kategorie R (= Extrem selten) zugeordnet werden.

		Gefährdungskategorie					
Taxon	Artenzahl in Deutschland	0	1	2	3	Summe (0+1+2+3)	Potenziell gefährdet (G, V, R)
Muscheln	33	1 (1 %)	7 (21 %)	4 (12 %)	5 (15 %)	17 (52 %)	V:2 (6 %)
Schnecken	73	1 (1 %)	12 (16 %)	10 (14 %)	16 (22 %)	39 (53 %)	V:7 (10 %)
Blattfußkrebse	12	2 (17 %)	5 (42 %)	5 (42 %)	–	12 (100 %)	–
Eintagsfliegen	102	4 (52 %)	11 (11 %)	15 (15 %)	16 (16 %)	46 (45 %)	G:6 (6 %)
Steinfliegen	120	15 (13 %)	7 (6 %)	14 (12 %)	21 (18 %)	57 (48 %)	8 (7 %)
Libellen	79	2 (3 %)	9 (11 %)	6 (8 %)	8 (10 %)	25 (32 %)	V:6 + R:5 = 11 (14 %)
Köcherfliegen	315	8 (3 %)	17 (5 %)	28 (9 %)	31 (10 %)	111 (35 %)	G:27 + V:62 = 87 (28 %)
Käfer	344	8 (2%)	29 (8%)	36 (11 %)	33 (10 %)	107 (31 %)	G:1 + V:27 = 28 (8 %)

tern erhältlich und teilweise auch im Internet verfügbar.
Im Falle der Pflanzen werden nicht nur Arten (Metzing et al. 2018), sondern auch Pflanzengesellschaften auf ihre Gefährdung hin begutachtet und durch eine Rote Liste bewertet. Dasselbe gilt neuerdings (im Zusammenhang mit Natura 2000) auch für Biotope. In Deutschland werden mehr als 860 Biotope unterschieden, von denen fast zwei Drittel gefährdet sind oder bereits „vollständig vernichtet" wurden. Darunter sind auch eine ganze Zahl aquatischer Biotoptypen (Finck et al. 2017). Ein Großteil der limnischen Lebensräume weist aktuell eine starke Gefährdung auf, wie sich an den gefährdeten Pflanzengesellschaften und Tierarten ablesen lässt. Die Formationen Wasserpflanzengesellschaften sowie Quell- und Moorgesellschaften weisen eine besonders hohe Zahl gefährdeter und stark gefährdeter Pflanzengesellschaften auf (86 von 116, 36 von 43: Tabelle 1, S. 57).
Die Gefährdung der Tierwelt der Binnengewässer spiegelt ebenso die Gefährdung der Lebensräume wider; in den meisten Gruppen der wirbellosen Tiere zeigt sich ein teils sehr hoher Anteil von gefährdeten oder potenziell gefährdeten Arten (Tabelle 2). Bei den Blattfußkrebsen sind alle Arten gefähr-

det, bei den Süßwasserschnecken und -muscheln annähernd die Hälfte der Arten, bei fast allen übrigen Gruppen etwa ein Drittel.
Über den aktuellen Stand auf Bundesebene informiert die entsprechende Internetseite des Bundesamtes für Naturschutz (BfN) (https://www.bfn.de/themen/rote-liste.html).

FFH-Richtlinie/Natura 2000

Die Tier- und Pflanzenwelt macht vor Grenzen nicht halt, und ihr Schutz erfordert entsprechend eine grenzüberschreitende Kooperation. So wurde 1992 von der Europäischen Union (EU) eine Richtlinie „zur Erhaltung der natürlichen Lebensräume sowie der wildlebenden Tiere und Pflanzen" verabschiedet, die 1998 als nationales Recht in das Bundesnaturschutzgesetz aufgenommen wurde. Die Richtline ist als Fauna-Flora-Habitat-Richtlinie (FFH-Richtlinie) oder „Habitat-Richtlinie" bekannt. Zusammen mit den schon früher ausgewiesenen Schutzgebieten der Vogelschutzrichtlinie von 1979 wurde damit ein länderübergreifendes Netz von Naturschutzgebieten innerhalb der EU geschaffen, das Netz „Natura 2000". In den Anhängen der Richtlinie werden FFH-Lebensraumtypen **(Anhang I)** aufgeführt. Diese sind abstrakte und klar definierte Typen natürlicher Lebensräume, von denen für die EU insgesamt 231 aufgestellt wurden.
Unter den 93 in Deutschland vorkommenden Lebensraumtypen sind 20 Typen von Lebensräumen der Binnengewässer, die zu vier Großkategorien gehören: Stehende Gewässer, Fließgewässer, Saure Moore mit *Sphagnum* und Kalkreiche Niedermoore. Hinzu kommt noch ein weiterer Typ (Salzwiesen im Binnenland), welcher der Großkategorie „Atlantische Salzsümpfe und -wiesen sowie Salzsümpfe und -wiesen im Binnenland" zugeordnet wird. Er gehört zu den prioritären, d. h. zu den besonders schützenswerten Lebensraumtypen. Auf der Grundlage der Lebensraumtypen sind die EU-Mitgliedstaaten verpflichtet, Schutzgebiete („FFH-Gebiete") auszuweisen, die schlussendlich das Netz Natura 2000 aufbauen sollen. In Deutschland gibt es mittlerweile mehr als 4500 FFH-Gebiete, die insgesamt knapp 10 % der Landesfläche ausmachen.
Im **Anhang II** sind Pflanzen- und Tierarten („FFH-Arten") aufgeführt, deren Verbreitung und Vorkommen für die Ausweisung der Schutzgebiete herangezogen werden. Ihr strenger Schutz kommt auch den anderen Arten in diesem Lebensraum zugute, weshalb sie als „Schirmarten" bezeichnet werden.
Anhang III enthält die für die Ausweisung von Schutzgebieten herangezogenen Kriterien.
Im **Anhang IV** sind großräumig gefährdete Arten gelistet. Da ihre Lebensstätten generell nicht beschädigt oder zerstört werden dürfen, haben sie einen besonders großen Stellenwert.
Im **Anhang V** sind durch Ernte oder Entnahme aus ihren Wildvorkommen gefährdete Arten aufgeführt (z. B. die Weinbergschnecke).
Da die Arten der Anhänge II und IV im Naturschutz eine besonders wichtige Rolle spielen, wird ihr Status als „FFH-Art" in diesem Naturführer explizit erwähnt.

EU-WASSERRAHMENRICHTLINIE

Die Wasserrahmenrichtlinie der Europäischen Union **(EU-WRRL)** ist Ende des Jahres 2000 in Kraft getreten und dient der grenzüberschreitenden Gewässerschutzpolitik (EG-WRRL 2000). Ziel ist es, durch eine entsprechende „Bewirtschaftung" (Managementmaßnahmen) einen „guten Gewässerzustand" sicherzustellen bzw. zu erreichen. Gewässer unterschiedlicher Kategorien (Flüsse, Seen, Übergangsgewässer, Grundwasser, Küstengewässer) werden erstmals als Ökosysteme verstanden und Ziele für ei-

nen besseren Zustand mit konkreten Fristen festgelegt. Es wird hier nur auf die wichtigsten Kategorien eingegangen.
Die WRRL orientiert sich bei den Oberflächengewässern an den **Flusseinzugsgebieten** und nicht etwa an Landesgrenzen, wie dies bei Gewässerbewertungen und den eventuell daraus folgenden Maßnahmen vorher häufig der Fall war. Eine Flussgebietseinheit umfasst alle Gewässer im Einzugsgebiet eines großen Flusses. Für die Zielerreichung eines guten Gewässerzustands sind daher meist mehrere EU-Staaten verantwortlich. In Deutschland liegen zehn Flussgebietseinheiten (Donau, Rhein, Maas, Ems, Weser, Oder, Elbe, Eider, Warnow-Peene und Schlei-Trave). Nur die Flussgebietseinheiten Weser und Warnow-Peene liegen nur auf deutschem Gebiet und werden daher rein national bewirtschaftet.
Beim **Grundwasser** wird bislang noch ausschließlich die Grundwassergüte und die Grundwassermenge betrachtet. Der „gute chemische Zustand" ist gegeben, wenn die in Rechtsvorschriften definierten Schwellenwerte unterschiedlicher chemischer Parameter unterschritten bzw. die Qualitätsnormen eingehalten werden. Der „gute mengenmäßige Zustand" ist in der Regel am Grundwasserspiegel abzulesen, der an entsprechenden Grundwassermessstellen ermittelt wird.
Bei den **Oberflächengewässern** ist das Verfahren komplexer, da neben dem chemischen Zustand der Artenbestand der Gewässer als wichtigstes Kriterium zur Bewertung des ökologischen Zustands herangezogen wird. Biologische Komponenten sind: Der Bestand an planktischen Algen (Phytoplankton), Höheren Wasserpflanzen (Makrophyten) sowie bodenlebenden Algen (Phytobenthos) und die Gemeinschaften bodenlebender wirbelloser Tiere (Makrozoobenthos) und der Fische.
Unterstützend werden hydromorphologische Qualitätskomponenten (Gewässerstruktur, Durchgängigkeit/Querbauwerke, Uferverbau etc.) und physikochemische Parameter (Nährstoff- und Schadstoffkonzentrationen etc.) in die Bewertung des ökologischen Zustands einbezogen.
Die Umsetzung der WRRL hatte für **Fließgewässer** zur Folge, dass in Deutschland mehr als 20 biozönotische Gewässertypen definiert wurden. Für diese wurden eigens Steckbriefe zusammengefasst (Pottgiesser & Sommerhäuser 2008), die im Bedarfsfall überarbeitet und ergänzt werden. Solche biozönotischen Gewässertypen sind beispielsweise Sandgeprägte Tieflandbäche und Fließgewässer der Alpen. Entsprechend sind Gewässer aus Sandern des Norddeutschen Tieflands sowohl bei der Untersuchung selbst als auch bei der Bewertung der Ergebnisse anders zu betrachten als Bäche aus den Alpen. Außerdem werden die Gewässer in handhabbare Untereinheiten (Wasserkörper) untergliedert, um die praktische Arbeit (z. B. durch Aufstellung von Bewirtschaftungsplänen) zu ermöglichen. Wasserkörper stellen die kleinste Einheit dar, die die EG-WRRL betrachtet. Es wird zwischen Oberflächenwasserkörpern der Fließgewässer und der Seen sowie Grundwasserkörpern unterschieden. Für jeden Wasserkörper muss bei der Bestandsaufnahme geprüft werden, ob das für ihn geltende Bewirtschaftungsziel erreicht wurde.
Auch bei **Stillgewässern** erfolgte eine Typisierung. So wurden für Deutschland 14 Haupttypen an Seen bzw. Talsperren differenziert, bei denen neben der geografischen Lage der Kalkgehalt, das Einzugsgebiet und das Vorhandensein oder Fehlen einer Schichtung der Seen von Bedeutung waren.
Die EU-WRRL unterscheidet drei Arten von Oberflächenwasserkörpern (gleich, ob fließend oder stehend): Als natürliche Wasserkörper (*natural water body*, NWB) gelten alle, die nicht vom Menschen geschaffen wurden. Für sie gilt das Bewirtschaftungsziel „guter ökologischer Zustand". Künstliche

Wasserkörper (*artificial water body*, AWB) sind jene, die vom Menschen geschaffen wurden, und als erheblich veränderte Wasserkörper (*heavily modified water body*, HMWB) gelten solche, die durch Laufverlegung, Begradigungen und Uferbefestigungen, aber auch Bauwerke zur Wasserstandsregulierung erheblich verändert wurden. Viele dieser Veränderungen können nicht oder nur teilweise zurückgenommen werden, da sie für die Aufrechterhaltung der Nutzungen (etwa für die Schifffahrt) auch heute noch notwendig sind. An solchen Gewässern kann das grundsätzliche Bewirtschaftungsziel, der gute ökologische Zustand, also nicht erreicht werden. Die EU-WRRL berücksichtigt diese Einschränkung und es gilt für HMWB- und AWB-Gewässer ein abweichendes Bewirtschaftungsziel mit geringeren Anforderungen, nämlich das „gute ökologische Potenzial".
Bei der Umsetzung der WRRL werden aus praktischen Gründen Untersuchungen an Fließgewässern nur ab einer gewissen Mindestgröße des Einzugsgebiets (> 10 km^2) und an Seen nur ab einer Oberfläche von 0,5 km^2 (> 50 ha) durchgeführt. In einzelnen Bundesländern gibt es aber zusätzliche Untersuchungen an Gewässern, die nicht von der WRRL berücksichtigt werden können (z. B. Moorschutzprogramme, Kleingewässerschutz). Auch gibt es in einzelnen Ländern ergänzende faunistische Beprobungen des Makrozoobenthos, die von der in der WRRL vorgegebenen einmaligen Untersuchung (meist im Frühjahr) abweichen.
Das überaus ambitionierte Vorhaben der EU-WRRL hat dazu beigetragen, dem Gewässerschutz und der Gewässerbeurteilung deutlich mehr Bedeutung beizumessen. Auch wenn die Wasserrahmenrichtlinie Naturliebhaber meist nicht direkt betrifft, so sollten sie, darüber hinaus aber auch die gesamte Bevölkerung, über die Absichten und Aktivitäten, die damit verbunden sind, informiert sein, denn: **Gewässerschutz geht uns alle an!** Es ist wichtig, zumindest über die grundlegenden Prinzipien Bescheid zu wissen; das gilt auch für die FFH-Thematik.
Die Untersuchungen zur WRRL werden in der Regel von gewässerökologischen Büros bzw. den Landesbehörden durchgeführt.

Bild 24. Der Bau von Fischtreppen (hier nahe der Einmündung der Rems in den Neckar) dient im Rahmen der WRRL dem Ziel der Durchgängigkeit der Gewässer. Allerdings profitieren davon nur die Fische, nicht aber z. B. die Vertreter des Makrozoobenthos.

GEWÄSSERBEWERTUNG

Verbunden mit der Europäischen Wasserrahmenrichtlinie (EU-WRRL) sind weitgehend standardisierte Verfahren und Methoden zu einer umfassenden Gewässerbewertung entwickelt worden. So unterscheidet sich das Verfahren in den deutschen Bundesländern nur in Nuancen. Die Untersuchungen umfassen u. a. Feldprotokolle zur Erfassung struktureller und habitatbezogener Vor-Ort-Parameter, physikalische und chemische Messungen und quantitative und qualitative Beprobungen auf Süßwasserorganismen. Sie sind recht komplex und bleiben daher Fachleuten vorbehalten. Mit einer für das Verfahren eigens entwickelten Software werden aus der Artenzusammensetzung und Häufigkeit der Organismen die Hauptbewertungsstufen „Ökologischer Zustand" bzw. „Ökologisches Potenzial" und „Allgemeine Degradation" berechnet. Eine große Anzahl an Indizes (bei der Fauna u. a. Saprobie, Versauerung, Neozoen, Anzahl der EPT-Taxa: d. h. Eintags-, Stein- und Köcherfliegen) fließen dabei in die Gesamtbewertung mit ein und können bei der Interpretation der Bewertungsergebnisse von Interesse sein.
Weitergehende Informationen gibt es zahlreich im Internet, z. B. unter
https://gewaesser-bewertung.de/
Doch auch Naturfreunden, Naturschutzgruppen und Schüler-AGs (Schulteich!) ist es mit vergleichbar einfachen bzw. einfach zu beschaffenden Hilfsmitteln möglich, sich ein Bild von dem Zustand eines Gewässers zu machen.
Für chemische Gewässeruntersuchungen sei auf die sogenannten Umweltkoffer verwiesen, die im Fachhandel (z. B. für Aquaristik) angeboten werden. Darüber hinaus gibt es Literatur zur biologischen Gewässergütebestimmung (z. B. für die Mikrosaprobien: Streble et al. 2017).
Für Fließgewässer hat das **Saprobiensystem der Indikatororganismen** eine große Bedeutung. Die Grundidee ist, dass das Vorkommen bestimmter Arten eine hohe Aussagekraft hat, da ihre dauerhafte Existenz darauf hinweist, dass die für die Art in allen ihren Entwicklungsphasen notwendigen Umweltgegebenheiten gewährleistet sind. Von großem Wert für die Feststellung eines „guten Gewässerzustands" sind v. a. die ökologisch anspruchsvollen Arten, die in unseren Gewässern selten geworden sind (wie Flussperlmuschel oder Bachmuschel, bestimmte Köcher- und Eintagsfliegen). Allerweltsarten (wie Pechlibelle, Wasserassel, manche Egel) haben dagegen einen geringeren Aussagewert. Indikativ sind auch Arten, die zahlreich nur in stark verschmutzten Gewässern vorkommen (wie die Rattenschwanzlarven der sogenannten Mistbiene). Auch das Fehlen von Arten, die in einem naturbelassenen Gewässer zu erwarten sind, hat einen Aussagewert („Artenfehlbetrag").
Auch dies ist nur erfahrenen Fachleuten auf den ersten Blick ersichtlich.
Um keine falschen Erwartungen zu wecken – weil eine saubere Auswertung von Indikatororganismen auch einige Fachkenntnisse verlangt – haben wir uns bewusst entschieden, diesen Punkt nicht zu vertiefen. Eine gute Einführung findet sich hierzu etwa in Schwoerbel & Brendelberger (2013). Für eine sichere Bestimmung des Saprobienindex (S. 63) müssen zudem zahlreiche Tiere nach einer ebenfalls standardisierten Methodik entnommen, bestimmt und häufig auch getötet werden, was sich aus Naturschutzgründen verbietet. Interessierte, die sich etwa als Bürgerwissenschaftler (*citizen scientist*) im Gewässerschutz engagieren wollen, wenden sich am besten an regional tätige Umweltschutzverbände, faunistische Vereine oder an entsprechende Einrichtungen an Universitäten. Von diesen erhält man auch fachlichen Rat, wenn es um die Bestimmung der Organismen geht, und kann wertvolle Erfahrungen sammeln.

EXKURS: TROPHIE – SAPROBIE

Bei der Beurteilung eines Gewässers taucht ein Begriffspaar auf, das primär den Stoffumsatz kennzeichnet, zusätzlich aber auch mit seiner Qualität (Gewässergüte) verbunden wird: Trophie und Saprobie.
Die **Trophie** kennzeichnet die Intensität des Aufbaus organischer Substanz durch Fotosynthese, also die Intensität der Primärproduktion durch Algen, grüne Pflanzen und Cyanobakterien. Diese Produktivität (verbunden mit Sauerstoffproduktion!) hat sich als eine geeignete Größe für die Charakterisierung stehender Gewässer erwiesen. Eine qualitative Einschätzung des trophischen Zustands eines Sees erlaubt die Messung der Sichttiefe im Sommer mit einer standardisierten weißen Scheibe, der Secchi-Scheibe. Bei hoher Produktivität, und somit hoher Anzahl planktischer Algen, ist die Sichttiefe nur gering. Besser quantifizieren lässt sich die Produktivität aber durch den Gehalt an Chlorophyll a der planktischen Algen, dem Hauptpigment, das an der Fotosynthese beteiligt ist. Grundlage für das Algen- und Pflanzenwachstum sind neben ausreichendem Licht die Pflanzennährstoffe (insbesondere Phosphat, Nitrat). Der Gehalt an Nährstoffen ist gut zu bestimmen und liefert ebenfalls ein gutes Maß für die Trophie. Entsprechend dem Nährstoffgehalt unterscheidet man verschiedene Trophiestufen – von oligotroph (nährstoffarm) über mesotroph bis zu eutroph (nährstoffreich) und darüber hinaus sogar bis zu poly- und hypereutroph (extrem nährstoffreich). Der Trophiegrad unterliegt jahreszeitlichen Schwankungen und ist u. a. von der geografischen Lage, der Tiefe und dem Einzugsgebiet abhängig. Generell kann man z. B. feststellen, dass Alpenseen meist oligotroph, Weiher hingegen eher meso- bis eutroph sind.
Da Ökoysteme nur durch einen Stoffkreislauf und einen Energiefluss bestehen können, gibt es zu den aufbauenden Prozessen entsprechende abbauende Prozesse. Entsprechend steht der Trophie die **Saprobie** gegenüber. Sie bezeichnet die Intensität aller biologischen Abbauprozesse. Die Saprobie eines Gewässers wird von der Tätigkeit der Mikroorganismen (Bakterien, Pilze) und aller Tiere bestimmt. Verbunden damit sind sauerstoffzehrende Prozesse. Hierin liegt die Gefahr eines übermäßigen Eintrags von Nährstoffen in Gewässern **(Eutrophierung)**: Sie fördern zunächst das Pflanzen-wachstum, haben dann aber nach deren Absterben eine Steigerung der Saprobie und im Extremfall Sauerstoffarmut zur Folge (vgl. S. 39, 52, Fischsterben).
Auch bei der Saprobie werden verschieden Stufen unterschieden – von oligosaprob bis polysaprob. Aufgrund zahlreicher Freilandbeobachtungen und Laborversuche hat man festgestellt, dass einige Arten für bestimmte Stufen der Saprobie charakteristisch sind. Auf dieser Grundlage hat man ein mehrstufiges **Saprobiensystem** entwickelt, das eine Wassergütebestimmung von Fließgewässern mit Indikatororganismen (Leitarten) erlaubt. Oligosaprobe Arten erhalten einen Saprobiewert (s) zwischen 1 und 1,5, polysaprobe einen Wert zwischen 3,5 und 4; die Werte der mesosaproben Arten liegen dazwischen. Auch hierfür gibt es einen Standard. Das seit 2004 geltende Saprobiensystem (DIN-Norm 38410) umfasst mehr als 600 Taxa an Makrosaprobien (d. h. vielzellige Tiere) und mehr als 200 Mikrosaprobien (Bakterien, Pilze, Einzeller). Um den **Saprobienindex S** eines Fließgewässers zu berechnen, bildet man zunächst das Produkt aus Saprobiewert (s) und Häufigkeit (H) jeder erfassten Art. Die so erhaltenen Werte werden addiert und diese Summe durch die Summe der Häufigkeiten dividiert. Eine Steigerung der Genauigkeit besteht darin, die Bindung der Arten an eine bestimmte Saprobiestufe mit einem Indikatorgewicht (G) zu kennzeichnen. Hierzu wurde eine fünfstufige Skala (1, 2, 4, 8, 16) eingeführt: Streng gebundene (stenöke) Arten haben das Indikatorgewicht 16, euryöke, mit keiner Bindung an eine Saprobiestufe, hingegen den Wert 1.

Die bereits über zwei Jahrzehnte praktizierte Gewässerbewertung nach der EU-WRRL erlaubt eine erste Bilanz. Wie die Verfahren, so ist auch die Zustandsbewertung standardisiert: Sie erfolgt in 5 Stufen (von „sehr gut“ bis „schlecht“) mit einer festgelegten Farbgebung (Bilder 25, 26).
Bis Anfang 2016 erreichten von fast 10 000 betrachteten **Oberflächenwasserkörpern** in Deutschland lediglich 8,2 % einen ökologisch „sehr guten“ bzw. „guten“ Zustand (Bild 25). Wichtig ist, dass für die Bewertung das schlechteste Einzelergebnis entscheidend ist („worst case“-Grundsatz). Wenn einige sonst als gut einzuschätzende Fließgewässer bzw. deren Wasserkörper den „guten ökologischen Zustand“ nicht erreichen, liegt das meist an der unzureichenden Gewässerstruktur. So fehlen z. B. im Verlauf eines Bachs naturnahe Habitate für die eigentlich gewässertypische Tier- und Pflanzenwelt, oder die Durchgängigkeit der Gewässer ist durch Querbauwerke unterbrochen. Ein weiterer Grund des hohen Anteils nicht guter Bewertungsklassen sind die hohen Nährstoffeinträge aus der Landwirtschaft und der Abwasserreinigung. Die strenge Begutachtung hält dazu an, an Verbesserungen sowohl bezüglich der Bewirtschaftung als auch der Bewertungskriterien zu arbeiten, was sich beim Vergleich mehrerer Jahre zeigt. So konnten bei gleicher Bewertungsmethodik beispielsweise viele der noch 2009 als „unbefriedigend“ und „schlecht“ eingestuften Wasserkörper 2016 als „mäßig“ bewertet werden.

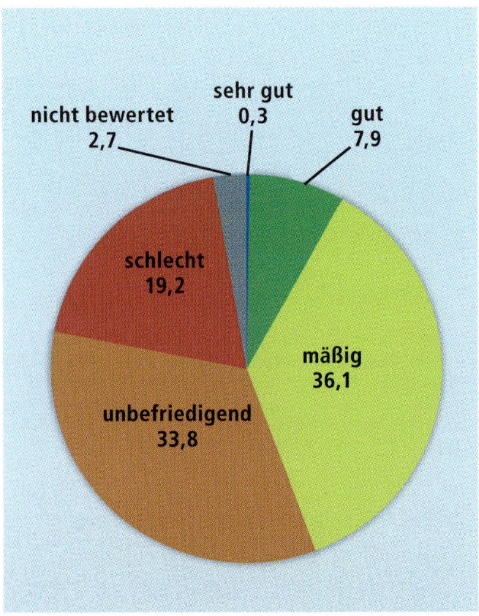

Bild 25. Ökologischer Zustand von mehr als 9800 Oberflächenwasserkörpern in Deutschland. Anteile in %. Stand: März 2016. Quelle: BMUB/UBA (2016).

Die heutigen Gewässergütekarten sind dank verfeinerter und standardisierter Begutachtung nach der WRRL sehr differenziert. So kann man sich in öffentlich verfügbaren Web-Karten zahlreiche Informationen über die Gewässer beschaffen, die einen interessieren (Bild 26). Die aktuelle Bewertung und die geplanten Maßnahmen im Rahmen der Umsetzung der WRRL können bis in Einzelheiten konkret nachvollzogen werden.
Der **chemische Zustand der Oberflächengewässer** wird in ganz Deutschland als „nicht gut“ eingestuft. Dies liegt an den flächendeckend auftretenden Schadstoffen (z. B. Quecksilber oder polyzyklische aromatische Kohlenwasserstoffe), die in allen Gewässern die Normen überschreiten. Ohne die Bewertung dieser ubiquitären Stoffe waren im Jahr 2016 immerhin 84 % der Oberflächengewässer in einem „guten“ und 6 % in einem „nicht guten chemischen Zustand“ (die übrigen 10 % wurden nicht bewertet, BMUB/UBA 2016).
Urspünglich war das Ziel, für die Oberflächengewässer bis 2015 mindestens einen „guten chemischen Zustand“ sowie einen „guten ökologischen Zustand“ zu erreichen, was sich aber nur in sehr engen Grenzen umsetzen ließ. Bis 2018 erfüllte keines der 16 deutschen Bundesländer die Anforderungen der Wasserrahmenrichtlinie, als aktuelles Ziel der Umsetzung wird nun das Jahr 2027 angepeilt.

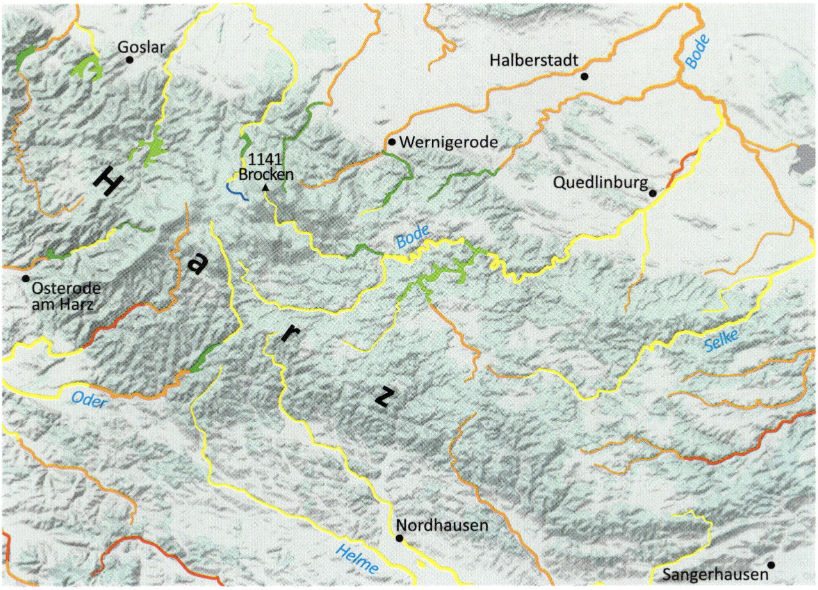

Bild 26. Exemplarische, vereinfachte Fließgewässerkarte des Harzes auf Basis des ökologischen Zustands. Zur Farbgebung vgl. Bild 26. Quelle: https://wasserblick.net.

Bei etwa 40 % der Gewässer geht es um die Verbesserung der Gewässerstruktur im weiteren Sinne, z. B. durch die Wiederherstellung der ökologischen Durchgängigkeit an bestehenden Querbauwerken durch den Bau von Fischtreppen (S. 61, Bild 24) oder dadurch, dass man die eigendynamische Entwicklung der Fließgewässer zulässt. Bei weiteren 40 % der Gewässer geht es darum, „diffuse Quellen" auszuschalten, d. h. v. a. Nährstoffeinträge durch die Landwirtschaft zu reduzieren. Bei 20 % sind die Belastungen durch Punktquellen (z. B. kommunale Kläranlagen) zu reduzieren.

Bis zur Zwischenevaluation 2021 werden voraussichtlich nur 18 % der Oberflächenwasserkörper in Deutschland die ökologischen Bewirtschaftungsziele erreichen. Insbesondere hinsichtlich der Belastung mit Quecksilber ist nicht zu erwarten, dass die Maßnahmen die Situation schnell genug verbessern können. Es ist bereits absehbar, dass bis 2027 weder Deutschland noch ein anderer Mitgliedstaat der EU das Ziel der WRRL erreichen wird, und es ist derzeit offen, wie es danach mit der WRRL weitergehen wird.

Im **Grundwasser** wird der mengenmäßige Zustand vom chemischen Zustand getrennt betrachtet. Zum Stand 2016 erreichten von knapp 1200 bewerteten Grundwasserkörpern in Deutschland 96 % einen „guten mengenmäßigen Zustand" (BMUB/UBA 2016). Meist sind es Bergbauaktivitäten, die durch die kontinuierliche Wasserentnahme zu einem schlechten mengenmäßigen Zustand führen. Immerhin knapp 64 % der Grundwasserkörper erreichen einen „guten chemischen Zustand", 36 % aber dagegen einen „schlechten Zustand". Hauptursache für die Zielverfehlung ist Nitrat im Grundwasser. Diese Ergebnisse entsprechen etwa denen aus dem Jahr 2009.

Die Pflanzenwelt

Der Artenreichtum der Gewässer beruht letztlich auf den vielen Primärproduzenten – seien es Cyanobakterien („Blaualgen"), ein- und mehrzellige Grünalgen, Moose, Farne oder Blütenpflanzen –, die mithilfe der Fotosynthese Biomasse aufbauen. Aber all diese Primärproduzenten bilden nicht nur die Nährstoffgrundlage für das tierische Leben. Vor allem die bedecktsamigen Blütenpflanzen (Angiospermen), die Gewässerufer besiedeln, den Bachgrund bedecken oder in Seen bis an die Grenze der belichteten Zone vordringen, wirken strukturierend. Sie ändern Strömungsbedingungen, befestigen Ufer, lassen Seen verlanden und bieten Tieren nicht nur Nahrung, sondern auch Schutz und Möglichkeiten der Eiablage und vieles andere mehr.

Gerade die mit bloßem Auge erkennbaren Pflanzenarten, auf die wir uns im Folgenden beschränken (die planktischen Arten erfordern ein Mikroskop), eignen sich hervorragend, die Anpassungen der Arten an ihren Lebensraum sowie die Wechselbeziehungen zwischen den Gliedern einer Lebensgemeinschaft und der belebten und unbelebten Umwelt aufzuzeigen.

Viele der Pflanzenarten unserer Gewässer reagieren sehr empfindlich auf Veränderungen ihrer Umweltbedingungen: Eine geringfügige Erhöhung der Nährstoffkonzentration von Gewässern kann rasch dazu führen, dass einige Arten absterben und anderen Platz machen, die sich dann stärker ausbreiten. Somit haben Wasserpflanzen als Zeigerorganismen für die Qualität von Gewässern einen hohen Stellenwert.

Bei der Vorstellung der Pflanzen legen wir besonderes Gewicht auf ihre Vergesellschaftung und auf die jeweiligen Umweltbedingungen der von ihnen gebildeten Lebensgemeinschaften. Selbstverständlich kann nur eine begrenzte Auswahl gezeigt werden, sodass man die eine oder andere Art vermissen wird. In manchen Fällen war es auch problematisch, Arten eindeutig den Lebensgemeinschaften fließender oder stehender Gewässer zuzuordnen. Es lohnt sich daher, sämtliche Pflanzentafeln (S. 86–107) durchzublättern.

Die dort abgebildeten Pflanzen sind fortlaufend nummeriert; diese Nummern tauchen im folgenden Text fett gedruckt auf, um sie bei der Lektüre rasch auffinden zu können. Auf Seite 105 stellen wir zudem einige Neophyten vor, die in jüngerer Zeit eingeschleppt wurden und sich stellenweise übermäßig stark ausbreiten und heimische Pflanzenarten verdrängen (= invasive Arten).

BESONDERHEITEN DER WASSERPFLANZEN

Herkunft der Wasserpflanzen

Sind unsere Wasserpflanzen ursprüngliche Wasserbewohner oder Lebewesen, die vom Land kamen und ins Wasser gingen? Wie immer die Entscheidung bei Niederen Pflanzen oder in verschiedenen Stämmen des Tierreiches ausfällt, im Fall der Höheren Pflanzen ist die Antwort eindeutig: Ein morphologischer Vergleich selbst der am stärksten abgeleiteten Formen zeigt, dass die Verwandten all dieser Arten auf dem Land leben. Es handelt sich folglich um mehr oder weniger stark veränderte Landpflanzen.

Der Weg ins Wasser ist oft schon sehr frühzeitig in der Stammesgeschichte beschritten worden, sodass wir heute große Einheiten, sogar ganze Familien als typische Bewohner nasser Standorte bezeichnen, einschließlich der Gewässerränder, Moore und Sümpfe. Hierzu rechnen wir etwa die Binsen- und die Seggengewächse (die allerdings daneben eine Reihe von Rasen- und sogar Felsenpflanzen ausgebildet haben) sowie die Rohr- und Igelkolbengewächse.

Bemerkenswert ist die Ordnung der **Alismatales**, zu denen die ganzen Wasserpflanzen der Einkeimblättrigen (Monokotyledonen) von den Froschbissgewächsen, über die Laichkräuter bis zu den Nixenkräutern und zum Seegras zählen. Auch die Seerosenartigen **(Nymphaeales)**, die sämtlich im Wasser leben, haben frühzeitig die Gewässer als Lebensraum erschlossen. Zusammen mit den Magnoliiden (zu denen viele Landpflanzen gehören, wie Magnolien, Pfeffer- und Lorbeergewächse) zählen sie zu den basalen Bedecktsamern.

Anpassung ans Wasser stellt also keineswegs stets eine in jüngster Zeit erworbene Eigenschaft einer Pflanzenart oder Pflanzengruppe dar.

Bau der Wasserpflanzen

Die besonderen Eigenschaften der Wasser- und Sumpfpflanzen sind leichter zu verstehen, wenn wir zunächst den Bau der Landpflanzen anschauen. Jede Gefäßpflanze ist darauf angewiesen, sich durch einen stetigen Wasserstrom von den Wurzeln her bis in die Blattspitzen mit den lebenswichtigen Mineralstoffen zu versorgen. Die hierfür nötige Strömung wird durch Verdunstung (Transpiration) erzeugt, die v. a. über die Blätter erfolgt. Spezielle Spaltöffnungen (Stomata) auf der Ober- und Unterseite, die aktiv geöffnet oder geschlossen werden können, ermöglichen es einer Pflanze, ihre Transpiration auf die jeweiligen Außenbedingungen einzustellen.

Herrschen an einem Wuchsort außergewöhnliche Bedingungen vor, so kommen besondere Anpassungen hinzu. So schützen sich Pflanzen trockener Standorte nicht nur durch kurzfristiges Schließen der Stomata vor Wasserverlusten. Sie weisen häufig verdunstungsmindernde Eigenschaften auf, wie Haarüberzüge, Rückbildungen der Blätter, ein dickes Oberflächenhäutchen (Cuticula) und wasserspeichernde Gewebe. Oft bilden sie auch ein verzweigtes oder sehr tief greifendes Wurzelsystem, um noch die letzten Wasserreserven aus dem Boden ausschöpfen zu können. Eine besonders augenfällige Form solcher trockenheitsangepassten Pflanzen **(Xerophyten)** finden wir bei den Kakteen.

In entsprechender Weise spiegeln die Pflanzen der Laubwälder ihre ganz andere Umweltsituation wider: Sie müssen meist keine längere Trockenperiode ertragen und besitzen folglich meist große, zarte oder fein zerteilte Blattspreiten mit einer dünnen Cuticula und Spaltöffnungen, die über die Blattoberfläche erhoben sind. Die Verdunstung wird außerdem durch ein fehlendes Haarkleid erleichtert.

Derartige, die Feuchtigkeit liebende Schattenpflanzen **(Hygrophyten)** leiten zu den Sumpfpflanzen unserer Moore über **(Helophyten)**, bei denen die Wurzeln und auch die untersten Sprossteile von Wasser bedeckt sind. Da sie meist nicht von einem Kronendach aus Waldbäumen gegen die Witterung geschützt sind, vereinigen sie Ge-

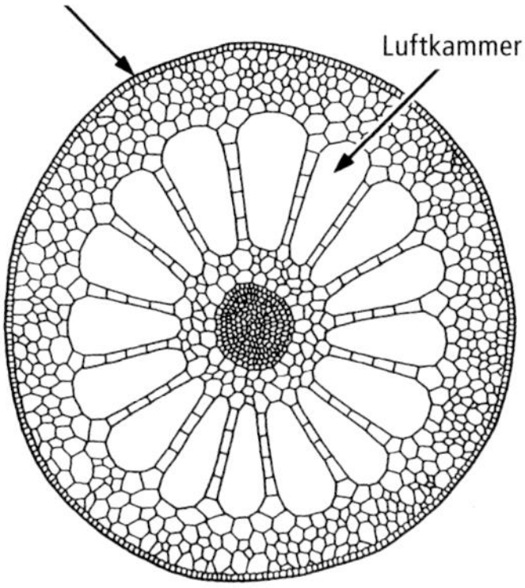

Bild 27. Sprossquerschnitt einer Wasserpflanze mit Luftgewebe (Aerenchym).

staltmerkmale der Xerophyten und der eigentlichen Wasserpflanzen. Sie besitzen Anpassungen zum Schutz vor zu großem Wasserverlust (etwa harte und schmale Blätter). Andererseits ist der gesamte Pflanzenkörper von einem Durchlüftungssystem durchzogen: In den Stängeln solcher Arten lassen sternförmig gebaute Zellen luftgefüllte Interzellularräume frei (Aerenchym = Luftgewebe; Bild 27). Diese versorgen die Wurzeln mit Sauerstoff zum Atmen.

Die Merkmale der eigentlichen Wasserpflanzen **(Hydrophyten)**, die völlig dem Leben im Wasser angepasst sind, kann man sich verständlich machen, wenn man die besonderen Bedingungen und Erfordernisse betrachtet, die mit dem Leben im Wasser verbunden sind:

Leben mit Auftrieb

Innerhalb des Wassers benötigen Pflanzen weniger Festigungsgewebe als an Land. Ihnen fehlt daher meist jede Verholzung. Ebenso wenig ist sekundäres Dickenwachstum vorhanden. Zusätzlicher Auftrieb, der die Pflanzen im Wasser aufrecht stellt, wird oft durch ein Luftgewebe (ähnlich dem der Sumpfpflanzen) geschaffen. Werden die Pflanzen überhaupt mechanisch beansprucht, dann nicht in Form von Biegung, sondern im fließenden Wasser in Form von Zug. Daher finden wir keine randlichen Festigungsgewebe, sondern höchstens einen Zentralstrang, der Zugfestigkeit gewährleistet. Die Wurzeln dienen lediglich der Verankerung (siehe 2. und 3.), sofern sie überhaupt ausgebildet sind.

Wasser im Überfluss

Da Wasser „im Überfluss" vorhanden ist, sind wasserleitende Gefäße kaum oder gar nicht ausgebildet, ebenso wenig ausgedehnte Wurzelsysteme. Bei den Unterwasserblättern mit nur dünner Cuticula fehlen Spaltöffnungen. Transpiration findet kaum mehr statt; der Wassertransport wird, wenn überhaupt erforderlich, durch ein System zur Wasserausscheidung (mittels Wasserspalten und Wasserdrüsen) aktiv gefördert. Lediglich die Oberseite von Schwimmblättern, z. B. der Seerosen **(10)**, besitzt Spaltöffnungen und ist mit einer dicken Cuti cula mit Wachsschicht überzogen. Letztere wirkt wasserabstoßend (hydrophob). Andernfalls würden sich leicht Algen und Bakterien ansiedeln, und es käme zu einer Blockierung des Gasaustausches. Ähnliches bewirken die feinen hydrophoben „Schneebesen-Haare" des Schwimmfarns, deren hydrophile Spitzen Wasserperlen festhalten, die Lücken für den Gasaustausch freilassen **(27)**.

Die Seerosen verdunsten über ihre Spaltöffnungen zwar gleich viel oder sogar mehr als die meisten Landpflanzen; das oberseits abgegebene Wasser beziehen sie jedoch im Gegensatz zu diesen durch Wasserspalten auf der Blattunterseite oder durch Wurzeldruck, also nicht durch einfaches Nachsaugen über Spross und Wurzel. Schneidet man das Blatt einer Seerose ab und nimmt es aus dem Wasser heraus, so welkt es auch dann, wenn sein Stiel ins Wasser taucht.

Leben in einer „Nährlösung"

Da der von unten nach oben gerichtete Wasserstrom nicht mehr bei allen Wasserpflanzen funktioniert, muss die Nährstoffaufnahme in anderer Weise erfolgen. Die im Wasser gelösten Salze werden nicht nur über die Wurzeln (wenn vorhanden) aufgenommen, sondern über die ganze Pflanze, v. a. über die Blätter. Die absorbierende Oberfläche der Hydrophyten wird deshalb so weit wie möglich vergrößert (fein zerschlitzte Blätter, Bild 28 a und b) und der Eintritt von Nährsalzen durch eine dünne Cuticula und äußere Zellwände erleichtert. Eine Reihe von wurzellosen, in nährstoffarmen Gewässern lebenden Arten ergänzt ihre Ernährung durch den Fang von Tieren, wie etwa unsere Wasserschlauch-Arten **(36, 70)**. Die Anpassung der Hydrophyten an eine ungehinderte, über die gesamte Oberfläche erfolgende Stoffaufnahme erklärt auch, warum sich die Gewässervegetation schon bei geringer Belastung deutlich verändert: Giftig sind nicht nur organische Schadstoffe, wie die in den Waschmitteln enthaltenen Tenside oder aus den landwirtschaftlich genutzten Flächen eingeschwemmten Pestizide. Auch die Nährsalze selbst, wie Stickstoff- (besonders Ammonium) und Phosphor-Verbindungen, schädigen v. a. die völlig untergetauchten (submersen) Wasserpflanzen direkt, wenn sie in zu hohen Konzentrationen vorliegen, an die die jeweilige Art nicht angepasst ist. Deshalb kann die Artenzusammensetzung unserer Gewässer den Grad der Belastung anzeigen.

Fotosynthese unter erschwerten Bedingungen

Besondere Anpassungen sind auch für die Fotosynthese erforderlich, also für die Umwandlung des Kohlendioxids in Zucker und Stärke mithilfe des Sonnenlichts. Nun findet sich Kohlendioxid zwar in relativ großer Menge im Wasser gelöst, sodass es wiederum über die gesamte Blattoberfläche aufgenommen werden kann, doch ist seine Konzentration wesentlich geringer als in der Luft; darüber hinaus diffundiert es im Wasser sehr viel langsamer.

Damit eine effektive Versorgung gewährleistet ist, sitzen die Chloroplasten vieler Wasserpflanzen (sie enthalten das für die Assimilation wichtige Blattgrün) bereits in den äußeren Zellen, sodass sie das Kohlendioxid ohne größere Umwege aufnehmen können. Bei Landpflanzen hingegen sitzen die Chloroplasten in inneren Schichten des Blattes. In harten, kalkreichen Gewässern mit hohem pH-Wert liegt v. a. das Hydrogenkarbonat-Ion vor (HCO_3^-, S. 16), das z. B. vom Fieber-Quellmoos **(4)** nicht genutzt werden kann. Andere Pflanzen wie das Starknervmoos (S. 76) sind hingegen dazu

in der Lage. Vor allem an ihren älteren Blättern kommt es zur biogenen Entkalkung.
Hinsichtlich des Lichtgenusses sind die an der Oberfläche der Gewässer lebenden Schwimmpflanzen den untergetauchten „Submersen" naturgemäß überlegen, die mit sehr viel geringeren Lichtmengen auskommen müssen. Wahrscheinlich steht die Verlagerung der Chloroplasten auch hiermit im Zusammenhang. Es ist verständlich, dass sich jede Wassertrübung, sei sie durch Algen oder durch mineralische Teilchen verursacht, ungünstig auf die Assimilation auswirkt. In abwasserbelasteten Seen oder trüben Fließgewässern kommt es deshalb auch aus diesem Grund zu einem Rückgang der Submersen; im schlimmsten Fall kommt es sogar zu einem völligen Verschwinden.

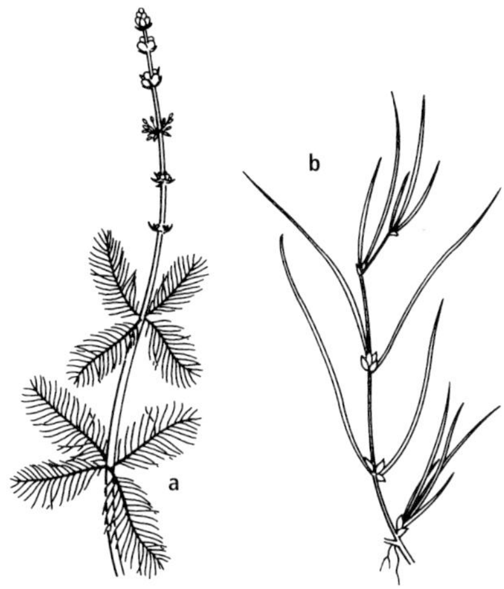

Bild 28. Unterwasserblatt vom Tausendblatt (a) und Teichfaden (b).

Atmen im luftleeren Raum

Nicht zuletzt spielt die geringe Löslichkeit und Verfügbarkeit des Sauerstoffs im Wasser für die Atmung der Hydrophyten eine entscheidende Rolle. Enthält ein Liter Wasser, der bei 5 °C im Gleichgewicht mit der Luft steht, noch 12,4 mg Sauerstoff, so sinkt dieser Wert bei Erwärmung auf 20 °C auf 8,8 mg ab (Werte für 100%ige Sauerstoffsättigung). Um eine ausreichende Sauerstoffversorgung zu gewährleisten, sind Interzellularräume ausgebildet, die die Pflanze vom Spross bis in die Wurzeln durchziehen, sie gleichsam durchlüften und eine gewisse Atmungsreserve bewahren (was sich einige Tiere wie die Schilfkäfer zunutze machen, S. 160).
Aus dieser ungünstigen Situation heraus lassen sich auch die meist flach liegenden Wurzeln der Sumpf- und Uferpflanzen erklären (etwa bei Weiden), die in größeren Tiefen nicht mehr genügend Sauerstoff finden. Vergleichbares finden wir in den Tropen, wo manche Pflanze in den schlecht durchlüfteten Mangroven-Sümpfen aus dem Schlamm heraus „Luftwurzeln" zum Atmen treibt.

Vielfalt und Konvergenz

Man darf aus den vorhergehenden Ausführungen nicht schließen, dass die Wasserpflanzen unserer Gewässer einförmig gebaut seien. Dies ist schon deshalb nicht möglich, weil sich die Umweltbedingungen z. B. vom Ufer bis zum Tiefenwasser von Seen fortlaufend ändern, sodass in jeder Zone nur ganz bestimmte Lebensformen mit entsprechenden Anpassungen anzutreffen sind.
An den Rändern leben die **Sumpfpflanzen** mit ihren xerophytischen und hygrophytischen Merkmalen (S. 69). Weiter seewärts schließen sich die **amphibischen Formen** an, bei denen ein beträchtlicher Teil der Pflanzen ständig untergetaucht im Wasser lebt, die Blüten tragenden Sprossteile hingegen weit aus dem Wasser ragen, wie wir das auch bei dem Pfeilkraut **(41)** und der Teich-Binse **(46)** kennen. Von solchen Typen führen lückenlose Übergänge weiter zu den **Schwimmblattpflanzen**, welche die nächste Zone gegen das Tiefwasser hin besiedeln. Bei ihnen schwimmen entweder alle oder ein Teil der Blätter flach auf dem Wasserspiegel. Auch sie blühen zumeist außerhalb des Wassers.
Die am stärksten abgeleiteten, am weitesten ins Wasser vordringenden Typen sind die untergetauchten, **submersen Pflanzen**. Eine Reihe von Arten schickt noch ihre Blüten an die Oberfläche empor, während andere selbst darauf verzichtet haben.

Besonderheiten der Wasserpflanzen

Den Verschiedenheiten der Umwelt ist in besonderem Maße die **Blattform** angepasst. Die Überwasserblätter entsprechen mehr oder minder denen unserer Landpflanzen; auf die Unterwasserblätter treffen all die oben genannten Kriterien zu. Die Schwimmblätter nehmen hingegen eine Mittelstellung ein. Ihre Oberseite ist landpflanzenähnlich, mit Spaltöffnungen und einer dicken Cuticula, die Unterseite spaltöffnungslos, meist mit starken Rippen oder ähnlichen Versteifungen, um dem Wellenschlag gewachsen zu sein.

Besonders interessant sind nun jene Fälle, bei denen an einem Individuum mehrere solcher Blatttypen vorkommen: Dies trifft bei einer Reihe von amphibischen Formen und vielen Schwimmblattpflanzen zu. Als Beispiele seien hier der Wasser-Hahnenfuß genannt (**14**, mit haarfein zerteilten Unterwasser- und efeuähnlichen Schwimmblättern; oft mit Mittelformen, also gröber geschnittenen Unterwasser- sowie tiefer geschlitzten Efeublättern in der Übergangszone), dann der Froschlöffel (**42**, grasartige oder bandförmige Erstlingsblätter im Wasser; gestielte, ei- bis herzförmige Folgeblätter über dem Wasser) oder die Teichrose (**11**, grobe, fast ledrige Schwimmblätter und im Umriss gleiche, aber salatartig dünne Unterwasserblätter).

Vergleichbar verhalten sich auch manche schwimmenden, nichtwurzelnden Pflanzen, bei denen keine Gliederung in untere und obere Sprossabschnitte möglich ist, dafür aber eine gewisse Differenzierung innerhalb eines jeden einzelnen Sprossabschnittes. Am bekanntesten hierfür ist der Schwimmfarn **(27)**, dessen Blätter in Dreierquirlen stehen; zwei Blätter eines jeden Quirls breiten sich als Schwimmblätter an der Wasseroberfläche aus, während das dritte, fein zerteilt, als echtes Unterwasserblatt ins Wasser taucht. Solche unterschiedliche Beblätterung der Pflanze bezeichnet man als **Heterophyllie**. In gewissem Ausmaß ist sie fast stets vorhanden. So finden wir etwa bei Wasserstern **(6)** und Tannenwedel **(45)** im Wasser dünne, zarte, oft schmalere Blätter, außerhalb oder auf seiner Oberfläche hingegen festere, oft breitere, sonst aber ziemlich gleichgestaltige Blätter. Diesen schwächeren Grad der Verschiedenheit bezeichnet man als **Heteroblastie** beziehungsweise als **Anisophyllie**, sofern die Blätter eng benachbart stehen.

Besonders die ufernahen Pflanzen sind sehr bedeutenden Schwankungen des Wasserstands ausgesetzt. Sie können einmal völlig trockenfallen, ein andermal restlos untergetaucht werden. Solche Pflanzen müssen imstande sein, verschiedenartige Wuchsformen auszubilden. Demgemäß unterscheidet man **Landformen** (meist klein und gedrungen, oft sogar zwergwüchsig, in allen Teilen reduziert; Blätter gröber und weniger geteilt; randliches Festigungsgewebe), **Unterwasserformen** (länger gestreckt; Blätter zarter, feiner zerteilt, dünner, weicher und hinfälliger; vermindertes Festigungsgewebe) und **amphibische Formen** (untere Sprossabschnitte den Letzteren, obere den Ersteren ähnlich). Allerdings ist nicht jede Art imstande, in allen drei Formen aufzutreten.

Von besonderem Interesse sind jene Pflanzenarten, die **Fließwasserformen** ausbilden können. Sie zeichnen sich durch zurückgebildete Blattspreiten, daher oft band- oder fadenartige Blätter mit zentralem Festigungsgewebe, und meist reduzierte Blütenorgane aus. Pflanzen, die zu derartigen Gestaltveränderungen bei wechselndem Milieu fähig sind, bezeichnet man als **Amphiphyten**.

Wie stark die äußeren Umweltbedingungen bestimmte Anpassungen erzwingen, zeigt sich darin, dass die Blätter einzelner Wasserpflanzen, die ganz verschiedenen Verwandtschaftskreisen entstammen, sich oft äußerlich, teilweise sogar anatomisch zum Verwechseln ähneln. Genannt seien die Schwimmblätter von Seerose und Teichrose **(10, 11)**, Seekanne **(12)** und Froschbiss **(21)**, die – isoliert gezeigt – selbst manchen Fachbotaniker vor Schwierigkeiten stellen (Bild 29). Untergetauchte Formen des Strandlings **(63)** und einiger Binsenarten gleichen den Brachsenkräutern **(62)** derart, dass es genauer Untersuchung bedarf, um ihre wahre Natur zu erkennen.

Schließlich stimmen die bandartigen Fließwasserblätter mancher nicht näher verwandter Arten gut überein: wir nennen an dieser Stelle nur das Pfeilkraut **(41)**, die Teich-Binse **(46)** und einige Laichkraut-Arten. Da die entsprechenden Unterwasser- und Fließwasserformen meist steril sind und somit keine Blüten ausbilden, an denen man sie leicht unterscheiden könnte, bedarf es enger Vertrautheit mit den Gestaltmöglichkeiten einer Art, um solche Formen sicher bestimmen zu können.

Vermehrung und Ausbreitung

Die besonderen Verhältnisse nehmen den Wasserpflanzen sehr oft die Möglichkeit, Blüten auszubilden. Ihre Samenproduktion ist daher in vielen Fällen stark gemindert. Dieser Nachteil wird durch Erleichterung der vegetativen Vermehrung ausgeglichen. Während zu Lande vegetative Abkömmlinge (z. B. Setzlinge, Wurzelschosse, Ausläufer und Brutknospen) immer erst festwurzeln müssen, um selbstständig lebensfähig zu sein, genügt im Wasser ein einfaches Abgliedern von Bruchstücken, ein Zerfallen in kleinere Teile. Nur daraus ist es erklärbar, dass sich einige Wasserpflanzen, zum Teil in historischer oder erst in jüngster Zeit (Neophyten, S. 55) große Räume, sogar ganze Kontinente erobern konnten, obwohl oft nur Pflanzen des einen Geschlechts eingebracht worden waren (z. B. Wasserpest **(5)**, Krebsschere **(22)**) und somit eine normale sexuelle Fortpflanzung überhaupt nicht möglich war.
Wenn wir von zwischenzeitlich möglichen mutativen Änderungen absehen, stellen in solchen Fällen alle Individuen, die heute den Bereich bevölkern, eine einzige, genetisch identische Abstammungslinie dar: Sie sind ein Klon.
Auch für die winterliche Überdauerung können sich Wasserpflanzen nicht immer auf die Samenproduktion verlassen, da diese in ungünstigen Jahren völlig ausbleiben kann. Viele Arten bilden daher im Herbst Winterknospen aus (Turionen oder Hibernakeln): ein kurzes, gestauchtes Achsenstück mit dicht gedrängten Niederblättern, die sich wie Knospenschuppen um den Jungtrieb ballen, reich gefüllt mit Reservestoffen. Solche Knospen sinken im Herbst zum Grund und entwickeln sich erst im Frühjahr durch Streckung zu neuen Pflanzen.
Selbstverständlich dienen Turionen ebenso wie die Sprossbruchstücke zur Ausbreitung der Wasserpflanzen, sei es durch Verdriftung mit fließendem Wasser, sei es durch Tiere.
Leichtes Gewicht, aber auch spezielle Einrichtungen wie aufgeblasene Häute, lange Fortsätze und Schleimhüllen machen viele Samen besonders

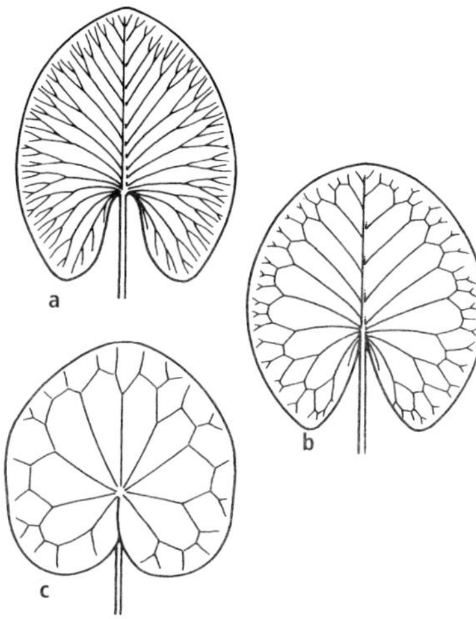

Bild 29. Schwimmblätter von Teichrose (a), Seerose (b) und Seekanne (c).

schwimmfähig, sodass sie weit verfrachtet werden können. Verschleimende oder raue Früchte und Samen haften zudem leicht an Wasservögeln fest, die sie über weite Strecken ausbreiten.
Diesen wirkungsvollen Ausbreitungsstrategien dürfte es zu verdanken sein, dass die meisten Wasserpflanzen über ein sehr großes Areal hinweg gefunden werden (wobei sie innerhalb dieses Gebietes manchmal nur sehr zerstreut und selten auftreten). So kommt es, dass nicht nur die Oasen der Sahara oder die Sümpfe des Hohen Atlas den mitteleuropäischen Besucher mitten in fremdester Umgebung in eine vertraute Wasserflora stellen, sondern dass sich selbst in fernsten Erdteilen die Sumpf- und Wasserflora zum Teil aus den gleichen Elementen rekrutiert. Genannt seien Froschlöffel, Rohrkolben, Wasserfalle, Brunnenkresse, Hornblatt und verschiedene Laichkräuter.
Allgemein kann man sagen, dass in Pflanzengruppen, die wenige Wasserpflanzen enthalten (wie etwa die Asteraceae), die einzelnen Erdteile jeweils ihre eigenen Arten oder sogar Gattungen besitzen, dass dagegen die Arten typischer Wasserpflanzen-Familien (Cyperaceae, Potamogetonaceae, Hydrocharitaceae, Characeae) zu einem

sehr beträchtlichen Teil über zwei und mehr Kontinente hin verstreut sind.
Das Vorkommen der Pflanzen und ihrer Gesellschaften ist in hohem Maße von den Strömungsbedingungen, der Gewässergröße, der Wassertiefe sowie der Stetigkeit oder Periodizität der Wasserbedeckung abhängig. Für die Vegetation gerade der Kleingewässer ist weiterhin der Nährstoff- und der Humusgehalt von ausschlaggebender Wichtigkeit. Die bräunliche oder tiefbraune Farbe der sogenannten **dystrophen Gewässer** (Braunwasserseen) weist deutlich auf den Reichtum an in kalkarmem Wasser gelösten Humusstoffen hin. Dies ist v. a. in den Moorseen und Moorweihern der Fall. An ihren Rändern, teilweise in schwimmenden Moosdecken, finden wir verschiedene *Sphagnum*-Arten, die den Prozess der Gewässerverlandung einleiten. Die übrigen Gewässer enthalten nur wenig gelöste Humussubstanz, ihr Wasser ist klar, blau oder grau bis grünlich (Klarwasserseen). Sind sie arm an Nährstoffen, wie manche Gebirgsseen, aber auch viele Gewässer in regenreichen Gebieten, so bezeichnet man sie als **oligotrophe Gewässer**. Diese wiederum lassen sich in Hartwässer (kalkreich-oligotroph) und Weichwässer (kalkarm-oligotroph) untergliedern. Ein Großteil der ursprünglich nährstoffarmen Seen und Bäche ist allerdings heute durch den Einfluss des Menschen mit Nährstoffen angereichert **(eutrophe Gewässer)**. Mächtige Schlammschichten am Grund, dichte Planktonmassen im offenen Wasser und breite Verlandungsgürtel aus hochwüchsigem Röhricht und Schwimmblattpflanzen zeigen dies an. Natürliche eutrophe Gewässer gibt es nur in Landschaften mit nährstoffreichen Böden (z. B. Lösslehmgebiete).

GEFÄHRDUNG UND SCHUTZ DER WASSER- UND SUMPFPFLANZEN

Da sich unter den eigentlichen Wasserpflanzen nur wenige durch schöne, attraktive Blüten auszeichnen, standen sie lange Zeit nur in Ausnahmefällen unter besonderem gesetzlichem Schutz. Zu diesen geschützten Arten zählen die in Deutschland sehr seltene Zwergteichrose (*Nuphar pumila*) und das Biegsame Nixenkraut (*Najas flexilis*, [FFH-Art]). Auch Einzelstücke dürfen vom Wuchsort nicht entfernt oder geschädigt werden. Darüber hinaus hat z. B. die Erarbeitung von Roten Listen auf regionaler und nationaler Ebene gezeigt, dass auch viele andere Pflanzen der Gewässer, z. B. die Seerosen und Teichrosen, die Sonnentau-Arten und die Schwanenblume mittlerweile selten und daher schutzwürdig sind.
Sehr viel gravierender als das Pflücken oder Entfernen von Pflanzen war und ist die Zerstörung ganzer Biotope. Hierzu kommt es durch Eintrag von Abwässern, Nährstoffzufuhr aus intensiv landwirtschaftlich genutzten Flächen, Meliorationsmaßnahmen (Entwässerung und Düngung) von Feuchtflächen sowie Fluss- und Bachausbauten. Derzeit gehören rund ein Viertel aller vom Aussterben bedrohten Farn- und Blütenpflanzen in der Bundesrepublik Deutschland zur Vegetation der Feuchtbiotope (vgl. Gefährdung der Pflanzengesellschaften, S. 57). Auch die Vegetation der Kleingewässer ist bedroht, da sie sich wegen der räumlichen Begrenzung und isolierten Lage ihrer Biotope kaum in benachbarte Gebiete retten kann.
Insbesondere in oligotrophen Weichgewässern macht die typische Flora mit *Lobelia dortmanna* und *Isoetes*-Arten schon bei geringer Nährstoffzufuhr den für eutrophe Gewässer typischen Laichkräutern Platz. Steigt die Belastung, so verschwinden schließlich alle submersen Wasserpflanzen. In kalkreich-oligotrophen Stillgewässern, zu denen z. B. die meisten Seen des Alpenvorlandes gehören, treten an die Stelle der Armleuchteralgen ebenfalls großblättrige Laichkräuter. Bei Überbelastung können sich ausgedehnte Decken aus Cyanobakterien („Blaualgen") entwickeln. Sie entziehen den Höheren Wasserpflanzen die Lebensgrundlage Licht.
Besonders gefährdet sind in unserer Kulturlandschaft damit die nährstoffarmen Gewässer. Es ist wichtig, sie als Ganzes unter Schutz zu stellen und die Grenzen nicht zu eng zu ziehen, da gerade Kleingewässer über ihre Zuflüsse eng mit dem gesamten Landschaftshaushalt verbunden sind. Ein ausreichend großer Pufferstreifen zum Umland ist daher unbedingt nötig.

Bild 30. Bestand mit blühendem Breitblättrigem Rohrkolben (*Typha latifolia*, vgl. S. 98).

QUELLEN UND FLIESSGEWÄSSER

Die besonderen ökologischen Verhältnisse in Nähe von Quellen (nicht gefrierendes klares und ziemlich nährstoffarmes Wasser, mit geringfügig schwankenden Temperaturen von 7–9 °C, S. 18 ff.) bedingen eine verhältnismäßig artenarme Vegetation, die aber recht spezifisch ist. Hier treffen sich sowohl arktisch-alpine als auch frostempfindliche, atlantische oder gar submediterrane Arten. Diese je nach Exposition und je nach geologischem Untergrund verschiedengestaltigen Pflanzengesellschaften werden auch als **Quellflur-Gesellschaften** zusammengefasst. Sie sind v. a. in den Alpen und den Mittelgebirgen häufig und gut ausgebildet.
Neben einer Reihe typischer Moose (aus den Gattungen *Philonotis*, *Cratoneuron* und *Brachythecium*) wachsen hier einige kleine Weidenröschen (*Epilobium alsinifolium* und *E. nutans)*, der Stern-Steinbrech (*Saxifraga stellaris*), die Sumpf-Miere (*Stellaria alsine*) und v. a. in den Mittelgebirgen an schattigen Waldquellen das Gegenblättrige Milzkraut (*Chrysosplenium oppositifolium*, Bild 31).
An baumfreien, lichtdurchfluteten Quellen in Silikatgebirgen stehen dichte Bestände des unscheinbaren Bach-Quellkrauts **(1)**, eine Charakterart der Quellfluren. Häufiger ist das Bittere Schaumkraut **(2)**, das an leicht beschatteten Quellen wächst und welches die Bitterschaumkraut-Gesellschaft kennzeichnet.
In Kalkgebirgen mit hartem Quellwasser kommen dagegen Quellfluren mit dem Starknervmoos (*Palustriella commutata*) vor. Das Moos entzieht dem karbonatreichen Wasser Kohlendioxid und das Hydrogenkarbonat-Ion, sodass sich um die Moospflänzchen herum Kalkkrusten bilden (vgl. S. 70). Zusätzlich zu dieser biogenen Entkalkung spielt auch die chemische Entkalkung durch Abgabe von Kohlendioxid an die Atmosphäre hierbei eine Rolle. Mächtige Kalktuffbänke können die Folge sein.

Gesellschaften des Flutenden Hahnenfußes

Der Wasserströmung in Bächen und Flüssen sind nur wenige Wasserpflanzen gewachsen. Sie bilden die Gesellschaft des Flutenden Hahnenfußes (Bild 32), die ausschließlich aus submersen Arten besteht und die amphibischen Elemente der Gewässerränder ausschließt. Mit ihren lang dahinflutenden, grasähnlichen Riemenblättern können sie der Strömung widerstehen (z. B. Pfeilkraut, **41**).
Charakteristisch ist der Flutende Hahnenfuß **(3)**. Er unterscheidet sich von seinem im stehenden oder langsam fließenden Wasser wachsenden Verwandten, dem Wasserhahnenfuß, *Ranunculus aquatilis* **(14)**, durch längere und stärkere Blattzipfel. Sie sind an den raschen Wasserlauf angepasst. Begleitet ist er meist vom Fieber-Quellmoos **(4)**, das ebenfalls lang gestreckte, robuste Sprosse ausbildet.
Langsamere Strömung bevorzugt die Wasserpest **(5)**. Ihre hohe ungeschlechtliche Vermehrungskraft durch Spross-Bruchstücke verhalf ihr zu ihrem Namen. Männliche Blüten sind in Deutschland noch nie beobachtet worden. Sie wurde erst etwa 1850 aus ihrer nordamerikanischen Heimat nach Europa eingeschleppt und hat sich hier in kurzer Zeit so stark ausgebreitet, dass sie Schleusen verstopfte und die Schifffahrt behinderte (Neophyta, S. 55). Heute scheint sich jedoch ein gewisses natürliches Gleichgewicht eingestellt zu haben, das die häufige Pflanze in Schranken hält (dafür ist eine verwandte Art, die Schmalblättrige Wasserpest, *Elodea nuttallii*, auf dem Vormarsch, S. 56, Bild 22).
Darüber hinaus kommen hier zahlreiche Laichkräuter vor: das Durchwachsene Laichkraut **(30)**, das Flusslaichkraut, *Potamogeton nodosus*, das Dichte Laichkraut, *Groenlandia densa*, und das Gefärbte Laichkraut, *P. coloratus* (nur in sehr sauberen, aber kalkreichen Gewässern). Besonders resistent gegen Nährstoffbelastung erweisen sich manche Wasserstern-Arten (vgl. **6**).

Bach- und Flussröhrichte

Die Ufer und die Ränder der Fließgewässer werden von einer Reihe amphibischer Pflanzen besiedelt. Sie dringen einerseits weit ins flache Uferwasser seichter Bäche vor und bilden dabei sogar untergetauchte oder schwimmende Formen aus. Andererseits können sie sich landwärts ausdehnen und fassen dort im durchnässten Boden Fuß. Zuweilen fluten diese Arten mit Pflanzen aus der Hahnenfuß-Gesellschaft im Wasser, doch bilden sie eigenständige Bachrand-Gesellschaften. Eine davon ist das eher niedrigwüchsige, artenreichere **Bachröhricht**.

Zu dieser Gesellschaft rechnen wir die Brunnenkresse **(7)**, die sich von dem ähnlich aussehenden (und schmeckenden) Bitteren Schaumkraut **(2)** durch gelbe, nicht violette, Staubbeutel leicht unterscheiden lässt. Dicke, glänzende Blätter und blaue Ehrenpreis-Blüten trägt die Bachbunge **(8)**; weiße Doldenblüten, die man allerdings nur zu Gesicht bekommt, wenn die Pflanze nicht im Wasser flutet, sondern am Uferrand in die Höhe wuchert, die Berle **(9)**. Weitere Charakterarten sind der Flutende Schwaden (*Glyceria fluitans,* ein schmales schlankes Gras) und der Übersehene Igelkolben (*Sparganium erectum* subsp. *neglectum;* ein naher Verwandter des Ästigen Igelkolbens, **52**). Einige weitere Ehrenpreis- und Doldenblütler-Arten, die Geflügelte Braunwurz (*Scrophularia umbrosa*), das Geflügelte Johanniskraut (*Hypericum tetrapterum*) und manche andere ergänzen das farbige Bild.

Eine artenärmere Bachrand-Gesellschaft ist das **Rohrglanzgrasröhricht**. Es ist typischerweise am Rand schnell fließender Gewässer ausgebildet und besteht oft aus einem Reinbestand von Rohrglanzgras (*Phalaris arundinacea*). Dieses bis zwei Meter hohe Gras erinnert im Aussehen an das gewöhnliche Schilfrohr (*Phragmites australis,* **49**), besitzt jedoch Blatthäutchen. Es erträgt es im Gegensatz zu *Phragmites*, bei Überflutung niedergedrückt zu werden, da es sich an den Halmknoten wieder aufrichten kann.

STEHENDE GEWÄSSER

Wasserpflanzen-Gesellschaften

Im Gegensatz zu Fließgewässern weisen nährstoffreiche Seen, Weiher und Teiche eine Vielzahl echter Wasserpflanzen auf. Sie bilden verschiedene Gesellschaften je nach Gewässerchemismus (weiches oder hartes Wasser), Nährstoffangebot (oligotrophe oder eutrophe) und Gewässergröße. Das Artenspektrum enthält untergetauchte (sub-

Bild 31. Gegenblättriges Milzkraut (*Chrysosplenium oppositifolium*).

Bild 32. Blühender Flutender Hahnenfuß (*Ranunculus fluitans*).

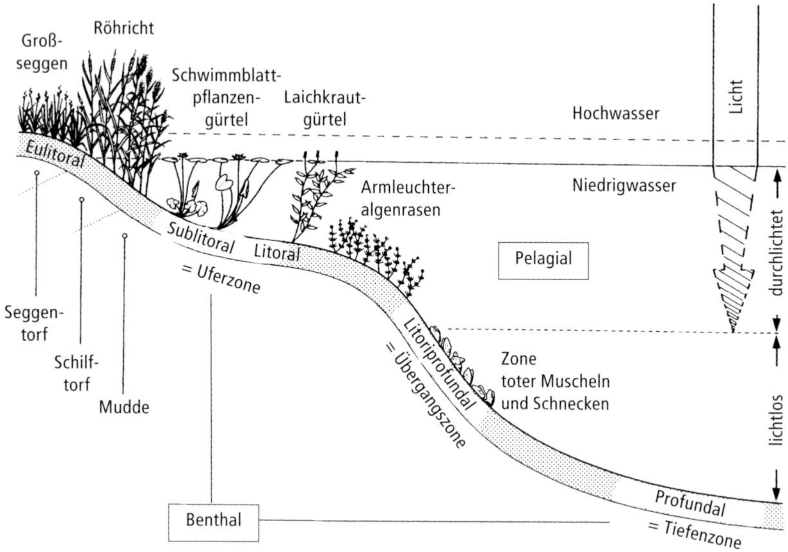

Bild 33. Zonierung eines Sees mit Teichröhricht und Wasserpflanzen-Gesellschaften.

merse), schwimmende (emerse), bewurzelte und frei im Wasser flottierende Formen (Pleustophyten).
Im Wesentlichen können drei Zonen unterschieden werden (Bild 33): In der Wechselwasserzone des Gewässerufers (Eulitoral) kommen Röhrichte und Großseggenriede vor (Röhrichtzone). Im angrenzenden, flachen Abschnitt des Sublitorals treten die Schwimmblattpflanzen auf, zu denen auch die See- und Teichrosen gehören. Weiter seewärts, im tieferen Teil des Litorals, findet man nur submerse Wasserpflanzen. Hier kommen Laichkraut-Gesellschaften und Armleuchteralgen vor.
Am eindrucksvollsten sind die **Seerosen-Gesellschaften**, die besonders üppig in den Buchten mäßig nährstoffreicher Weiher und Teiche und auch in manchem stillen Flussabschnitt ausgeprägt sind. Auffällig sind die Schwimmblattpflanzen mit ihren „Seerosen-Blättern“: die Weiße Seerose **(10)** und die gelbe Teichrose **(11)** sowie die Seekanne **(12)**. Rautenförmige Schwimmblätter besitzt die Wassernuss **(13)**, efeuartige der – mit verschiedenen Sippen vertretene – Wasser-Hahnenfuß **(14)**. Beide sind heterophyll. Außerdem seien noch die elliptischen Schwimmblätter des Wasser-Knöterichs **(18)** und des Schwimmenden Laichkrauts **(19)** genannt, die sich zum Verwechseln ähneln, aber an der Aderung (fiedernervig bzw. parallelnervig) unterscheiden lassen. Auch einige völlig untergetaucht lebende Arten, die nur mit ihrer Blütenähre aus dem Wasser ragen, rechnen wir dieser Gesellschaft zu: z. B. das Ährige Tausendblatt **(15)** und das Quirlige Tausendblatt **(16)**. Eine Unterwasserpflanze ist auch das Glänzende Laichkraut **(20)**, kenntlich an den zarten, brüchig glasigen, breiten Blättern.
Während diese Arten im Schlamm wurzeln, verankert sich das Raue Hornblatt **(17)** nur vorübergehend mit den abweichend gestalteten Spross-Erstlingen im Grund, um dann frei im Wasser zu flottieren. Diese frei schwimmende Lebensweise kennzeichnet die **Froschbiss-Gesellschaften**

mit dem Froschbiss **(21)** und der Krebsschere **(22)** sowie die **Wasserlinsen-Gesellschaften**. Namengebend für Letztere sind die Teichlinse **(23)**, die Kleine Wasserlinse **(24)** und die völlig wurzellose Zwerglinse **(25)**. Sie ist die kleinste Blütenpflanze der Welt. Als „Entengrütze" können Wasserlinsen die Oberfläche kleiner Gewässer überziehen. Wer diese stark reduzierten, hefeartig sprossenden Pflänzchen betrachtet, wird sie kaum als entfernte Verwandte des Aronstabes erkennen. Etwas stärker gegliedert ist die Dreifurchige Wasserlinse **(26)**. Mit den Wasserlinsen vergesellschaftet leben der heterophylle Schwimmfarn **(27)** und das Wasser-Lebermoos **(28)**.

Am weitesten ins offene Wasser stoßen Pflanzengesellschaften vor, die aus kleinen, ausschließlich untergetauchten Arten bestehen. Hierzu gehören die **Laichkraut-Gesellschaften.** Das Krause Laichkraut **(29)** und das Durchwachsene Laichkraut **(30)** besitzen gut ausgebildete Blätter. Auch das glasartig brüchige Nixenkraut **(33)** macht noch einen stattlichen Eindruck. Alle anderen Arten dieser Gesellschaft besitzen hingegen grasartige oder fast fadenförmige Blätter, etwa das Kammförmige Laichkraut **(31)** und der Teichfaden **(32)**.

Die **Gesellschaften der Armleuchteralgen** wachsen meist nur in klaren, nährstoffarmen Stillgewässern mit großer Sichttiefe. Die weit verbreitete *Chara aspera* **(34)** ist für kalkreiche Seen charakteristisch, einige Vertreter der Gattung *Nitella* für kalkarme.

Untergetaucht lebt auch die **Wasserfeder-Gesellschaft**. Die namengebende Wasserfeder **(35)** ist ein schön blühendes Primelgewächs (in Europa die einzige Wasserpflanze aus dieser Familie) mit kammförmig geteilten Blättern.

Ähnliche, aber noch stärker zerschlitzte Blätter besitzt der Verkannte Wasserschlauch **(36)**, eine fleischfressende Pflanze, bei der einzelne der kleinen Blattzipfel zu blasenartigen Tierfallen umgebildet sind. Infolge aktiver Wasserausscheidung aus den Blasenwänden herrscht im Inneren der Fallen stets ein Unterdruck. Stößt ein Tier gegen die Mündungsklappe der Blase, so öffnet sie sich nach innen, und das Opfer wird mit dem Wasser zusammen eingesogen und durch Eiweiß auflösende Enzyme verdaut. Völlig anders ist der Mechanismus bei der Wasserfalle **(37)**, die gelegentlich in der Wasserfeder-Gesellschaft vorkommt. Bei ihr sind die Blattspreiten zu „Klappfallen" umgewandelt, die auf einen Berührungsreiz hin zuschnappen.

Bild 34. See mit Seggenhorsten (im Vordergrund) und Teichröhricht (im Hintergrund).

Teichröhrichte

Der Übergang von freiem Wasser zum Land wird bei stehenden Gewässern ebenfalls von einem Röhricht gebildet (Bild 34). Es unterscheidet sich durch kraftvolle, mehr als mannshohe Gestalten von den niedrigeren Bachröhrichten. Diese Zone ist durch eine Reihe amphibischer Arten charakterisiert.

Wenn wir, von der Teich- oder Seemitte kommend, den Gürtel der Schwimmblattgewächse (die Seerosen-Gesellschaft) durchquert haben, so stellen sich in nährstoffreichen Gewässern als erste Formen die Teich-Binse **(46)** und das Schilfrohr **(49)** ein. Dies sind zwei Pflanzen, die jeweils dominante Bestände bilden. Sie unterscheiden sich hinsichtlich ihrer ökologischen Fähigkeiten jedoch recht deutlich: Im Gegensatz zu Schilf können die weichen, aerenchymreichen (S. 69, Bild 27), blattlosen Sprosse der Teichbinse auch unter der Wasseroberfläche assimilieren. Die Binse kommt deshalb noch in bis zu fünf Meter Wassertiefe vor. Schilfröhrichte dagegen stehen eher am Gewässerrand in geringerer Tiefe. In auffallender Weise kehren die Schilfblätter des Rohres und die glatten, nackten Rundstängel der Binse auch bei vielen anderen Arten des Röhrichtgürtels wieder. Runde Stängel sind bei der rosenblütigen Schwanenblume **(38)**

Bild 35. Wasserschwaden (*Glyceria maxima*), eine Uferpflanze eutropher Seen.

ausgeprägt und beim Teich-Schachtelhalm **(50)**. Er ist eine der wenigen Gefäß-Sporenpflanzen dieser Gesellschaft, bei dem oft sogar die spärliche Verästelung der Gipfelglieder unterbleibt.
Schilfähnliche Blätter besitzen v. a. der Schmalblättrige und der Breitblättrige Rohrkolben (*Typha angustifolia,* **51**, bzw. *T. latifolia,* S. 75, Bild 30). Beide sind leicht an der Blattbreite und an dem unterschiedlich ausgebildeten Kolben zu unterscheiden: Bei *T. angustifolia* ist der männliche Blütenstand an der Spitze von dem breiteren, weiblichen Blütenstand durch eine Lücke getrennt, bei *T. latifolia* grenzen beide unmittelbar aneinander. „Schilfblätter" finden sich auch beim entfernt verwandten Ästigen Igelkolben **(52)** mit seinen eigenartig übereinander stehenden Blütenkugeln und beim heilkräftigen Kalmus **(39)**, einer im 16. Jahrhundert aus Indien eingeführten Heil- und Gewürzpflanze. Er ist nicht nur durch seitlich entspringende, grüne Blütenkolben, sondern auch durch den würzigen Duft seiner etwas gerunzelten Blätter unterscheidbar.
Auch die leuchtend gelb blühende Wasser-Schwertlilie **(40)** besitzt „Schilfblätter". Überhaupt beherbergt der eintönig wirkende Röhrichtgürtel eine Reihe schön blühender Gewächse. Genannt seien das Pfeilkraut **(41)** mit seinen weißen oder rötlichen Dreierblüten, dessen Name sich auf die hübschen Blätter bezieht, der Froschlöffel **(42)** und der Zungen-Hahnenfuß **(43)**, dessen dottergelb glänzende Blüten zu den größten in seiner Gattung gehören.
Zwei weitere Arten verdienen wegen ihrer Heterophyllie (bzw. Heteroblastie, S. 72) unser Interesse: der Wasserfenchel **(44)**, dessen Blätter unter Wasser hahnenfußartig fein zerschlitzt und über Wasser normal, schierlingsartig geschnitten sind, sowie der Tannenwedel **(45)**. Bei diesem Sonderling stehen die Blätter in reichen Quirlen um die gemeinsame Sprossachse, unter Wasser schlaff und hängend, darüber steif, abstehend (Bild 38).
Manche v. a. der schönblütigen Arten werden vielfach einer besonderen Pflanzengesellschaft, dem **Wasserschwaden-Röhricht** zugerechnet. Es verdankt seinen Namen dem stattlichen, schilfähnlichen Wasserschwaden (*Glyceria maxima,* Bild 35).
Im Uferbereich oligotropher Stillgewässer sind derartig üppige und artenreiche Röhrichte, wie wir sie eben für eutrophe Standorte beschrieben haben, selten oder fragmentarisch vorhanden. Am Rande kalkreich-oligotropher Seen finden wir häufig Be-

Bild 36. Schneidried (*Cladium mariscus*), eine Charakterpflanze am Ufer kalkreich-oligotropher Seen.

Bild 37. Wasserminze (*Mentha aquatica*), ihre Blätter riechen nach dem Zerreiben auffällig nach Pfefferminz.

Bild 38. Tannenwedel **(45)** mit schlaffen Blättern unter Wasser.

stände des Schneidrieds (*Cladium mariscus,* Bild 36). Dieses Sauergras ist mit fast sägeartig scharfzähnigen Blättern ausgerüstet.

Großseggen-Riede

Am trockenen Land schließen sich an die Röhrichte meist Pflanzenbestände an, die v. a. aus hochwüchsigen Seggen-Arten (*Carex*) bestehen. Sie werden als Großseggen-Riede bezeichnet. Besonders auffällig sind die zumindest in nasseren Zeiten allseits umspülten, hohen und kräftigen Horste der Steifen Segge **(47)**, die eine besondere Zone in Stillgewässern mit stark schwankendem Wasserspiegel bilden und deshalb als eigene Gesellschaft **(Steifseggen-Ried)** bezeichnet werden: ein Kuriosum, da diese „Gesellschaft" vielfach nur aus dieser Art gebildet wird. Allerdings finden sich am Fuß der dichten Bulten, knapp über dem Wasser, kleine Moose (z. B. *Fissidens*) und auch manche Pilze, die man eigentlich mit zur Gesellschaft rechnen müsste. Häufig in Röhrichten, Großseggen-Gesellschaften und Bachfluren ist auch die Wasserminze (*Mentha aquatica*, Bild 37) anzutreffen. Ausgesprochen nährstoffarme, weiche Stillgewässer besitzen oft überhaupt keinen Röhrichtgürtel; vielmehr siedeln an ihrem Ufer unmittelbar Großseggen-Riede. Sie werden von zwei Arten beherrscht: der Schnabel-Segge **(48)** und der Fadensegge (*Carex lasiocarpa*). Beide werden häufig von einem amphibischen Primelgewächs, dem Straußblütigen Gilbweiderich **(53)**, begleitet. Das Optimum dieser Seggen liegt in mäßig nährstoffreichen bis nährstoffarmen, sauren, schlammigen bis torfigen, also schon mehr oder minder dystrophen Gewässern. Hier kommen auch der Fieberklee **(54)** und das Sumpfblutauge **(55)** vor. Die Bestände leiten zu den Verlandungsgesellschaften dystropher Stillgewässer über (S. 84).

PFLANZENGESELLSCHAFTEN UND VERLANDUNG

Die Pflanzengesellschaften stehender Gewässer lassen eine deutliche Zonierung erkennen (vgl. S. 78, Bild 33). Sie beginnen mit den untergetauchten, bodenbedeckenden Characeen und gehen landeinwärts über in den Laichkraut- und Schwimmblattpflanzengürtel. Darauf folgt der Röhricht- und Großseggen-Ried-Gürtel.
Da die pflanzliche Produktion rascher erfolgt als ihr Abbau durch Pflanzenfresser und Destruenten, bleibt überschüssige organische Substanz übrig, die sich als Sedimente in Gürteln ablagert. Den ersten Gürtel bildet ein „organogener" Schlamm, den man als Mudde bezeichnet (bei starker zusätzlicher Kalkablagerung: weiße Seekreide). Darauf folgt landeinwärts der Schilf- und Seggentorf. Die Wassertiefe verringert sich hier durch die Sedimentation, die Gürtel rücken konzentrisch zur Mitte vor, das Gewässer verlandet.
In den Endstadien stellen sich die ersten Bäume ein: Dies sind Weiden und Faulbäume, gefolgt von Erlen. Der Erlen-Bruchwald ist das vorläufige Endstadium der natürlichen Verlandung. Als Übergangsstadien können Moore entstehen.

BESONDERE STANDORTE

Die folgenden Pflanzengemeinschaften charakterisieren Biotope, die in Mitteleuropa vergleichsweise selten oder nur fragmentarisch ausgebildet sind. Sie stellen dennoch besonders interessante Gewässer dar und verdienen daher besondere Beachtung.

Meersalden-Gesellschaft

Eine sehr artenarme Pflanzengemeinschaft findet sich in Salztümpeln und Solebächen (S. 46). Abgesehen von den Küstengebieten kommt sie im Binnenland fast ausschließlich auf Salinengelände vor, z. B. in den mitteldeutschen Salzgebieten. Stellvertretend nennen wir den auffälligen Salz-Wasserhahnenfuß **(56)** und die Salde, die der Gesellschaft den Namen gab **(57)**. Letztere ist mit den Laichkrautgewächsen verwandt.

Zwergbinsen-Gesellschaften

Weitere hochinteressante Biotope sind periodische Gewässer, z. B. bewirtschaftete Fischteiche, die alle paar Jahre im Sommer („Sömmerung") abgelassen werden und dann trocken liegen, oder kleine, flache Tümpel, die im Sommer austrocknen (S. 38, 39). Auf den nackten, meist schlickigen Böden solcher Kleingewässer gedeihen Pflanzen, die zu den Zwergbinsen-Gesellschaften gerechnet und nach dem Teich-Schlammling **(58)** als **Schlammlings-Gesellschaften** bezeichnet werden (Bild 39). Klein und unscheinbar sind auch alle anderen hier siedelnden Arten, etwa der Sumpfquendel **(59)** oder eine der seltenen Tännel-Arten **(60)**. Von den anderen, ebenfalls meist äußerst seltenen und unscheinbaren Arten seien die Folgenden genannt: die Zypergräser *Cyperus fuscus* und *C. flavescens*, die einjährige Eiförmige Sumpfbinse (*Eleocharis*

Bild 39. Blühender Schlammling (*Limosella aquatica*) auf trockengefallenem Gewässerboden.

ovata), das Büchsenkraut (*Lindernia procumbens,* ein Rachenblütler [FFH-Art]) und das zu den Nachtkerzengewächsen gehörende Heusenkraut (*Ludwigia palustris*).

Strandlings-Gesellschaften

Im Überschwemmungsbereich zwischen Hoch- und Niedrigwasser, an schwach geneigten Ufern und in flach überschwemmten Gräben mit streng oligotrophem Charakter (kalkreich und kalkarm) stellen sich die Strandlings-Gesellschaften ein. In Mitteleuropa liegt ihr Schwerpunkt im regenreichen, atlantisch geprägten Klima Nordwestdeutschlands und einiger Mittelgebirge. Auf sandigem, schlammfreiem Grund finden sich hier im klaren Wasser eigenartige Rosettenpflanzen zusammen: z. B. die Wasser-Lobelie **(61)**, eine Verwandte der Glockenblumen, nicht mit glockiger, sondern zweilippiger Blüte, und das Brachsenkraut **(62)**, eine fremdartige Form der Gefäß-Sporenpflanzen, die ihre Sporenblätter am Grund ihrer binsenartigen Blätter birgt. Diese **Brachsenkraut-Gesellschaften** werden durch konvergente Rosettenformen aus anderen Verwandtschaftskreisen bereichert, z. B. die Rasenbinse (*Juncus bulbosus*) oder den Strandling **(63)**.
Auch in stillen Gebirgsseen der Alpen, des Schwarzwalds und der Vogesen, die auf sauren kalkarmen Gesteinen ruhen, finden sich solche Arten zusammen. Allerdings fehlt hier die Wasser-Lobelie, die wegen ihrer subtropischen Herkunft auf wintermilde, hochozeanische Gebiete Nordwesteuropas (und Nordamerikas) beschränkt ist.
Häufiger sind die **Nadelbinsen-Gesellschaften** mit den borstlich beblätterten Rosetten der Nadelbinse **(64)**. Sie siedeln auf sandig-schlammigen, etwas nährstoffreicheren Böden. Streng auf die westlichen und nordwestlichen Landschaften Mitteleuropas beschränken sich die **Gesellschaft des Pillenfarns (65)** und der **Vielstängeligen Sumpfbinse** (*Eleocharis multicaulis*).
Letztere ist eine stattliche Art, die der Eiförmigen Sumpfbinse ähnelt, aber mit langen, ausdauernden Rhizomen ausgestattet ist. Sie benötigt oligotrophe, sauerhumose Nassböden. Beim Pillenfarn lassen nur die bischofsstabartig eingebogenen,

Bild 40. Zwischen Niedrig- und Hochwasserzone lebt der Igelschlauch (*Baldellia ranuculoides*).

jungen Blätter die Farn-Verwandtschaft erkennen. Eine Besonderheit stellen die kleinen namengebenden, erbsengroßen „Pillen" (Sporokarpien) an der Blattbasis dar. Der zarte, gelb blühende Ufer-Hahnenfuß **(66)** bringt ein wenig Farbe in diese Rasen. In hochozeanischen Gebieten mischen das andernorts sehr seltene Froschkraut (*Luronium natans,* [FFH-Art]) und der Igelschlauch (*Baldellia ranunculoides,* Bild 40) weiße und rötliche Tupfer darunter. Charakteristisch sind ferner das Sumpf-Johanniskraut **(67)**, mit seinen ungewohnt weichen, oft filzig behaarten Blättern, sowie die Flutende Moorbinse **(68)** mit ihrer ästigen Verzweigung. Das ebenfalls typische Knöterich-Laichkraut (*Potamogeton polygonifolius*) ähnelt dem Schwimmenden Laichkraut, es besitzt jedoch schlankere Schwimmblätter. Der Flutende Sellerie (*Apium inundatum*) ist eine untergetaucht lebende Art. Er besitzt die für Wasserpflanzen typischen fein zerschlitzten Blätter.

Bild 41. Hochmoor mit dem typischen Mosaik aus erhobenen Bulten und flachen, überschwemmten Schlenken.

Wasserschlauch-Moortümpel-Gesellschaften

Im mittleren Europa weiter verbreitet sind Pflanzengesellschaften, die moorige, offene oder mit Moosen bewachsene, flach überschwemmte Schlenken in sauren Nieder-, Zwischen- und Hochmooren sowie Moorgräben besiedeln. Hier dominieren Wasserschlauch-Arten (Bild 42 und 43) sowie der Kleine Igelkolben **(69)**. Er hebt sich meist nicht wie sein Verwandter, der Ästige Igelkolben, aus dem Wasser heraus, sondern flutet mit langen, oft regelmäßig nebeneinander liegenden Blattbändern im Wasser. Unter ihm wuchern die dicken Watten des Mittleren Wasserschlauchs **(70)**. Seine Fangblasen sind an eigenen, bleichen Sprossen aufgereiht, während die grünen Blätter ohne Fangblasen sind (vgl. Verkannter Wasserschlauch: **36**).

Zwischenmoor- und Schlenken-Gesellschaften (Schwingrasen)

Eng verzahnt mit den Moortümpel-Gesellschaften sind die **Verlandungs-Gesellschaften dystropher Gewässer**. Wir kennen sie von Bächen und Gräben, die aus Hochmooren kommen, von Hochmoorkolken und -schlenken sowie einigen Seen und Teichen der silikatischen Mittelgebirge und der Alpen. Sie gehören zu den botanisch und ökologisch interessantesten Vegetationsdecken, da sie eine Reihe von Arten aufweisen, die sich auf die Ungunst der Standorte spezialisiert haben.
Im Gegensatz zu den eutrophen oder kalkreich-oligotrophen Gewässern, die von unten nach oben verlanden (S. 81), schiebt sich hier die Vegetationsdecke auf der freien Wasserfläche in den See hinaus. An der Oberfläche schwimmend, vermehren

sich Torfmoose (*Sphagnum*-Arten). Sie werden durch lange Ausläufer anderer Pflanzen zusammengehalten, z. B. die von Fieberklee **(54)** oder Sumpfblutauge **(55)**.
Zu einem kompakten Rasen verfestigt, bleiben sie lange vom festen Grund durch eine Wasserschicht getrennt. Es bildet sich ein sogenannter Schwingrasen. Diese schwimmende Decke wird immer mächtiger, bis sie, von oben nach unten fortschreitend, den See ausfüllt. Nun können sich besonders wüchsige, meist rot oder braun gefärbte Torfmoose ansiedeln.
Durch ihr Wachstum wölbt sich das Moor „uhrglasförmig" hoch. Die ständig durchnässten unteren Moorpartien versauern und ersticken. Die Pflanzen an der Oberfläche werden vom mineralstoffreichen Untergrund abgeschnitten. Sie besitzen nur noch Regen und Flugstaub als Wasser- und Nahrungsquellen. Unter diesen extrem nährstoffarmen, sauren Bedingungen gedeiht nur eine spezielle Flora.
In sehr humiden Teilen Mitteleuropas, wie am nördlichen Alpenrand, in den Kammlagen der Mittelgebirge oder in küstennahen Gebieten der nordwestdeutschen Tiefebene, können solche **Hochmoore** auch unmittelbar auf vernässten Stellen in Wäldern oder aus kalk-oligotrophen Niedermooren entstehen. Durch Auseinanderbrechen des aufgewölbten Hochmoorkuchens und durch das abfließende Wasser, aber auch durch ungleichmäßiges Sacken des Torfkörpers entsteht das charakteristische Mosaik aus trockenen Bulten und nassen Schlenken oder gar Moorkolken, die ständig oder nur zu bestimmten Zeiten des Jahres mit dystrophem Wasser gefüllt sind (Bild 41).
Zu den häufigsten Arten in Schlenken und am Rand von Kolken zählen das Weiße und das Braune Schnabelried (*Rhynchospora alba* und *R. fusca*), deren deutsche Art-Bezeichnungen auf die unscheinbaren, weißen bzw. braunen Blüten anspielen. Nicht selten kommt hier auch der Mittlere Sonnentau **(71)** vor: Auch er ist eine fleischfressende Pflanze, deren Fangapparat aber von demjenigen des Wasserschlauchs erheblich abweicht: Die Oberseite des Blattes ist dicht mit kurzen, weißen, sein Rand mit langen, roten Drüsenhaaren besetzt, die einen nach Honig duftenden, klebrigen Schleim ausscheiden. Berührt ein Insekt das

Bild 42 und 43. Blühender Wasserschlauch mit gefüllten Fangblasen im Wasser.

Blatt, so krümmen sich die Rand-Tentakel nach innen, halten die Beute fest und ersticken sie im Schleim. Ausgeschiedene Verdauungsenzyme lösen die Eiweißstoffe des Tieres, sodass sie aufgenommen werden können.
Oft mit dem Mittleren Sonnentau vergesellschaftet ist der kleine, auffällige Sumpf-Bärlapp **(72)**. Er ist der einzige Bärlapp Europas, der ins Wasser geht und ein weiterer Vertreter der an Gewässern seltenen Gefäß-Sporenpflanzen. In Schwingrasen und Schlenken gedeihen häufig Wasserformen einiger *Sphagnum*-Arten, v. a. das Schlenken-Torfmoos **(73)**. Es kleidet wassergefüllte Vertiefungen mit dichten, grünen Watten aus. Zwei verlandungstüchtige Seggen, die Schlamm-Segge **(74)** und die recht seltene Fadenwurzelsegge (*Carex chordorrhiza*), schieben ihre Ausläufer gegen den trügerischen Grund vor. Dazwischen gedeiht die Blumenbinse **(75)**, eine taxonomisch isolierte Art der Froschlöffelgewächse.

Pflanzen fließender Gewässer

1 | Bach-Quellkraut

Montia fontana agg.

Portulakgewächse, Portulacaceae

Meist ausdauernde, aber zarte, rasig wachsende Pflanze. Stängel bis zu 30 cm lang, niederliegend, mit gegenständigen, spateligen Blättern. Blüten einzeln oder in Rispen, blattachselständig, Kelch 2-spaltig, 5 weiße Kronblätter, 3 Staubblätter. Frucht einfächerig, mit glänzend schwarzen Samen. VI–VIII. Zerstreut, aber stellenweise häufig auf nassen, kalkfreien, nährstoffreichen Böden, v. a. in Quellfluren bis in die alpine Region. Europa.

2 | Bitteres Schaumkraut

Cardamine amara

Kreuzblütler, Brassicaceae

Stängelkantig, markerfüllt. Blätter kurz gestielt, 5- bis 11-zählig gefiedert. Blüten etwas größer als bei **7**, in bis zu 20-blütiger Traube, Staubbeutel purpurviolett, ähnlich bitter schmeckend wie **7**, aber härter. IV–VII. Verbreitet und häufig in Quellfluren, auf sickernassen, nährstoffreichen Böden. Von Europa über Klein- bis Zentralasien.

3 | Flutender Hahnenfuß

Ranunculus fluitans

Hahnenfußgewächse, Ranunculaceae

Untergetaucht flutende, bis zu 6 m lange, runde Stängel. Blätter (untere lang gestielt, obere sitzend) in lang gestreckte, kräftige, pfriemartige Zipfel zerteilt. Blüten bis zu 2 cm groß, mit grünen, kleineren Blütenblättern und 5–12 ansehnlichen, weißen Honigblättern, Staubblätter und Einzelfrüchte sind zahlreich. VI–VIII. Zerstreut in Flüssen und Bächen, meist auf kiesigem Boden. In West- und Mitteleuropa.

4 | Fieber-Quellmoos

Fontinalis antipyretica

Bachmoose, Fontinalaceae

Büschelig flutende Unterwasserpflanze. Stängel bis zu 50 cm lang mit 3-zeilig stehenden, kleinen, scharf gekielten Blättchen. Sporenkapsel der 2-häusigen Pflanze in den kurzen Seitentrieben fast eingesenkt. Sehr häufig, verbreitet in kalkarmen Quellen und Bächen, auch am Grund der Seen, in den Alpen bis über die Waldgrenze. Gemäßigtes Europa.

5 | Kanadische Wasserpest

Elodea canadensis

Froschbissgewächse, Hydrocharitaceae

Unterwasserpflanze mit bis zu 3 m langen, verzweigten Stängeln. Blätter länglich, fein gezähnt, in Dreierquirlen. Blüten selten, in Mitteleuropa nur weibliche, diese lang gestielt, schwimmend, mit 3 grünen Kelch- und 3 weißen Kronblättern. Vermehrung vegetativ. V–VIII. Häufig und gesellig in Still- und langsam fließenden Gewässern. Neophyt, ursprünglich Nordamerika, eingebürgert in Europa, Asien. Vgl. auch *E. nuttallii*, S. 56, Bild 22.

6 | Sumpf-Wasserstern

Callitriche palustris agg.

Wassersterngewächse, Callitrichaceae

Ausdauernde, untergetauchte oder Schwimmblattpflanze mit bis zu 35 cm langen Stängeln. Wasserblätter lineal, Schwimmblätter rosettig gehäuft, spatelig. Unscheinbare Blüten in den Blattachseln, 1-häusig. Schwimmfähige Pollen bestäuben zeitweise auf der Wasseroberfläche befindliche Narben. Frucht klein, oval, berandet. IV–X. Zerstreut in stehenden, nährstoffreichen Gewässern und Sümpfen, auch an trockenfallenden Standorten. Andere Wasserstern-Arten kommen regelmäßig auch in Fließgewässern vor. Gemäßigte Zonen der Nordhalbkugel.

7 | Brunnenkresse

Nasturtium officinale

Kreuzblütler, Brassicaceae

Stängel kantig, hohl (siehe **2**), bis zu 1 m hoch. Blätter wechselständig, gefiedert, untere gestielt, 1- bis 3-zählig, obere 5- bis 9-zählig, geöhrt, bitter.

Pflanzen fließender Gewässer:

1 Bach-Quellkraut, *Montia fontana* agg.
2 Bitteres Schaumkraut *Cardamine amara*
3 Flutender Hahnenfuß *Ranunculus fluitans*
4 Fieber-Quellmoos *Fontinalis antipyretica*
5 Kanadische Wasserpest *Elodea canadensis*
6 Sumpf-Wasserstern *Callitriche palustris* agg.
7 Brunnenkresse *Nasturtium officinale*
8 Bachbunge *Veronica beccabunga*
9 Berle *Berula erecta*

5
7
2
3
6
9
8
4
1

Blüten klein und weiß, in bis zu 50-blütiger Traube, mit je 4 Kelch- und Kronblättern, 2 kürzere und 4 längere Staubblätter mit gelben Staubbeuteln. Schotenfrucht. V–VIII. Verbreitet und häufig in klarem, kühlem, meist fließendem Wasser bis 2000 m Höhe. Kosmopolitisch.

8 | Bachbunge

Veronica beccabunga

Rachenblütler, Scrophulariaceae

Wurzelstock kriechend, runde Stängel mit gegenständigen, etwas fetten, eiförmigen Blättern. Blüten in lockeren, achselbürtigen Trauben, mit 4 Kelchblättern und 4 azurblauen Kronzipfeln, 2 Staubblätter. Reife Kapsel herzförmig. V–VIII. Verbreitet häufig an Bächen und Quellen, oft auf kalkreichen Schlammböden, in den Alpen bis in knapp über 2000 m Höhe. Von Europa über West- und Nordasien bis Japan, Nordafrika.

9 | Berle

Berula erecta

Doldenblütler, Apiaceae

Halb untergetauchte Pflanze mit dünnem Wurzelstock und bis zu 1 m langen, hohlen Stängeln. Blätter wechselständig, gefiedert, grob gesägt. Blüten in zusammengesetzten, 10- bis 20-strahligen Dolden mit lanzettlichen, teilweise gefiederten Hüll- und Hüllchenblättern. VI–VIII. Ziemlich verbreitet, gesellig in Quellen und Bächen, auf nährstoff- und kalkreichen Böden, im Gebirge jedoch fast fehlend. Europa, Zentralasien und Nordamerika.

Pflanzen stehender Gewässer

10 | Weiße Seerose

Nymphaea alba **G**

Seerosengewächse, Nymphaeaceae

Lang gestielte, am Grund tief gebuchtete Schwimmblätter. Wurzelstock lang, dick, kriechend. Große Einzelblüten: 4 große Kelch- und viele, spiralig gestellte, weiße Blütenblätter, allmählich in Staubblätter übergehend. Flache Narbenscheibe auf kugeliger Frucht. VII–IX. Zerstreut, auch langsame Fließgewässer mit Schlammboden, bis in 3 m Tiefe. Fast ganz Europa.

11 | Teichrose

Nuphar lutea **G**

Seerosengewächse, Nymphaeaceae

Blätter mehr eiförmig, stärker genervt als bei voriger Art, unter Wasser salatartig. Blüten mit 5 gelben Kelchblättern und zahlreichen, weit kleineren Blütenblättern, Narbe in der Mitte vertieft. VI–IX. Auch in langsamen Fließgewässern mit Schlammboden, bis 6 m Tiefe. Europa bis Mittelasien und Sibirien.

12 | Seekanne

Nymphoides peltata **G**

Fieberkleegewächse, Menyanthaceae

Wurzelstock lang kriechend. Die Schwimmblätter wechselständig, seerosenähnlich, aber kleiner (vgl. S. 73, Bild 29). Blüten in Doldenrispen aus dem Wasser ragend, mit 5-teiligem Kelch und goldgelber, am Rand gewimperter Krone, 5 Staubblätter. Fruchtkapsel eiförmig, unter Wasser reifend. Vermehrung meist vegetativ. VII–IX. Sehr zerstreut, stellenweise häufig, auch in langsam fließenden Gewässern, im Gebirge nahezu fehlend. Meist in 0,5–1,5 m Wassertiefe. Süd- und Mitteleuropa, gemäßigtes Asien bis Japan.

13 | Wassernuss

Trapa natans **G**

Blutweiderichgewächse, Lythraceae

Einjährige Pflanze. Stängel mit schuppigen Blättern, in deren Achseln grüne, gefiederte Wasserwurzeln, Rosetten von Schwimmblättern. In den Achseln der aufgeblasenen Blattstiele vereinzelt 4-zählige kleine, weiße, Blüten. Steinfrucht mit meist 4 Dornen (aus Kelchblättern) zum Verankern im Grund, mit essbarem Kern (**13 a**). VII–IX. Zerstreut, aber gesel-

---

Pflanzen stehender Gewässer: Schwimmblattgürtel (I)
10 Weiße Seerose *Nymphaea alba*
11 Teichrose *Nuphar lutea*
12 Seekanne *Nymphoides peltata*
13 Wassernuss *Trapa natans*
14 Wasser-Hahnenfuß *Ranunculus aquatilis*
15 Ähriges Tausendblatt *Myriophyllum spicatum*
16 Quirliges Tausendblatt *Myriophyllum verticillatum*
17 Raues Hornblatt *Ceratophyllum demersum*

17
14
15
13
13a
16
12
11
10

lig, in meist kalkarmen, sommerwarmen Gewässern. Optimal: 1–2 m Tiefe. Fast in der ganzen Alten Welt, in Nordamerika und Australien eingebürgert.

14 | Wasser-Hahnenfuß
Ranunculus aquatilis
Hahnenfußgewächse, Ranunculaceae
Bis zu 2 m lange Stängel mit zahlreichen, zerteilten Unterwasser- und rundlich nierenförmigen, 3- bis 5-lappigen Schwimmblättern. Blüten recht groß, mit 5 weißen, gelb genagelten Nektarblättern und zahlreichen Staubblättern. Frucht aus vielen Einzelfrüchten. V–VIII. Recht häufig, auch in langsamen (oft kalkarmen) fließenden Gewässern, in einer Tiefe von 0,5–2 m. Unter Einschluss nah verwandter Sippen fast kosmopolitisch.

15 | Ähriges Tausendblatt
Myriophyllum spicatum
Seebeerengewächse, Haloragaceae
Unterwasserpflanze mit verzweigten Stängeln, daran 4-zählige Quirle mit kammförmig gefiederten Blättern. Blütenähren ragen aus dem Wasser, mit unscheinbaren Blüten (oben weibliche, darunter männliche), die quirlständig in den Achseln von Tragblättern sitzen, diese weitgehend ungeteilt; windblütig. VI–VIII. Recht häufig in meist kalk- und nährstoffreichen Gewässern. Fast kosmopolitisch, fehlt in Südamerika, Australien.

16 | Quirliges Tausendblatt
Myriophyllum verticillatum
Seebeerengewächse, Haloragaceae
Blattquirle meist 5- bis 6-zählig. Blüten in den Achseln größerer, ebenfalls kammförmig gefiederter Tragblätter. Winterknospen. VI–IX. Ziemlich verbreitet, auch in langsam fließenden, meist kalkarmen, aber nährstoffreichen Gewässern, besonders im Flachland. Gemäßigte Zonen der Nordhalbkugel.

17 | Raues Hornblatt
Ceratophyllum demersum
Hornblattgewächse, Ceratophyllaceae
Bis zu 1 m lange, wurzellose Unterwasserpflanze mit quirlig stehenden, 4-zipfligen Blättern, diese starr und etwas bestachelt. Blüten eingeschlechtlich, 1-häusig, unauffällig, selten. Bestäubung unter Wasser, Vermehrung meist vegetativ. Winterknospen. VI–IX. Ziemlich häufig in nährstoffreichen Gewässern, im Gebirge selten. Fast kosmopolitisch.

18 | Wasser-Knöterich
Persicaria amphibia
Knöterichgewächse, Polygonaceae
Wurzelstock kriechend; Wasserform mit lang gestielten, ledrig glatten, elliptischen Schwimmblättern, Blätter der Landform kürzer gestielt, schmaler, weichhaarig, Blattstiele durchbrechen eine tütenförmige Nebenblatt-Scheide. Blüten in endständiger Scheintraube, rosenrot, meist 2-häusig. VI–IX. Recht häufig, auch langsame Fließgewässer und nasse Wiesen; bis über 2000 m Höhe. Nördliche gemäßigte Zone, Ostindien, Südafrika, Mexiko.

19 | Schwimmendes Laichkraut
Potamogeton natans
Laichkrautgewächse, Potamogetonaceae
Kriechender Wurzelstock. Unterwasserblätter schmal-lineal, hinfällig. Schwimmblätter ledrig glatt, eiförmig lanzettlich, parallelnervig, am Grund des Stiels mit langem Blatthäutchen. Blütenähre mit unverdicktem Stiel, Einzelblüte zwittrig, ohne Blütenhülle, mit 4 Staubblättern und 4 Früchtchen. Windbestäubung. V–VIII. Recht häufig, auch in langsam fließenden Gewässern, bis knapp über 2000 m Höhe. Gemäßigte und subtropische Zonen beider Halbkugeln.

Pflanzen stehender Gewässer: Schwimmblattgürtel (II)
18 Wasser-Knöterich *Persicaria amphibia*
19 Schwimmendes Laichkraut *Potamogeton natans*
20 Glänzendes Laichkraut *Potamogeton lucens*
21 Froschbiss *Hydrocharis morsus-ranae*
22 Krebsschere *Stratiotes aloides*
23 Teichlinse *Spirodela polyrrhiza*
24 Kleine Wasserlinse *Lemna minor*
25 Zwerglinse *Wolffia arrhiza*
26 Dreifurchige Wasserlinse *Lemna trisulca*
27 Schwimmfarn *Salvinia natans*
28 Wasser-Lebermoos *Riccia fluitans*

3
24
25
27
26
28
18
19
20
21
22

20 | Glänzendes Laichkraut

Potamogeton lucens

Laichkrautgewächse, Potamogetonaceae
Sprosse bis zu 3 m lang, mit zahlreichen, großen, elliptischen, brüchig glasigen Unterwasserblättern. Stiel der Blütenähre oben deutlich verdickt. VI–VIII. Verbreitet, auch in langsam fließenden Gewässern, auf schlammigem Grund, bis 6 m Tiefe. Gemäßigte Zonen der Nordhalbkugel.

21 | Froschbiss

Hydrocharis morsus-ranae

Froschbissgewächse, Hydrocharitaceae
Schwimmblattpflanze mit rosettig gehäuften, lang gestielten, rundlich herzförmigen Blättern, mit 2 großen Nebenblättern, Ausläufer in den Achseln. Meist 2-häusig, Blüten aus 3 Kelch- und 3 weißen Kronblättern, männliche zu dreien, mit 12 Staubblättern, weibliche einzeln, mit 6-griffligem, unterständigem Fruchtknoten. 1 cm große Beeren entlassen schleimige Samen, die am Gewässergrund aufquellen (kleben an Wasservögeln). Winterknospen. V–VIII. Zerstreut in ruhigen Buchten meist kalkarmer Gewässer. Von Europa bis Sibirien.

22 | Krebsschere

Stratiotes aloides **G**

Froschbissgewächse, Hydrocharitaceae
Im Sommer frei schwimmende, winters im Schlamm sitzende Rosettenpflanze mit breit linealen, stachelig gesägten Schwertblättern mit Ausläufern. In den Blattachseln gestielte (männliche) oder sitzende (weibliche) Blüten, 2-häusig, ähnlich **21**. Vermehrung meist vegetativ, vielerorts nur Pflanzen einen Geschlechts. V–VIII. Zerstreut, aber gesellig. Mitteleuropa bis Westsibirien.

23 | Teichlinse

Spirodela polyrrhiza

Wasserlinsengewächse, Lemnaceae
Schwimmpflanze mit zwergigen, blattartigen Sprossen, etwa 0,5 cm im Durchmesser, rundlich bis eiförmig, mit Wurzelbüschel. Blütenstand 1-häusig, unscheinbar, aus einigen nackten, von einer Scheide umgebenen Blütchen bestehend. Vermehrung fast nur vegetativ. Überwinterung am Grund. V–IX. Zerstreut bis selten in Teichen und in Tümpeln, fast immer nur in der Ebene. Kosmopolitisch.

24 | Kleine Wasserlinse

Lemna minor

Wasserlinsengewächse, Lemnaceae
Sprosse 2–3 mm groß, flach, mit nur 1 Wurzel auf der Unterseite. V–IX. Häufig in stehenden Gewässern, bis in 1800 m Höhe. Kosmopolitisch.

25 | Zwerglinse

Wolffia arrhiza

Wasserlinsengewächse, Lemnaceae
Wurzellos, Sprosse nur 1–1,5 mm groß, blüht nicht in Mitteleuropa. Kleinste Blütenpflanze der Welt. Sehr selten, aber gesellig, v. a. in Nord- und Ostdeutschland. Allgemeine Verbreitung fast kosmopolitisch subtropisch.

26 | Dreifurchige Wasserlinse

Lemna trisulca

Wasserlinsengewächse, Lemnaceae
Etwas untergetaucht, nur zur Blütezeit schwimmend, mit oft kreuzförmig stehenden, zusammenhängenden, lanzettlichen Sprossen, diese sind bis zu 1 cm lang, mit 1 Wurzel auf der Unterseite. V–VI. Zerstreut, besonders in der Ebene. Fast kosmopolitisch.

27 | Schwimmfarn

Salvinia natans **G**

Schwimmfarngewächse, Salviniaceae
Einjährige Schwimmpflanze mit bis zu 20 cm langem Stängel und Blattquirlen aus je 2 Schwimm-

---

Pflanzen stehender Gewässer: Unterwasserpflanzen
29 Krauses Laichkraut *Potamogeton crispus*
30 Durchwachsenes Laichkraut *Potamogeton perfoliatus*
31 Kammförmiges Laichkraut *Potamogeton pectinatus*
32 Teichfaden *Zannichellia palustris*
33 Großes Nixenkraut *Najas marina*
34 Raue Armleuchteralge *Chara aspera*
35 Wasserfeder *Hottonia palustris*
36 Verkannter Wasserschlauch *Utricularia australis*
37 Wasserfalle *Aldrovanda vesiculosa*

29
30
31
32
33
34
35
36
37

blättern und einem wurzelähnlichen Wasserblatt. An ihrer Basis Sporenfrüchte mit Makro- oder Mikrosporen. VIII–X. Sehr zerstreut, oft jahrelang ausbleibend in meist kalkreichen Gewässern. Von Westeuropa bis Japan. Im Oberrhein-Gebiet etwas häufiger.

28 | Wasser-Lebermoos

Riccia fluitans

Ricciaceae, eine Familie der Lebermoose

Frei schwimmendes Moos, blassgrün, ohne Wurzelhärchen, bis zu 5 cm lang, 2-gabelig verzweigt. Sporenbildung nur bei der Landform. Sehr verbreitet, oft massenhaft, jedoch nur in den Ebenen. Kosmopolitisch.

29 | Krauses Laichkraut

Potamogeton crispus

Laichkrautgewächse, Potamogetonaceae

Oft rötlich überlaufene Unterwasserpflanze mit 4-kantigem Stängel und länglich-linealen, am Rande fein gesägten und wellig gekrausten, den halben Stängel umfassenden Blättern (sonst ähnlich dem Schwimmenden Laichkraut, **19**). VI–VIII. Verbreitet in stehenden Gewässern mit schlammigem Grund. Fast kosmopolitisch.

30 | Durchwachsenes Laichkraut

Potamogeton perfoliatus

Laichkrautgewächse, Potamogetonaceae

Oft stark verzweigter Spross mit wechselständigen, eiförmigen, rau gezähnelten, aber nicht gekrausten, den Stängel umfassenden Blättern, Blatthäutchen hinfällig. VI–VIII. Verbreitet, auch in langsam fließenden Gewässern, bis in 1900 m Höhe. Gemäßigte Zone der Nordhalbkugel, Australien.

31 | Kammförmiges Laichkraut

Potamogeton pectinatus

Laichkrautgewächse, Potamogetonaceae

Stängel mehrfach gabelig verzweigt, dünn und zart. Blätter schmal, fast fadenförmig, meist zugespitzt, mit 3–5 cm langer, grüner Blattscheide. Ährenstiel dünn, etwa 5 cm lang, mit 3–4 voneinander getrennten Blütenwirteln. VI–VIII. Recht verbreitet, auch in langsamen Fließgewässern, ohne besondere Ansprüche. Fast kosmopolitisch.

32 | Teichfaden

Zannichellia palustris

Teichfadengewächse, Zannichelliaceae

Dichtrasige Unterwasserpflanze mit spiralig gewundenen Wurzeln. Blätter schmal-lineal, bis zu 10 cm lang, mit den Stängel umfassenden Nebenblättern. Blüten 1-häusig, männliche nackt mit 1 Staubblatt, weibliche mit Blütenhülle und 4 gestielten Fruchtknoten. Frucht halbmondförmig, am Rücken gezähnelt. V–IX. Zerstreut, auch in langsam fließenden, nährstoffreichen Fließgewässern und salzhaltigem Wasser, nicht im Gebirge. Fast kosmopolitisch.

33 | Großes Nixenkraut

Najas marina s. l.

Nixenkrautgewächse, Najadaceae

Einjährige Unterwasserpflanze mit gabelig verzweigtem, stacheligem Stängel. Blätter lineal, stachelig gezähnt, brüchig, meist in Dreierquirlen. Blüten unscheinbar, 2-häusig, blattachselständig. Bestäubung unter Wasser. VI–IX. Recht selten, aber gesellig. Meist kalkhaltige Gewässer. Fast kosmopolitisch.

34 | Raue Armleuchteralge

Chara aspera

Armleuchteralgen, Characeae

Bis zu 20 cm hohe Unterwasserpflanze, mit farblosen Fasern im Grund verankert. Hoch entwickelte, mehrzellige Grünalge mit gegliederten Achsen, an den Knoten quirlig stehende Seitenachsen. Zweihäusig, weibliche Fortpflanzungsorgane von schraubigen Hüllfäden umgeben und mit „Krönchen" bedeckt, männliche kugelig. Recht verbreitet und gesellig in kalk- und nährstoffreichem, oft auch salzigem Wasser. Fast kosmopolitisch.

35 | Wasserfeder

Hottonia palustris **G**

Primelgewächse, Primulaceae

Stängel fast 1 m lang mit quirlartig gehäuften, kammförmig gefiederten Blättern. Blütentraube zwischen den obersten, rosettigen Blättern entspringend, mit 5-zähligen zartrosafarbenen Blüten. Fruchtkapsel reift unter Wasser. V–VII. Zerstreut, nicht im Gebirge. Gemäßigtes Europa bis Westsibirien.

36 | Verkannter Wasserschlauch

Utricularia australis

Wasserschlauchgewächse, Lentibulariaceae

Frei schwimmender, 2-zeilig beblätterter Spross mit fein zerteilten Blättern, deren Zipfel teils zu Fangblasen umgewandelt (erbeutet werden kleine Tiere). Blütentraube bis zu 12-blütig, ragt aus dem Wasser, Krone 2-lippig, mit flacher Unterlippe, blassgelb, 2 Staubblätter. Winterknospen. VI–VIII. Verbreitet in warmen, nährstoffreichen, stehenden Gewässern, nicht hoch ansteigend. Besonders atlantisches und mediterranes Europa.

37 | Wasserfalle

Aldrovanda vesiculosa **G**

Sonnentaugewächse, Droseraceae

Frei schwimmende, sehr brüchige Stängel mit dicht quirlständigen, teils zu Klappfallen umgebildeten Blättern. Blüten bei uns sehr selten, endständig, 5-zählig, grünlich weiß, ragen aus dem Wasser. VI–VIII. Sehr selten in flachen, warmen, kalk- und nährstoffarmen Weihern. Weltweit, mit großen Lücken. [FFH-Art]

38 | Schwanenblume

Butomus umbellatus

Schwanenblumengewächse, Butomaceae

Wurzelstock kurz, grundständige Rosette mit bis 1 m langen, linealisch 3-kantigen Blättern. Blütenschaft blattlos, mit 15- bis 50-blütiger Scheindolde, Blüten rötlich weiß, mit jeweils 3 Kelch- und Kronblättern, 9 Staubblättern und 6-fächrigem Fruchtknoten. VI–VIII. Nur stellenweise häufig (z.B. Aubereiche, Marschgräben), schlammige Stellen in stehenden oder langsam fließenden Gewässern, an Ufern. Gemäßigtes Eurasien.

39 | Kalmus

Acorus calamus **G**

Kalmusgewächse, Acoraceae

Starker, kriechender Wurzelstock. Laubblätter schwertförmig, am Grund rötlich, am Rand gewellt, Blütenkolben bis zu 8 cm lang, scheinbar seitenständig, da von langem Hüllblatt überragt. Einzelblüte unscheinbar, zwittrig und 6-zählig. Frucht reift bei uns nicht. Vermehrung vegetativ. Aromatisch, Heilmittel. VI–VII. Zerstreut an meist stehenden, nährstoffreichen Gewässern, besonders im Tiefland. Aus Ostasien, bei uns eingebürgert.

40 | Wasser-Schwertlilie

Iris pseudacorus

Schwertliliengewächse, Iridaceae

Kräftiger Wurzelstock mit schwertförmigen Laubblättern. Stängel mehrblütig, Einzelblüte gelb, bestehend aus 3 äußeren, gebogenen, dunkel gezeichneten und 3 inneren, aufrechten und schmäleren Hüllblättern, 3 Staubblättern und einem unterständigen Fruchtknoten, dieser mit 3 blumenblattartigen Narben. V–VI. Ziemlich häufig in Gräben und Sümpfen. Von Europa bis Nordafrika und zum Kaukasus.

41 | Pfeilkraut

Sagittaria sagittifolia

Froschlöffelgewächse, Alismataceae

Ausdauernde Pflanze, überwintert mit stärkereichen Knollen. Erstlingsblätter bandförmig, spätere gestielt, pfeilförmig, ragen aus dem Wasser. Blütenschaft 3-kantig, mit quirlig stehenden, 1-häusigen Blüten, untere weiblich, obere männlich, diese 3-zählig, weiß, mit vielen Staubblättern oder Einzelfrüchtchen. VI–VIII. Zerstreut im Seichtwasser, auch langsam fließender Gewässer. Gemäßigtes Eurasien.

42 | Froschlöffel

Alisma plantago-aquatica

Froschlöffelgewächse, Alismataceae

Wurzelstock knollig verdickt. Blätter in grundständiger Rosette, erste bandförmig, spätere lang gestielt, eiförmig bis lanzettlich. Blütenstand rispig, in Stockwerke gegliederte Blüten weiß oder rosa, mit 3 Kelch-, 3 Kron-, 6 Staubblättern und etwa 15–30 Einzelfrüchtchen. VI–VIII. Sehr verbreitet im seichten Wasser schlammiger Buchten, in Sümpfen und Gräben. Kosmopolitisch.

43 | Zungen-Hahnenfuß

Ranunculus lingua **G**

Hahnenfußgewächse, Ranunculaceae

Ausdauernde, bis 1,5 m hohe Staude mit lanzettlichen, ganzrandigen Blättern. Blüte 3–4 cm groß, goldgelb, mit 5 Kron- und 5 Honigblättern, zahlreichen Staubblättern und geschnäbelten Fruchtknoten. VI–VIII. Zerstreut auf zeitweise überschwemmten, nährstoffreichen Böden am Rande von Seen und Teichen. Von Europa bis Sibirien.

44 | Wasserfenchel

Oenanthe aquatica

Doldenblütler, Apiaceae

Halb untergetauchte, bis zu 2 m hohe, hohle, gerillte Stängel. Unterwasserblätter zerteilt, Luftblätter mehrfach fiederteilig. Blüten in zusammengesetzten 8- bis 12-strahligen Dolden, Hülle meist fehlend, Hüllchenblätter pfriemlich. VI–VIII. Zerstreut in seichten, stehenden Gewässern, auf schlammigem Grund, im Gebirge selten. Von Europa bis Westasien.

45 | Tannenwedel

Hippuris vulgaris

Tannenwedelgewächse, Hippuridaceae

Je nach Standort bis zu 2 m lange, unverzweigte, hohle, aus dem Wasser ragende Triebe. Blätter zu 6–12 quirlständig, linealisch. Blüten unscheinbar, einzeln in den Blattachseln, ohne Hülle, nur 1 Staubblatt, das auf einem unterständigen Fruchtknoten sitzt. V–VIII. Verbreitet und gesellig in meist stehenden und kalkreichen Gewässern. Lückenhaft, jedoch fast kosmopolitisch (S. 81, Bild 38).

46 | Teich-Binse

Schoenoplectus lacustris

Sauergräser, Cyperaceae

Wurzelstock kurz. Stängel steif aufrecht, bis zu 3 m hoch, stielrund, markerfüllt, am Grund mit langen Blattscheiden, Fließwasserform mit flutenden, bandartigen Blättern. Blüten in mehreren, scheinbar seitenständigen, büschelig gehäuften Ährchen, Einzelblüte mit Tragblatt, 6 borstlichen Blütenhüllblättern, 3 Staubblättern und einem 3-narbigen Fruchtknoten. VI–X. Sehr häufig und gesellig am Rand von Seen und Teichen. Fast kosmopolitisch.

47 | Steife Segge

Carex elata

Sauergräser, Cyperaceae

Graugrüne, in Bülten wachsende Pflanze mit scharf 3-kantigen, rauen, bis zu 1 m hohen Stängeln. Grundständige Scheiden netzig zerfasernd. 1–2 endständige männliche und meist 3 weibliche Ährchen. Tragblätter schwarzbraun, mit grünlichem Mittelnerv. Weibliche Blüte 2-narbig, Fruchtschlauch ungeschnäbelt, nervig. IV–V. Sehr häufig am Rande von Seen und Weihern. Fast in ganz Europa.

48 | Schnabel-Segge

Carex rostrata

Sauergräser, Cyperaceae

Mehr rasig wachsend als **47**, Stängel glatt. Blätter graugrün. 2–3 endständige männliche Ährchen und 2–3 gestielte, dichtblütige weibliche. Tragblätter rotbraun, mit grünem Kiel. Fruchtschläuche kugelig aufgeblasen, gelbgrün, 3-narbig, plötzlich in einen 2-zähnigen Schnabel zusammengezogen, waagerecht abstehend. V–VI. Häufig und verbreitet an Ufern stehender und langsam fließender Gewässer. Europa, Zentralasien, Nordamerika.

49 | Schilfrohr

Phragmites australis

Süßgräser, Poaceae

Reich verzweigter Wurzelstock mit zahlreichen Halmen. Stängel verholzend, bis zu 4 m hoch, knotig. Blätter lanzettlich, zugespitzt, am Übergang zur Blattscheide mit Haarkrone (statt Häutchen wie beim sonst ähnlichen Rohrglanzgras *Phalaris arundinacea*). Blütenrispe bis knapp über 40 cm lang, mit 3- bis 8-blütigen Ährchen und mit lang weißhaarigen Ährchenachsen. Frucht mit Flughaaren. Vermehrung meist vegetativ. VII–IX. Verbreitet, an Ufern stehender oder langsam fließender Gewässer, vereinzelt bis über 1800 m Höhe. Kosmopolitisch. Hauptlieferant für Reetdächer, Zaunmaterial.

Pflanzen stehender Gewässer: Teichröhrichte (I)

38 Schwanenblume *Butomus umbellatus*
39 Kalmus *Acorus calamus*
40 Wasser-Schwertlilie *Iris pseudacorus*
41 Pfeilkraut *Sagittaria sagittifolia*
42 Froschlöffel *Alisma plantago-aquatica*
43 Zungen-Hahnenfuß *Ranunculus lingua*
44 Wasserfenchel *Oenanthe aquatica*
45 Tannenwedel *Hippuris vulgaris*

45
38
44
43
39
41
40
42

50 | Teich-Schachtelhalm

Equisetum fluviatile

Schachtelhalmgewächse, Equisetaceae

Grundachse lang, kriechend. Sprosse bis zu 2 m hoch, glatt, seicht gerillt, aus einzelnen Gliedern, mit verwachsenen, 15- bis 20-zähnigen Blattscheiden, manchmal mit quirlständigen Seitenästen, die am Grund der Scheiden entspringen. Sporenähre endständig, stumpf, aus zahlreichen, schildförmigen Trägern. VI–VII. Nicht selten, oft gesellig am Rand von Seen und Teichen, bis in 2400 m Höhe. Europa bis Nordasien, Nordamerika.

51 | Schmalblättriger Rohrkolben

Typha angustifolia

Rohrkolbengewächse, Typhaceae

Dicker, kriechender Wurzelstock. Blätter 2-zeilig, schmal, etwa 1 cm breit, aber bis zu 2 m lang. Blüten 1-häusig, männliche in einem schmalen, lockeren, oberen Kolben, weibliche Kolben etwas tiefer, dick, kompakt, bräunlich, Einzelblüten unscheinbar, von Haaren umgeben, bestehen nur aus 3 Staubblättern oder einem gestielten Fruchtknoten. Windbestäubung. VI–VII. Zerstreut, stellenweise häufig, am Rand stehender oder langsam fließender Gewässer, mehr im Flachland. Europa bis Westasien, Nordamerika. Vgl. Breitblättriger Rohrkolben, S. 75, Bild 30.

52 | Ästiger Igelkolben

Sparganium erectum ssp. *erectum*

Rohrkolbengewächse, Typhaceae

Kriechende, Ausläufer treibende Grundachse mit bis zu 60 cm hohen Stängeln, diese ästig, tragen auch an den Seitenästen Blütenstände. Blätter linealisch, gekielt. Blüten 1-häusig, in dichten Kugeln, untere Köpfchen weiblich, obere männlich, Einzelblüten mit 3 Blütenhüllblättern und 3 Staubfäden oder 3 Blütenhüllblättern und 1 Fruchtknoten. Windbestäubung. VII–IX. Verbreitet an schlammigen Ufern stehender oder langsam fließender Gewässer. Gemäßigte Zonen der Alten Welt.

53 | Strauß-Gilbweiderich

Lysimachia thyrsiflora

Primelgewächse, Primulaceae

Aufrechte, bis zu 60 cm hohe, unverzweigte Stängel mit kreuzweise gegenständigen, lanzettlichen Blättern. Dichte, gestielte Blütentrauben in den Achseln der mittleren Stängelblätter, Einzelblüten goldgelb, 5-zählig, Kapsel kugelig. V–VII. Zerstreut, aber gesellig, am Rand von Seen, Teichen. Gemäßigte Zonen der Nordhalbkugel.

54 | Fieberklee

Menyanthes trifoliata **G**

Fieberkleegewächse, Menyanthaceae

Lange, kriechende Grundachse mit grundständig wechselständigen, lang gestielten, 3-zähligen, kleeähnlichen Blättern. Blütentraube mit 5-zähligen Blüten, Kronblätter weiß bis rosenrot, innen gebartet, Narbe 2-spaltig, Kapsel rundlich. Früher fälschlicherweise als fiebersenkende Heilpflanze verwendet. V–VII. Häufig, nur lokal seltener, in Verlandungszonen von Seen und Weihern. Europa, gemäßigtes Asien, nördliches Nordamerika.

55 | Sumpfblutauge

Comarum palustre

Rosengewächse, Rosaceae

Dicker, kriechender Wurzelstock mit mehreren, fiedrig beblätterten Stängeln. Je 5 oder 7 Einzelblättchen, grob gezähnt, oft rötlich überlaufen, Nebenblätter schwärzlich. Blüten in Trugdolden, mit je 5 trübpurpurnen Kelch- und kleineren Kronblättern, etwa 20 Staub- und zahlreichen Fruchtblättern. Nüsschen mit Schwimmgewebe. VI–VII. Zerstreut, aber nicht selten in Flach- und Zwischenmooren. Nordhalbkugel zirkumpolar.

Pflanzen stehender Gewässer: Teichröhrichte (II) und Großseggenwiesen

46 Teich-Binse *Schoenoplectus lacustris*
47 Steife Segge *Carex elata*
48 Schnabel-Segge *Carex rostrata*
49 Schilfrohr *Phragmites australis*
50 Teich-Schachtelhalm *Equisetum fluviatile*
51 Schmalblättriger Rohrkolben *Typha angustifolia*
52 Ästiger Igelkolben *Sparganium erectum* ssp. *erectum*
53 Strauß-Gilbweiderich *Lysimachia thyrsiflora*
54 Fieberklee *Menyanthes trifoliata*
55 Sumpfblutauge *Comarum palustre*

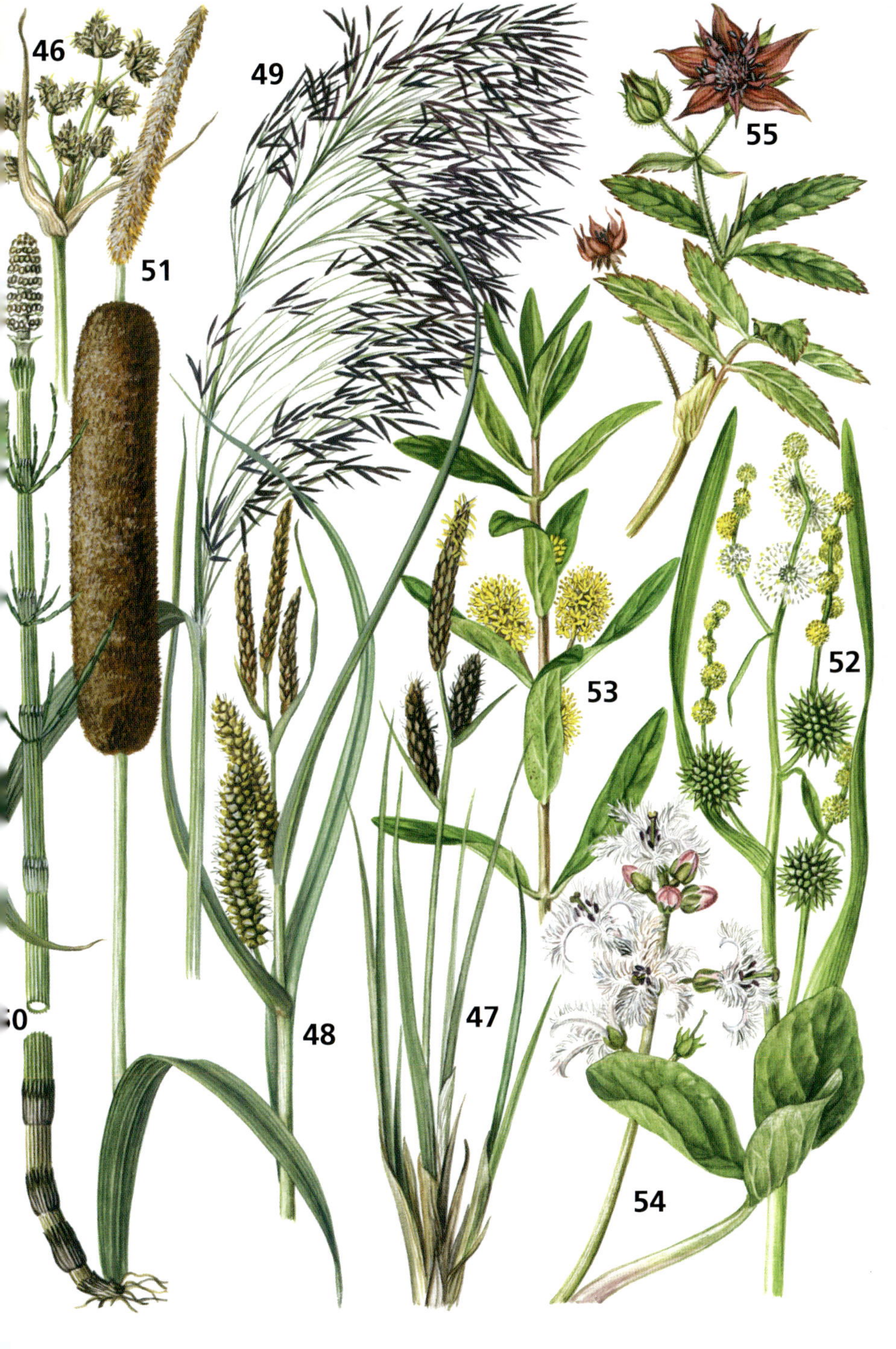
46
49
55
51
52
53
50
47
48
54

56 | Salz-Wasserhahnenfuß
Ranunculus peltatus baudotii
Hahnenfußgewächse, Ranunculaceae
Stängel bis zu 1,5 m lang, mit stark zerteilten, etwas steifzipfeligen Unterwasserblättern und meist 3-lappigen, etwas gekerbten Schwimmblättern. Blüten sind lang gestielt, mit 5 weißen, am Grund gelben Honigblättern, Staubblätter von den Griffeln überragt. V–VIII. Zerstreut in meist salzhaltigen Gewässern, in Küstennähe, aber auch in Salztriften des Binnenlandes. Über Europa verbreitet.

57 | Salde
Ruppia maritima
Saldengewächse, Ruppiaceae
Zarte Unterwasserpflanze. An den Stängelknoten wurzelnd. Blätter linealisch, am Grund scheidig, 2-zeilig. Blütenähre achselständig, 2-blütig, Einzelblüte mit 2 Staubblättern und 4 getrennten Fruchtknoten. Früchtchen lang gestielt, Pollen schwimmend. VI–IX. Häufig in salzhaltigen Gewässern in Küstennähe sowie im Binnenland. Küsten-Kosmopolit.

58 | Schlammling
Limosella aquatica
Rachenblütler, Scrophulariaceae
Einjährige Pflanze mit einer Rosette linealisch spateliger, ganzrandiger Blätter. Treibt Ausläufer, die sich bewurzeln und kleine Rasen bilden. In den Blattachseln gestielte, einzelne, blassrötliche Blüten, Kelch und Krone 5-zählig, 4 Staubblätter. VII–VIII. Zerstreut und ziemlich selten an flachen Ufern, besonders auf nackten Schlammböden von Teichen und Tümpeln. Pionier auf offenen, wechselfeuchten, nährstoffreichen Sand-, Schlamm- und Schlickflächen. Durch Flussregulierung und Bebauung natürlicher Sanduferbänke zurückgedrängt. Fast kosmopolitisch.

59 | Sumpfquendel
Peplis portula
Blutweiderichgewächse, Lythraceae
Einjährig, mit niederliegenden, rötlichen, an den Knoten wurzelnden Stängeln. Blätter gegenständig, kurz gestielt, spatelig, mit 2 kleinen Nebenblättern. Blüten achselständig, kurz gestielt, meist 6-zählig, Kronblätter weißlich oder rosa, oft fehlend. Frucht kugelig. VI–XI. Verbreitet, nur stellenweise selten, auf zeitweilig überschwemmten, meist kalkfreien Böden. Ganz Europa, besonders im atlantischen Gebiet.

60 | Sechsmänniger Tännel
Elatine hexandra
Tännelgewächse, Elatinaceae
Zarte, dichtrasige, meist einjährige Pflanze mit kriechenden, an den Knoten wurzelnden Sprossen. Blätter gegenständig, kurz gestielt. Blüten achselständig, mit 3 Kelch-, 3 rötlichen Kron- sowie 6 Staubblättern. Fruchtkapsel rundlich, 3-klappig. VI–IX. Zerstreut und unbeständig am Rand von Teichen und Tümpeln, auf schlammigen, meist kalkfreien Böden im subatlantischen Europa.

61 | Wasser-Lobelie
Lobelia dortmanna **G**
Glockenblumengewächse, Campanulaceae
Ausdauernd mit untergetauchter, grundständiger Rosette linealisch starrer Blätter und bis zu 70 cm hohem, hohlem, fast nacktem Stängel. Blütentraube locker, ragt aus dem Wasser, mit 5-lappigem Kelch und 2-lappiger, blassvioletter Krone, 5-röhrig verwachsenen Staubbeuteln und unterständigem, 2-fächerigem Fruchtknoten. V–VIII. Früher ziemlich verbreitet, nur küstennahe Gebiete, am Rand nährstoffarmer, klarer Gewässer. Im Bereich des Atlantischen Ozeans und seiner Nebenmeere. Durch Wasserbaumaßnahmen stark zurückgedrängt.

Pflanzen von Salztümpeln und Schlammböden:
56 Salz-Wasserhahnenfuß *Ranunculus peltatus baudotii*
57 Salde *Ruppia maritima*
58 Schlammling *Limosella aquatica*
59 Sumpfquendel *Peplis portula*
60 Sechsmänniger Tännel *Elatine hexandra*
61 Wasser-Lobelie *Lobelia dortmanna*
62 Brachsenkraut *Isoetes lacustris*
63 Strandling *Littorella uniflora*
64 Nadelbinse *Eleocharis acicularis*
65 Pillenfarn *Pilularia globulifera*
66 Ufer-Hahnenfuß *Ranunculus reptans*

57
65
58
62
64
56
60
59
63
61
66

62 | Brachsenkraut

Isoetes lacustris **G**

Brachsenkrautgewächse, Isoetaceae

Untergetauchte Sporenpflanze mit rosettig stehenden, linealischen, bis etwa 20 cm langen Blättern. Makrosporangien in den deutlich ausgebildeten Blattscheiden der äußeren, Mikrosporangien in den Blattscheiden der inneren Blätter. VII–IX. Selten, aber gesellig an meist sandigen Ufern nährstoffarmer Weiher und Seen. Bis in 10 m Wassertiefe. Reagiert sehr empfindlich auf Nährstoffzufuhr und Sedimenteintrag. Auf dieser Pflanze wurden früher in Pommern Brachsen und andere Fische auf dem Markt angeboten (Name). Europa, Nordamerika.

63 | Strandling

Littorella uniflora

Wegerichgewächse, Plantaginaceae

Grundständige Blattrosette mit bis zu 10 cm langen, schmal-linealen Blättern. Männliche Blüten in den Blattachseln einzeln, lang gestielt, meist 2 weibliche Blüten am Grund sitzend, Krone ist weißlich, meist 4-spaltig, mit etwa 4 Staubblättern oder oberständigem Fruchtknoten. VI–IX. Zerstreut, aber gesellig, an schlammigen und zeitweilig überschwemmten Ufern. Nord und Mitteleuropa.

64 | Nadelbinse

Eleocharis acicularis

Sauergräser, Cyperaceae

Dichtrasige, bis zu 10 cm hohe Pflanze. Treibt Ausläufer, Stängel zart, mit endständigem Blütenährchen. Blüten mit 24 borstigen Blütenhüllblättern, 3 Staubblättern und 3-narbigem Fruchtknoten. Frucht fein gerillt. VI–X. Zerstreut auf meist kalkfreien, feuchten Sand- und Schlammböden am Rande periodischer Gewässer. Fast kosmopolitisch.

65 | Pillenfarn

Pilularia globulifera

Kleefarngewächse, Marsileaceae

Farn mit kriechenden Stängeln, an denen zahlreiche, wenige Zentimeter hohe, binsenartige Blätter sitzen. Am Blattgrund sitzen erbsengroße Sporenfrüchte. Diese werden nur an trockengefallenen Standorten im Herbst gebildet, sonst bleiben die Pflanzen meist steril; kann aber vegetativ großflächige Rasen bis zu 1 m^2 bilden. VII–IX. Zerstreut, aber meist gesellig, auf zeitweise überschwemmten, kalkarmen Schlammböden. Pionierpflanze. Gefährdet durch Eutrophierung, Melioration, Beschattung, Unterminierung von Ufern durch Bisamratten. Von Mitteleuropa bis Mittel- und Südrussland, atlantisch.

66 | Ufer-Hahnenfuß

Ranunculus reptans

Hahnenfußgewächse, Ranunculaceae

Rasig wachsend, mit niederliegenden, fadenförmigen Stängeln, die an den Knoten wurzeln. Blätter pfriemartig spatelig. Blüten endständig, 3–5 mm breit, fett glänzend gelb. Früchtchen oval, kurz geschnäbelt. VI–X. Stellenweise auf sandig kiesigen, zeitweise überschwemmten Böden. Besonders Nord- und Mitteleuropa.

67 | Sumpf-Johanniskraut

Hypericum elodes **G**

Hartheugewächse, Hypericaceae

Ausdauernde Pflanze, flaumig behaart. Stängel aufsteigend, gefurcht. Blätter mit rundlich eiförmigen, halb stängelumfassenden Blättern, diese durchscheinend punktiert. Blütenrispen mit gelben, 5-zähligen Blüten, 3 Griffel, je 5 Staubblätter in 3 Bündeln verwachsen. VI–VIII. Teich und Tümpelränder. Westeuropa.

Pflanzen von Schlammböden und Mooren

67 Sumpf-Johanniskraut *Hypericum elodes*
68 Flutende Moorbinse *Isolepis fluitans*
69 Kleiner Igelkolben *Sparganium natans*
70 Mittlerer Wasserschlauch *Utricularia intermedia*
71 Mittlerer Sonnentau *Drosera intermedia*
72 Sumpf-Bärlapp *Lycopodiella inundata*
73 Schlenken-Torfmoos *Sphagnum cuspidatum*
74 Schlamm-Segge *Carex limosa*
75 Blumenbinse *Scheuchzeria palustris*

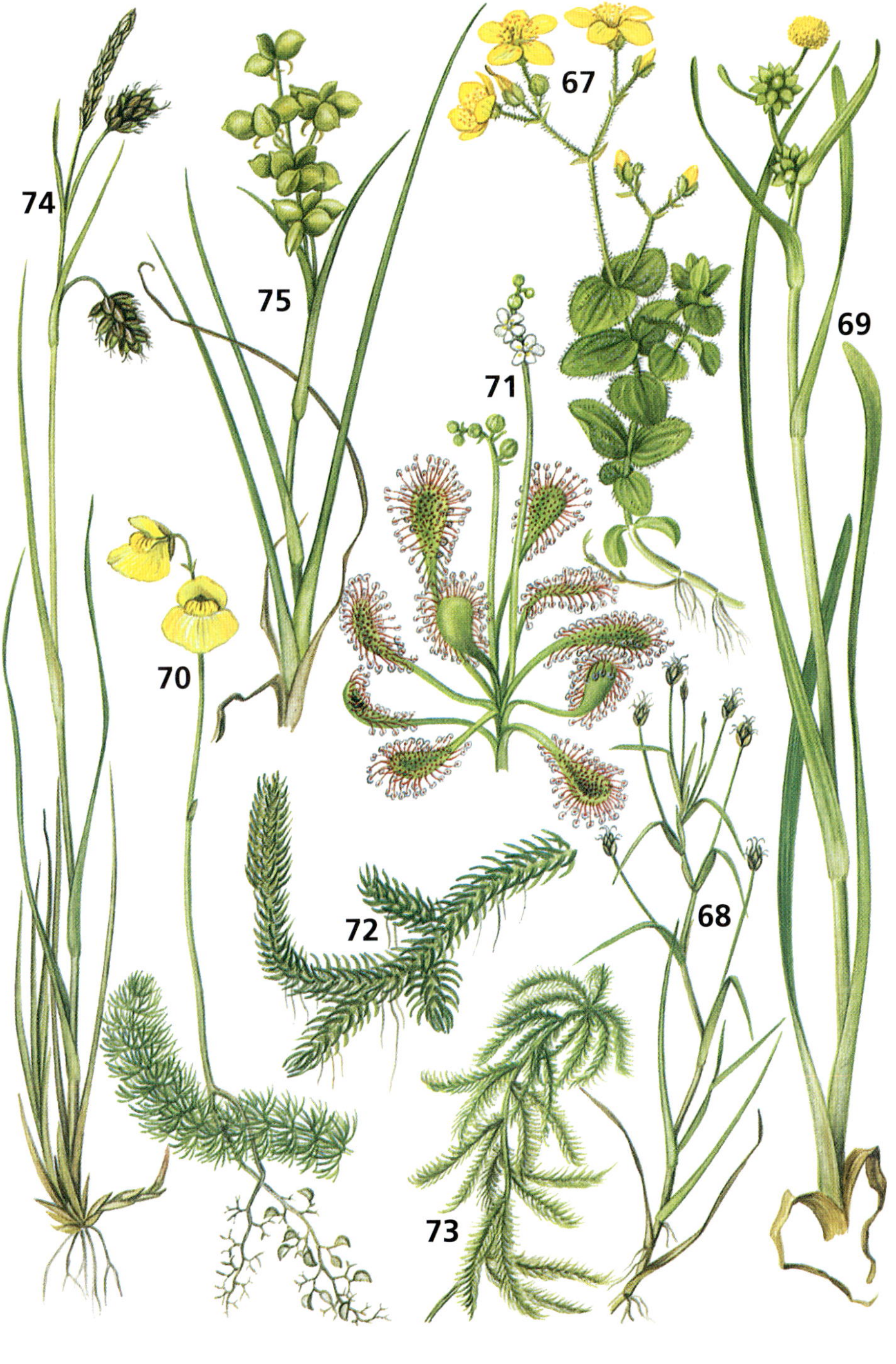
74
75
67
69
71
70
72
68
73

68 | Flutende Moorbinse

Isolepis fluitans

Sauergräser, Cyperaceae

Ausdauernd, mit niederliegenden oder flutenden, beblätterten, ästigen Stängeln. Blätter sehr schmal. Ährchen lang gestielt, rundlich, grünlich, 3- bis 5-blütig, Blüte nackt mit 1 stumpfen Tragblatt, 3 Staubblättern und 2-narbigem Fruchtknoten. VI–IX. Im atlantischen Bereich nicht selten in nährstoffarmen Weihern und Tümpeln. In den ozeanischen Gebieten der Alten Welt weit verbreitet.

69 | Kleiner Igelkolben

Sparganium natans

Rohrkolbengewächse, Typhaceae

Blätter 5–50 cm lang, 2–8 mm breit, beiderseits flach, aufrecht oder (meist) im Wasser flutend. Jeder Blütenkopf in den Achseln eines Hochblattes, 2–3 weibliche, nur 1 männliche. VI–VIII. Zerstreut in Torfstichen und Tümpeln, auf schlammig-sandigen Böden. Besonders atlantisch-subatlantische Bereiche der Nordhalbkugel.

70 | Mittlerer Wasserschlauch

Utricularia intermedia

Fettkrautgewächse, Lentibulariaceae

Wurzellose Pflanze mit bleichen Schlammsprossen im Boden verankert. Nur blattgrünlose Sprosse mit Fangblasen. Grüne Sprosse besitzen stark zerteilte Blätter. Blütentraube 2- bis 5-blütig, Blüte blassgelb. VI–IX. Ziemlich selten in Torfstichen und Tümpeln in kalkarmem Wasser. Nordhalbkugel.

71 | Mittlerer Sonnentau

Drosera intermedia **G**

Sonnentaugewächse, Droseraceae

Ausdauernde Pflanze. Stumpfe Blätter, verkehrt eiförmig, in Rosette, oberseits mit weißen, kurzen Drüsen, am Rand mit langen, roten Tentakeln (Insektenfresser). Blüten in Scheintrauben, 5-zählig, weiß, 5 Staubblätter. Frucht 1-fächerig, oberständig. VII–VIII. Zerstreut in Zwischen- und Hochmooren, auf zeitweise überschwemmten, nackten Torfböden, in Schwingrasen. Europa, besonders atlantische Gebiete, östliches Nordamerika.

72 | Sumpf-Bärlapp

Lycopodiella inundata **G!**

Bärlappgewächse, Lycopodiaceae

Unfruchtbare Sprosse bis zu 20 cm lang, kriechend, mit vielen Wurzeln, dicht beblättert mit linealisch-pfriemartigen, nadelartigen Blättern. Fruchtbare Sprosse aufrecht, bis zu 10 cm hoch, mit ungestielter Sporenähre, Sporangien in den Achseln kleiner Tragblätter. VIII–X. Ziemlich verbreitet und gesellig auf Schwingrasen und offenen Torfböden, in den Alpen bis in über 2000 m Höhe. Nordhalbkugel. [FFH-Art]

73 | Schlenken-Torfmoos

Sphagnum cuspidatum

Torfmoosgewächse, Sphagnaceae

Dunkel- bis hellgrünes Moos. Lange, zugespitzte Stammblätter und meist sichelförmig gekrümmte Äste. Astblätter lanzettlich, am Rand oft eingerollt. Sporenkapseln an der Spitze von stark verkürzten Seitenästen, kugelig. Verbreitet und häufig in Hochmoor-Schlenken. Zirkumpolar, vorwiegend atlantisch.

74 | Schlamm-Segge

Carex limosa

Sauergräser, Cyperaceae

Stängel treiben Ausläufer, bis zu 40 cm hoch, 3-kantig, oben rau, am Grund mit Scheiden besetzt. Blätter schmal und meist gefaltet. Männliche Ährchen endständig, dünn, die 1–2 weiblichen gestielt, dicker, hängend. Tragblätter rotbraun, stachelspitzig, länger als die 3-narbigen Schläuche. IV–VI. Zerstreut, aber meist gesellig, in Schwingrasen und Hochmoor-Schlenken. Nördliche gemäßigte Zone.

75 | Blumenbinse

Scheuchzeria palustris **G**

Blumenbinsengewächse, Scheuchzeriaceae

Ausdauernde Pflanze mit bis zu 20 cm hohem, 2-zeilig beblättertem, etwas verzweigtem Stängel. Blätter rinnig, dunkelgrün, am Grund scheidig. Blüten in lockerer Traube, mit 6 grünlichen Blütenhüllblättern, 6 Staub- und 3 Fruchtblättern. V–VII. Zerstreut, aber gesellig in Hoch- und Zwischenmooren, auf schlammigen Torfböden und Schwingrasen, bis in 1800 m Höhe. Nördliche gemäßigte Zone.

INVASIVE NEOPHYTEN

Die hier gezeigten Neophyten wurden als Gartenpflanzen eingeführt und verbreiten sich insbesondere am Ufer von Fließgewässern außerordentlich rasch.

Bild 44. Der Japanische Flügelknöterich oder Staudenknöterich (*Fallopia japonica*) ist außerordentlich raschwüchsig und kann die Ufervegetation großflächig verdrängen. Seine brüchigen, überdauerungsfähigen Rhizome werden leicht verbreitet und vermindern die Stabilität des Ufers.

Bild 45. Das Drüsige oder Indische Springkraut (*Impatiens glandulifera*) ist zu einem häufigen Begleiter insbesondere von Fließgewässern geworden. Die einjährige Pflanze ist eine gute Nektarquelle für Bienen und Hummeln, verdrängt aber die heimische Vegetation und kann im dichten Bestand die Erosion fördern.

Bild 46. Die bis über 3 m hohe Herkulesstaude (*Heracleum mantegazzianum*) gelangt nach 2–4 Jahren zur Blüte und stirbt nach der Fruchtreife. Sie verdrängt vor allem im Uferbereich die heimische Vegetation und gehört zu den gefürchtetsten Neophyten. Bei Berührung ruft sie auf der Haut schwere Verbrennungserscheinungen hervor.

Die Tierwelt

SCHWÄMME (PORIFERA)

Die Schwämme sind in Deutschlands Binnengewässern mit acht Arten vertreten. Sie gehören zur Familie der Spongillidae, die nur im Süßwasser vorkommt (194/1). Nach ihrer Larvalzeit sind sie nicht zu Ortsbewegung fähig, sondern sitzen in stehenden oder langsam fließenden Gewässern auf einer festen Unterlage. Man findet sie in Seen auch in größeren Gewässertiefen bis über 100 Meter. Sie fehlen dagegen in temporären Gewässern, z. B. Tümpeln, oder nahrungsarmen Bachoberläufen.

Die Gestalt der Schwämme ist stark von den Umweltbedingungen abhängig. Meist wachsen Schwämme als flachhöckerige Krusten, oft als geweih- bis strauchförmige Gebilde. Ihre Farbe ist gelblich weiß bis braunrötlich. Belichtete Tiere zeigen häufig eine grüne, teils auch eine andere Färbung, die auf einzellige, symbiontische Algen zurückzuführen ist. Diese liefern dem Schwamm durch Fotosynthese Sauerstoff, werden aber z. T. auch von ihm verdaut. Typisch ist der für manchen etwas unangenehme, jodähnliche Geruch lebender Schwämme.

Die Außenhaut wird von stärkeren Fasern des Skelettsystems gestützt. Sie umgibt die innere Hauptmasse des Weichkörpers dachartig. Das Skelett besteht aus einachsigen, beiderseits zugespitzten Kieselsäurenadeln, die sich zu Bündeln aneinanderlegen und in verschiedenen Winkeln abstützen. Sie sind durch den hornartigen Stoff Spongin (ein Gerüstprotein) verkittet. Auf der Oberfläche liegen regellos verstreut zahlreiche kleine Poren („Porifera" = Poren tragend), von denen feine Kanäle in bläschenartige Hohlräume im Körperinneren führen. Von diesen gehen etwas stärkere Röhren ab, die sich wiederholt mit benachbarten Röhren vereinigen und schließlich durch ein mit bloßem Auge sichtbares Loch (Osculum) auf der Oberfläche münden. Die hohlkugelförmigen Kammern sind von Kragengeißelzellen (Choanozyten) ausgekleidet, deren Geißeln durch rhythmische Schwingungen einen ständigen Wasserstrom durch das Kanalsystem des Schwammkörpers treiben. Diesem Wasserstrom werden winzige, im Wasser schwebende Nahrungsteilchen, Atemsauerstoff sowie Kieselsäure zum Skelettaufbau entnommen. Gleichzeitig werden Abfallprodukte des Stoffwechsels entsorgt. Gelöste wie feste Nahrung wird von den Kragengeißelzellen und beweglichen Wanderzellen (Amöbozyten) aufgenommen und verdaut. Nervenfasern und Sinnesorgane fehlen.

Die häufigsten heimischen Arten, *Ephydatia fluviatilis* und *Spongilla lacustris*, sind Zwitter. Die Samenzellen entstehen v. a. im Frühsommer aus Kragengeißelzellen und werden ins Wasser entleert. Mit dem eingestrudelten Wasserstrom gelangen sie zu den Eiern, die aus undifferenzierten Zellen (Archaeozyten) gebildet werden. Aus den befruchteten Eiern entwickeln sich bewimperte, kugelförmige Larven, die höchstens zwölf Stunden frei umherschwimmen und sich dann festsetzen. Bis zum Herbst wachsen sie zu einem Schwammkörper von etwa drei bis 20 Millimeter Größe heran.

Ungünstige Zeiten (Winter) überstehen Süßwasserschwämme als Dauerkeime (Gemmulae, Bild 47): Während das übrige Gewebe rückgebildet wird, scharen sich an mehreren Stellen Archaeozyten zu dichten Haufen. Sie werden von einer Wand aus zwei Sponginschichten und einer dazwischenliegenden Lage Skelettnadeln umhüllt, aus der sie im Frühjahr

Bild 47. Überdauerungsstadien (Gemmulae) des Süßwasserschwamms *Ephydatia* sp. (schematisiert). Im Winter liegen die Gemmulae im Skelettgerüst des abgestorbenen Schwamms. Im Frühjahr keimen sie aus. Die Gemmulae dienen zugleich der Verbreitung z. B. durch Wasservögel und der Vermehrung.

auskriechen und in wenigen Tagen einen neuen Schwammkörper aufbauen.
Die heimischen Arten kommen fast ausschließlich in mehr oder weniger nährstoffreichen Gewässern vor. Ihre Gestalt kann an unterschiedlichen Standorten sehr verschieden sein, ist also als Bestimmungsmerkmal ungeeignet.
Interessant sind die ökologischen Beziehungen, die unterschiedliche Tiergruppen zu den Süßwasserschwämmen eingegangen sind. So dienen sie einigen Tieren als schützendes Habitat (z.B. den „Schwammmilben" unter den Wassermilben; S. 286/3), oder sie dienen als Nahrung z. B. für die parasitischen Larven der Schwammhafte (S. 150), für Köcherfliegenlarven (z. B. der Gattung *Ceraclea*), Zweiflügler-Larven und Schnecken.
Zahlreiche weitere Informationen und Hinweise zur Bestimmung der Art, die über die Gemmulae und/oder die Form der unterschiedlichen Skleritelemente (Skleren) erfolgt, finden sich z. B. bei Eggers & Eiseler (2007).

NESSELTIERE (CNIDARIA/HYDROZOA)

Wie die Schwämme gehen die Nesseltiere unserer Binnengewässer (S. 194/2–4) auf Formen des Meeres zurück. Dort leben heute noch zahlreiche Verwandte, die sowohl eine geschlechtliche als auch eine ungeschlechtliche Generation (Meduse bzw. Polyp) hervorbringen. Im Süßwasser lässt sich nur bei dem Neozoon *Craspedacusta sowerbii* (S. 194/3) ein solcher Generationswechsel beobachten. Alle anderen mindestens 15 heimischen Nesseltierarten (darunter weitere Neozoen, S. 55ff.) treten nur als Polyp auf. Sie bestehen aus zwei Zellschichten, einem äußeren und inneren Epithel (Epidermis und Gastrodermis), zwischen denen eine zellfreie Stützlamelle (Mesogloea) liegt.
Unsere Süßwasserpolypen (Hydridae mit der Gattung *Hydra*) bevorzugen sehr unterschiedliche pflanzenreiche, meist stehende oder selten langsam fließende Gewässer. Das untere Ende ihres schlauchförmigen Körpers ist zu einer Fußscheibe verbreitert, mit der sie auf einer Unterlage sitzen. Am oberen Ende befindet sich die Mundöffnung. Sie ist von vier bis 20 Tentakeln umgeben und ragt ins Wasser. Die Polypen ernähren sich von kleinen Tieren, die sie mit den kennzeichnenden Nesselkapseln (Cniden) erbeuten. Diese befinden sich in Nesselzellen, die über den Körper verteilt und darüber hinaus in Batterien vereint auf den Tentakeln liegen. Sie sind doppelwandige, mit Flüssigkeit gefüllte Blasen, deren äußere, zur Zelloberfläche weisende Wand einen Deckel ausgebildet hat. Unterhalb von diesem setzt sich die innere Wand in einem hohlen, aufgerollten Faden fort. Der Deckel springt auf, wenn eine auf der Nesselzelle sitzende steife Borste (Cnidocil) berührt wird. Dann stülpt sich der hohle Faden handschuhartig um, schnellt hervor und ist daraufhin an seinem Zielort funktionsbereit.
Klassischerweise werden drei Haupttypen von Nesselkapseln unterschieden: Die Durchschlagskapseln (Penetranten) besitzen einen Faden, der mit drei Stacheln und drei Reihen kleinerer Dornen besetzt ist. Sie durchstoßen die Körperbedeckung der Beutetiere, sodass die ätzende und lähmende Flüssigkeit des Kapselhohlraums in deren Gewebe eindringt. Die glatten Fäden der Wickelkapseln (Volventen) umschlingen Borsten und Beine der Beute. Die Haftkapseln (Glutinanten) kleben die Tentakel bei der Fortbewegung vorübergehend fest. Körper und Fangarme des Polypen können sich plötzlich zusammenziehen und in alle Richtungen drehen. Die Cniden dienen auch als Abwehrwaffen und als Hilfsmittel zur Fortbewegung.
Wenn die Tiere ihren Standort verändern, bewegen sie sich wie Spannerraupen fort. Hydren sind sehr gefräßig und packen, wenn sie hungrig sind, jede bewegliche Beute: vornehmlich kleine Krebse, Würmer, Insektenlarven, selten Wassermilben, sogar frisch geschlüpfte Fische. Die Verdauung erfolgt im Körperhohlraum oder in den Körperzellen. Unverdauliche Reste werden durch den Mund ausgestoßen. Hydren können sehr lange hungern.
Am häufigsten vermehren sie sich ungeschlechtlich durch Knospen, die sich an den Körperwänden entwickeln und ablösen. In bestimmten Jahreszeiten kommt es auch zu geschlechtlicher Fortpflanzung. Die Hoden bilden sich als kleine Pusteln dicht unter dem Tentakelkranz, die gestielten Eier weiter unten am Körper. Die Samenzellen werden durch Platzen der Hoden in das Wasser entleert.

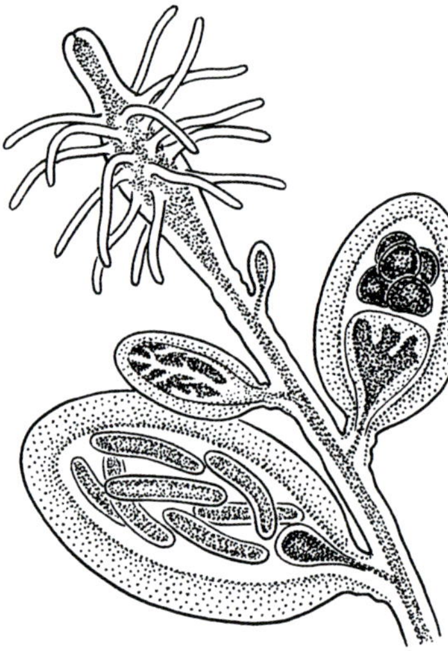

Bild 48. Teil einer Kolonie von *Cordylophora lacustris* (50-fach vergrößert). Am oberen Ende befindet sich ein Nährpolyp, unterhalb davon liegen vier Gonophoren in unterschiedlichem Entwicklungszustand. Gonophoren sind Reste einer Medusengeneration, die am Polypen bleiben und Ei- oder Samenzellen bilden.

Es kommen Zwitter und getrenntgeschlechtliche Formen vor. Aus dem befruchteten Ei schlüpft keine Larve, sondern eine kleine, fertige Hydra. Extrem ausgeprägt ist die Regenerationsfähigkeit der Süßwasserpolypen. Noch Gewebeteilchen von $^1/_5$ bis $^1/_9$ Millimeter Durchmesser können sich wieder zu vollständigen Hydren entwickeln.
Neben *Craspedacusta sowerbii* ist der Keulenpolyp *Cordylophora caspia* ein weiteres Neozoon (S. 194/4); er war ursprünglich Bewohner des Meeres, wo wir auch seine Verwandten finden. Anfang des 19. Jahrhunderts hat man ihn zum ersten Mal in Hafenbuchten und Flussmündungen der europäischen Küste festgestellt. Heute treffen wir ihn bereits weit im Binnenland, in Flüssen und reinen Süßwasserseen. Während sich bei *Hydra* die Knospen nach einiger Zeit vom Muttertier lösen und selbstständig werden, bleiben sie beim Keulenpolyp dauernd mit diesem in Verbindung. So entstehen reich verzweigte Kolonien mit aufstrebenden Zweigen und einem sich dem Untergrund anschmiegenden, meist schwärzlichen Wurzelgeflecht. *Cordylophora caspia* ist getrenntgeschlechtlich: Es gibt männliche und weibliche Kolonien. Zur Fortpflanzung entstehen unterhalb der Fresspolypen birnenförmige Blasen (Gonophoren), in denen die Geschlechtszellen gebildet werden (vgl. Bild 48). Aus dem befruchteten Ei entwickelt sich eine bewimperte Larve (die Planula), die nur 24 Stunden lang frei umherschwimmt, sich dann festsetzt und zu einer neuen Kolonie heranwächst. Den Winter überdauern nur die Wurzelgeflechte.

MOOSTIERCHEN (BRYOZOA)

Bei Weitem die meisten Moostierchenarten sind Meeresbewohner. Aus dem Süßwasser Mitteleuropas kennen wir nur etwa 20 Arten, die in verschiedensten Gewässern vorkommen: in Weihern und Bächen, in Seen bis zu großen Tiefen über 200 Meter sowie im Brack- und Moorwasser (S. 194/5–6). Nur sehr kalkhaltiges Wasser scheinen sie zu meiden.
Von einer im marinen Sandlückensystem lebenden Art abgesehen, leben Moostierchen in Kolonien aus vielen Hunderten bis Tausenden von Einzel-

Bild 49. Ausschnitt einer Kolonie von *Plumatella repens* (Kriechendes Moostierchen).

tieren. Das Einzeltier (Zooid) lebt nur drei bis fünf Wochen, die Kolonie, je nach ökologischen Bedingungen, acht bis 20 Wochen. Die Kolonien haben recht verschiedene Größe und Gestalt. Sie können fein verzweigten Ranken oder kugeligen Klumpen gleichen, nur wenige Zentimeter oder einige Dezimeter Durchmesser erreichen. Sie sitzen auf einer Unterlage fest und wurden sogar in Wasserröhren angetroffen. Bei jedem Einzeltier ist der im Wesentlichen aus dem Darmkanal bestehende Weichkörper von dem Gehäuse zu unterscheiden. Der Weichkörper wird durch einen Gewebestrang (Funiculus) im Gehäuse festgehalten. Bei einigen Arten bestehen die Gehäusewände aus dunkelbraunem, recht festem Chitin, bei anderen ist dieses sehr wasserreich, gelblich weiß und von gallertartiger Beschaffenheit.

Das schönste und auffälligste Organ ist die Tentakelkrone (Bild 49, 50). Die hohlen, bewimperten Tentakel sind in zahlreichen Doppelreihen auf einem kreis- oder hufeisenförmigen Trägerorgan (Lophophor) angeordnet. In Ruhe ragt es aus der Gehäuseöffnung heraus und kann sich zu allen Seiten biegen. Bei Gefahr wird es durch starke Muskeln ruckartig zurückgezogen. Durch dauernde, gleichsinnige Schwingungen strudeln die Tentakel die Nahrung herbei, nämlich Grün-, Joch- und Kieselalgen, kleinste Planktontierchen und Detritus.

Moostierchen sind Zwitter. Die Samenzellen werden meist am Funiculus gebildet, die Eier an der Innenseite der Gehäusewand. Bei den meisten einheimischen Arten wird das Ei in der Leibeshöhle befruchtet. Es entwickelt sich dann in einer besonderen Eikammer zu einer weißlichen Larve, die mit einem Flimmermantel bekleidet ist. Bei einer Größe von etwa ein bis zwei Millimeter gelangt diese in das freie Wasser und schwimmt dort wenige Stunden umher. Dann setzt sie sich fest, meist nicht weit von der Mutterkolonie entfernt. Der Mantel öffnet sich und gibt die beiden ersten Individuen der neuen Kolonie frei. Das weitere Wachstum erfolgt dann durch Knospung, die zu artspezifisch verschiedener, aber gesetzmäßiger Verzweigung führt.

Im Herbst ist noch eine dritte Vermehrungsart zu beobachten: Am Funiculus bilden sich als Dauer-

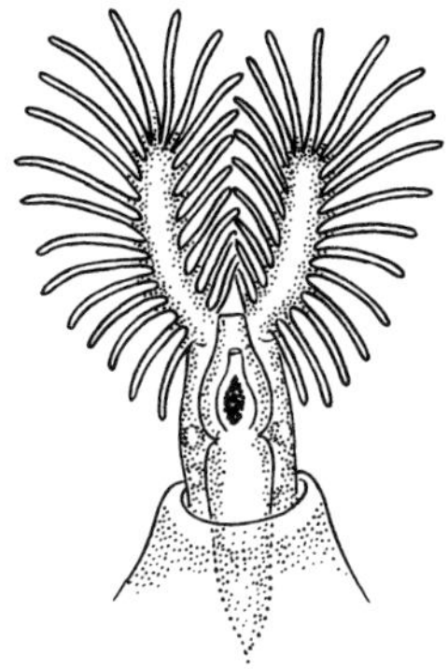

Bild 50. a) Einzeltier einer Moostierchenkolonie (schematisiert). Die Tentakelkrone ragt aus dem Gehäuse hervor. Die herbeigestrudelte Planktonnahrung gelangt zum Mund, der an der Basis der Tentakelträger liegt. Unterhalb davon liegt der Darmausgang.

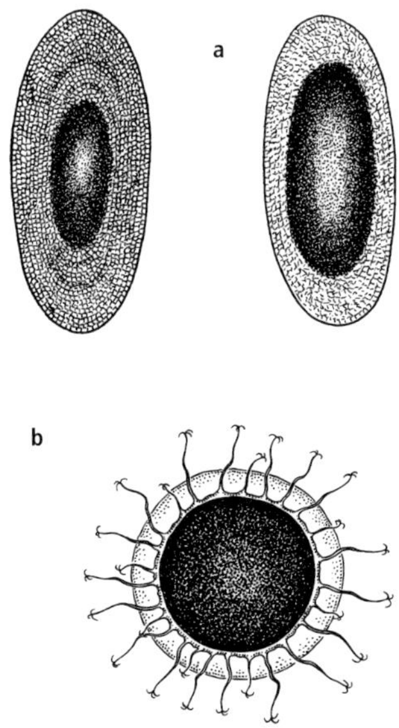

Bild 51. Überdauerungsstadien (Statoblasten) von Moostierchen. **a:** *Plumatella fruticosa* (40-fache Vergrößerung) mit einem „Schwimmgürtel" **b:** *Cristatella mucedo* (50-fach vergrößert) mit Häkchen.

stadien Überwinterungskeime (Statoblasten). Diese dunkelbraunen, ei- bis kugelförmigen Kapseln bestehen aus zwei harten Chitinschalen, die keimfähiges Zellgewebe einschließen (S. 111, Bild 51 a und b). Manche Statoblasten sind mit Häkchen zum Festhaften versehen, andere haben einen Ring lufthaltiger Zellen und sind damit schwimmfähig (Flottoblasten). Im Frühjahr springen die Schalen auf, und die junge Kolonie kriecht heraus.

STRUDELWÜRMER („TURBELLARIA")

Unter den **Plattwürmern (Plathelminthes)** verdanken die frei lebenden Strudelwürmer (S. 196) ihren Namen dem dichten Wimperkleid, das ihren ganzen Körper bedeckt. Die kleineren Strudelwürmer („Mikroturbellarien") sowie Jungtiere bewegen sich durch Bewegung des Cilienkleides und schwimmen frei durch das Wasser. Größere Tiere gleiten meist mithilfe nicht sichtbarer Muskelkontraktionen unter Abgabe eines (häufig sichtbaren) Schleimbandes schneckenartig auf ihrer Bauchseite über die Unterlage. In der Haut fast aller Strudelwürmer sind zahlreiche längliche Sekretkörper (Rhabditen) eingelagert, die ausgestoßen werden können und im Wasser schleimig aufquellen. Sie werden als Angriffs- und Verteidigungswaffen, zum Einhüllen der Beutetiere mit Schleim und zur Bildung von Schutzhüllen beim Trockenfallen des Wohngewässers verwendet.
Strudelwürmer sind Zwitter mit innerer Befruchtung. In den Binnengewässern Europas kommen über 400 Arten vor. Die größte Bedeutung im Süßwasser haben die Rhabdocoela (etwa 200 Arten) und die Tricladida (etwa 115 Arten).
Die **Rhabdocoelen** haben einen stabförmigen, blindgeschlossenen Darm und gewöhnlich zwei Augen. Die Körpergestalt ist je nach Art band-, platt- oder fadenförmig. Auch Färbung und Zeichnung wechseln, häufig hervorgerufen durch symbiontische Algen. Die meisten Arten ernähren sich räuberisch. Die geschlechtsreifen Tiere bringen nach Selbstbefruchtung gewöhnlich mehrere Generationen von Jungen hervor. Sie entwickeln sich in der Gebärmutter und bohren sich dann durch deren Wand und die Körperhaut ins Freie. Das Elterntier erleidet dabei keinen Schaden und erzeugt, sobald es vollständig ausgewachsen ist, dickschalige, durch Fremdbefruchtung entstandene Eier (Dauereier; vgl. S. 196/1), die erst nach seinem Tod frei werden. Aus diesen schlüpfen nach der Überwinterung im späten Frühjahr die Jungtiere des nächsten Jahres. Die Rhabdocoelen bevorzugen stehende pflanzenreiche Gewässer mit wärmeren Wassertemperaturen (Tümpel, Weiher, Pflanzengürtel der Seen) und sind besonders im Sommer anzutreffen. Die meisten heimischen Arten sind mikroskopisch klein. Die Bestimmung dieser Mikroturbellarien erfolgt hauptsächlich nach inneren Merkmalen und ist daher nur gut eingearbeiteten Spezialisten möglich.
Die **Tricladen (Planarien)** sind durchweg größere Formen von flacher Gestalt und meist dunkler (grau, braun, schwarz) oder schmutzig weißer Farbe (Bild 53), wobei die Bauchseite meist unpigmentiert ist. Ihr Darm ist in drei Äste gegabelt (in einen Kopf- und zwei Schwanzdärme), die bisweilen verbindende Seitenzweige besitzen. Sie ernähren sich hauptsächlich von lebenden und toten Tieren. Die Beute wird mithilfe zweier am Vorderende liegender Geruchsorgane aufgespürt und mit dem zähen Schleim der Rhabditen eingehüllt. Dann stößt der Rüssel mehrmals vor und gibt Verdauungssekrete ab. Er liegt sonst in einer rückwärtsgerichteten Scheide mittig oder nach hinten verschoben. Die weitgehend aufgelösten Gewebe der Beute werden aufgesaugt. Tricladen können monate- und im Labor sogar jahrelange Hungerzeiten aushalten.
Bei der Paarung wird jeder Partner als Männchen und als Weibchen tätig. Die Eier werden zu mehreren in einem Kokon abgelegt. Sie gelangen durch Platzen der Körperwand ins Freie. Diese rundlichen, hartwandigen, dunkel gefärbten Kokons werden bei manchen Arten einfach ins Wasser fallen gelassen, bei anderen mit Stielchen an Steinen, Wasserpflanzen oder Ähnlichem befestigt (Bild 52). Die Entwicklung ist direkt; es treten also keine Larven auf. Vermehrung durch Querteilung geschieht häufig. Sehr weit ist die Regenerationsfähigkeit entwickelt; selbst ein Tausendstel Teil der Tiere kann sich wieder zu einem vollständigen Individuum ergänzen.

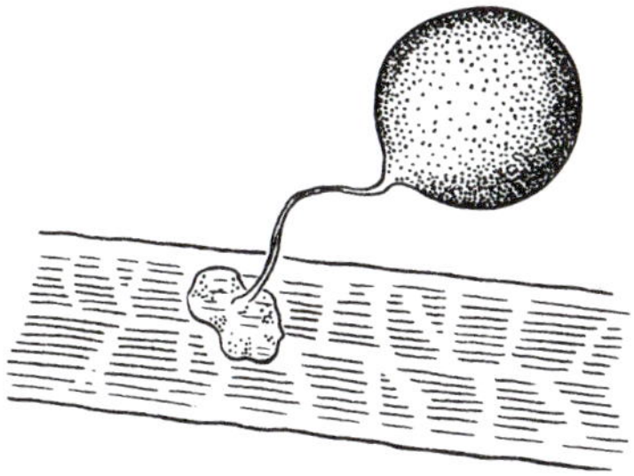

Bild 52. An einem Pflanzenstück angehefteter Eikokon von *Dugesia lugubris* (10-fach vergrößert). Die Eikokons enthalten neben Eiern auch Dotterzellen. Es schlüpfen kleine Strudelwürmer.

Bild 53. Ähnlich wie die Milchweiße Planarie (*Dendrocoelum lacteum*), aber größer und dunkler sieht die bis zu 4 Zentimeter Länge erreichende Art *Bdellocephala punctata* aus.

Viele Tricladen bevorzugen kühleres, bewegtes Wasser (Quellen, Bäche, die Brandungszone von Seen). Interessant ist die Verbreitung von *Crenobia alpina*, *Polycelis felina* und *Dugesia gonocephala*, die zu den häufigsten einheimischen Arten zählen. In sauberen Mittelgebirgsbächen besiedelt der als kaltstenotherm geltende Alpenstrudelwurm *Crenobia alpina* nur die Quellregion. Im Oberlauf, mit schon größeren Temperaturschwankungen, lebt *Polycelis felina*. Im Unterlauf kommt die eurythermere *Dugesia gonocephala* vor, die bei Wassertemperaturen von 0,5–25 °C vorkommt (vgl. S. 25). Fast alle Tricladen sind lichtscheu. Man findet sie daher meist auf der Unterseite von Steinen, Ästen und Schwimmblättern von Wasserpflanzen.

Einige Arten können durch Form, Augenanzahl und -verteilung sowie die Farbe auch von Laien bestimmt werden. Bei anderen ist eine sichere Bestimmung auf Artniveau (z. B. anhand der Kopulationsorgane) nur Fachleuten möglich.

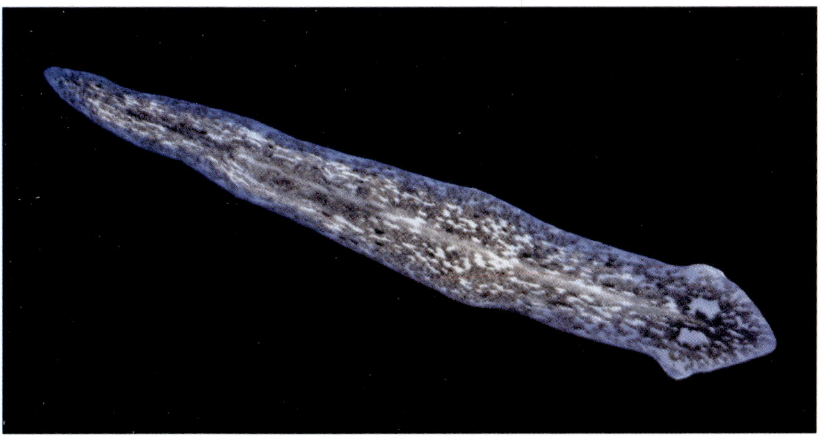

Bild 54. Auch unter Strudelwürmern gibt es Neozoen, hier *Dugesia tigrina*, aufgrund des charakteristischen Fleckenmusters Gefleckter Strudelwurm, Tigerplanarie oder Tiger-Strudelwurm genannt (siehe auch S. 196/8).

FADENWÜRMER (NEMATODA)

Auch wenn die Nematoden des Süßwassers in der Regel sehr klein sind, sollen sie zumindest erwähnt werden, da sie aufgrund ihrer Häufigkeit ökologisch sehr bedeutend sind. Die allermeisten Arten sind Saprobionten, ernähren sich also von Bakterien, die am Abbau organischer Substanz beteiligt sind. Im Seenlitoral können sie Individuendichten von bis zu einer Million oder mehr pro Quadratmeter erreichen. Zu einem großen Teil werden in Gewässersedimenten Arten gefunden, die auch an Land vorkommen, es gibt aber auch zahlreiche rein limnisch vorkommende Vertreter. Darüber hinaus gibt es karnivore sowie eine Reihe bedeutsamer pflanzen- sowie tierparasitischer Arten.

Nematoden sind meist getrenntgeschlechtlich und haben eine innere Befruchtung. Ihre Entwicklung erfolgt über vier durch Häutungen unterschiedene Stadien. Das dritte Stadium kann bei saprobionten Arten unter sich verschlechternden Bedingungen als Dauerlarve ausgebildet sein, bei Parasiten ist die Drittlarve häufig das Infektionsstadium.

Eine auch im Süßgewässer vorkommende interessante parasitische Gruppe sind die Mermithiden (Familie Mermithidae). In ihrer Entwicklung durchlaufen sie ein parasitisches Zwischenstadium in einem wirbellosen Wirt, unter anderem limnische Insektenlarven (z. B. Kriebel-, Stech- oder Zuckmücken unter den Dipteren), aber auch Krebse in unterschiedlichen Entwicklungsstadien. Oft erfolgt die Eiablage der Mermithiden im Habitat des Wirtes. Aus den Eiern schlüpfen infektiöse Larven, die mit ihrem Mundstachel aktiv in den Wirt (meist eine Insektenlarve) eindringen. In dessen Leibeshöhle wachsen sie über mehrere Häutungen zum vierten Larvenstadium heran. Die Ernährung erfolgt nur über die Haut. Die Darmzellen sind am Ende prall mit Nahrungsstoffen gefüllt. Wie die Saitenwürmer, deren Lebenszyklus auffällige Parallelen zeigt (s. u.), veranlassen sie ihren Wirt, um zum Wasser zu streben. Das vierte Stadium verlässt sogleich seinen Wirt und nimmt wie auch das

Bild 55. Eine parasitische Lebensweise in wirbellosen Wirten ist zwei unterschiedlichen, zu den „Würmern" zählenden Tiergruppen gemeinsam: den Mermithiden unter den Fadenwürmern (Nematoda, hier aus einer Zuckmücke austretend) sowie den Saitenwürmern (Nematomorpha, vgl. Bild 56).

Bild 56. Der Saitenwurm *Parachordodes gemmatus*, der aus seinem Wirt (hier der Waldohrwurm *Chelidurella acanthopygia*) austritt, in dem er einen Teil seiner Entwicklung durchlaufen hat.

Adulttier keine Nahrung mehr auf. Die ausgewachsenen, ausgesprochen fadenförmigen Tiere können mehrere Monate leben und erreichen eine Länge zwischen fünf Millimetern und mehreren Zentimetern. Der Befall mit Mermithiden kann bei Insekten zu Intersexualität führen (z. B. Zuckmücken mit halbseitig männlich und weiblich ausgeprägten Antennen; Steinfliegen, deren Geschlechtszugehörigkeit nicht erkennbar ist). In selteneren Fällen läuft die Entwicklung über einen Zwischenwirt, der infektiöse Eier aufnimmt.

SAITENWÜRMER (NEMATOMORPHA)

Aus den Binnengewässern Europas sind bisher etwa 60 schwer bestimmbare Saitenwurmarten bekannt (S. 198/1), die durch ihre Lebensweise eine gewisse Ähnlichkeit mit den Mermithiden unter den Nematoden aufweisen (s. o.). Man trifft diese meist deutlich größeren und deutlich dunkler gefärbten Würmer in Weihern und Seen ebenso wie in Tümpeln und Fließgewässern an, besonders dann, wenn sich Männchen und Weibchen zu oft vielverschlungenen Knäueln zusammenfinden. Die Tiere sind drehrund (Durchmesser 0,3–1,7 Millimeter), fadenförmig und können bei heimischen Arten eine Länge bis zu einem halben Meter (sonst bis zwei Meter) erreichen. Die erwachsenen Tiere zehren ausschließlich von Reservestoffen, die sie während ihrer parasitischen Jugendphase im Inneren von Insekten aufgenommen haben.

Jedes Weibchen legt viele Tausende Eier ab, vereint zu bandförmigen, weißlichen Laichmassen. Aus diesen schlüpfen winzige Larven mit einem ausstülpbaren, rüsselartigen Vorderende, das drei Stilette und Dornenkränze als Bohrorgan trägt. Sie finden sich in einer Vielzahl von aquatischen Tieren, überwiegend Insektenlarven und Schnecken. Vermutlich werden sie oral aufgenommen (dieser Teil des Lebenszyklus ist nicht vollständig geklärt). In bestimmten Wirtsarten, wie z. B. Gelbrandkäfern und einigen Libellenlarven, entwickeln sie sich zum fertigen Wurm. In den meisten Fällen erfolgt die weitere Entwicklung aber in terrestrischen Insekten, vorwiegend Laufkäfern und Langfühler-Heuschrecken, die vermutlich durch Fraß infizierter Zwischenwirte

Bild 57. Der Ringelwurm *Tubifex* lebt gewöhnlich dicht gedrängt am Gewässergrund, mit dem Vorderende in den Bodenschlamm eingegraben. Er frisst mit dem Sediment Detritus und darin lebende Mikroorganismen. Das Blutgefäßsystem ist gut ausgebildet und enthält eine Variante des Hämoglobins als roten Blutfarbstoff, mit dessen Hilfe auch geringe Sauerstoffmengen im Wasser nutzbar sind. Das Hinterende führt oft Atembewegungen durch.

Saitenwurmlarven aufnehmen. Im Endwirt nehmen die heranwachsenden Saitenwürmer ihre Nahrung über die Haut auf, die Mundöffnung ist bei vielen Arten zurückgebildet. Dann verlassen sie ihren Wirt, bei dem sich im Extremfall Fettkörper und Gonaden nicht richtig entwickeln können. Aus noch ungeklärten Ursachen suchen die Wirtstiere in einem bestimmten Stadium der Infektion von selbst Gewässer auf (Schmidt-Rhaesa 2002). Dort verlassen die Würmer kurz nach dem Wasserkontakt ihre Wirte.

RINGELWÜRMER (ANNELIDA)

Die vorwiegend marin lebenden **Borstenwürmer („Polychaeta")** geben eine gute Vorstellung, wie die ursprünglichen Ringelwürmer lebten und ausgesehen haben. Im Gegensatz zu den im Süßwasser häufigeren Oligochaeten tragen sie eine Vielzahl von Borsten pro Körpersegment. *Hypania invalida* (Ampharetidae) ist eine der wenigen Arten der Vielborster, die in Binnengewässern anzutreffen ist. Es handelt sich um eine über die Donau und den Rhein-Main-Donau-Kanal eingewanderte Art, die in meist schlammigen stehenden und langsam fließenden Gewässern anzutreffen ist und als röhrenbauende Art hohe Besiedlungsdichten erreichen kann.

Ringelwürmer sind im Süßwasser im Wesentlichen durch die Gruppe der Clitellaten vertreten. Namengebend ist das Clitellum, ein drüsiger Gürtel in der vorderen Körperhälfte, dessen schleimige Ausscheidungen für die Fortpflanzung wichtig sind. Zu den **Clitellaten** gehören im Süßwasser die Wenigborster und die Egel.

Wenigborster („Oligochaeta")

Die meisten Arten der Wenigborster (S. 198/2–9), zu denen auch die Regenwürmer gehören, leben auf dem Land. Nur eine geringe Zahl lebt im Süßwasser (bei uns etwa 100), einige wenige leben im Meer. Sie stellen wie die Borstenwürmer eine Sammelgruppe verschiedener Taxa dar und keine wirkliche systematische Einheit. Die teils durchsichtigen Arten der Binnengewässer sind im Allgemeinen kleiner als ihre Verwandten im Erdboden. Immer sind sie durch eine Vielzahl von gleich gestalteten Körpersegmenten gekennzeichnet, von denen jedes vier Borsten oder ein Borstenbündel trägt. Einige Arten bauen sich Röhren im Sediment (Bild 57) oder auf Steinen und Wasserpflanzen, andere bewegen sich kriechend fort, etliche schwimmen schlängelnd. Die Nahrung besteht aus zerfallenen Pflanzen und Tierleichen, z. T. auch aus Algen und kleinsten Tieren. Neben der Hautatmung spielt der Darm durch Wasseraufnahme eine große Rolle beim Gasaustausch. Interessant ist die einzige bei uns vorkommende Art der Wenigborster, die auffällige Kiemen trägt, *Branchiura sowerbyi* (Tubificidae). Auch wenn sie in ganz Europa nur selten und zerstreut vorkommt, ist sie am abgeflachten Hinterende, das jeweils 140 Bauch- und Rückenkiemen trägt, eindeutig zu erkennen. Vermutlich stammt die Art aus Südostasien. Sie ist in Europa seit 1892 bekannt, gilt als thermophil und besiedelt als Röhrenbauer schlammige Substrate stehender und langsam fließender Gewässer.

Alle Arten der Wenigborster sind Zwitter. Bei der Paarung legen sich die beiden Partner in umgekehrter Richtung aneinander und bringen die Zone der Geschlechtsorgane mit dem Clitellum des Partners in gegenseitige, enge Berührung. Diese drüsenreichen Gürtel scheiden eine Schleimhülle aus, die zunächst zur Aufnahme der Spermien des Partners dient. Anschließend werden die Schleimhüllen jeweils nach vorne verschoben, wobei nun auch die eigenen Eier abgegeben werden, sodass diese im Schutz der Schleimhülle von den fremden Spermien befruchtet werden können. Nach der Paarung streifen die Würmer ihre Schleimhülle ab, die sich an beiden Enden schließt und so einen Kokon bildet. In ihm entwickeln sich die Eier direkt zu kleinen Würmern. Die verschieden geformten, oft durchsichtigen Kokons besitzen Chitinwände. Man findet sie auf dem Gewässerboden oder an Wasserpflanzen angeheftet.

Die Regenerationsfähigkeit der Wenigborster ist hoch. Auch ungeschlechtliche Fortpflanzung kommt sehr häufig vor. Dabei entsteht zwischen zwei Körpersegmenten eine Teilungszone. In ihrer vorderen Hälfte entwickelt sich das neue Hinterende des vorderen Tieres, in der hinteren Hälfte entsprechend das Vorderende des hinteren Individuums. Da häufig weitere Teilungszonen entstehen, ehe sich die ersten beiden Tiere getrennt haben, kommt es zur Kettenbildung (S. 198/2–4).

Erwähnenswert ist außerdem eine verbreitete Art des Grundwassers, *Haplotaxis gordioides* (Haplotaxidae), im Deutschen auch „Brunnengräber" genannt. Die meist räuberisch lebende Art ist fadenförmig dünn und erreicht Längen zwischen 18 und 40 Zentimeter.

Egel (Hirudinea oder Hirudinida)

Zur mitteleuropäischen Tierwelt zählen neben einem seltenen Landegel (*Xerobdella* z. B. im Südosten Österreichs) und etwa zehn ausschließlich an Fischen schmarotzenden Meeresarten rund 45 Süßwasseregel (S. 200/1–9). Wie die Wenigborster (Oligochaeta) gehören auch die Egel zu den Clitellata unter den Ringelwürmern (Annelida). Kennzeichnend sind ihre zwei Saugnäpfe. Unter den Egeln werden die Rhynchobdellida (Rüsselegel), die einen ausstoßbaren muskulösen Rüssel besitzen, von den rüssellosen Arhynchobdellida unterschieden. Zu den Rüsselegeln zählen die Platt-, Platten- oder Knorpelegel (Glossiphoniidae) sowie die Fischegel (Piscicolidae). Die Arhynchobdellida umfassen die Schlundegel (Erpobdelliformes, Familie Erpobdellidae) sowie die Kieferegel (Hirudiniformes, Familien Haemopidae, Hirudinidae).

Egel leben in recht verschiedenen Gewässern: Seen, Weihern, Bächen und Gräben. Reißendes und mooriges Wasser meiden sie im Allgemeinen. Bevorzugte Lebensräume sind pflanzenreiche seichte Gewässer. Über einen halben Meter Gewässertiefe gehen Egel nur selten hinaus. Fast alle sind lichtscheu und sitzen in Ruhe unter Steinen, in Ritzen von Ästen oder zwischen Pflanzenblättern. Nur zur Nahrungssuche verlassen sie ihre Verstecke. Auf lockerem Schlamm und feinem Sand finden sie keinen Halt, bis auf manche Kiefer- und Schlundegel. Die kalte Jahreszeit überdauern sie gewöhnlich in einem Starrezustand, eingegraben im Schlamm.

Dank der reich entwickelten Körpermuskulatur sind alle Egel außerordentlich beweglich. Bei der gewöhnlichen „egel-" oder spannerraupenartigen Bewegungsweise wird zunächst der Mundsaugnapf von der Unterlage gelöst und der Körper weit vorgestreckt. Dann heftet sich der vordere Saugnapf fest, der hintere lässt los und wird unter gleichzeitiger Hochwölbung des Körpers dicht an den Mundsaugnapf herangeholt. Hierauf wiederholt sich der Vorgang. Die Fisch-, Schlund- und Kieferegel können sehr gut schwimmen, heimische Plattegel sind dagegen nicht schwimmfähig. Außerdem hat man bei vielen Arten noch mehrere andere Bewegungsweisen festgestellt, die der Beschaffung von Atemwasser, der Brutpflege und dem Suchen von Beute dienen. Alle Egel ernähren sich ausschließlich von tierischer Nahrung: Die Schlund- und z. T. die Kieferegel (Haemopidae, *Haemopis*) sind Raubtiere, die alle möglichen kleinen Tiere hinunterschlingen oder Stücke aus ihnen herausreißen. Die Rüsselegel (Glossiphoniidae, Piscicolidae) saugen als zeitweilige Außenparasiten Blut von ihren Wirten, meist wechselwarmen Wirbeltieren, verschiedene Plattegel auch aus Wirbellosen. Der Darm dieser Sauger besitzt zahlreiche Blindsäcke zur Speicherung des Blutes und außerdem drüsenartige Anhänge mit Mikroorganismen, die helfen, die Blutnahrung aufzuschließen. Nach einer ausgiebigen Blutmahlzeit können Blutegel (*Hirudo*) weit über ein Jahr hungern. Die Atmung erfolgt durch die Haut. Sehr häufig, oft täglich, wird die Körperhaut abgestoßen, besonders nach reichlicher Nahrungsaufnahme und in „schlechtem", sauerstoffarmem Wasser.

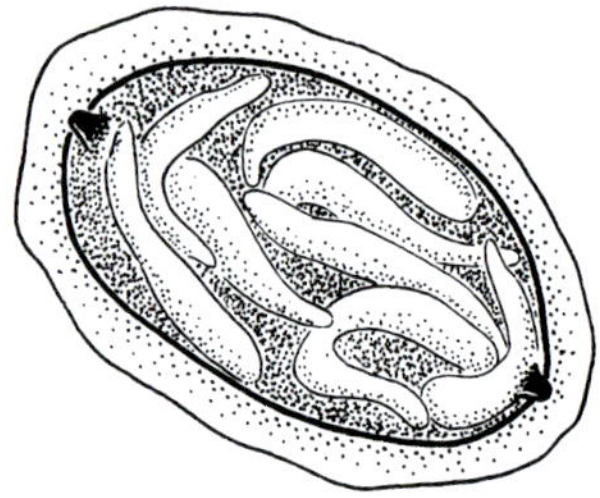

Bild 58. Kokon von *Erpobdella octoculata* mit nahezu schlüpfreifen Jungtieren (6-fach vergrößert).

Alle heimischen Egel sind Zwitter. Stets erfolgt eine innere Befruchtung, entweder mit einem Penis (Kieferegel) oder – bei Schlund- und Rüsselegel – mittels Samenpaketen (Spermatophoren), die dem Partner auf die Haut gesetzt werden. Von dort dringen die Spermien dann durch die Körper-

Bild 59. Der Entenegel *Theromyzon tessulatum* (Glossiphoniidae) betreibt Brutpflege: Bis knapp über 100 Jungtiere werden über eine längere Zeit am Bauch des Muttertieres herumgetragen.

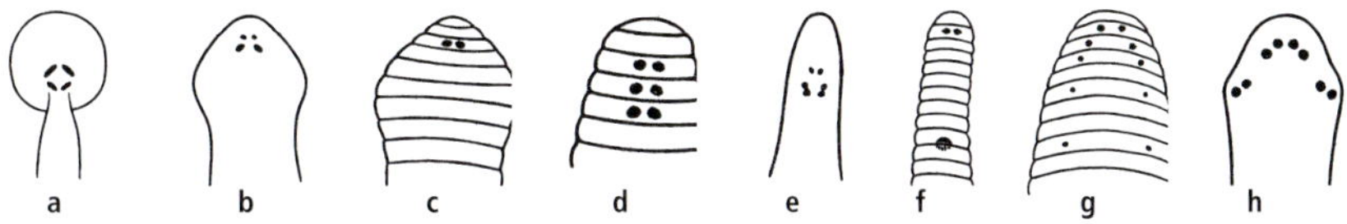

Bild 60. Augenstellung häufiger Egel: **a** *Piscicola geometra*, **b** *Hemiclepsis marginata*, **c** *Placobdella costata*, **d** *Glossiphonia complanata*, **e** *Alboglossiphonia heteroclita*, **f** *Helobdella stagnalis*, **g** *Hirudo medicinalis*, *Haemopis sanguisuga*, **h** *Erpobdella octoculata*.

wand ein. Die Eier werden in Kokons abgelegt, die vom Clitellum (vgl. S. 116) gebildet werden. Im Gegensatz zu den Kokons der Turbellaria (vgl. S. 113, Bild 52) weisen die Kokons der Egel zwei Enden auf, die erkennen lassen, dass sie beim Abstreifen vom Körper wie ein Schrumpfschlauch verschlossen wurden (Bild 58). Die Kokonablage erfolgt im feuchten Uferbereich (*Hirudo, Haemopis*) oder an mineralische Substrate oder Pflanzen im Wasser (*Erpobdella, Piscicola*). Bei den Glossiphoniidae herrscht Brutpflege, die allerdings bei den einzelnen Arten recht unterschiedlich ausgebildet ist. Manche heften ihre Eikapseln an Wasserpflanzen. Über ihnen sitzt die Mutter mit hochgewölbtem Körper und führt zeitweise Atembewegungen aus, um dem Gelege frisches, sauerstoffreiches Wasser zuzuführen. Bei anderen Arten, wie *Helobdella stagnalis*, werden die Eier an der Unterseite des Muttertieres festgeklebt und dort bis zum Schlüpfen der Jungen umhergetragen (vgl. Bild 59). Sie saugen sich für etliche Wochen am Bauch der Mutter fest. Bei der eben genannten Art sowie bei *Alboglossiphonia heteroclita* besitzen die Saugnäpfe der Jungtiere Ausbuchtungen, die genau zu entsprechenden Hautpapillen der Mutter passen. Sie gewährleisten eine recht feste Anheftung der Jungen.

Ungeschlechtliche Vermehrung ist bei Egeln nicht bekannt. Das Regenerationsvermögen ist im Gegensatz zu den verwandten Wenigborstern sehr gering. Leicht werden Egel, festgesaugt an Schiffsplanken, Treibholz oder Wasserpflanzen, in andere Gewässer verschleppt, die Blutsauger natürlich besonders auch am Körper ihrer Wirte.

Eine weitere interessante Gruppe, die systematisch derzeit manchmal zu den Egeln, manchmal aber auch als eigene Gruppe unter den Annelida geführt wird, sind die **Krebsegel** (Branchiobdellida) da z. T. auch zu den Hirudinida gestellt. Diese kleinen Tiere werden selten größer als zehn Millimeter und tragen ihren deutschen Namen Krebs- oder Kiemenegel, weil sie meist am Carapax, den Scheren oder am Abdomen der Flusskrebse sitzen und sich dort als weidende Algenfresser, räuberisch oder parasitisch ernähren (Bild 61). Die meisten Arten leben wohl als Kommensalen, d. h. sie nutzen den „Wirt" nur als Lebensraum, schaden ihm aber nicht. Da manche Krebsegel den Krebspanzer sogar reinigen, wird von manchen Autoren die Beziehung des Krebsegels zum Krebs nicht als Kommensalismus, sondern als Symbiose bezeichnet.

Die Krebsegel sind oft sehr wirtsspezifisch und infolgedessen haben neozoische Krebse teilweise auch neozoische Krebsegel mitgebracht. Am Flusskrebs *Astacus astacus* leben vier Arten von Krebsegeln. Die Wirtsspezifität bringt es mit sich, dass beispielsweise der Krebsegel *Branchiobdella astaci* aufgrund der starken Gefährdung des Edelkrebses ebenfalls als fast ausgestorben gilt.

Bild 61. Krebsegel (*Branchiobdella astaci*) in spannerraupenartigen Haltung auf dem Carapax eines Flusskrebses.

Gliederfüßer: Krebse

Die Gliederfüßer (Arthropoda) sind mit über einer Million beschriebener Arten der erfolgreichste Tierstamm. Wie bei den Ringelwürmern besteht der Körper aus Segmenten, doch sind diese zu Körperabschnitten vereint (bei Krebsen und Insekten: Kopf, Rumpf, Hinterleib). Ferner besitzen sie ein festes, aus Proteinen und Chitin bestehendes Außenskelett, in das – besonders bei Krebsen – auch Kalk eingelagert ist. Wegen seiner Starrheit muss es beim Wachstum durch Häutung abgeworfen werden. Sie haben primär paarige Facetten- oder Komplexaugen, die aus mehreren Einzelaugen (Ommatidien) zusammengesetzt sind. Die gegliederten Extremitäten sind verschieden abgewandelt, z. B. als Lauf- und Schwimmbein, Antenne oder Mundwerkzeug. Bei Krebsen, Insekten und Tausendfüßern sind kräftige Kauladen (Mandibeln) ausgebildet, hinter ihnen liegen als weitere Mundwerkzeuge die 1. und die 2. Maxillen (bei Insekten zu einer unpaaren Unterlippe, Labium, verschmolzen).

KREBSE (CRUSTACEA)

Krebse (S. 202–215) sind ursprünglich im Meer lebende Tiere, wo sie auch heute noch mit den meisten Arten vertreten sind. Sie tragen im Grundbauplan immer zwei Antennenpaare, weswegen sie auch Diantennata genannt werden. An fast jedem ihrer Segmente kann ein Beinpaar sitzen. Eine vom Hinterrand des Kopfes nach hinten ziehende Hautfalte kann den Rumpf mehr oder weniger panzerartig bedecken (Carapax). Im Extremfall umgibt der Carapax den ganzen Körper mit zwei Schalenklappen, z. B. bei den Muschelschalern (S. 124). In anderen Fällen verschmilzt er mit einer unterschiedlichen Anzahl von Rumpfsegmenten. Auffälligstes Sinnesorgan sind neben den Antennen die Komplexaugen.
Crustaceen durchlaufen in ihrer Entwicklung ursprünglich ein besonderes Larvenstadium (Nauplius, S. 206/4), das bei vielen Süßwasserarten reduziert wurde (Gefahr der Verdriftung in Fließgewässern).
Die Stammesgeschichte der Krebse wird kontrovers diskutiert. In der im Textkasten (rechts) gegebenen systematischen Übersicht sind nur die behandelten Taxa des Süßwassers aufgeführt.

Kiemenfußkrebse i. w. S. (Branchiopoda)

Feenkrebse (Anostraca)

Diese Tiere gehören zu den ursprünglichsten lebenden Krebsen (S. 202/2–3). Eines von ihnen zu finden ist ein besonderer Glücksfall, da sie meist nur für eine kurze Zeitspanne in ihren Habitaten zu finden sind. Anostracen, zu denen auch das im Aquarienhandel als Fischfutter erhältliche Salzkrebschen *Artemia* gehört (S. 202/3), leben in Tümpeln, die nach kurzer Zeit der Wasserführung austrocknen. Sie kommen stets nur im Binnenland vor, dort aber auch in Salzsümpfen und -seen (S. 40, 46).
Anostracen haben keine sie schützende Schale wie viele der Höheren Krebse. Sie schwimmen in charakteristischer Weise mit der Bauchseite nach oben und mit wellenförmig sich fortsetzendem Synchronschlag der Blattbeine. Elf Paar flache, blattförmige Beine an gleichförmig gestalteten Segmenten dienen nicht nur als Bewegungsorgane, sondern auch als Kiemen. Gleichzeitig filtrieren die Beine auch Nahrungsteilchen wie Detritus und Algen aus dem Wasser und führen sie zum Mund. Meist findet man Männchen (an ihrer zu einem Greiforgan umgebildeten 2. Antenne erkennbar) und Weibchen, die einen unpaaren, mit Eiern gefüllten Brutbeutel tragen. Die Weibchen können sich gelegentlich auch durch Jungfernzeugung (Parthenogenese) fortpflanzen (*Artemia* wohl aus-

Bild 62. Der Frühjahrsfeenkrebs *Eubranchipus grubii*. Die Männchen der Anostraca haben artspezifisch unterschiedlich zu Klammerorganen umgewandelte 2. Antennen, die Weibchen unterschiedlich geformte Brutbeutel.

SYSTEMATIK DER SÜSSWASSERKREBSE

(in Anlehnung an die Fauna Europaea, De Jong et al. 2014)

KIEMENFUSSKREBSE i. w. S. (BRANCHIOPODA)

- Feenkrebse (Kiemenfußkrebse i. e. S., Anostraca), z. B. *Branchipus schaefferi*, S. 202/2
- Blattfußkrebse (Phyllopoda)
  - Rückenschaler (Notostraca), z. B. *Triops cancriformis*, S. 202/1
  - Krallenschwänze (Onychura, Diplostraca)
    - Wasserflöhe (Cladocera), z. B. *Daphnia pulex*, S. 204/1
    - Muschelschaler (Conchostraca), z. B. *Limnadia lenticularis*, S. 125, Bild 67

MAXILLOPODA (viele Taxa, möglicherweise „Sammelgruppe")

- Hüpferlinge (Copepoda), z. B. *Cyclops* sp., S. 206/2
- Muschelkrebse (Ostracoda), z. B. *Herpetocypris reptans*, S. 206/5
- Fischläuse (Branchiura), z. B. Karpfenlaus *Argulus foliaceus*, S. 127, Bild 70

HÖHERE KREBSE (MALACOSTRACA)

- Eucarida
  - Ranzenkrebse (Peracarida)
    - Asseln (Isopoda), z. B. *Asellus aquaticus*, S. 208/1
    - Flohkrebse (Amphipoda), z. B. *Gammarus pulex*, S. 208/4
    - Schwebegarnelen (Mysida), z. B. *Mysis relicta*, S. 129
  - Zehnfußkrebse (Decapoda)
    - Großkrebse („Flusskrebse") (Astacoidea), z. B. *Astacus astacus*, S. 212/1
    - Krabben, Kurzschwanzkrebse (Brachyura), z. B. *Eriocheir sinensis*, S. 131, Bild 73
    - Süßwassergarnelen (Atyidae), z. B. *Atyaephyra desmarestii*, S. 131, Bild 74
- Syncarida: u. a. Brunnenkrebse (Bathynellacea), z. B. *Parabathynella badenwuerttembergensis*, S. 131

schließlich). Sie tragen die Eier in einem Brutsack eine Zeit lang mit sich herum (Brutpflege), um sie schließlich im Schlamm abzuwerfen. Dort können die Eier jahrelange Trockenheit überstehen, bevor aus ihnen Naupliuslarven schlüpfen. Es sind Fälle bekannt, in denen Feenkrebse in Wäldern, die jahrzehntelang durch Gräben entwässert wurden, nach einem Stopp der Entwässerung wieder in Tümpeln auftauchten, vermutlich durch Dauereier, evtl. aber auch durch Wasservögel oder Wind. In Deutschland kommen einschließlich einer *Artemia*-Art sechs Vertreter der Feenkrebse vor, von denen der Frühjahrsfeenkrebs *Eubranchipus grubii* die häufigste Art ist (Bild 62); sie tritt v. a. im Tiefland auf. Von ihr ist bekannt, dass die Eier im Sediment eine Trocken- und eine Frostperiode durchlaufen haben müssen, ehe sie zur Entwicklung gelangen.

Feenkrebse sind in ihren vergänglichen Lebensstätten (Tümpel, Wasserlachen), die oft nur wenige Wochen Wasser führen, vor aquatischen Räubern geschützt, die auf dauerhaftere Gewässer angewiesen sind (z. B. Fische oder Libellenlarven). Im zeitigen Frühjahr können die Frühjahrsspezialisten oftmals hohe Populationsdichten erreichen. Ihre Seltenheit mag daher auch damit zusammenhängen, dass man den richtigen Zeitpunkt zur Beobachtung verpasst. Allerdings sind Tümpel in der stark genutzten Kulturlandschaft stark zurückgegangen und damit auch die an sie gebundenen Spezialisten. In besonderem Maße sind die Sommerformen gefährdet.

Blattfußkrebse (Phyllopoda)

Die Blattfußkrebse (Phyllopoda) vereinen mit den hier vorgestellten Rückenschalern, Wasserflöhen und Muschelschalern Vertreter recht unterschiedlicher Gestalt.

Rückenschaler (Notostraca)

Auch diese mit bis zu zehn Zentimeter Länge recht großen Krebse leben in kleinen, temporären Gewässern, in deren trockenem Schlamm ihre derbschaligen Eier jahrelang überdauern können (Bild 63, 64). Auch sie sind eine altertümliche Tiergruppe. Auffällig ist ein großer, unpaarer Rückenschild, der sich aus dem (hufeisenförmigen) Kopfschild und dem damit verwachsenen Carapax zusammensetzt und die meisten Rumpfsegmente überdeckt, mit diesen aber nicht verwachsen ist. Dahinter folgt ein schmaler, frei beweglicher Rumpf aus 25 bis 44 „Körperringen", der in zwei gegliederten Anhängen ausläuft. Am Vorderende imponieren an jeder Seite drei lange, antennenartige Anhänge; sie gehören zum 1. Beinpaar (die Antennen dagegen sind verkümmert). Darauf folgt eine hohe Zahl von blattartigen Beinpaaren (bis zu 70), die nach hinten zu deutlich an Größe abnehmen. Die vorderen elf Segmente tragen je ein Beinpaar, die anschließenden können bis zu sechs Extremitätenpaare haben (Polypodie).
Notostracen kriechen in der Regel auf dem schlammigen Untergrund umher, wobei die vorderen elf Beinpaare die Hauptarbeit leisten. Sie vermögen auch zu schwimmen, wobei sie mit dem Hinterende auf- und abschlagen. Bei Sauerstoffmangel kommen sie an die Oberfläche und kehren die Bauchseite nach oben. Oft sind sie jedoch völlig eingegraben und dadurch den Blicken entzogen. Das Hauptbewegungsorgan ist das 1. Beinpaar. Es ist mit langen, antennenartigen Geißeln und mit richtigen Gelenken ausgestattet. Mit ihren Blattbeinen können die Tiere sowohl schwimmen als auch Nahrungsteilchen aus dem Bodensediment herausfiltern und zerkleinern. Notostracen ernähren sich aber auch räuberisch, indem sie auf die Beute (Larven verschiedener Wasserinsekten, Würmer, Anostraca, auch Artgenossen, Kaulquappen) stürzen und diese mit ihrem Körper bedecken und mit den vorderen neun Beinpaaren zerkleinern.
In südlichen Populationen treten beide Geschlechter auf, nördliche bestehen oftmals aus Zwittern, die sich durch Selbstbefruchtung fortpflanzen. Männliche Tiere werden hier jahrelang nicht gefunden. Die Eier werden von den Weibchen einige Zeit in einem Brutbeutel herumgetragen und später leicht durch Vögel und Wind verbreitet. Die Entwicklung von Ei zu Ei dauert im Optimalfall zwei Monate. Es gibt zwei Arten in Deutschland, eine Sommerart, *Triops cancriformis* (S. 202/1), und eine in Frühjahrstümpeln auftretende Art, *Lepidurus apus* (S. 202/1a).

Wasserflöhe (Cladocera)

Die Wasserflöhe (S. 202/4–5 und S. 204/1–9) sind fast ausschließlich auf das Süßwasser beschränkt,

Bild 63. Dieser Rückenschaler (*Triops*) schwebt dicht über dem Boden und wirbelt mit seinen Beinen den Schlamm auf.

Bild 64. *Triops*-Weibchen tragen die Eier für eine kurze Zeit an ihren Beinen, ehe sie diese an Pflanzen anheften oder am Boden ablegen.

nur zwei Gattungen sind aus dem Meer bekannt. Von den etwa 90 mitteleuropäischen Arten sind die meisten sehr weit verbreitet; manche kann man daher als Kosmopoliten bezeichnen. Wasserflöhe haben einen zweiklappigen Carapax, der den Rumpf und die fünf bis sechs Paar Extremitäten einhüllt, den Kopf aber ausspart. Der Rumpf endet mit einer kräftigen Kralle (Furca), die der Reinigung des Schalenraumes dient.
Wasserflöhe besiedeln alle stehenden Binnengewässer, vom Tümpel bis zum tiefen See, Brackwasser nur ausnahmsweise. Allerdings sind auch bei ihnen einzelne Arten jeweils für ganz bestimmte Lebensräume typisch. Die größte Artenzahl weist der pflanzliche Ufergürtel von Weihern und Seen auf. Die hüpfende, flohähnliche Bewegungsweise der Krebschen kommt durch die ruckartigen Schläge der beiden großen, zweiästigen 2. Antennen zustande (Bild 65). Jeder rückwärts gerichtete Schlag dieser Ruder treibt den Körper ein Stückchen nach schräg oben voran. In den Pausen zwischen den Schlägen sinkt er jeweils nach unten. So ergibt sich eine Zickzacklinie der Fortbewegung. Je nach Stärke der Ruderschläge und Länge der Pausen kann diese schräg nach oben oder unten oder auch waagerecht verlaufen. Einige Arten, z. B. die Schlammbewohner, haben davon abweichende Bewegungsweisen entwickelt.
Die Brustbeine dienen v. a. dem Nahrungserwerb. Die schlanken, borstenbewehrten Beine der Raubwasserflöhe bilden einen Fangkorb (z. B. *Polyphemus pediculus*, S. 204/9). Damit werden Beutetiere, etwa kleinere Wasserflöhe und Hüpferlinge, gepackt und dann von den Kiefern zerkleinert. Dagegen sind die Brustbeine der Mehrzahl der nicht räuberischen Wasserflöhe blattartig abgeflacht und wenigstens z. T. mit mächtigen, kammförmigen Haarsäumen besetzt. Die Beine jeder Körperseite werden außerordentlich schnell abwechselnd vom Körper weg nach außen gestreckt und wieder an den Rumpf hin gebeugt. Zusammen mit Teilen der Bauchwand, der Schale und des Hinterleibs bilden sie einen Apparat, durch den das Wasser angesaugt, gefiltert und abgeleitet wird. Zugleich wird die ausgesiebte Nahrung (einzellige Algen, Bakterien und Detritus) der Mundöffnung zugeführt. Besondere Anhangsgebilde der Blattfüße,

Bild 65. Wasserflöhe schweben mit ihrem 2. Antennenpaar im Wasser. Der Kopf dieser Daphnie trägt ein großes, bewegliches Auge. Auffällig ist das wie eine 3 gekrümmte Darmrohr. Auf dem Rücken liegen mehrere bereits abgelegte Eier in einer Brutkammer. Der Rumpf wird von einer großen, zweiklappigen Schale umhüllt, die auf der Bauchseite offen ist.

die Kiemensäckchen, dienen der Atmung. Im Übrigen erfolgt der Gaswechsel durch alle dünnhäutigen Körperstellen (Hautatmung) und durch die Wände des Enddarms (Darmatmung), der sich rhythmisch mit Wasser vollpumpt und wieder entleert.
Alle Wasserflöhe legen zwei Arten von Eiern. Viele Generationen hindurch können bei bestimmten Arten nur Weibchen auftreten, die unbefruchtete Eier erzeugen. Diese Jungfern-, Sommer- oder Subitaneier sind dünnschalig und meist recht dotterarm. Vom Eileiter gelangen sie in den Brutraum, der bei manchen Arten durch eine sackartige Einstülpung der Rückenhaut, bei anderen einfach durch den Raum zwischen Rücken und Schale gebildet wird. Hier entwickeln sich die Jungferneier oft bereits in zwei Tagen zu kleinen, aber völlig fertigen Jungtieren. Durch einen Riss in den Brutraumwänden oder durch einen Spalt zwischen Schale und Rücken, der durch Vorbeugung des

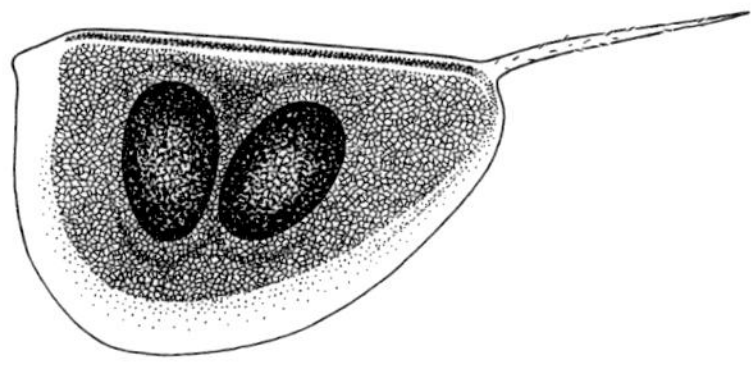

Bild 66. Dauereier im Ephippium von *Daphnia pulex* (20-fach vergrößert).

Hinterleibs entsteht, verlassen sie ihre Mutter. Nach gewöhnlich nur drei Häutungen sind sie bereits geschlechtsreif. Die Zahl der Jungferneier je Gelege schwankt nach Art, Alter und Ernährungszustand des Tieres, ist aber meist verhältnismäßig groß, bei *Daphnia pulex* z. B. 40 und mehr.
Unter bestimmten Umweltbedingungen beginnen die Jungfernweibchen, andere Eier zu bilden, teils solche, aus denen Männchen entstehen, teils Dauereier, die zur Weiterentwicklung von diesen Männchen befruchtet werden müssen.
Diese Dauer-, Winter- oder Latenzeier sind dotterreich und stets von einer mehrhülligen, derben Schale umgeben. Nach der Befruchtung machen sie im Brutraum nur einige wenige Teilungsschritte durch. Dann treten sie in ein Ruhestadium von mehreren Tagen, Wochen oder Monaten ein. Währenddessen machen ihnen Trockenheit und Frost nichts aus. Diese Ruhepause wird auch unter günstigen Bedingungen eingehalten. Die Raubwasserflöhe und *Sida crystallina* (S. 204/4) entlassen ihre Dauereier direkt ins Wasser. Bei den übrigen Arten sind die Dauereier durch besondere Schalenteile geschützt (Bild 66). Sie sind oft mit Anhängen versehen, sattelartig und lösen sich mit den Dauereiern zusammen ab (dann als Ephippium bezeichnet). Aus den Dauereiern schlüpfen stets Weibchen, die ohne Befruchtung durch Jungferneier neue Generationen weiterer Jungfernweibchen erzeugen. Es besteht also ein Wechsel zwischen ein- und zweigeschlechtlicher Fortpflanzung. Mit der Entwicklung von Dauereiern schließt jeweils ein Fortpflanzungszyklus ab. Die allermeisten Wasserflöhe überwintern im Dauereistadium. Die Anzahl der durch Jungfernzeugung entstehenden Generationen sowie die Dauer und Zahl der Fortpflanzungszyklen während eines Jahres sind artverschieden und stark vom jeweiligen Lebensraum abhängig.
Die Dauereier und Ephippien erleichtern zweifelsohne die Möglichkeit der Verschleppung z. B. durch Wasservögel und Insekten. Für *Moina* wurde nachgewiesen, dass ihre Ephippien durch den Rückenschwimmer *Notonecta glauca* transportiert werden können (S. 42). In der Generationenfolge eines Jahres zeigen einige Arten aus den Gattungen *Daphnia* und *Bosmina* einen Gestaltwandel (Zyklo- oder Cyclomorphose). Bei *Daphnia* kommt es ab Frühjahr zu einer zunehmenden Verlängerung des Kopfes (Kopfhelmbildung) und des Carapaxstachels, bei *Bosmina* zu einer zunehmenden Buckelbildung und zu einer Vergrößerung der 1. Antenne.
Die Wasserflöhe stellen eine geschlossene Verwandtschaftsgruppe dar. Es werden meist vier Gruppen unterschieden, deren Beziehung untereinander noch nicht geklärt ist: die Anomopoda, zu denen die meisten Arten Wasserflöhe mit der klassischen Gestalt gehören (z. B. *Daphnia pulex*, S. 204/1), die Ctenopoda (Kammfüßer), zu denen beispielsweise der Kristallwasserfloh *Sida crystallina* (S. 204/4) zählt, die räuberischen Onychopoda mit z. B. dem Kleinen Raubwasserfloh *Polyphemus pediculus* (S. 204/9) und die stark abgewandelten Haplopoda (einzige Art: die räuberische *Leptodora kindtii*; Glaskrebschen, Leptodoridae).

Muschelschaler (Conchostraca)

Die in Mitteleuropa sehr seltenen Muschelschaler (Bild 67) sind eine urtümliche Gruppe (seit dem Devon), die mit den Wasserflöhen verwandt sind. Wie diese haben sie einen zweiklappigen Carapax (der aber den Kopf umhüllt) und am Ende des Rumpfes eine Furca (daher Krallenschwänze, vgl. S. 121). Sie erinnern mit ihrer maximalen Größe von zwei Zentimeter an „riesige" Muschelkrebse (S. 127, Bild 69). Muschelschaler besiedeln ausschließlich kurzlebige sommerliche Überschwemmungsgewässer. Neben der seltenen Art *Limnadia lenticularis*, die sich auf der Seite liegend als Filtrierer auf dem Gewässerboden aufhält, gibt es in Deutschland zwei noch seltenere Arten.

Bild 67. *Limnadia lenticularis* (Linsenkrebs, Flossenfloh) erinnert von der Gestalt her an einen riesigen Muschelkrebs.

Maxillopoda

Neben den Wasserflöhen sind zwei weitere ökologisch sehr bedeutende Kleinkrebsgruppen häufig in unseren Gewässern anzutreffen: die Ruderfüßer und die Muschelkrebse. Sie werden zu den Maxillopoden gestellt, einer Großgruppe, zu der eine Reihe weiterer höchst unterschiedlicher Krebstaxa gehört (vgl. S. 121).

Ruderfüßer (Hüpferlinge, Copepoda)

Die Ruderfüßer stellen neben den Wasserflöhen die wichtigste Gruppe des Zooplanktons. Im Gegensatz zu diesen liegt ihr Verbreitungsschwerpunkt aber im Meer. In den mitteleuropäischen Binnengewässern leben etwa ein Dutzend Familien mit ca. 120 Arten, darunter auch eine Reihe von hier nicht berücksichtigten Parasiten.
Überall, wo wir in den heimischen Gewässern Wasserflöhe antreffen, finden wir auch Ruderfußkrebse. Letztere sind zudem häufig mit Muschelkrebsen vergesellschaftet, kommen aber auch in Wasserlöchern, hohlen Baumstümpfen und ähnlichen Kleinstgewässern vor. Im Süßwasser gelten Copepoden als die wichtigste Nahrungsquelle für Fische. Nach Vorkommen, Bewegungsweise und Ernährung sind drei Gruppen zu unterscheiden: Schweber, Schwimmer und Schlängler (auch Kriecher genannt). Sie decken sich in etwa mit den Familien Diaptomidae, Cyclopidae und Canthocamptidae (S. 206).
Die bekanntesten heimischen Vertreter der **Schweber** stellt die Gattung *Diaptomus*. Die meist körperlangen, seitlich abgespreizten 1. Antennen wirken wie Balancierstangen, die den Körper ruhig schwebend im Wasser halten und das Absinken verlangsamen. Von Zeit zu Zeit führen die Tiere einen sehr raschen Sprung aus. Hierzu werden die Antennen unter Verminderung ihres Blutdrucks an den Körper angelegt. Die fünf Brustbeinpaare werden nach Abspreizen von Borstenfächern, beim letzten beginnend, ruckartig nach hinten und dann alle zugleich wieder mit zuvor zusammengelegten Borstenfächern nach vorn bewegt. Außerdem können die Schweber auch in waagerechten flachen Kurven durch das Wasser gleiten, wobei die 2. Antennen und die Oberkiefertaster den Antrieb liefern. Sie bewohnen die Freiwasserzone von See und Weiher. Als Filtrierer sieben sie mit dem dichten Borstenbesatz ihrer Mundgliedmaßen die Nahrung, kleinste Planktonorganismen, besonders Kieselalgen, aus dem Wasser. Hierbei schwingen die Mundwerkzeuge rund 1000-mal in der Minute hin und her und erzeugen dadurch Wasserwirbel, die ständig frisches und nahrungsreiches Wasser herbeiführen.
Die *Cyclops*-Arten (S. 126, Bild 68) gehören zu den **Schwimmern**, deren 1. Antennen meist kürzer als die halbe Körperlänge sind. Die ruckartige Bewegung, mit der sie kurze Bögen im Wasser beschreiben, verlieh der ganzen Ordnung den Namen Hüpferlinge. Lebensraum der Cyclopiden ist v. a. der Pflanzengürtel stehender Gewässer.
Die dritte Gruppe, die **Schlängler**, ist am Boden mit der Hauptgattung *Canthocamptus* vertreten. Dort bewegen sie sich schwimmend-schlängelnd unter seitlicher Krümmung ihres Körpers langsam vorwärts, wobei sie durch den Schlag der Brustbeine unterstützt werden. Sie haben nur kurze Antennen. Die Schwimmer und die Schlängler ernähren sich bevorzugt von in Zersetzung befindlichen organischen Stoffen, die sie mit ihren Mundwerkzeugen greifen und zerkleinern.
Die Vermehrung aller drei Gruppen erfolgt ausschließlich durch befruchtete Eier. Bei der Begat-

tung klammert sich das Männchen am Hinterleib oder an der Schwanzgabel des Weibchens mit einer (meist der rechten) 1, Antenne und dem rechten Bein des letzten (6.) Beinpaares, fest. Dann holt das Männchen mit der Endzange seines linken 6. Beinpaares aus seinem Samenleiter einen länglichen mit Spermien gefüllten Samenträger (Spermatophore) heraus, den es in der Nähe der weiblichen Geschlechtsöffnung anheftet. Die Eier werden beim Austritt aus dem Eileiter befruchtet und vom Weibchen noch einige Zeit lang in den aus erhärtetem Schleim bestehenden Eisäckchen umhergetragen.

Auch bei den Ruderfüßern gibt es Subitaneier, die sich sofort nach ihrer Ablage entwickeln, und Dauereier, die vorher eine Ruhepause durchmachen, in der sie auch eintrocknen können. Die Cyclopiden und Canthocamptiden können bei Verschlechterung der Lebensbedingungen aus besonderen Hautdrüsen einen Schleimmantel ausscheiden. Zusammen mit Detritusteilchen bilden sich so Cysten, in denen sie längere Trocken- und Frostzeiten überstehen können. Dies ermöglicht ihnen auch die Besiedelung besonders kleiner, vergänglicher Wasseransammlungen. Aus den Eiern schlüpfen frei bewegliche Naupliuslarven (S. 206/4). Sie besitzen zunächst nur drei Paar Extremitäten, die den 1. und 2. Antennen sowie den Oberkiefern entsprechen. Im Laufe von bis zu zwölf Häutungen, deren Abfolge temperaturabhängig ist, werden die restlichen Gliedmaßen und die endgültige Körperform ausgebildet.

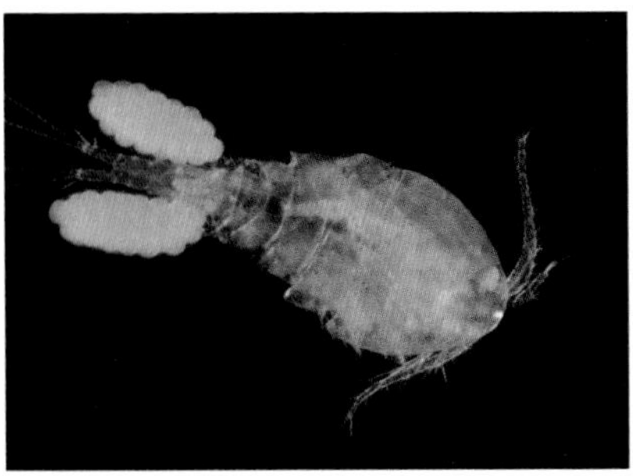

Bild 68. Weiblicher Hüpferling (*Cyclops* sp.) mit Eisäckchen. Der vordere, tropfenförmige Abschnitt besteht aus dem Kopf und den Brustsegmenten. Er ist gegen die schmaleren, beinlosen Segmente des Hinterleibs gut beweglich. Die ruckartige Fortbewegung erfolgt durch den Schlag der Antennen.

Muschelkrebse (Ostracoda)

Weit über 1000 Arten von Muschelkrebsen leben im Meer, über 200 in mitteleuropäischen Binnengewässern (S. 206/5–7 und Bild 69). Systematisch werden sie gelegentlich als eigenes Taxon den Branchiopoda, den Malacostraca und den Maxillopoda gegenübergestellt. Bei uns fehlen die winzigen Tiere mit der muschelartigen, zweiklappigen Schale in kaum einem Gewässertyp. Die meisten Arten gibt es in pflanzenreichen Weihern. Bestimmte Arten sind auch typisch für Tümpel, Quellen, Grund- und Höhlengewässer, für Kleinstgewässer aller Art, sogar für Salzgewässer und rasch fließende Bäche.

Die meisten Muschelkrebse sind Bodenbewohner. Sie kriechen und klettern auf dem Grund der Gewässer und dem Gewirr der Wasserpflanzen umher. Die Kletterformen besitzen an den beiden Antennenpaaren Spinndrüsen, mit deren Sekret sie sich z. B. auf glatten Blättern festheften können. Einige Arten wühlen sich durch den Schlamm, viele können kürzere Strecken aber recht gut schwimmend zurücklegen. Als Schwimmorgane dienen die beiden Antennen. Das 1. Paar schlägt sehr schnell über den Rücken nach hinten, das 2. Paar bauchwärts nach hinten. Die entgegengesetzten Bewegungskomponenten bewirken, dass sich das Tier in gerader Linie voranbewegt.

Pflanzlicher und tierischer Detritus sind ihre Hauptnahrung. Bei manchen Arten treten Männchen und Weibchen auf, andere vermehren sich durch Jungfernzeugung. Alle legen Eier ab, einzeln oder zu kleinen Gelegen vereinigt. Die doppelschaligen Eier machen vor Beginn der Entwicklung erst eine Ruheperiode durch. Die schlüpfende Larve hat bereits eine zweiklappige Schale, aber nur drei der späteren sieben Gliedmaßenpaare. Sie häutet sich unter ständigem Wachstum bis zur Geschlechtsreife mehrmals. Erstaunlich ist die Widerstandsfähigkeit der Muschelkrebse. Bei vielen Arten können nicht nur die Eier, sondern auch die Larven und erwachsenen

Bild 69. Der kurze, ungegliederte Körper der millimetergroßen Muschelkrebse wird vollständig von dem zweiklappigen Carapax eingehüllt, der auf der Bauchseite offen und wie bei einer Muschel verschließbar ist.

Bild 70. Die Karpfenlaus (*Argulus foliaceus*) ist durch ihre rundliche, stark abgeflachte Gestalt zu erkennen. Von der Bauchseite gesehen sind hinter den dunklen Augen paarige Saugnäpfe (1. Maxille) sichtbar.

Tiere sehr lang in ihren ausgetrockneten oder gefrorenen Wohngewässern ausharren. Sie schließen dabei ihre Schalen fest zusammen. Bei einzelnen Arten treten die adulten Formen nur im Frühjahr auf, bei anderen nur im Sommer und bei wieder anderen ganzjährig. Man spricht daher auch von Frühjahrs-, Sommer- und Dauerformen.
Weitere Informationen zur schwierigen Bestimmung der Tiere sowie zur Biologie und Ökologie findet man bei Meisch (2000).

Karpfenläuse (Branchiura)

Eine unverkennbare Gruppe der Maxillopoda sind die Karpfenläuse (Branchiura). Es handelt sich um Ektoparasiten von Fischen (daher auch Fischläuse, Fischzecken). Im freien Wasser fallen die ausgezeichneten Schwimmer durch ihre Gestalt sofort auf (Bild 70). Der bekannteste Vertreter ist die Karpfenlaus *Argulus foliaceus* (Argulidae). Diese wird knapp einen Zentimeter lang, ist weitgehend transparent und hat einen kleinen, ungegliederten Hinterleib. Ihr Körper ist stark abgeflacht und hat durch einen stark verbreiterten Carapax einen ovalen Umriss. Wenn sie auf einem Wirt (unterschiedlichsten Fischarten, gelegentlich auch an Amphibien) sitzt, so ist sie kaum zu entdecken.

Karpfenläuse sind obligate Parasiten, müssen also Nahrung an einem Wirt aufnehmen. Die Mundgliedmaßen sind in Anpassung an diese Lebensweise zu Haftorganen umgebildet, der Mundbereich zu einem Saugrohr ausgezogen. Der Wirt nimmt je nach Befallsintensität Schaden durch den Blutverlust, aber wohl oft bedeutender durch Pilzinfektionen an den Saugwunden. Die Karpfenlaus kommt meist in größeren fischreichen Gewässern vor.

Höhere Krebse (Malacostraca)

Die Höheren Krebse (Malacostraca) sind in den Gewässern v. a. durch die Ranzenkrebse (Peracarida) und die Zehnfußkrebse (Decapoda) vertreten. Sie zeichnen sich u. a. durch komplexe Verhaltensweisen, hoch entwickelte Sinnesorgane und einige typische Bauplanmerkmale aus (u. a. zweigeißelige 1. Antenne, 15 Rumpfsegmente, von denen das letzte extremitätenlos ist, weibliche Geschlechtsöffnung im 6., männliche im 8. Rumpfsegment).

Ranzenkrebse (Peracarida)

Kennzeichnend für diese Krebse ist der Brutbeutel (Ranzen), den die Weibchen zwischen ihren Laufbeinen tragen. Er besteht aus plattenartigen Fortsätzen, die sich dachziegelartig überlappen, und wird nur zur Fortpflanzungszeit ausgebildet. Mit der nächsten Häutung wird er wieder abgelegt. Im Süßwasser sind die Ranzenkrebse v. a. durch die Asseln (Isopoda) und Flohkrebse (Amphipoda) vertreten.

Wasserasseln (Isopoda)

Im Meer leben zahlreiche Arten von Wasserasseln. Im oberirdischen mitteleuropäischen Süßwasser kommt (von einigen Neozoen in größeren Fließgewässern und Schifffahrtskanälen abgesehen) nur *Asellus aquaticus* häufig vor (S. 208/1). Im Gegensatz zu den beiden selteneren *Proasellus*-Arten, die eher in Kleingewässern leben, stellt *A. aquaticus* keine großen Ansprüche an die Beschaffenheit ihres Wohngewässers. Es darf nur keine zu heftige Strömung aufweisen und muss als Nahrung Detritus z. B. in Form von Falllaub enthalten. Dann sieht man die Tiere häufig auf dem Boden kriechen oder langsam an Wasserpflanzen hinaufklettern. Sie können aber auch recht geschickt schwimmen. Zur Paarung setzt sich das bedeutend größere Männchen etwa acht Tage lang auf dem Rücken des Weibchens fest (sogenannte Präkopula). Zur eigentlichen Begattung legen sich die Partner mit den Bauchseiten aneinander.
Trächtige Weibchen von *A. aquaticus* sind ganzjährig anzutreffen. Ihre vier vorderen Brustbeinpaare haben breite, bogenförmige Lamellen, die sich gegenseitig teilweise überdecken und so unter dem Bauch des Tieres einen abgeschlossenen Raum schaffen. In diesen Brutsack (Bild 71) werden die Eier abgelegt und die Jungen, die beim Schlüpfen aus dem Ei nur drei Gliedmaßenpaare besitzen, so lange mitgeführt, bis sie außer der geringeren Körpergröße den erwachsenen Tieren gleichen. Hierfür werden je nach Höhe der Wassertemperatur drei bis sechs Wochen benötigt. Gewöhnlich bringt ein Weibchen nach einer Paarung etwa 50 Eier zur Entwicklung.
Möglicherweise ist die vermeintliche Anspruchslosigkeit und weite Verbreitung von *Asellus aquaticus* jedoch eine Folge nicht aufgeklärter Taxonomie. Neue genetische Untersuchungen zahlreicher Populationen deuten nämlich auf einen *Asellus aquaticus*-Artenkomplex mit einer Vielzahl kryptischer Arten hin.
Eine in oberirdischen Gewässern selten zu findende, in Mitteleuropa heimische Art ist die Höhlenassel *Proasellus cavaticus* (S. 208/2), der man ihr Vorkommen in lichtlosen Gewässern (Höhlen, Grundwasser, Brunnen) an ihrer mangelnden Pigmentierung und dem Fehlen von Augen ansieht. Oberflächlich kommt sie höchstens als Einzeltier in Quellen vor. Wie alle Grundwasserbewohner hat sie einen deutlich verlangsamten Stoffwechsel und produziert z. B. nur eine Brut pro Jahr. Es gibt zudem noch einige seltenere Grundwasserarten der Gattung *Proasellus*.
Eine Wasserassel mit ganz anderer Gestalt ist die neozoische Art *Jaera istri*, die Donau-Assel (S. 208/3). Sie wurde 1958 erstmals im deutschen Bereich der Donau nachgewiesen und ist mittlerweile in vielen größeren Flüssen zu finden. Die Art gilt als sauerstoffbedürftig und kommt daher in Stillgewässern nicht vor.

Bild 71. Weibliche Wasserasseln tragen ihre Eier in einem Brutbeutel, dem „Ranzen" aus, der bauchseits zwischen den Laufbeinen liegt. Er ist vorn und hinten offen, sodass sich die Embryonen wie in einem durchströmten „Aquarium" entwickeln. Bei diesem von der Bauchseite gezeigten Weibchen liegt das Vorderende rechts.

Flohkrebse (Amphipoda)

Flohkrebse (S. 208/4–6, S. 210/1–4) stammen aus dem Meer, wo sie mit zahlreichen Arten in allen Zonen und Tiefen anzutreffen sind. Die wichtigsten Familien im Süßwasser sind die Gammaridae (Hauptgattung *Gammarus*) in Oberflächengewässern und Niphargidae (Hauptgattung *Niphargus*) in grundwassergeprägten Lebensräumen. Die ursprünglich in Mitteleuropa vorhandene Artenzahl ist überschaubar, allerdings sind besonders die Flohkrebse durch eine sehr starke Dynamik im Vorkommen von Neozoen geprägt, sodass mittlerweile in Deutschland weit mehr als 20 Arten nachgewiesen sind. Die Flohkrebse besiedeln alle Gewässerarten, nur dürfen Sauerstoff- und Kalkgehalt nicht zu gering sein. Ihre Bewegungen sind sehr lebhaft. Beim Schwimmen wird der Hinterleib abwechselnd nach vorn gegen die Bauchseite eingeschlagen und mit großer Kraft wieder gestreckt. Oft sieht man die Tiere in Seitenlage auf dem Boden rutschen. Dabei ziehen und schieben die Brustbeine den Körper und der Hinterleib stemmt ihn durch Krümmung nach vorn. Die Hauptnahrung bilden verwesende Pflanzen, Detritus und Aas. Nur gelegentlich wird auch lebende Beute, z. B. Mückenlarven, gefressen, auch Kannibalismus wird regelmäßig beobachtet. Vor der Begattung klammert sich das beträchtlich größere Männchen etwa acht Tage lang auf dem Rücken des Weibchens fest, um es nach der Reifehäutung, bei der der Brutbeutel angelegt wird, gleich begatten zu können (Bild 72). Die Eizahl schwankt je nach Alter, Ernährungszustand und Wohngewässer der Tiere zwischen 20 und knapp über 100. Die Weibchen können während ihres Lebens fünf- bis zehnmal trächtig werden. Die geschlüpften Jungen sind bereits fast völlig entwickelt. Bis zur Geschlechtsreife durchlaufen sie etwa zehn Häutungen, später folgen weitere, während des Sommers alle fünf bis sieben Tage, im Winter viel seltener. Die Fortpflanzung erfolgt das ganze Jahr hindurch. Die Entwicklungszeit der Jungen beträgt im Sommer zwei bis drei Wochen, im Winter mehr. Bei guten Bedingungen ermittelte man hohe Individuendichten (> 400 Tiere/m^2). Flohkrebse sind wichtige Nahrung für räuberische Fische.

Die Bestimmung der Flohkrebse ist relativ schwierig und erfordert eine gewisse Erfahrung. Auch sind manche Merkmale nur bei männlichen Tieren besonders gut entwickelt, sodass Jungtiere sowie Weibchen oft nicht bis zur Art bestimmt werden können.

Bild 72. Bachflohkrebse (hier *Gammarus roeseli*) trifft man häufig paarweise im Gewirr von Wasserpflanzen an. Das Männchen verhakt sich lange vor der eigentlichen Paarung mit dem Weibchen in Reiterstellung. Während dieser Präkopula wartet es die Reifehäutung des Weibchens ab, bei der ein Brutraum zwischen den Vorderbeinen entsteht. In der geschützten Kammer erfolgt die Entwicklung bis zum fertigen Jungtier.

Schwebegarnelen (Mysida, Mysidacea)

Eine weitere Gruppe unter den Peracarida sind die Schwebegarnelen oder auch Glaskrebse genannten Mysida. Sie ähneln den Süßwassergarnelen (Atyidae unter den Zehnfußkrebsen, s. u.), sind aber mit diesen nicht näher verwandt. Aus dieser in Mitteleuropa artenarmen Gruppe ist v. a. das Reliktkrebschen *Mysis relicta* bekannt, vermutlich ein Eiszeitrelikt v. a. in einigen norddeutschen Seen. *Mysis relicta* ist in einige nordamerikanischen Seen als Neozoon eingeschleppt worden, mit weitreichenden Folgen für die dortigen planktischen Nahrungsnetze. Umgekehrt gibt es einige neozoische Schwebegarnelen in Mitteleuropa. Am bekanntesten ist die Donau-Schwebegarnele *Limnomysis benedeni*, die 1993 erstmals in der Donau, ab 1997 auch im Rhein und dazwischenliegenden Flusssystemen nachgewiesen ist.

Zehnfußkrebse (Decapoda)

Die überwiegende Zahl der Decapoda lebt im Meer. Kennzeichnend sind fünf Laufbeinpaare, die häufig in Scheren enden, sowie der Carapax, der einen einheitlichen Panzer über Kopf und Brust bildet. Von oben nicht sichtbar sind drei Paar Kieferfüße, die den Mundwerkzeugen zuarbeiten. Zu den Zehnfußkrebsen gehören im Süßwasser die Flusskrebsverwandten (Astacoidea, früher einfach Flusskrebse, heute meist Großkrebse genannt) mit einem ausgeprägten, beweglichen Hinterleib (Pleon), der in einem Schwanzfächer endet, und die ursprünglich nicht heimischen Krabben (Brachyura). Sie werden auch als Kurzschwanzkrebse bezeichnet.

Grosskrebse (Flusskrebse) (Astacoidea)

In den mitteleuropäischen Binnengewässern waren ursprünglich neben dem Edelkrebs (*Astacus astacus*) nur zwei Arten der Gattung *Austropotamobius* heimisch. Ende des 19. Jahrhunderts wurde aus Nordamerika der Kamberkrebs *Orconectes limosus* eingeführt, später auch *Astacus leptodactylus* aus Osteuropa (S. 212). Von den ursprünglich ansässigen Arten sind in Deutschland nur *Astacus astacus* und im Süden *Austropotamobius torrentium* verbreitet. Flusskrebse sind in der Regel recht scheu; häufig entdeckt man ihr Vorkommen erst anhand von angeschwemmten Außenskeletten toter Tiere oder Häutungspanzern. *Astacus leptodactylus* zieht stehende Gewässer, die anderen vier Arten langsam fließende vor.
Die letzten Edelkrebsbestände findet man oft in Gewässern, die von anderen isoliert sind. Entscheidend für das Vorkommen der heimischen Flusskrebse ist nicht allein die Strömungsgeschwindigkeit des Gewässers, sondern auch das Angebot von Strukturen, in denen sie Schutz finden, wie als Schlupfwinkel geeignete überhängende Uferböschungen oder hohl aufliegende Steine. Als Dämmerungs- und Nachttiere halten sie sich tagsüber gern in solchen Verstecken auf. Gewöhnlich kriechen oder „schreiten" sie unter Verwendung der Laufbeinpaare 2–5 langsam über den Gewässergrund. Bei Störungen schwimmen sie stoßartig rückwärts, wozu sich der Hinterleib blitzschnell nach vorn gegen den Bauch einschlägt.
Flusskrebse sind Allesfresser. Ihre Nahrung besteht aus lebenden Würmern, Wasserinsekten, Schnecken, Muscheln, Lurchen, gelegentlich auch aus Fischen, Aas und bisweilen selbst Wasserpflanzen. Die Beute wird mit den großen Scheren des 1. Laufbeinpaares ergriffen, mit den kleineren des 2. und 3. Paares zerschnitten und mit den drei Paar Kieferfüßen den Mundwerkzeugen zugeführt.

Normalerweise paaren sich die getrenntgeschlechtlichen Flusskrebse vom späten Oktober bis November. Bei der Begattung packt das Männchen das Weibchen mit den großen Scheren und wirft es auf den Rücken. Dann werden aus dem rasch erhärtenden Samen, der an der Basis der letzten Laufbeine austritt, mithilfe der zu Begattungswerkzeugen (Gonopoden) umgeformten ersten zwei Hinterleibsbeinpaare etwa einen Zentimeter lange Spermatophoren gebildet. Diese werden in Nähe der weiblichen Geschlechtsöffnung (an der Basis der 3. Laufbeine) angeheftet. Wenige Tage später legt das Weibchen die Eier ab, wobei es sich auf den Rücken dreht, den Hinterleib nach vorn krümmt und mit seinem Körper einen kammerartigen Raum bildet. Die befruchteten Eier werden an den Hinterleibsgliedmaßen angeheftet und dort während der Keimesentwicklung, die ein halbes Jahr dauert, mit herumgetragen (Brutpflege). Im nächsten Mai oder Juni schlüpfen die Jungen. Sie haben einen kugelartigen, aufgetriebenen Vorderkörper und einen sehr dünnen Hinterleib, im Allgemeinen aber schon den Körperbau der Alttiere. Bis zur ersten Häutung, nach ungefähr zehn Tagen, klammern sie sich mit ihren Scheren noch am Hinterleib der Mutter fest. Die Eizahl schwankt je nach Art und Alter der Tiere zwischen zehn und mehreren Hundert. Selten vollenden mehr als ein Drittel der Eier die Entwicklung. Der Edelkrebs häutet sich im ersten Lebensjahr achtmal, im zweiten fünfmal, im dritten dreimal, nach Erreichen der Geschlechtsreife im vierten nur noch einmal jährlich. Bei der Häutung entsteht zunächst ein Querriss zwischen Kopfbrustteil und Hinterleib. Die Panzer dieser beiden Körperhälften werden je als Ganzes abgestreift und später oft aufgefressen („Recycling"). Die Härtung des Außenskeletts dauert rund acht Tage. In dieser Zeit ist der weichhäutige „Butterkrebs" besonders gefährdet. Er kann nicht fressen und verlässt seinen Unterschlupf nie freiwillig.
Zwischen dem 19. und 20. Jahrhundert sind die heimischen Krebsbestände, die man früher wirtschaftlich nutzte, durch die Krebspest schwer dezimiert worden. Ihr Erreger ist *Aphanomyces astaci*, ein zu den Wasserschimmelpilzen gehörender pilzähnlicher Einzeller (Eipilze, Oomycetes). Zum Aus-

Bild 73. Die aus Asien stammende Chinesische Wollhandkrabbe *Eriocheir sinensis* ist durch ihren pelzartigen Besatz der Scheren (v. a. beim ♂) unverkennbar. Der Carapax dieser Allesfresser ist bis zu 75 Millimeter lang. Die Tiere wandern zur Eiablage ins Meer. Krabben wandern nach ihrer Entwicklung im Wattenmeer flussaufwärts.

Bild 74. Die neozoische Garnele (*Atyaephyra desmarestii*) gehört zu den wenigen Garnelen der Süßgewässer. Die durchsichtigen, höchstens einen Zentimeter großen Tiere leben gesellig und verbergen sich gerne zwischen Wasserpflanzen. Die vorderen Scheren tragen pinselartige Borsten, die sich beim Öffnen fächerartig entfalten. Mit ihnen werden feine Nahrungsteilchen aufgefegt.

gleich wurde der nordamerikanische *Orconectes limosus* (Kamberkrebs) bei uns eingebürgert, der gegen die Seuche immun ist.
Neben dem Kamberkrebs gibt es noch eine Reihe anderer Neozoen unter den Flusskrebsverwandten (S. 214/1–3), die für die oft konkurrenzschwächeren heimischen Arten eine Gefahr darstellen können, z. B. der ebenfalls aus Nordamerika stammende Marmorkrebs (*Procambarus virginalis*), der sich parthenogenetisch fortpflanzt. Die gegen die Krebspest resistenten nordamerikanischen Arten übertragen deren Erreger und gefährden dadurch die heimischen Arten zusätzlich.

Krabben (Brachyura)

Das wehrhafte Aussehen der Krabben kommt dadurch zustande, dass ihr Hinterleib unter dem Vorderkörper eingeschlagen ist. Im Süßwasser gibt es bei uns v. a. die aus dem Gelben Meer eingeschleppte Chinesische Wollhandkrabbe, *Eriocheir sinensis* (Bild 73). Die Art wanderte etwa um 1910 über die Unterelbe ein und ist heute in vielen Flüssen (Elbe, Ems, Weser) sehr häufig. Zur Fortpflanzung (meist nur einmal am Ende ihres etwa vierjährigen Lebens) wandern die Tiere flussabwärts ins Meer. Zur Zuiderzeekrabbe siehe S. 214/4.

Süsswassergarnelen (Atyidae)

Eine dritte Gruppe unter den Zehnfußkrebsen sind die Süßwassergarnelen (Atyidae). Mit fast 500 Arten weltweit sind sie in Mitteleuropa nur durch die neozoische Art *Atyaephyra desmarestii* vertreten (Bild 74). Ursprünglich im südeuropäischen und nordafrikanischen Mittelmeer beheimatet, ist sie seit 1932 in Deutschland nachgewiesen und lebt auch im Brackwasser.

Brunnenkrebse (Bathynellacea)

Als eine weitere Gruppe der Höheren Krebse (Malacostraca) des Süßwassers verdienen die **Syncarida** (vgl. S. 121) Erwähnung, weil sie vermutlich uralte Bewohner des Süßwassers sind, die nur in der geografisch isolierten australischen Region und in ökologischen Rückzugsgebieten (Grundwasser) vorkommen. Bei uns sind Syncariden mit den nur wenige Millimeter großen Brunnenkrebsen (Bathynellacea) vertreten. Sie haben ihren Namen nach den ersten Funden 1882 in einem Prager Brunnen bekommen. Es werden immer noch neue Arten beschrieben (u. a. 2012 *Parabathynella badenwuerttembergensis* in Südwestdeutschland).

Insekten sind die artenreichste Klasse des Tierreichs und haben mehrfach vom Land aus das Süßwasser erobert, wobei oft nur die Larven, seltener auch die Adultstadien im Wasser leben. Einige haben sich auch an das Leben auf der Wasseroberfläche angepasst (S. 34, Bild 11). Kennzeichnend für Insekten ist ihre Gliederung in Kopf (Caput), Brust (Thorax) und Hinterleib (Abdomen) aus sechs, drei und primär elf (mehr oder weniger verschmolzenen) Segmenten. An der Brust setzen die drei Laufbeinpaare an und – wenn vorhanden – an Mittel- und Hinterbrust die beiden Flügelpaare. Abgewandelte Beine können insbesondere bei ursprünglichen Insektengruppen auch am Hinterleib ausgebildet sein.
Die **Entwicklung** bis zum Adultstadium (Metamorphose) verläuft über mehrere, durch Häutung voneinander getrennte Jugendstadien. Weisen sie spezielle Anpassungen auf, so werden sie als Larven bezeichnet, sonst oft als Nymphe. In der Entwicklung der geflügelten Insekten (Pterygota) werden die Flügel erst bei der letzten Häutung zum Vollinsekt (Imago, Mehrzahl Imagines) entfaltet (Ausnahme: Eintagsfliegen, S. 134). Bei holometabolen Insekten endet die Larvalentwicklung mit einem Puppenstadium, aus dem die geschlechtsreife Imago schlüpft. Ursprünglicher als diese sogenannte vollständige Entwicklung ist die Entwicklung ohne Puppenstadium (Hemimetabolie). Man bezeichnet Insekten, die nur einen Teil ihres Lebens in einem Gewässer (Salzwiesen etc.) verbringen, als merolimnisch (z. B. Eintagsfliegen, die nur als Larve in Gewässern zu finden sind).
Als primär ans Land angepasste Gliederfüßer atmen Insekten mit einem Tracheensystem. Dies besteht aus chitinverkleideten Luftröhren, die den ganzen Körper durchziehen und nach außen in Atemlöcher (Stigmen) münden. Dieses System wurde beim Übergang zum Leben im Wasser beibehalten, aber abgewandelt (Bild 75): Bei der sogenannten **epipneustischen Atmung** kommen die Tiere an die Wasseroberfläche, um Luft aufzunehmen. Die Stigmen wurden hierfür oft verlagert, z. B. ans Hinterende. Zusätzlich kann ein Luftvorrat in unbenetzbaren Haaren oder unter den Flügeldecken mit ins Wasser genommen werden. Diese Luftblase dient als **„physikalische Kieme“**: Der verbrauchte Sauerstoff diffundiert aus dem Wasser nach. Trotzdem wird die Luftblase mit der Zeit kleiner: Wenn die Tiere abtauchen, vergrößert sich der Druck und damit auch die Löslichkeit der in der Luftblase enthaltenen Gase. Vor allem der zu 78 % in der Luft enthaltene Stickstoff entweicht. Dadurch verringert sich die Oberfläche der Luftblase, die für die Diffusion entscheidend ist. Die Tiere müssen daher den Luftvorrat immer wieder erneuern.
Bei der **„Plastron-Atmung“** wird der hauchdünne Luftvorrat von feinen Chitinbälkchen und/oder winzigen Härchen drucksicher abgeschirmt. Er braucht nur selten oder sogar nur einmal aufgefüllt zu werden. Bei den **Tracheenkiemen** sind die Stigmen verschlossen und der Sauerstoff diffundiert vom Wasser über die Körperhaut (Cuticula) in die Trachee. Manche Insektenlarven atmen über die gesamte Haut, andere haben **Blutkiemen**, bei denen der Sauerstoff über die Kiemenhaut in die Blutflüssigkeit (Hämolymphe) gelangt.

SPRINGSCHWÄNZE (COLLEMBOLA)

Diese nur wenige Millimeter großen Tiere gehören zu den primär ungeflügelten Ur-Insekten („Apterygota“). Viele Arten bevorzugen feuchte Lebensräume, nur einige sind speziell an das Leben auf dem Wasser angepasst. Sie finden sich oft zu Dutzenden auf der Wasseroberfläche und ernähren sich dort von angewehtem Pollen, Pilzen und pflanzlichem Detritus.
Eine Besonderheit der Springschwänze ist ihre Sprunggabel (Furca): ein verwachsenes Beinpaar des Hinterleibs, das in Ruhestellung nach vorn getragen wird. Wenn ein Tier diese mit einem kräftigen Schlag nach hinten schnellen lässt, wird es in weitem Bogen wegkatapultiert. Vor der Sprunggabel liegt der stempelartige Ventraltubus, ebenfalls ein verwachsenes Beinpaar. Er dient v. a. der Flüssigkeitsaufnahme, der Osmoregulation und dem Festhaften am Untergrund.
Auf der ufernahen Wasseroberfläche vorwiegend stehender Gewässer kann man zwei Arten häufig finden, die zu den zwei klassisch unterschiedenen systematischen Hauptgruppen der Springschwänze gehören: Zu den eher lang gestreckten Arthropleona gehört der häufige und verbreitet auftretende

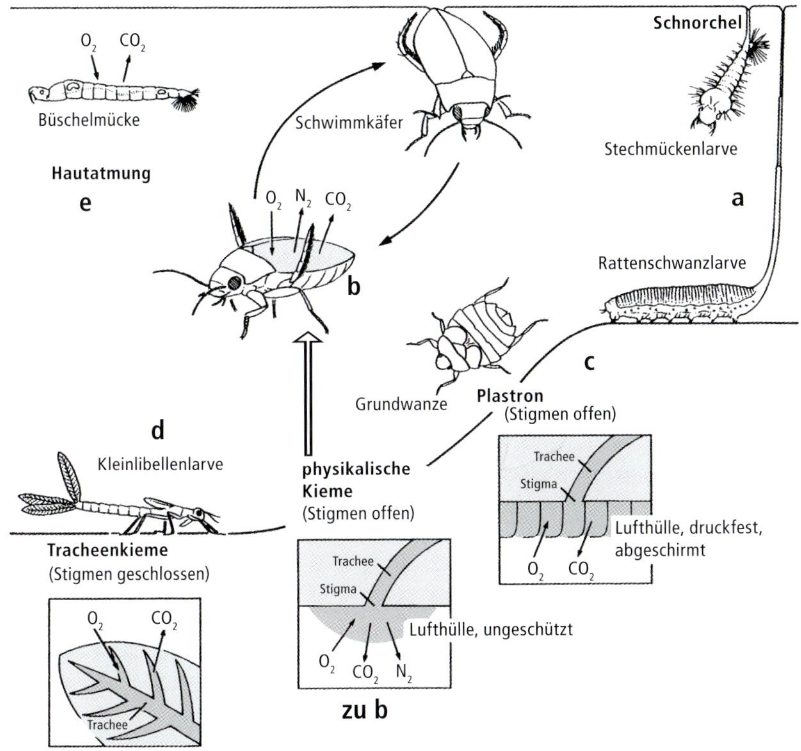

Bild 75. Atemtechniken der wasserbewohnenden Insekten. Viele Tiere müssen zum Atmen immer wieder an die Wasseroberfläche (Mücken- und Rattenschwanzlarve, **a**). Tiere mit „physikalischer Kieme" nehmen einen Luftvorrat ins Wasser, der aber immer wieder erneuert werden muss (Schwimmkäfer, **b**). Einige Arten mit einem Plastron brauchen nicht aufzutauchen, da ihr Luftvorrat erhalten bleibt (Grundwanze, **c**). Völlig auf den im Wasser gelösten Sauerstoff angewiesen sind Tiere mit Tracheenkiemen (Libellenlarve, **d**), Blutkiemen (nicht dargestellt, z. B. manche Steinfliegen- und Dipterenlarven) und Hautatmung (Büschelmückenlarve, **e**).

Bild 76. Massenansammlung des Wasser-Springschwanzes *Podura aquatica*. Die weißen Gebilde sind Exuvien.

Schwarze Wasser-Springschwanz *Podura aquatica* (Poduridae, S. 133, Bild 76). Er wird nur knapp 1,5 Millimeter groß und ist durch seine dunkle, schwarzblaue Färbung auffällig. Zu den rundlichen Symphypleona (Kugelspringer) mit ihren typischen verschmolzenen Hinterleibssegmenten gehört der Wasser-Kugelspringer *Sminthurides aquaticus* (Sminthurididae). Die Art wird nur bis maximal einen Millimeter groß, ist weißlich, grünlich oder violett und bevorzugt Gewässer mit Wasserlinsen-Teppichen.

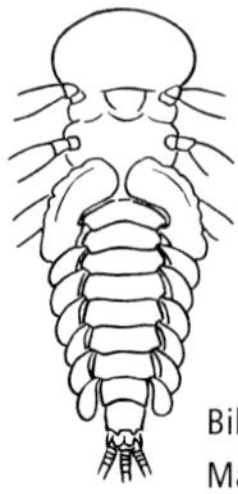

Bild 77. Unterseite von *Rhithrogena* sp. Man beachte das 1. Kiemenpaar.

EINTAGSFLIEGEN (EPHEMEROPTERA)

Die Eintagsfliegen (S. 216–223) bilden eine eigenständige, sehr urtümliche Insektenordnung, mit den echten Fliegen haben sie nichts zu tun. In Mitteleuropa sind sie mit rund 115 Arten vertreten.
Ihre **Larven** leben im Wasser und sind in der Regel durch drei Körperanhänge erkennbar, die am Abdomen ansetzen: die paarigen Schwanzborsten oder Cerci und ein dazwischenliegendes, unpaares Terminalfilum. Die Larven sind an unterschiedliche Gewässertypen und Siedlungsbereiche angepasst, was sich lebensformtypisch in Körperbau und Lebensweise niederschlägt.
Die **grabenden Arten** (z. B. *Ephemera*, vgl. S. 216/1, 2; Ephoron, S. 220/5) leben vorzugsweise in langsam fließenden Gewässern mit sandig-schlammigem Boden sowie in der Uferzone von Seen. Dort graben sie im Gewässergrund oder in der Uferwand knapp unter dem Wasserspiegel Gänge und filtrieren das Wasser aktiv nach Detritus durch. Als Bohrer dienen die dolchartigen Oberkiefer (Mandibeln), als Schaufeln die abgeflachten Vorderbeine. Die übrigen Mundwerkzeuge besitzen Borsten, die zusammen einen kompliziert aufgebauten Filterapparat bilden. Sie sind meist schlechte Schwimmer.
In stehenden pflanzenreichen Gewässern begegnen wir den **schwimmenden Eintagsfliegenlarven** (z. B. Siphlonuridae, einige Baetidae, S. 218/1–4). In Ruhe sitzen sie auf Blättern der Wasserpflanzen. Die drei Schwanzanhänge haben meist lange, zumindest auf einer Seite ausgeprägte Schwimmborsten, die wichtige Schwimmorgane der Tiere sind. Sie werden zusammen mit den letzten Hinterleibsabschnitten kräftig auf- und abgeschlagen und treiben so den meist zylindrischen Körper vorwärts. Manche Arten dieser Gruppe können ähnlich den Libellenlarven (S. 137 ff.) Wasser in den Enddarm aufnehmen und plötzlich auspressen, sodass die Tiere durch den Rückstoß vorwärts schnellen.
Schnell strömende Bäche werden von den **torrentikolen Eintagsfliegenlarven** bewohnt, z. B. Arten der Heptageniidae. Ihr abgeplatteter Körper ist ein Beispiel für die Anpassung von Tieren an ihren Lebensraum (vgl. S. 24). Bei manchen dieser Arten bilden die Abdominalkiemen einen ventralen Saugnapf (z. B. *Rhithrogena*, Bild 77; *Epeorus*, S. 216/4–7). Diese lichtscheuen Larven sitzen tagsüber meist auf der Unterseite von Steinen und weiden nachts, wenn die meist tagaktiven Fische als Hauptfeinde ihnen nicht gefährlich werden, v. a. Aufwuchsalgen ab. Nach Krabbenart können sie sich auch schnell seitwärts bewegen. Teils können sie schwimmen, tun dies aber wohl niemals freiwillig.
Kriechende Larven kommen auf dem Grund verschiedenartiger Gewässer vor. Sie sind schlechte Schwimmer und mit einem mehr oder weniger dichten Haarkleid bedeckt. Darin setzt sich so viel Detritus fest, dass sie gut getarnt und oft kaum wahrzunehmen sind, z. B. die Gattung *Caenis* (S. 222/5).
Die meisten Eintagsfliegenlarven ernähren sich vom Algenbelag der Steine und Wasserpflanzen sowie von Detritus. Die Atmung erfolgt durch dünnhäutige Tracheenkiemenblätter, die an beiden Seiten des Hinterleibs sitzen, im Allgemeinen an den ersten sieben Segmenten. Sie sind im ursprünglichen Fall zweiästig, können aber auch einteilig, blattförmig, büschelartig, verzweigt, gefranst oder miniaturisiert sein. Die jüngs-

ten Larven haben noch keine Kiemenblättchen, bei ihnen genügt Hautatmung. Ältere Larvenstadien erkennt man an den schwarzbraunen Flügelscheiden, die schon auf die ersten Hinterleibsabschnitte reichen. Für die meisten Arten können 20 bis 30 Larvalhäutungen angenommen werden, die Extremwerte sind 10 bzw. 50. Gegen Ende des letzten Stadiums bildet sich unter der Larvenhaut die Körperdecke des geflügelten Insekts aus. Das Schlüpfen vollzieht sich fast immer tagsüber (besonders zur Mittagszeit), nur selten in der Morgen- oder Abenddämmerung oder gar zu unterschiedlichen Tageszeiten. Bei manchen Arten kommt es dabei zu einem spektakulären Massenschlupf. Die Häutung vollzieht sich unter Wasser, auf der Wasseroberfläche oder wenig darüber am Ufer oder an Pflanzen.

Die Körperhaut platzt dann entlang vorgebildeter Nähte auf. Das Schlüpfen samt der Entfaltung der vier verhältnismäßig großen Flügel (das hintere Paar ist stets kleiner oder selten ganz reduziert) dauert höchstens eine Minute. Das geschlüpfte Tier ist aber noch nicht die vollständig entwickelte Imago, sondern die **Subimago**. Das Tier muss sich noch ein letztes Mal häuten, bevor es die Geschlechtsreife erlangt (Bild 78). Die Eintagsfliegen sind die einzigen Insekten, bei denen sich eine geflügelte Form nochmals häutet. Das Subimaginalstadium dauert je nach Art zwischen einigen Minuten und etwa 30 Stunden. Die Bedeutung dieses ungewöhnlichen Stadiums könnte zumindest für die im Wasser schlüpfenden Arten darin liegen, dass es ein Entkommen aus dem Wasser erleichtert, da die Flügel mit feinen, unbenetzbaren Härchen versehen sind. Bemerkenswert ist, dass die Vorderextremitäten und die Schwanzanhänge der Männchen erst bei der Häutung der Subimago ihre für den Paarungsflug nötige Länge (s. u.) erreichen (Staniczek 2004).

Die **Imagines** leben je nach Art nur wenige Stunden, meist zwei bis drei Tage (Name), selten zwei bis drei Wochen (z. B. die Weibchen bei sehr ungünstiger Witterung). Durch die langen Körperanhänge und ihre in Ruhe senkrecht nach oben gehaltenen Flügel ist ihre Gestalt sehr charakteristisch (vgl. S. 216/1). Ihre Beine sind so schwach, dass sie nur noch dem Sitzen dienen. Die reduzierten Mundwerkzeuge gestatten keine Nahrungsaufnahme. Der Darm ist meist mit Luft gefüllt. Tagsüber sitzen die Tiere in Verstecken. Erst am

Bild 78. Eintagsfliegen häuten sich im geflügelten Stadium: Aus dem Larvenstadium, das dem Wasser entsteigt, schlüpft zunächst die „Subimago", aus der nach einer letzten Häutung das voll entwickelte, geschlechtsreife Tier hervorgeht.

Abend beginnt das Paarungsspiel. Hierzu finden sich die Männchen, die zum raschen Erkennen der Weibchen in der Regel vergrößerte oder im dorsalen Teil besonders differenzierte große Facettenaugen haben (Bild 79), oft in großen Schwärmen zusammen und steigen, meist etwa an der gleichen Stelle, auf und nieder. Diese Schwarmflüge sind artspezifisch ausgeprägt.

In verschiedenen Höhen beginnen die Männchen mit schräg aufgerichtetem Körper und schnellen Flügelschlägen aufzusteigen. Dann halten sie inne, sinken mit ausgebreiteten Schwanzanhängen und Flügeln langsam nach unten oder behalten beim Ab-

Bild 79. Die Komplexaugen männlicher Eintagsfliegen sind besonders groß, bei den Baetiden (hier *Baetis rhodani*) sind sie zweigeteilt, mit einem deutlich vergrößerten dorsalen Teil (Turbanauge).

wärtssinken das Flügelschlagen bei. Sobald ein Weibchen in den Schwarm fliegt, stürzen sich mehrere Männchen darauf. Das schnellste hängt sich mit dem Rücken nach unten und zusammengelegten Flügeln unter das Weibchen und umklammert mit seinen langen Vorderbeinen dessen Brust. Die Begattung ist vollzogen, noch ehe das absinkende Paar den Boden erreicht. Die Partner trennen sich schnell. Das Männchen stirbt kurz darauf, das Weibchen beginnt meist sofort mit der Eiablage. Die Weibchen mancher Arten fliegen dicht über dem Wasserspiegel dahin, tauchen von Zeit zu Zeit ihr Hinterleibsende ein und lassen dabei die Eier portionsweise ins Wasser fallen. Zuweilen pressen sie auch ganze Eiballen aus, die sie dann in einem Schub im Wasser abstreifen (vgl. S. 222/1). Andere, deren Larven schnell fließende Bäche bewohnen, kriechen an Pflanzen oder Steinen unter den Wasserspiegel hinab und kleben ihre Eier dort an.
Cloeon dipterum ist lebendgebärend (ovovivipar). Die in diesem Ausnahmefall erst nach ein bis zwei Wochen vom Weibchen abgelegten Eier enthalten bereits schlupfbereite Larven.
Die Eizahl pro Weibchen schwankt je nach Art zwischen mehreren Hundert und einigen Tausend. Die Larvalzeit dauert bei den meisten heimischen Arten etwa ein Jahr. Bei einigen Arten gibt es mehrere Generationen pro Jahr, wenige Arten brauchen zwei bis drei Jahre für ihre Entwicklung.
Die Systematik der Eintagsfliegen ist noch nicht endgültig geklärt; für die europäische Fauna werden sieben Überfamilien (De Jong et al. 2014) und 16 Familien unterschieden. Sie werden zwei großen Gruppen zugeordnet: 1) die eher ursprünglichen Schistonota, deren Flügelscheiden beim letzten Larvenstadium an der Basis mehr oder weniger deutlich getrennt sind (S. 216–221), und die eher abgeleiteten Pannota, deren Flügelscheiden entsprechend an der Basis weitgehend verschmolzen sind (S. 222–223). Die Larven der Schistonota und Pannota unterscheiden sich auch in ihrem Verhalten. Während Erstere generell aktiver sind und unterschiedliche Lebensformtypen hervorgebracht haben, bewegen sich Letztere nur träge und leben eher versteckt.
In der Literatur wird gelegentlich zwischen Nymphen (für ältere oder ausgewachsene Stadien) und Larven (für junge, meist schwer bestimmbare Stadien) unterschieden. Wir sprechen generell von Larven.

LIBELLEN (ODONATA)

In Mitteleuropa kennen wir rund 100 Libellenarten (S. 224–241). Ebenso wie die Eintagsfliegen können Libellen ihre Flügel nicht auf den Hinterleib legen, da ihnen hierfür ein entsprechendes Flügelgelenk fehlt. Die Libellen werden in zwei Unterordnungen eingeteilt, die Klein- und die Großlibellen.
Die Kleinlibellen oder Schlankjungfern **(Zygoptera)** sind kleine bis mittelgroße, oft zarte Formen. Erwachsene Tiere haben einen langen, mehr oder weniger dünnen Hinterleib. Beide Flügelpaare sind von nahezu gleicher Gestalt und werden in Ruhehaltung mit den Oberseiten zueinander über dem Rücken zusammengelegt oder – als Ausnahme – schräg nach hinten gestellt (Bild 80). Der Abstand zwischen beiden Augen ist bedeutend größer als die Breite eines Auges von oben betrachtet.
Die Großlibellen oder Drachenfliegen **(Anisoptera)** umfassen mittelgroße bis große Formen. Ihr Hinterleib ist kräftig. Vorder- und Hinterflügel haben verschiedene Gestalt und werden in Ruhe waagerecht ausgebreitet gehalten (Bild 81). Die Augen der Imagines stoßen bei drei der heimischen Familien zumindest an einem Punkt zusammen, bei den Gomphiden sind die Augen deutlich getrennt.

Bild 80. Gemeine Binsenjungfer (*Lestes sponsa*) in der typischen Ruhehaltung der Lestiden (Teichjungfern). Im Gegensatz zu den anderen Kleinlibellen (vgl. S. 230/1) werden die Flügel bei den Lestidae (Ausnahme Gattung *Sympecma*) in Ruhehaltung schräg nach hinten ausgebreitet.

Die **Larven** der Libellen kommen in den verschiedensten natürlichen wie künstlichen stehenden und fließenden Gewässern vor, auch in Torfstichen, Hochgebirgstümpeln und quellnahen kleinen Bächen. In Quellen selbst fehlen sie. Die Larven des Plattbauchs (*Libellula depressa*), einer Pionierart etwa in Baggerseen, können sogar, im Schlamm eingegraben, wochenlanges Eintrocknen ihres Wohngewässers überdauern und die von *Aeshna cyanea* sich selbst in stark salzhaltigem Wasser entwickeln.

Sämtliche Libellenlarven sind Räuber. Zwischen Wasserpflanzen oder halb im Schlamm versteckt, lauern sie auf Beute oder schleichen sich behutsam an. Die jüngsten Larven können nur kleine Beutetiere fressen (auch Einzeller!). Später werden Kleinkrebse, Würmer und Wasserinsekten aller Art erbeutet. Die älteren Großlibellenlarven packen auch Wasserasseln, Flohkrebse, Kaulquappen, Jungfische und andere Libellen (insbesondere Kleinlibellen, auch Imagines bei der Eiablage), einschließlich insbesondere frisch gehäuteter Artgenossen (Kannibalismus).

Zum Ergreifen der Beute dient die eigenartig umgestaltete Unterlippe (Labium). Sie besteht aus zwei Teilen: dem Postmentum, das an der Kehle beweglich ansetzt und sich bis zwischen die Hüften der Vorderbeine erstreckt, und dem Prämentum, das mit dem Postmentum durch ein Scharniergelenk verbunden und in Ruhe dicht an dieses angedrückt ist (S. 224, Bild 144). Das Prämentum kann plattenförmig flach oder schöpflöffelartig sein. Es endet mit zwei Seitenlappen, die dolchspitze Endhaken tragen können (S. 226/3a). Da dieses Organ in der Ruhestellung die übrigen Mundteile oder die ganze Kopfunterseite bedeckt, heißt es auch Fangmaske. Sie schnellt plötzlich vor, sobald ein Beutetier in die richtige Entfernung gekommen ist. Die Endhaken bohren sich in das Opfer ein. Es wird an die Kiefer herangezogen und von ihnen vor dem Verschlingen grob zerstückelt. Die Beute wird mit den Augen und mit Tasthaaren wahrgenommen.

Libellenlarven atmen über Tracheenkiemen. Bei den Großlibellenlarven sind diese stets im Enddarm verborgen und stehen dort als winzige, weißliche Blättchen in sechs Doppelreihen. Ihre Zahl beträgt bis zu

Bild 81. Plattbauch (*Libellula depressa*). Ruhende Segellibellen winkeln die Flügel gerne nach vorne ab, sodass die Flügelspitzen der Vorderflügel weit über das Vorderende ragen.

24 000 und ist je nach Art verschieden. Das Atemwasser wird durch rhythmisches Zusammenziehen und Erweitern des Enddarms gewechselt. Kleinlibellenlarven hingegen tragen drei blattartige Tracheenkiemen am Hinterleibsende, doch auch bei ihnen ist der Enddarm an der Atmung beteiligt. Ältere Libellenlarven können auch mit offenen Bruststigmen atmen; unter sauerstoffarmen Bedingungen steigen sie hierzu gelegentlich aus dem Wasser heraus.

Die Fortbewegung ist gewöhnlich ein langsames Kriechen. Zusätzlich können Großlibellenlarven durch kräftiges Ausstoßen des Atemwassers aus dem Enddarm raketenartig nach vorne schießen, z. B. bei der Flucht vor Feinden. Kleinlibellenlarven können durch Schlängeln ihres Hinterleibs auch schwimmen, dabei dienen die Hinterleibsanhänge als Ruder. Bei einigen Arten ist dies wohl ihre Hauptfunktion.

In gewissen Abständen häutet sich die Larve und wächst dann ein beträchtliches Stück, solange die neue Körperbedeckung noch weich und dehnbar ist. Die Zahl der Larvenstadien schwankt zwischen zehn und 15. Sie ist weitgehend artspezifisch festgelegt, kann aber innerhalb bestimmter Grenzen durch die ökologischen Bedingungen des Lebensraumes beeinflusst werden (z. B. die Wassertemperatur). Dies gilt auch für die gesamte Entwicklungszeit der Larven (vom Schlüpfen aus dem Ei

Bilder 82–85. Verwandlung zum Vollinsekt am Beispiel der Hochmoor-Mosaikjungfer (*Aeshna subarctica*): Das letzte Larvenstadium kriecht an Pflanzenstängeln über den Wasserspiegel und verhakt sich dort. Durch Einatmen von Luft platzt die Larvenhaut (82) und der weichhäutige Körper wird durch sein Eigengewicht herausgerissen (83, die hellen Fäden sind die ebenfalls mitgehäuteten Tracheenhäute der Larve). Zur Entfaltung des Körpers und zum Aushärten beugt sich die Imago nach oben und hält sich an der leeren Exuvie fest (84). Die Flügel werden durch Einströmen von Blut und durch Einatmen von Luft entfaltet (85).

bis zur Verwandlung zum geschlechtsreifen Vollinsekt), die zwischen einigen Monaten und etwa fünf Jahren betragen kann.
Ein Puppenstadium gibt es bei den Libellen nicht, sie gehören zu den hemimetabolen Insekten. Ist die Larve völlig ausgewachsen, so stellt sie die Nahrungsaufnahme ein und kriecht an einem Pflanzenstängel mindestens so weit aus dem Wasser heraus, dass nur noch der Hinterleib von diesem bedeckt wird. Die Atmung über die Tracheenkiemen wird vor der Imaginalhäutung eingestellt und durch die Aufnahme von Luft mithilfe der Stigmen der Vorderbrust ersetzt. Meist in den frühen Morgenstunden kriecht die Larve schließlich völlig aus dem Wasser heraus und krallt sich so fest an der Unterlage an, dass später die leere Larvenhaut (Exuvie) dort noch lange haftet (Bilder 82–85). Unter der Larvenhaut liegt die neugebildete, noch dehnbare Haut der Imago bereits vor. Im Raum dazwischen bildet sich eine Luftschicht, durch deren Druck die Larvenhaut auf dem Rücken der Mittelbrust in einem Längsriss aufplatzt. Dort zwängen sich die Brust mit den Flügeln, der Kopf, die Beine und schließlich der Hinterleib heraus.
Auch die Innenwände der Tracheenhauptstämme werden gehäutet. Sie hängen als weiße Fäden aus

Bild 86. Männchen der Weidenjungfer (*Chalcolestes viridis*) bei der Paarungsvorbereitung (oberes Tier). Durch Einkrümmen des Hinterleibs wird das weit vorn liegende Kopulationsorgan mit Sperma gefüllt. Mit seinen Hinterleibszangen hat das Männchen bereits ein Weibchen gepackt.

der Öffnung der Exuvie. Die Körperhaltung beim Schlüpfakt ist bei den Familien verschieden. Seine Dauer beträgt zwischen einer Dreiviertelstunde und zwei Stunden. Hierauf vergehen noch weitere ein bis zwei Stunden, bis der zu voller Größe gedehnte Körper und die vollständig entfalteten Flügel so weit erhärtet sind, dass die Libelle den ersten Flug wagt. Die Körperfarben stellen sich in ihrer endgültigen Pracht gewöhnlich erst nach Tagen, oft erst nach der ersten Futteraufnahme ein. Die Imagines gehören zu den gewandtesten Flugtieren im Insektenreich. Die großen Arten erreichen eine Fluggeschwindigkeit von 15 m/sec. Sie können in der Luft rüttelnd an Ort und Stelle verharren, sogar kurze Strecken rückwärts fliegen. Die Gründe für ihre Flugkünste liegen in ihrer Flügelmuskulatur. Bei den meisten anderen Fluginsekten sind die Flügelmuskeln von der Rückenplatte zur Bauchplatte der Brust gespannt. Die Flügelbewegung wird nur indirekt durch Lageveränderung der beiden Platten erreicht. Bei den Libellen greifen die Muskeln dagegen direkt an den Flügelwurzeln an. Dadurch können sie ihre Flügelpaare gegeneinander versetzt bewegen.

Auch die **Imagines** sind Raubtiere, die ihrer Beute (z. B. Schmetterlinge, Käfer, Fliegen, Mücken, Wespen, auch andere Libellen) nachjagen und sie im Flug ergreifen. Sehr erfolgreich dabei sind sie durch ihre besonders leistungsfähigen Augen, die oft einen Großteil ihres Kopfes ausmachen und aus bis zu 30 000 Einzelaugen (Ommatidien) bestehen. Falls die Beute nicht allzu schwer ist, wird sie im Flug zerkleinert und verzehrt. Besonders die Weib-

Bild 87. Kopulation bei der Großen Heidelibelle (*Sympetrum striolatum*). Das Männchen (rot gefärbtes Tier) hält das Weibchen im „Nacken" fest. Dieses krümmt seinen Hinterleib weit nach vorne, sodass seine Geschlechtsöffnung das männliche Kopulationsorgan erreicht (Paarungsrad). Nach diesem Prinzip verläuft die Paarung bei allen Libellen.

Bild 88. Die Weibchen der Großen Königslibelle (*Anax imperator*) legen die Eier ohne Begleitung des Männchens in dem Gewebe im Wasser liegender Pflanzenteile ab. Das Verhalten bei der Eiablage (mit oder ohne Begleitung des Männchens, Einstechen der Eier in Pflanzengewebe, Eier fallen lassen, im Wasser abtupfen, an flutenden Pflanzen abstreifen u. a.) ist von Art zu Art verschieden.

Bild 89. Die Männchen der Heidelibellen begleiten ihr Weibchen bei der Eiablage. Beim wippenden Tandemflug wirft das Weibchen Eiballen ins Wasser oder über dem feuchten Boden ab.

chen vieler Großlibellen verfolgen ihre Beute oft weit entfernt von den Wohngewässern bis über Wiesen oder in Waldlichtungen. Die Männchen verschiedener Arten haben bestimmte Reviere, aus denen sie eingedrungene Männchen derselben Art in oft heftigen Kämpfen zu vertreiben versuchen. Gut zu beobachten ist dies z. B. bei der häufigen Gebänderten Prachtlibelle (*Calopteryx splendens*), deren auffällig gefärbte Männchen ihren Revierabschnitt entlang des Gewässerverlaufs von Bach und Fluss verteidigen.

Eine diffuse und unbegründete Angst vor Libellen war in der Vergangenheit weit verbreitet (frühere Namen wie „Pferdetod", „Teufelsnadel" oder „Augenbohrer"), aber weder die Mundwerkzeuge noch der weibliche Eiablageapparat (Ovipositor), noch der sekundäre Kopulationsapparat der Männchen können dem Menschen Schaden zufügen. Meist sind die Tiere scheu und eine Annäherung an Menschen ist oftmals nur eine Begutachtung eines „Eindringlings" in das Revier eines Männchens. Besonders lohnenswert ist es, das Paarungsspiel zu beobachten. Es folgt einem festen Schema, dessen Phasen bei einzelnen Arten variieren können (Bilder 86–88): Sobald ein geschlechtsreifes Männchen ein Weibchen seiner Art wahrgenommen hat, stürzt es sich darauf. Zunächst packt es das Weibchen mit den Beinen, und dann umklammert es dessen Hinterhaupt (Anisoptera) bzw. die Vorderbrust (Zygoptera) mit den zangenartigen Anhängen seines Hinterleibs. So fliegen die Partner als „Paarungskette" (Tandem) eine kurze Strecke dahin. Ohne das Weibchen loszulassen, krümmt das Männchen sein Hinterleibsende nach vorn, um sein sekundäres Begattungsorgan (einmalig bei Insekten), das an der Bauchseite des 2. (bzw. 2./3.) Hinterleibssegments liegt, mit Spermien zu füllen. Anschließend streckt das Männchen den Hinterleib wieder aus. Nun biegt das Weibchen sein Hinterleibsende nach unten vor und heftet es am männlichen Geschlechtsapparat fest. Damit haben die Tiere das „Paarungsrad" gebildet, die typische Kopulationsstellung der Libellen. Bei der im Flug oder an einem geschützten Ort stattfindenden Begattung überträgt das Männchen seine Spermien in die Begattungstasche des Weibchens. Darin befindliche fremde Spermien können zuvor ausgeräumt oder durch die eigenen Spermien beiseite gedrängt werden. Die Befruchtung erfolgt erst bei der Eiablage, die häufig vom Männchen (z. T. im Tandemflug) zur Abwehr von Konkurrenten bewacht wird (Bild 89). Die Kleinlibellen und die Aeshniden unter den Großlibellen schlitzen zur Eiablage Wasserpflanzen oder gewässernah stehende Pflanzen mit dem Legeapparat an und legen jeweils ein Ei in die Einstichstelle. Die Weibchen mancher Kleinlibellen legen ihre Eier sogar, an Pflanzenstängeln hinabkletternd, unter Wasser ab. Die meisten Anisopteren werfen die

Bild 90. Flug von *Aeshna cyanea*. Libellen sind manövrierfähige Flugkünstler, die auf der Stelle rütteln oder sogar rückwärts fliegen können. Vorder- und Hinterflügel schlagen gewöhnlich gegeneinander versetzt auf und ab.

Eier im niedrigen Flug einfach über dem Wasser oder auf feuchtem Untergrund ab oder streifen sie beim Eintauchen der Hinterleibsspitze im Wasser ab. Dabei geben manche die Eier nicht einzeln, sondern in Schüben ab, die im Wasser zu Gallertschnüren oder Kugeln aufquellen. Die Eizahl schwankt je nach Art zwischen einigen Hundert und über 1500 Stück. Nach zwei bis fünf Wochen schlüpft aus dem Ei zunächst eine wurmförmige Vorlarve mit unbeweglichen Gliedmaßen, die sich innerhalb einiger Sekunden oder höchstens einiger Minuten zum ersten freien Larvenstadium häutet. Die Lebensdauer der Imaginalstadien ist im Vergleich zur Larvalzeit mit ein bis zwei Wochen für einige Kleinlibellen (*Calopteryx*) bzw. bis drei Monate für Großlibellen (*Aeshna*) sehr kurz. Lediglich die Winterlibellen (*Sympecma*) haben eine deutlich längere Lebenszeit, da sie als Imago überwintern.

Libellen haben eine Vielzahl von Fraßfeinden (Larven: z. B. andere Libellenlarven, Fische; Imagines: z. B. Vögel, Fledermäuse, Frösche). Für erwachsenen Libellen sind auch Parasiten bekannt, z. B. die an Thorax und/oder Abdomen sitzenden und auffälligen Larven der Wassermilben (S. 179 f.).

Dank ihres guten Flugvermögens können Libellen verhältnismäßig schnell auf klimatische oder lebensraumspezifische Änderungen reagieren, sodass es entsprechend rasch zu Arealverschiebungen ihres Vorkommens kommen kann. So hat sich die auffallend rot gefärbte Feuerlibelle *Crocothemis erythraea*, eine früher typische Libellulide des Mittelmeerraumes, vermutlich infolge des Klimawandels fast in ganz Deutschland ausgebreitet. Negativ zu sehen ist, dass Klimaveränderungen wohl besonders für ökologisch anspruchsvolle und eng eingenischte Arten existenzbedrohend werden können (z. B. durch Trockenfallen von Gewässern, Erwärmung der Gewässer und damit verbundene Sauerstoffmangel-Situationen).

Ein breit angelegter Feldführer wie dieser muss sich auf einige besonders auffällige und typische Arten beschränken, zur Artbestimmung sei auf spezielle Bestimmungswerke verwiesen (z.B. Bellmann 2013, Dijkstra 2014, Wildermuth & Martens 2019). Zu beachten ist, dass sämtliche Libellenarten und ihre Stadien in Deutschland besonders geschützt sind. Ausgenommen sind die Exuvien, zu denen es auch spezielle Literatur gibt (z. B. Heidemann & Seidenbusch 2002). Die Bestimmung der Exuvien ermöglicht nicht nur eine tierschonende Bestimmung, sondern auch den Nachweis, dass sich die betreffende Art in dem jeweiligen Gewässer (Fundortangabe!) entwickelt hat, eine Aussage, die bei der Beobachtung der Imagines oft nicht zweifelsfrei möglich ist.

STEIN- ODER UFERFLIEGEN (PLECOPTERA)

Die Steinfliegen sind hemimetabol und bilden eine eigene Insektenordnung, die in Mitteleuropa etwa 120 Arten umfasst (S. 242–245). Bei oberflächlicher Betrachtung ähneln die **Larven** denen der Eintagsfliegen. Sie lassen sich von diesen aber leicht unterscheiden: Sie haben stets nur zwei lange, fadenförmige, gegliederte Anhänge des Hinterleibs (Cerci), während die mitteleuropäischen Eintagsfliegen – abgesehen von *Epeorus*-Arten (S. 216/4) – drei Schwanzfäden besitzen. Außerdem haben sie dreigliedrige Füße mit zwei Klauen, die Eintagsfliegenlarven hingegen eingliedrige Füße mit je einer Kralle. Auffällig ist bei den Steinfliegenlarven zudem, dass die Brustsegmente annähernd gleich groß sind und das Abdomen keine Tracheenkiemen besitzt.

Steinfliegen durchlaufen ihre Jugendentwicklung mit wenigen Ausnahmen (*Nemoura*-Arten) in fließenden Gewässern (Quellen, Bäche, auch Flüsse). Ihr hohes Sauerstoffbedürfnis erklärt die Vorliebe der meisten Arten für schnell strömende, reißende, klare Bäche. Gegen Verschmutzungen jeglicher Art sind sie äußerst empfindlich und daher wichtige Bioindikatoren für unbelastete Gewässer. Die Larven fast aller Arten sind lichtscheu (negative Fototaxis) und halten sich zum Schutz vor Abdrift an der Unterseite oder im Strömungsschatten hohl aufliegender Steine, im Genist oder in Wasserpflanzen auf. Sie sind schlechte Schwimmer und kriechen meist nur langsam umher. Beim Schwimmen dienen die Beine als Ruder, während der Hinterleib die Schwimmbewegungen durch seitliches Hin- und Herschwingen unterstützt.

Die Junglarven ernähren sich von Detritus. Ältere Larven lassen sich bezüglich ihrer Hauptnahrung

drei Gruppen zuordnen: Die Larven der kleineren Arten (z. B. *Nemoura*) leben von Grün- und Kieselalgen sowie den verschiedensten weichen oder angefaulten Pflanzenresten. Die mittelgroßen Formen (z. B. *Chloroperla*) fressen Kleintiere und Detritus gleich gern. Die großen Arten (z. B. die *Perla*- und *Dinocras*-Arten) zählen zu den gefräßigsten Räubern unter den wirbellosen Tieren der Fließgewässer, die vom mikroskopischen Rädertierchen bis zu größeren Insektenlarven kein Tier verschmähen. Beim Auffinden der Beute sind die beiden großen Komplexaugen von weit geringerer Bedeutung als die zwei langen, schlanken, gefiederten Fühler, die als Tast- und Geschmacksorgane dienen.
Den kleineren Arten genügt Hautatmung; die großen haben zusätzlich fadenförmige, einfache oder verzweigte Tracheenkiemen. Sie sitzen, zu Büscheln vereinigt, bei den einzelnen Gattungen an verschiedenen Körperstellen: den Seitenwänden der Brustabschnitte, zwischen Schwanzfäden und After oder an den Hüften (Bild 91), bei den heimischen Arten aber nie aber am Hinterleib.
Die kleinen Formen brauchen für die Entwicklung vom Ei bis zum geflügelten Vollinsekt etwa ein Jahr, die mittleren eineinhalb und die großen Arten zwei bis drei Jahre. Gleichen schon die Junglarven sehr den erwachsenen Tieren, so gilt dies noch in höherem Maß für die älteren Larven, die sich durch große, dunkle Flügelscheiden auszeichnen. Die Verwandlung zur geflügelten und geschlechtsreifen Imago erfolgt meist im zeitigen Frühjahr, selten erst im Herbst. Die Tiere klettern hierzu ans Ufer. Die Haut platzt zunächst auf der Rückenseite der Brustabschnitte, dann werden nach und nach Brust, Kopf und Hinterleib aus der Larvenhaut herausgezogen.

Bild 91. Steinfliegenlarven sind charakteristische Bewohner von meist sommerkalten Bächen. Die Atmung erfolgt oftmals mithilfe büschelförmiger Tracheenkiemen, die hier (Gattung *Perla*) deutlich an den Körperseiten der Brustsegmente zu sehen sind. Anders als die Larven der Eintagsfliegen haben sie keine abdominalen Kiemen.

Die **Imagines** ähneln in ihrer Gestalt und Farbe (meist dunkel braunschwarz, manchmal gelblich grünlich) sehr stark den Larven. Die erwachsenen Tiere leben meist nur wenige Wochen, sie haben oftmals verkümmerte Mundwerkzeuge und nehmen kaum noch Nahrung zu sich. Im Wesentlichen zehren sie von Reserven, die sie als Larven gespeichert haben. Auch die Imagines halten sich mit Vorliebe in halbdunklen Verstecken auf: in Moospolstern in Gewässernähe, an der Unterseite von Blättern, in den Ritzen von Baumborken, unter Brückengeländern. Sie sind recht schlechte Flieger und entfernen sich selten weiter als wenige Meter von den Wohngewässern der Larven. Sie haben vier meist gut entwickelte Flügel (S. 244/1), die bei den Männchen in einigen Fällen reduziert sind. Dank eines basalen Gelenks können die Flügel in Ruhe auf den Hinterleib gelegt werden, was die Steinfliegen gegenüber den Libellen und Eintagsfliegen mit starr abstehenden Flügeln an Land manövrierfähiger macht und ihnen ermöglicht, in Ufernähe Verstecke aufzusuchen. Im Ruhezustand überragen die Flügel das Abdomen meist deutlich (Bild 92), bei einigen Arten (Leuctridae, Taeniopterygidae) werden sie regelrecht um das Abdomen gerollt. Bei Störungen rennen die Tiere oft lieber auf ihren kräftig entwickelten Beinen davon, als mit schwerfälligem, lautlosem Flatterflug in geringer Höhe kurze Strecken wegzufliegen.
Bei den meisten Arten finden sich die Geschlechter über Trommelsignale: Das Männchen beginnt mit dem Hinterleib einen arttypischen Rhythmus auf den Untergrund zu schlagen, worauf nur unbegattete, arteigene Weibchen antworten. Die Signale werden über Sinnesorgane in den Beinen (Subgenualorgane) empfangen. Das Männchen läuft in

Bild 92. Die Steinfliege *Dinocras cephalotes* bei der Paarung. Viele männliche Steinfliegen locken Weibchen durch artspezifische Trommelsignale herbei, indem sie mit dem Hinterleib auf den Boden klopfen. Bei der Paarung sitzt das kleinere Männchen seitlich neben dem Weibchen.

Richtung des Weibchens, bis es dieses erreicht hat. Bei der Begattung sitzt das Männchen neben dem Weibchen, umklammert mit den Beinen einer Körperseite dessen Rücken und bringt dann seine Geschlechtsöffnung an die des Weibchens (Bild 92). Das Weibchen trägt seine befruchteten Eier, die mit klebrigem Sekret zusammengeballt sind, noch eine Zeit lang an der Unterseite seines Hinterleibsendes mit. Dann legt es sie ins Wasser ab, was durch Abwerfen im Flug geschehen kann oder dadurch, dass es am Ufer seinen Hinterleib ins Wasser taucht. Ein Weibchen kann einige Hundert bis ungefähr 2000 Eier legen.
Die heimischen Steinfliegen werden meist zwei systematischen Gruppen zugeordnet: den Nemouroidea (S. 242) und den Perloidea (S. 244). Die Larven beider Gruppen kann man anhand zweier Merkmale sicher unterscheiden.
Nemouroidea: Kopfoberseite mit einer an der Antennenbasis verlaufenden Quernaht zwischen Stirn (Frons) und Oberlippe. 3. (d. h. letztes) Fußglied höchstens so lang wie die ersten beiden Fußglieder zusammen.
Perloidea: Kopfoberseits mit einheitlicher Stirn bis zur Oberlippe. 3. Fußglied ungefähr so lang wie die ersten beiden Fußglieder, diese sind gleich groß und sehr kurz.
Die Bestimmung der Tiere ist auf Artniveau nur Experten möglich. Einen Gattungsschlüssel (mit Hinweisen auf bestimmbare Arten) bietet Zwick (2004). Aufgrund der geringeren Artenzahl in höheren geografischen Breiten ist eine Artbestimmung v. a. im Tiefland möglich.

WANZEN (HETEROPTERA)

Es gibt wohl kaum ein stehendes Gewässer, das nicht auch von Wanzen besiedelt ist (S. 246–249). In Quellen und Bächen sind sie hingegen deutlich seltener. Auch die Wanzen sind Insekten mit einer unvollständigen Verwandlung: Das letzte Larvenstadium (bei den meisten heimischen Arten der Gewässer das fünfte) häutet sich direkt zur Imago. Kennzeichnend sind die zu einem Stechrüssel umgewandelten Mundwerkzeuge und der besondere Bau der Vorderflügel: Sie sind nur in ihrem Basalteil stark chitinisiert, ihr Endteil ist, ebenso wie der gesamte Hinterflügel, häutig (Hemielytre).
Auf die Verschiedenheit der Flügelpaare bezieht sich auch der Begriff Heteroptera. Bei aquatischen Wanzen findet sich häufig ein Flügelpolymorphismus: Innerhalb einer Art gibt es Individuen mit funktionstüchtigen Flügeln, andere haben Flugmuskeln oder Flügel bis zur völligen Reduktion zurückgebildet (makroptere bzw. mikroptere Morphe). In der Gruppe der Wasserwanzen im weiteren Sinne gibt es Arten, die auf einen Blick bestimmbar sind (z. B. der Wasserskorpion), andere wie die

Bild 93. Wasserläufer sind so leicht, dass sie die Oberflächenspannung des Wassers ausnutzen können. Ihre unbenetzbaren Füße dellen das Oberflächenhäutchen lediglich ein. Ihre Krallen liegen nicht am Ende der Füße.

Ruderwanzen sind taxonomisch schwierig. Einen Bestimmungsschlüssel für die Wanzen unter den Süßwasserbewohnern Deutschlands veröffentlichten z. B. Strauss & Niedringhaus (2014).
Ökologisch und systematisch lassen sich zwei große Gruppen unterscheiden: Besiedler der Wasseroberfläche (Wasserläufer) und solche des freien Wasserkörpers (Wasserwanzen).

Wasserläufer im weiteren Sinne (Gerromorpha, Amphicorisae)

Wasserläufer im engeren Sinne, Wasserschneider (Gerridae)

Wasserläufer im engeren Sinne („Echte Wasserläufer", S. 246/1–4), die mit zwölf Arten in Mitteleuropa und Deutschland vertreten sind, leben fast immer auf der Wasseroberfläche. Nur zur Überwinterung suchen sie Verstecke auf dem festen Land auf. Bevorzugt werden stehende oder langsam fließende Gewässer. Unter Ausnutzung der Spannung des Oberflächenhäutchens (S. 14) gleiten sie ruckartig dahin, wobei die beiden hinteren Beinpaare fast in ihrer ganzen Länge die Wasseroberfläche berühren (Bild 93). Mit einem Schlag bringen die Mittelbeine das Tier bis zu einen Meter weit nach vorn. Daneben vollführen sie auch weite Sprünge; manche sind auch gute Flieger. Die kürzeren Vorderbeine werden vorrangig zum Beutefang genutzt. Vor Benetzung schützt ein dichter, lufthaltiger Haarfilz v. a. auf der Körperunterseite.
Die Nahrung besteht aus toten oder lebenden Insekten, die auf die Wasseroberfläche gefallen sind. Lebende Beute wird von Weitem mit dem hoch entwickelten Erschütterungssinn geortet. Im Nahbereich dienen dazu die gut entwickelten Augen. Flügelpolymorphismus ist in der Familie verbreitet, geflügelte Individuen sind ausdauernde Flieger und können leicht neu entstandene Gewässer besiedeln.
Die Paarung erfolgt im Frühling und Frühsommer, wobei die Männchen oft mehrere Tage vom Weibchen herumgetragen werden. Die Eier werden über Monate einzeln oder in Reihen dicht unter der Wasseroberfläche mit gallertigem Sekret z. B. an Pflanzen angeheftet. Das Weibchen von *Aquarius najas* (S. 246/4) begibt sich hierzu, mit dem Männchen auf dem Rücken, von einer Lufthülle umgeben bis zu 30 Minuten unter Wasser.

Teichläufer (Hydrometridae)

Die zwei heimischen Arten leben im Pflanzengürtel der Ufer stehender und langsam fließender Gewässer (S. 246/5). Dort bewegen sich die nadelschlanken Tiere auf ihren Stelzenbeinen recht träge. Die meisten Individuen sind mikropter und verbreiten sich wohl hauptsächlich schreitend über Land. Sie ernähren sich von lebenden und toten Arthropoden auf der Wasseroberfläche sowie von Wasserinsekten, die zum Luftschöpfen an die Oberfläche kommen. Die Paarung erfolgt während des Frühsommers. Ein Weibchen legt mehrmals Eier ab. Die wenigen, sehr langen und gestielten Eier heftet es an Pflanzenteile, die über den Wasserspiegel aufragen oder auch an Uferpflanzen. Die Imagines überwintern am Ufer, manchmal auch weit vom Gewässer entfernt.

Zwergwasserläufer (Hebridae)

Von den kleinen Hebriden gibt es zwei Arten in Mitteleuropa, welche beide auch in Deutschland vorkommen (*Hebrus ruficeps* und *H. pusillus*, S. 246/6). Sie kriechen im Torfmoos sowie auf Schwimmblättern der Moorweiher umher, nur selten findet man sie auf der freien Wasseroberfläche. Sie ernähren sich von lebenden, aber vermutlich auch von toten Tieren. Die Paarung erfolgt im Mai. Die verhältnismäßig großen Eier (nur jeweils ein reifes Ei im Weibchen) werden in einer gelatinösen Masse oberflächlich, z. B. an Moosblättern und Wasserlinsen abgelegt. Die Imagines überwintern im Torfmoos.

Bach- oder Stoßwasserläufer (Veliidae)

Insgesamt sechs Arten in Mitteleuropa, fünf davon auch in Deutschland (S. 246/7, 8). Schnelle, stoßweise Fortbewegung ist für die beiden heimischen *Velia*-Arten typisch (Name!). Die Vorderbeine sind nicht als spezialisierte Raubbeine ausgebildet. Stoßwasserläufer bevorzugen Uferbereiche von Fließgewässern und laufen dort außerordentlich flink, teils sogar entgegen der Wasserströmung, auf der Oberfläche umher. Sie können aber auch kurzzeitig tauchen und mit dem Bauch nach oben unter dem Wasserspiegel herumkriechen. Die Flügel sind meist reduziert und nicht mehr funktionsfähig. Ihre Beute besteht aus lebenden und toten Tieren. Zur schnellen Fortbewegung setzt *Velia caprai* Sekrete ein, die die Oberflächenspannung des Wassers herabsetzen. Sie werden aus dem Rüssel abgeschieden und erzeugen beim Auseinanderweichen des Oberflächenwassers eine „Bugwelle", die das Tier zehn bis 20 Zentimeter vorwärts schießen lässt. Die Begattung erfolgt im Frühling, die Eier werden an der Ufervegetation abgelegt.
Die drei heimischen *Microvelia*-Arten leben gesellig im Pflanzendickicht der Uferzonen stehender Gewässer und ernähren sich dort von treibenden Kleininsekten. Das Weibchen fordert das Männchen durch mehrfache Sprünge zur Paarung auf. Die Eier werden in Längsreihen an schwimmende Pflanzenteile angeklebt.
Die Tiere beider heimischen Gattungen sind teils auch im Winter aktiv.

Hüftwasserläufer (Mesoveliidae)

Die einzige heimische Art, *Mesovelia furcata* (S. 246/9), hält sich v. a. im Uferbereich von Weihern auf, genauer auf Schwimmblättern oder auf der Wasseroberfläche. Als Nahrung dienen Insekten, die lebend oder tot auf der Wasseroberfläche treiben. Die Paarung erfolgt im Frühsommer. Die Eier werden in Wasserpflanzen kurz unter der Wasseroberfläche eingestochen. Die Überwinterung erfolgt im Eizustand. In günstigen Jahren werden drei Generationen pro Jahr durchlaufen.

Wasserwanzen im engeren Sinne (Nepomorpha, Hydrocorisae)

Die Wasserwanzen im engeren Sinne tragen im Gegensatz zu den übrigen Wanzen kurze, höchstens drei- bis viergliedrige Fühler, die von oben nicht zu sehen sind. Sie sind in allen Stadien ans Wasser gebunden. Einmalig sind drei Paar Gehörorgane, die sich in den zweiten und dritten Brustsegmenten und im ersten Hinterleibssegment befinden. Recht unterschiedlich sind die Atemtechniken, die vom Atmen an der Wasseroberfläche bis zur Plastronatmung reichen. Flügel und Flugmus-

Bild 94. Erwachsener Wasserskorpion (*Nepa cinerea*) beim Atmen: Die lange Atemröhre durchbricht den Wasserspiegel. Das Tier wendet dem Betrachter die Bauchseite zu. Die drei Paar helle Flecken sind Stigmen, die mit Lage-Sinnesorganen in Beziehung stehen.

Bild 95. Stabwanzen (bei uns nur *Ranatra linearis*) lauern bevorzugt im Pflanzendickicht auf vorbeischwimmende Beute. Hier wird die Larve einer Kleinlibelle ausgesaugt. Die Art gehört mit einer Gesamtlänge von bis zu 7 Zentimeter zu den größten Wasserinsekten.

Bild 96. Die Eier der Skorpionswanzen (Nepidae) werden bevorzugt in weiche Pflanzenteile eingedrückt. An der Spitze der länglichen Eier befinden sich bei *Ranatra* zwei (Bild), bei *Nepa* sechs bis acht fadenartige Atemröhren.

kulatur sind bei den Imagines oft in unterschiedlichem Maße zurückgebildet, doch ist der Vorderflügel, von wenigen Ausnahmen abgesehen (*Aphelocheirus*), in voller Größe vorhanden. Er birgt eine Luftkammer.

Skorpionswanzen (Nepidae)

Die beiden heimischen Skorpionswanzen, der Wasserskorpion (*Nepa cinerea*) und die Stabwanze (*Ranatra linearis*), sind Lauerjäger und bevorzugen stehende und langsam fließende Gewässer (Bilder 94, 95; S. 248/1, 2). Meist sitzen sie dicht unter dem Wasserspiegel, sodass die langen zweiteiligen, vom Hinterleibsende ausgehenden Atemröhren die Wasseroberfläche durchstoßen. Die Paarung findet im Frühjahr statt. Die verhältnismäßig großen Eier tragen bei *Nepa* sechs bis acht, bei *Ranatra* zwei fadenartige Atemanhänge (Bild 96). *Nepa* legt ihre Eier z. B. in weiche oder faulende Pflanzenteile ab; *Ranatra* bohrt sie reihenweise in Pflanzenstängel oder Schwimmblätter ein. Von Mai bis Juli schlüpfen die Junglarven, die sich bis zum September zu den Imagines entwickeln. Die Atemröhren der Larven sind sehr kurz und erhalten ihre endgültige Länge erst bei der letzten Häutung. Beide Arten, die im Gelände eindeutig erkennbar sind, überwintern als Imagines, meist im Wasser.

Ruderwanzen oder Wasserzikaden (Corixidae)

Die 36 Arten der in Deutschland nachgewiesenen Ruderwanzen besiedeln Gewässer verschiedenster Art, manche sogar Brack- und Salzwasser. Die Tiere ernähren sich anscheinend vorwiegend von Algen und Detritus, die *Cymatia*-Arten sind hingegen durchweg räuberisch. Ihre Nahrungsansprüche wechseln zudem vermutlich zwischen den Entwicklungsstadien. Die Mundwerkzeuge sind stark abgewandelt und dienen der Zerkleinerung der Nahrung, nicht mehr als Saugorgan. Die Vorderextremitäten haben einen eingliedrigen Fuß, der schaufelförmig verbreitert und mit langen abstehenden Borsten versehen ist; er dient u. a. dem Herbeischaufeln von Nahrung (S. 248/3).
Da sie am gesamten Körper einen Luftvorrat mit sich führen, der unter dem Halsschild und den Flügeln liegt und auf der Bauchseite von feinen Haaren festgehalten wird, sind sie leichter als Wasser. Um nicht an die Oberfläche zu treiben, müssen die Tiere sich mit den Klauen ihrer Mittelbeine am Grund oder an Wasserpflanzen festklammern (Bild 97). Zum Luftschöpfen durchstoßen Ruderwanzen für kurze Augenblicke mit Kopf und Vorderbrust die Wasseroberfläche. Die Luft wird – wie bei den Notonectiden und Naucoriden (s. u.) – von den Stigmen des letzten Brust- und ersten Hinterleibssegments aufgenommen. Zusätzlich spielen die Stigmen der Mittelbrust eine wichtige Rolle. Die Hinterbeine dienen den vorzüglichen Schwimmern als Ruder. Mit kräftigen Schlägen können sie aber auch aus der Tiefe des Wassers herausschießen und fortfliegen. Alle Ruderwanzen sind gute Flieger, daher auch häufige Erstbesiedler neu angelegter Gewässer. Während der Paarungszeit im Frühjahr zirpen die Männchen mancher Arten unter Wasser ziemlich laut (daher „Wasserzikaden"). Sie streichen (Ausnahme *Micronecta*-Arten, die wegen einiger abweichender Merkmale z. T. systematisch abgegrenzt werden) dabei kleine Dornen der Vorderbeinschenkel über Riefen an der Basis des kurzen, breiten Rüssels.
Ruderwanzen legen die Eier einzeln an Wasserpflanzen ab; die Larven schlüpfen im Frühsommer. Die Entwicklung erfolgt über fünf Larvenstadien. Viele Arten (v. a. der Gattung *Sigara*) erreichen zwei Generationen im Jahr. Die Überwinterung er-

Bild 97. Ruderwanzen (hier *Corixa punctata*) sind häufig überkompensiert und halten sich deshalb gerne an Pflanzen fest, damit sie nicht zur Oberfläche aufsteigen.

folgt einzig bei *Micronecta*-Arten im Juvenilstadium, bei allen übrigen Ruderwanzen im Imaginalstadium. Die Vertreter von *Micronecta* (vier Arten) sind, wie der Name andeutet, mit einer Größe von unter drei Millimeter ausgesprochen klein; gegenüber den übrigen Corixiden zeichnen sie sich dadurch aus, dass das Schildchen (Scutellum, Rückenschild des 2. Brustsegments) gut sichtbar ist und nicht von dem davor liegenden Halsschild (Pronotum, Rückenschild des 1. Brustsegments) überdeckt wird (S. 248/4). Die *Micronecta*-Männchen können vernehmlich zirpen, wobei sie die Laute durch Drehen der Genitalkapsel erzeugen.

Rückenschwimmer (Notonectidae)

Rückenschwimmer sind mit sieben Arten in Mitteleuropa verbreitet, sechs davon kommen in Deutschland vor (S. 248/6, 7). Ihr auffälligstes Kennzeichen ist, dass sie normalerweise den Rücken nach unten drehen (Bild 98). Auf der Bauchseite grenzen vier dichte Längsreihen dunkler Haare, die sich paarweise gegeneinanderneigen, zwei Längskanäle ab. Da Letztere mit Luft gefüllt sind, liegt der Schwerpunkt des stets überkompensierten Körpers auf dem Rücken. Gewöhnlich hängen die Tiere ruhig an der Unterseite des Wasserspiegels.

Bild 98. Zum Atmen kommen Rückenschwimmer (hier: *Notonecta glauca*) an die Wasseroberfläche. Unbenetzbare Haare am Hinterende durchbrechen das Oberflächenhäutchen, sodass die Atemluft direkt in zwei auf der Bauchseite liegende Luftkammern gelangen kann. Luft gelangt auch unter die Flügeldecken und verleiht ihnen einen silbrigen Glanz.

Die Klauen der Vorder- und Mittelbeine sowie die steifen Haarborsten, die von den Rändern der letzten Hinterleibsabschnitte abstehen, dienen dabei als Stützpunkte. Zum Luftholen klappen drei unbenetzbare Wülste an der Hinterleibsspitze auseinander, wodurch eine direkte Verbindung zwischen Atmosphäre und den zwei genannten Längskanälen hergestellt wird, die ein Luftreservoir im Brustabschnitt versorgen. Dort münden die Stigmen zum Atmen. Hauptruderorgane sind die Hinterbeine, deren Unterschenkel und Fußglieder lange Schwimmhaare tragen.

Rückenschwimmer besiedeln Stillgewässer unterschiedlichster Art. Einige Arten überwintern als Imagines und legen die Eier im Frühjahr ab. Andere laichen im Herbst und überwintern im Eistadium. Die Larven gleichen bereits sehr den Erwachsenen.

Zwergrückenschwimmer (Pleidae)

Einzige heimische Art ist *Plea minutissima* (S. 248/8), die meist gesellig zwischen Wasserpflanzen lebt (Bild 99, S. 248/7) und sich räuberisch ernährt. Flinke Schwimmer, obwohl die Hinterbeine nur schwach behaart sind. Nach der Paarung (Ende Frühjahr) bohrt das Weibchen die Eier in Pflanzen ein. Pleidae sind in der Lage, Geräusche zu erzeugen. Die Imagines überwintern oft zweimal.

Schwimmwanzen (Naucoridae)

Die einzige heimische Art, *Ilyocoris cimicoides*, findet sich in fast jedem ausdauernden pflanzenreichen Gewässer. Der dichte Haarsaum der Körperunterseite und auf dem Rücken des Hinterleibs hält eine silbrig glänzende Luftschicht, in welche die Öffnungen des Tracheensystems münden. Zum Luftschöpfen steckt das Tier von Zeit zu Zeit sein Hinterleibsende über die Wasseroberfläche. Dort sitzt zwar ein Stigmenpaar, doch wird die meiste Luft über äußere Leitungssysteme in eine spezielle Kammer gebracht. In diese münden die Stigmen des letzten Brust- und des ersten Hinterleibssegments und nehmen die Atemluft auf.

Kräftige, mit Schwimmhaaren besetzte Hinterbeine machen *Ilyocoris* zu einem vorzüglichen Schwimmer. Bei der Paarung (April/Mai) sitzt das Männ-

Bild 99. Der Zwergrückenschwimmer *Plea minutissima* ist ein lebhafter Schwimmer, der zwischen Wasserpflanzen nach planktischen Krebsen jagt.

chen auf dem Rücken des Weibchens. Dieses legt die Eier mithilfe seines Legestachels in Pflanzen unterhalb des Wasserspiegels. Die Larven schlüpfen nach wenigen Wochen. Die Imagines überwintern in pflanzenreichen Gewässern oder an Land.

Grundwanzen (Aphelocheiridae)

Auch diese Familie ist in Mitteleuropa nur mit einer Art, *Aphelocheirus aestivalis* (S. 248/9), vertreten. Sie lebt hauptsächlich am Grund sauerstoffreicher Fließgewässer. *Aphelocheirus* kommt niemals an die Oberfläche zum Luftholen. Die Larven haben ein geschlossenes Tracheensystem und atmen über die Haut. Die Imagines sind hingegen Plastronatmer: Fast der gesamte Körper, besonders aber die Bauchseite, ist mit feinsten, am Ende gekrümmten Härchen besetzt (bis zu vier Millionen pro Quadratmillimeter). Sie sind unbenetzbar und halten eine Luftschicht fest, in die sechs Stigmenpaare münden. Die Luftschicht stammt aus dem Tracheensystem der Larve und ist durch die Behaarung so gut abgeschirmt, dass sie dem Wasserdruck selbst noch in 30 Meter Tiefe standhalten und nicht entweichen würde. Während der stundenlangen Paarung sitzt das Männchen schräg auf dem Weibchen. Die Eier werden z. B. auf Muscheln oder Äste geklebt (können auch überwintern). Während des gesamten Jahres sind sowohl Larven als auch Imagines anzutreffen, die Entwicklung dauert zwei Jahre. Nur gelegentlich kommen langflügelige Tiere vor, die fliegend neue Gewässer besiedeln können.

NETZFLÜGLER i. w. S. (NEUROPTERIDA)

Die reiche, netzartige Äderung der vier etwa gleich großen Flügel gab Anlass zur Benennung dieser Gruppe. Sie gelten als die ursprünglichsten **Holometabola**, d. h. Insekten mit einer vollständigen Entwicklung mit einem Puppenstadium. Neben den rein terrestrischen Kamelhalsfliegen gehören hierzu die Schlammfliegen und die Netzflügler im engeren Sinne, die in Deutschland mit neun Arten zur Süßwasserfauna gezählt werden.

Schlammfliegen (Megaloptera)

Die Schlammfliegen (S. 250/1–3) sind, wie der Name treffend andeutet, an Gewässer gebunden, wo die Larven auf und im Bodenschlamm stehender und fließender Gewässer leben. Der wissenschaftliche Name bedeutet „Großflügler" und weist auf die auffällig großen Flügel der Imagines hin, die dachförmig über dem Körper zusammengelegt werden und das Abdomen deutlich überragen (S. 250/1). In Deutschland sind sie ausschließlich durch die Gattung *Sialis* vertreten. Die **Imagines** sitzen ab Frühsommer oft in großer Zahl am Ufer. Nur ungern flattern sie kurze Strecken, meist kriechen sie langsam umher. Zur Fortpflanzungszeit kann man das kleinere Männchen eifrig dem Weibchen nachrennen sehen. Bei der Paarung überträgt das Männchen eine Spermatophore (Samenpaket). Die Kontaktaufnahme und Verständigung der Partner erfolgt durch artspezifische Vibrationsbewegungen des Abdomens, außerdem spielen Duftstoffe ein Rolle; die akustischen Signale werden über die Erschütterung des Untergrunds von Beinsinnesorganen (Subgenualorgan) wahrgenommen. Die Eiablage erfolgt auf Blättern und an Stängeln über dem Wasserspiegel, bevorzugt auf Schilfblättern. Einerseits bieten solche Gelege Schutz vor räuberischen Wassertieren, andererseits gibt es auf *Sialis*-Eier spezialisierte terrestrische Tiere, wie Hymenopteren, deren Larven die Eier parasitieren. Insgesamt werden bis zu 2000 Eier abgelegt. Die schlüpfenden Junglarven fallen oder kriechen ins Wasser.
Die **Larven** tragen je zwei lange, gegliederte und behaarte Anhänge an den Segmenten 1–7, die als Tracheenkiemen der Atmung dienen. Außerdem

haben sie einen unpaaren, relativ langen Terminalanhang am Körperende. Sie leben im Schlamm verschiedenster, auch organisch verschmutzter Gewässer, die aber nicht austrocknen dürfen. Sie erbeuten Zuckmückenlarven, Erbsenmuscheln und Würmer, die sie mit den beißenden Mundwerkzeugen zerkleinern. Auch verschmähen sie Artgenossen nicht als Nahrung. Meist kriechen sie im Schlamm, können durch Krümmungen ihres Hinterleibs aber auch recht gut schwimmen. Sie haben meist eine zweijährige (in Ausnahmefällen auch dreijährige) Entwicklung mit neun bis zehn Häutungen. Die **Verpuppung** erfolgt an Land, in einer selbst gegrabenen Erdhöhle, bisweilen in beträchtlicher Entfernung vom Ufer.

Hafte, Netzflügler i. e. S. (Neuroptera, Planipennia)

Nur wenige Planipennia durchlaufen ihre Larvalentwicklung im Wasser. Die meisten leben terrestrisch, wie die als Blattlausvertilger bekannten Florfliegen oder die Sandtrichter bauenden Ameisenjungfern. Die Süßwassertiere gehören zu zwei Familien, die hier getrennt vorgestellt werden.

Die **Schwammfliegen** oder Schwammhafte (Familie Sisyridae) sind mit vier Arten in Mitteleuropa vertreten; die wohl häufigste Art ist *Sisyra fuscata*. Die kleinen **Imagines** (Länge ca. 7 Millimeter) haben einen schwarzbräunlichen Körper. Die Tiere sind träge und in der Dämmerung aktiv, ihre Ernährung ist noch weitgehend ungeklärt. Die Weibchen kleben ihre Eigelege an Pflanzen über dem Wasser und umhüllen sie mit weißem Gespinst. Von dort fallen die Junglarven ins Wasser und suchen schwimmend oder kriechend Schwämme oder Kolonien von Moostierchen auf, durch deren Atemwasserstrom sie offenbar angelockt werden. Die **Larven** (S. 250/4) ernähren sich vom Gewebe dieser Wirte, leben also parasitisch. Ober- und Unterkiefer (Mandibel und Maxille) sind zu feinen Halbrohren verlängert und bilden, aneinandergelegt, zwei geschlossene Saugrohre. Damit bohrt die Larve ihre Wirte an und saugt deren flüssige Bestandteile ein. Es sollen aber auch Fadenalgen angestochen werden. Die sieben Paar beinähnlichen, auf der Bauchseite liegenden Tracheenkiemen können mit schwingenden Bewegungen neues Atemwasser zuführen. Ein Terminalfilum wie bei den Schlammfliegen ist nicht ausgebildet. Zur Verpuppung kriechen die Larven im Frühjahr und Frühsommer an Pflanzenstängeln hinauf. Die **Verpuppung** erfolgt etwas über dem Wasserspiegel in einem graufarbenen, eiförmigen Kokon. Dieser wird aus Sekret der Malpighischen Gefäße gesponnen.

Ein wegen seiner Größe beeindruckender Netzflügler ist der Bachhaft *Osmylus fulvicephalus*, ein Vertreter der **Bachhafte** (Osmylidae). Die **Imagines** haben eine Körperlänge von 12–17 Millimeter und erreichen eine Flügelspannweite von 40–50 Millimeter. Ihre beiden großen, reich geäderten Flügelpaare, die auffällige dunkle Flecken tragen, werden in Ruhe steil dachförmig über den Rücken gelegt. Sie fliegen im Sommer, etwa zwischen Mai und August. Die Vorbereitung der Paarung ist insofern ungewöhnlich, als in diesem Fall das Männchen Weibchen anlockt. Hierzu verharrt es mit aufgespannten Flügeln und stülpt hinter dem Rückenschild des 8. Abdominalsegments ein Paar offenbar als Duftdrüsen zu interpretierende Säckchen aus. Ist ein Weibchen eingetroffen, so betastet es zunächst das Männchen, dann betasten beide wechselseitig die Halsregion, ehe das Männchen das Weibchen an einem nur bei diesem vorhandenen hakenartigen Fortsatz der Vorderhüften fasst. Daraufhin schiebt das Weibchen sein Hinterleibsende unter dasjenige des Männchens und ergreift mit Anhängen des Geschlechtsapparates die nun austretende, etwa 4 Millimeter lange Spermatophore. Nach der Paarung erfolgt v. a. an Blättern, einzeln oder zusammen mit anderen Weibchen, die Eiablage. Die **Larven** (S. 250/5) schlüpfen nach zwei bis drei Wochen und leben halb terrestrisch, halb aquatisch am feuchten Ufer kleiner Fließgewässer. Wie die Schwammfliegen hat auch die Larve der Bachhafte lange, etwas nach außen gebogene Saugzangen. Sie ernährt sich saugend v. a. von Insektenlarven in Gewässernähe. Bei Raubzügen unter Wasser hält sich die Larve mit einem am Hinterende befindlichen Haftorgan fest. Die Überwinterung erfolgt als Larve an Land, und erst im Frühling erfolgt die **Verpuppung** in Ufernähe in einem selbst gesponnenen Gespinstkokon. Vor der Verpuppung brechen die Larven einen Teil der Saugzangen ab, die dabei hinderlich sind. Nach etwa zwei Wochen erfolgt der Schlupf der Imago.

KÄFER (COLEOPTERA)

Die Käfer sind die artenreichste Insektenordnung. Zu ihrem Erfolg hat sicherlich auch die holometabole Entwicklung beigetragen, die eine sehr unterschiedliche Lebensweise von Larven und Imagines ermöglicht.
Gleich mehrfach in ihrer Stammesgeschichte haben sich Käfer das Leben in Gewässern erschlossen, was sich u. a. in einer Vielzahl unterschiedlicher Ernährungsweisen, Atemtechniken und Fortbewegungsarten äußert.
Die Imagines der Käfer sind meist stark gepanzert, ihre Vorderflügel sind zu Flügeldecken (Elytren) umgewandelt, die die darunter zusammengefalteten Hinterflügel und meist den gesamten Hinterleib bedecken. Durch ihren recht einheitlichen Bauplan sind sie in der Regel leicht als Käfer anzusprechen. Die Larven besitzen immer eine gut ausgebildete und sklerotisierte Kopfkapsel mit im Grundbauplan kauend-beißenden Mundwerkzeugen und drei Paar Laufbeinen. Ihre Gestalt ist überraschend vielfältig, sodass man sie oft nicht sofort als Käferlarven erkennen kann.
Systematisch lassen sich die obligat im Wasser lebenden Käfer den zwei großen Gruppen der Käfer zuordnen, den **Adephaga** und **Polyphaga** (vgl. Tabelle). Die Adephaga sind im Larval- wie im Imaginalstadium primär räuberisch. Die Polyphaga sind hinsichtlich ihrer Ernährung sehr viel vielfältiger. Zu den 344 in der Tabelle aufgeführten Arten kommen noch solche Familien hinzu, bei denen nur die Larven aquatisch sind (Sumpfkäfer, Scirtidae oder – hier nicht behandelt – Bachkäfer, Psephenidae), sowie Familien, die eigentlich terrestrisch sind, bei denen einzelne Vertreter aber z. B. als Larven Wasserpflanzen als Fraßpflanzen nutzen (z. B. Schilfkäfer unter den Blattkäfern; Chrysomelidae, S. 160). In den meisten Fällen können nur Spezialisten die in Deutschland ca. 400 mehr oder weniger fest an Wasser gebundenen Käfer bestimmen. Nur einige wenige Arten sind eindeutig anzusprechen, sodass man sich im Gelände oft mit einer Bestimmung auf Familienniveau zufriedengeben muss. Zur Bestimmung der im Wasser lebenden Käfer sei auf das Werk von Klausnitzer (1996) sowie auf Spezialliteratur verwiesen, die im Literaturverzeichnis genannt ist.

Schwimmkäfer (Dytiscidae)

Die Schwimmkäfer (S. 252–257) bewohnen in Mitteleuropa mit ihren rund 140 Arten v. a. stehende, aber auch andere Gewässer verschiedenster Art. Die **Imagines** sind mit ihrem abgeflachten, strom-

Übersicht der obligatorisch im Larven- wie Imaginalstadium wasserbewohnenden Käfer und die Zahl der in Deutschland als bodenständig (autochthon) anzusehenden Arten

UNTERORDNUNG ADEPHAGA		UNTERORDNUNG POLYPHAGA	
Überfamilie Caraboidea		**Überfamilie Hydrophiloidea**	
Schwimmkäfer (Dytiscidae)	140	Echte Wasserkäfer (Hydrophilidae)	47
Tauchkäfer (Noteridae)	2	Runzelwasserkäfer (Helophoridae)	24
*Schlammschwimmer (Hygrobiidae)	1	*Schmalwasserkäfer (Hydrochidae)	7
Taumelkäfer (Gyrinidae)	12	*Buckelwasserkäfer (Spercheidae)	1
Wassertreter (Haliplidae)	20	**Überfamilie Byrrhoidea**	
		Klauenkäfer (Dryopidae)	13
		Hakenkäfer (Elmidae)	25
		Überfamilie Staphylinoidea	
		Langtasterwasserkäfer (Hydraenidae)	52

(Quelle: D. Spitzenberg, schriftl. Mitteilung). Nicht behandelte Familien sind mit * markiert.

Bild 100. Schwimmkäfer erneuern ihren Luftvorrat, indem sie mit dem Hinterende das Oberflächenhäutchen durchstoßen. Ihr Luftreservoir liegt hauptsächlich unter den Flügeldecken, wo sich auch die Stigmen öffnen.

Bild 101. Charakteristisch für den Kugelschwimmer *Hyphydrus ovatus* ist eine Luftblase am Hinterende, die von einem Vorsprung der Flügeldecken abgestützt wird.

linienförmigen, glatten Körper, der weder Dornen noch irgendwelche Vorsprünge aufweist, hervorragend an das Schwimmen angepasst (z. B. S. 252/5). Der Hinterrand des Kopfes fügt sich genau in eine Ausbuchtung der Vorderbrust ein, und deren Rückenplatte schließt unmittelbar an die stark chitinisierten Deckflügel an. Nicht einmal die großen Halbkugeln der Facettenaugen ragen aus dem kahnförmigen Umriss des Körpers hervor. Dieser ist vollständig mit dem öligen, wasserabstoßenden Sekret zahlreicher Hautdrüsen eingefettet, sodass er außerhalb des Wassers immer trocken erscheint.

Die Dytisciden gehören zu den besten Schwimmern unter den wirbellosen Süßwassertieren. Die Hinterbeine sind mit ihren breiten, abgeflachten Gliedern und den langen, dicht stehenden Schwimmborsten ausgezeichnete Ruder. Sie werden bei den Dytisciden im Unterschied zu den recht ähnlich aussehenden Wasserkäfern i. e. S. (Hydrophilidae, S. 155) beim Schwimmen synchron bewegt. Zum Luftschöpfen hängen sich die Schwimmkäfer mit dem Hinterende an der Wasseroberfläche auf (im Gegensatz zu den im Kopf-Brust-Bereich Luft schöpfenden Hydrophiliden, S. 156, Bild 105).

Sie benutzen dabei die Hinterleibsspitze und die Hinterbeine, die nach vorn aufwärts gehalten werden und mit ihren Klauen das Oberflächenhäutchen durchbrechen. Dann biegen sich die letzten Hinterleibssegmente etwas nach unten. Durch den zwischen ihnen und dem Rand der Deckflügel entstehenden Spalt kann frische Luft in die beiden letzten, auf dem Rücken liegenden Stigmen des Tracheensystems einströmen (Bild 100). Aus diesem gelangt die Luft durch die übrigen, gleichfalls auf dem Rücken angeordneten Stigmen in den Raum zwischen Flügeln und Hinterleib (Subelytralraum).

Dieser Luftvorrat ist wichtig für die Hydrostatik der Tiere, die stets bemüht sind, ihr spezifisches Gewicht dem des Wassers anzugleichen. Wenn die Käfer im Winter durch eine Eisdecke von der atmosphärischen Luft abgeschnitten sind, wird die Luftmenge unter den Flügeln auch für die Atmung bedeutsam. Die Tiere lassen dann von Zeit zu Zeit die Luft aus dem Atemraum am Hinterleibsende in Blasenform austreten und ziehen sie nach einigen Sekunden wieder ein (vgl. Bild 101). Währenddessen dringt Sauerstoff aus dem sauerstoffreicheren Wasser in die sauerstoffärmere Luftblase ein und umgekehrt Kohlendioxid aus der Luftblase in das Wasser hinaus (physikalische Kieme, S. 34, Bild 11). Der Sauerstoffbedarf der Käfer ist in dieser Zeit wegen des stark herabgesetzten Stoffwechsels nicht groß.

Alle Schwimmkäfer ernähren sich räuberisch von Wassertieren, die sie mit den Vorderbeinen packen und mit den Mundwerkzeugen (Mandibeln und Maxillen) zerkleinern. Die größten Arten werden sogar Amphibien und Jungfischen gefährlich und können sich ihrerseits durch steroidhaltige Sekrete aus Drüsen in der Vorderbrust vor Angreifern schützen (Dettner 2019). Bei den Männchen vieler Dytisciden sind die ersten drei Fußglieder stark verbreitert und mit besonders gestalteten Haaren oder gestielten Saugnäpfen unterschiedlicher Größe besetzt. Mit ihnen heftet sich das Männchen bei der im Wasser erfolgenden Paarung auf dem Halsschild des Weibchens fest. Die Paarungszeit ist artspezifisch unterschiedlich; die großen Formen kann man teils ganzjährig bei der Fortpflanzung beobachten. Bei ihnen paaren sich die Geschlechter wiederholt mit verschiedenen Partnern. Drei Typen der Eiablage sind bekannt: Manche Arten legen ihre Eier einzeln oder zu Laichschnüren vereinigt auf der Oberfläche von Wasserpflanzen ab, mit Vorliebe auch in Blattachseln (z. B. *Colymbetes*); andere bohren sie mithilfe eines Legestachels in Pflanzen dicht unter der Wasseroberfläche ein (z. B. *Agabus*, *Dytiscus*). Die dritte Gruppe legt ihre Eier außerhalb des Wassers an feuchten Verstecken in Ufernähe ab, wie etwa Baumstümpfen oder bewachsenen Steinen (z. B. *Acilius*).

Die **Larven** sind durch die charakteristische Gestalt ihrer Oberkiefer (Mandibeln) gekennzeichnet, welche die Form gebogener Dolche haben (S. 252/2b). Innen sind sie hohl. In ihnen verläuft je ein Saugkanal, der durch eine allseitig abgedichtete Rinne an der Innenseite der Mandibeln gebildet wird. Diese Kanäle haben im Kopfinneren eine Verbindung mit dem Schlund. Die übrigen Mundwerkzeuge sind verkümmert; die enge Mundspalte selbst ist nur ausnahmsweise (*Acilius*, *Graphoderus*) zur Aufnahme von Nahrung geeignet. Die Larven sind Räuber und durchbohren ihre Beute mit der spitzen Oberkieferzange (Bild 102). Aus dem Mitteldarm wird durch die Mandibelkanäle eine gelbbraune Flüssigkeit in das Opfer injiziert. Diese enthält ein Gemisch von Enzymen, die das Beutetier in wenigen Minuten lähmen, töten und seine inneren Organe zu einem flüssigen Brei auflösen. Die so außerhalb ihres Körpers bereits vorverdaute

Bild 102. Die Larven der Gelbrandkäfer haben spitze, hohle Kiefer, mit denen sie Verdauungssäfte in ihr Opfer spritzen und es anschließend unter Wasser aussaugen.

Nahrung saugt die Larve durch die Oberkieferkanäle ein.

Auch die Larven atmen Luft, die sie an der Wasseroberfläche durch zwei Stigmen des letzten Hinterleibssegments aufnehmen. Nach ihrer Lebensweise unterscheiden wir drei Gruppen von Schwimmkäferlarven, zwischen denen es Übergänge geben kann. Die kriechenden Larven (z. B. *Colymbetes*, *Agabus*, *Hyphydrus*, *Hydroporus*) leben hauptsächlich in flachen Kleingewässern, Tümpeln und Bächen. Sie können nur schlecht schwimmen und stützen sich zum Atemholen auf den Boden. Die schwimmenden Larven bewohnen etwas tiefere Wasserschichten und halten sich zur Atmung meist an Wasserpflanzen fest, wo sie auch oft nahe der Oberfläche auf Beute lauern (z. B. *Rhantus*, *Dytiscus*). Die schwebenden Formen können sich frei am Oberflächenhäutchen des Wassers aufhängen (z. B. *Acilius*, *Graphoderus*).

Die Lebensweise v. a. der Larven kleinerer Arten ist noch weitgehend unbekannt.

Die Entwicklungszeit ist je nach Art verschieden.

Die **Verpuppung** erfolgt an Land. Hierzu klettern die erwachsenen Larven ans Ufer und graben sich eine Erdhöhle. Die Schwimmkäfer überwintern, je nach Art, als Imago, Larve oder im Eistadium. Die großen Arten können ein Lebensalter von bis zu fünf Jahren erreichen. Während der Fortpflanzungszeit oder auf der Suche nach Eiablage- oder Überwinterungsgewässern unternehmen die Käfer häufig weite Flüge. Sie starten dabei vom Ufer oder von erkletterten Wasserpflanzen aus, landen jedoch direkt auf der Wasseroberfläche. Sie orientieren sich dabei an spiegelnden Oberflächen.

Bild 103. Taumelkäfer schwimmen auf der Wasseroberfläche in auffälligen Kreis- oder Spiralbahnen. Man beachte die senkrecht stehende Antennengeißel, mit deren Hilfe Oberflächenwellen wahrgenommen werden können.

Tauchkäfer, Uferfeuchtkäfer (Noteridae)

Früher wurden die einzigen beiden in Deutschland lebenden Vertreter der Tauchkäfer (*Noterus*) zu den Dytiscidae gestellt, heute bilden sie eine eigene Familie (S. 256/7; Noteridae). Sie leben in schlammigen Stillgewässern, wo sich die zylindrischen Larven mit dem Vorderende ins Substrat eingraben. Sie können sich auch an Land fortbewegen, indem sie sich mit den Mandibeln festhalten und anschließend den Körper nachziehen. Die Ernährungsweise ist noch ungeklärt. Die Verpuppung erfolgt im Schlamm an den Wurzeln von Wasserpflanzen. Die Imagines können gut schwimmen, halten sich aber gerne am Boden und Wasserpflanzen auf, wobei sie sich mit dem kräftigen Grabsporn am ersten Beinpaar (Protibialsporn) festhaken können. Sie ernähren sich bevorzugt von Chironomidenlarven.

Taumelkäfer (Gyrinidae)

Die Taumelkäfer, mit 12 Arten in Deutschland vertreten (S.258/1–3), erkennt man schon auf den ersten Blick an ihrer sehr eigentümlichen Bewegungsweise. Die **Imagines** ziehen rasend schnell Kreise oder Spiralbahnen auf der Oberfläche stehender und in Buchten langsam fließender Gewässer (Bild 103). Nie streben sie ein Ziel in gerader Linie an. Sie sind ein typischer Vertreter des Lebensraumes Wasseroberfläche (Pleuston).
Die Käfer haben einen bootförmigen Körper und sind besonders an das Leben an der Wasseroberfläche angepasst. Ihre breiten, flachen Mittel- und Hinterbeine tragen an den Schienen und den fächerartig zusammenlegbaren Fußgliedern lange Schwimmhaare. Diese Beine gelten als die effektivsten Ruderbeine im Tierreich.

Bei schönem Wetter sonnen sie sich gern auf Schwimmblättern und Ufersteinen. In der Dämmerung unternehmen sie oft weite Flüge. Sie können aber auch blitzschnell in die Tiefe tauchen, z. B. bei Gefahr. Dort müssen sie sich allerdings stets mit den langen, dünnen Vorderbeinen z. B. an Wasserpflanzen festklammern, um nicht durch den Luftvorrat unter ihren Flügeldecken an die Oberfläche gerissen zu werden. Mit den Vorderbeinen ergreifen sie auch ihre Beute, die aus lebenden und toten Insekten auf der Wasseroberfläche besteht. Nur gelegentlich fangen sie auch Beute unter Wasser. In Anpassung an ihre besondere Lebensweise sind ihre großen Facettenaugen durch eine Querfurche in eine obere und eine untere Hälfte geteilt, die sich in ihrem anatomischen Bau unterscheiden. Sie haben somit ein Paar „Doppelaugen". Die oberen Hälften der Augen dienen zum Sehen über Wasser; die unteren beiden nehmen die Vorgänge im Wasser wahr.
Das Orten von Beute und das Erkennen von Hindernissen erfolgt mit den Antennen: Das 2. Grundglied liegt wie ein Schiffchen auf dem Wasser, während die Antennengeißel in die Luft ragt, sodass beide Teile durch kleine Oberflächenwellen gegeneinander geschert werden. Diese Auslenkung nimmt das Johnstonsche Organ, ein mechanorezeptives Sinnesorgan im 2. Antennenglied, wahr.
Neben der eigentümlichen Bewegungsweise und dem Tauchvermögen haben die Gyriniden weitere Strategien, um Feinde loszuwerden. So können sie aus Drüsen der Hinterleibssegmente ein milchiges

Sekret abgeben oder auch ans Ufer flüchten, um dadurch Verfolgern zu entgehen.
Die Eier werden im Mai und Juni unter Wasser z. B. an Wurzeln angeklebt. Im Juni/Juli schlüpfen die schlanken **Larven**, die gewöhnlich auf dem Boden umherkriechen, aber auch gut schwimmen können. Dabei schwingt ihr Hinterleib auf und nieder. Sie atmen durch Tracheenkiemen, fadenartige, behaarte Anhänge des Hinterleibs (S. 258/3). Auch die Larven sind Raubtiere, die ihre Beute, kleinere Wassertiere (z. B. Chironomiden, Oligochaeten), mit den Mandibeln packen, ein zugleich lähmendes und auflösendes Gift einspritzen und ihre Beute dann mit den Kiefern zerkleinern. Die Larven bauen sich zur **Verpuppung** Kokons, die aus erstarrtem Sekret und Fremdkörpern, wie Algenfäden, bestehen. Meist überwintern die Imagines an Land, unter Steinen oder in Blattachseln von Uferpflanzen.

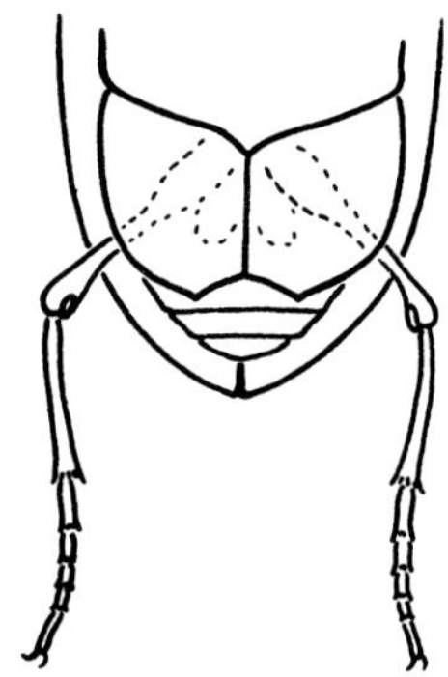

Bild 104. *Haliplus* sp. von der Bauchseite. Die Hüften der Hinterbeine sind als paarige Platten zur Luftspeicherung ausgebildet.

Wassertreter (Haliplidae)

Diese relativ kleine Käferfamilie umfasst in Mitteleuropa 20 Arten (S. 258/4–6). Sie besiedeln vorzugsweise pflanzenreiche Gewässer. Die höchstens vier Millimeter langen und selten mehr als zwei Millimeter breiten Käfer kann auch der Laie leicht an ihrem Verhalten erkennen: Beim Schwimmen bewegen sie alle ihre lang behaarten Beine, aber nicht im synchronen Ruderschlag, sondern jedes Bein für sich.
Zudem sind die beiden Hinterhüften zu großen Platten verbreitert, die in der Mitte zusammenstoßen und seitlich bis zu den Rändern der Deckflügel reichen (Bild 104). Zwischen Bauchfläche und Hüftplatten befindet sich ein Luftvorrat. Der Atmungsvorgang gleicht dem der Dytisciden. Die Halipliden können jedoch erstaunlich lange unter Wasser bleiben. Sie fressen hauptsächlich Algen, aber auch unterschiedliche Anteile tierischer Kost. Offenbar ermöglichen die unterschiedlichen Nahrungspräferenzen auch das gleichzeitige Vorkommen mehrerer Arten an einem Ort. Die Imagines sind schlechte Flieger.
Die Eier werden an oder in Algenfäden abgelegt. Die sehr schlanken Larven ähneln denen der Schwimmkäfer, haben auch entsprechend gestaltete Mundwerkzeuge. Sie bohren jedoch mit ihren Oberkiefern Algenfäden an und saugen sie aus. Ihre Atmung erfolgt in erster Linie durch die Haut, sie haben ein geschlossenes Tracheensystem. Die Verpuppung erfolgt am Ufer in Erdlöchern.

Wasserkäfer i. e. S., Wasserfreunde (Hydrophilidae)

Von den rund 80 heimischen Wasserkäfern im engeren Sinne (Hydrophilidae = Wasserfreunde, S. 260/1–6) leben nur knapp zwei Drittel wirklich im Wasser. Diese bewohnen vorzugsweise pflanzenreiche Weiher, Tümpel und auch Bäche. Das restliche Drittel lebt im Grenzgebiet zwischen Wasser und Land oder völlig außerhalb des Wassers, beispielsweise in Kuhfladen. So sehr sich Hydrophiliden und Dytisciden als **Imagines** bei flüchtiger Betrachtung gleichen, so sehr unterscheiden sie sich in der Lebensweise und in wichtigen Merkmalen des Körperbaus. So ist z. B. der Rücken der meisten Schwimmkäfer stark abgeflacht, der der Wasserkäfer dagegen hochgewölbt. Mittel- und Hinterbeine der Wasserfreunde sind nur spärlich mit Schwimmhaaren besetzt. Beim Schwimmen werden die Beine eines Paares nicht synchron bewegt. Die Wasserkäfer sind daher recht langsame Schwimmer, kleinere Arten laufen meist am Gewässergrund oder auf Pflanzen.

Bild 105. *Hydrophilus aterrimus* beim Atmen. Zur Erneuerung ihres Luftvorrats schwimmen Wasserkäfer mit dem Kopf voran an die Wasseroberfläche. Als Halbrinne ausgebildete Anntennenglieder legen sich an die rinnenartig vertiefte Schläfenregion und bilden eine Luftröhre.

Wie die Dytisciden atmen auch die Hydrophiliden über eine physikalische Kieme. Ihren Luftvorrat tragen sie jedoch v. a. an der Unterseite von Brust und Hinterleib, wo dieser durch samtartige Haarflächen festgehalten wird. Ein kleinerer Luftvorrat befindet sich unter den Flügeldecken. Wegen dieser unterschiedlichen Verteilung des Luftvorrats sieht man besonders die kleineren Arten oft mit nach oben gekehrtem, silbrig glänzendem Bauch umherrudern oder an der Unterseite des Wasserspiegels kriechen.

Zum Luftschöpfen kommen die Hydrophiliden mit dem Kopf an die Oberfläche. Dann wird eine aus zwei Halbröhren bestehende Verbindung zwischen der Außenluft und den Stigmen der Vorderbrust hergestellt, durch die die Luft in das Tracheensystem einströmt (Bild 105). Die eine Halbröhre verläuft beiderseits am Kopf und wird von zwei Haarsäumen begleitet. Die andere Halbröhre wird von den vier Vordergliedern der Fühler gebildet, diese sind löffelförmig ausgehöhlt und bilden zusammen eine Halbrinne, die sich bei entsprechender Biegung der Fühler auf den Kanal der Kopffurche legt und so ein geschlossenes Rohr entstehen lässt. Die Fühler sind damit Hilfsorgane zum Atmen. Ihre Funktion wird von den auffällig großen Kiefertastern übernommen. Nach Durchströmen des Tracheensystems gelangt die Luft durch die Stigmen des Hinterleibs auf Bauch- und Rückenseite. Die Imagines sind hauptsächlich Pflanzenfresser.

Einige Arten legen ihre Eier einzeln im Wasser ab. Die Weibchen der meisten Arten umhüllen sie mit Seidengespinst oder bringen sie in rundlichen, aus Seide gesponnenen Kokons unter, betreiben also

Bild 106. Eikokon des Kleinen Kolbenwasserkäfers (*Hydrochara caraboides*). Der Kokon wird durch Planzenmaterial maskiert, der Mast dient zur Sauerstoffversorgung der Eier und Junglarven auch bei unruhigen Wasserbewegungen.

Bild 107. Larve des Kleinen Kolbenwasserkäfers mit weit geöffneten, gezähnten Mandibeln. Das Abdomen trägt sieben Paar Tracheenkiemen.

eine Brutfürsorge. Einige Arten befestigen die Eikokons an ihren Hinterbeinen und schleppen sie mit sich umher, andere heften sie an Wasserpflanzen an oder maskieren die Kokonwand mit eingesponnenem Pflanzenmaterial und lassen das Ganze auf der Wasseroberfläche treiben. Die Kokons mancher Arten sind mit einem gleichfalls gewobenen kamin- oder bandförmigen Fortsatz ausgestattet. Am bekanntesten ist der „Mast" des Kokons des Großen und des Kleinen Kolbenwasserkäfers (Bild 106). Es handelt sich um eine Anpassung an wechselhafte Witterungsbedingungen. Denn solange der Kokon ruhig an der Oberfläche treibt, kann der für die Entwicklung notwendige Sauerstoff durch die porösen Wände ins Innere diffundieren. Wird der Kokon aber, z. B. durch Wellenbewegung, untergetaucht, so erfolgt die Sauerstoffdiffusion durch den hochragenden „Mast". In völlig untergetauchten Kokons sterben Eier und Larven ab. Der Spinnstoff zur Kokonherstellung stammt aus Nebendrüsen der Geschlechtsorgane, die in einem Spinnapparat am Abdominalende münden.

Die meist räuberischen **Larven** (Bild 107) leben zum größten Teil in flachem Wasser, wo sie durch zwei Stigmen am Körperende Luft aufnehmen. Manche Arten haben Tracheenkiemen, andere besitzen im letzten Abdominalsegment eine verschließbare Atemkammer. Sie können nur schlecht schwimmen und langsam kriechen. Die Beute (Tellerschnecken, Oligochaeten, Insektenlarven u. a.) wird durch ausgeschiedene Mitteldarmflüssigkeit außerhalb des Körpers verdaut und dann aufgesaugt. Die Oberkiefer sind jedoch nicht von Kanälen durchbohrt. Es kann also keine wasserdichte Verbindung zwischen Schlund und Nahrungskörper hergestellt werden wie bei den Dytisciden. Daher muss die Beute über das Wasser hinausgehalten werden oder die Larven legen sich zur Nahrungseinnahme auf die Wasseroberfläche. Kannibalismus, das Fressen von Aas sowie eine phytophage Ernährung kommt vereinzelt auch vor. Zur **Verpuppung** graben sich die Larven der meisten Arten am Ufer Erdhöhlen.

Klauenkäfer (Dryopidae)

Die Imagines der Dryopidae (Hauptgattung *Dryops*) messen nur wenige Millimeter, haben kurze Fühler, deren zweites Glied ohrförmig vergrößert ist, kräftig entwickelte Klauen und besitzen eine dichte Rückenbehaarung (S. 262/1). Über die Biologie und Ökologie der 13 in Deutschland vorkommenden durchweg an Gewässer gebundenen Arten ist noch wenig bekannt. Die Larven sind zylindrisch geformt, haben kurze Beine und sind oft rötlich gefärbt. Anders als die Hakenkäfer haben sie keine Analkiemen (s. u.).

Die Arten leben am Ufer stehender und teils auch fließender Gewässer, manchmal in großer Individuenzahl. Larven und Imagines ernähren sich von Detritus. Die Imagines atmen über ein Plastron. Die Eier werden mit einem Legeapparat (Ovipositor) abgelegt. Von einigen Arten gibt es zwei Generationen pro Jahr, bei anderen dauert die Larvalentwicklung zwei Jahre. Die Verpuppung erfolgt im Boden, die Überwinterung kann als Larve oder Imago erfolgen. Die *Dryops*-Arten lassen sich fast ausschließlich anhand des männlichen Genitales bestimmen.

Hakenkäfer (Elmidae)

Die Hakenkäfer (z. B. *Elmis*, *Limnius*, *Oulimnius*, *Riolus*) umfassen in Mitteleuropa rund 40, als **Imago** meist schwarz oder braun gefärbte, winzi-

ge, wenig behaarte Arten mit fadenförmigen Fühlern, die früher mit den Dryopidae in einer gemeinsamen Familie geführt wurden.
Fast alle Elmidae (S. 262/2) bevorzugen stärker bewegtes, sauerstoffreiches Wasser, z. B. rasch strömende Bäche und Brandungsufer von Seen. Mit ihren kräftigen Krallen klammern sie sich an Wasserpflanzen oder sitzen in Kleinsträumen zwischen Steinchen oder Blättern. Sie sind Holz-, Detritus- und Algenfresser. Sie können nicht schwimmen, sondern nur sehr langsam kriechen.
Nach der außerhalb des Gewässers durchlaufenen **Puppenruhe** kriecht der erwachsene Käfer ins Wasser. Der Luftvorrat, den er zu dieser Zeit in seinem Tracheensystem und im Haarkleid der Bauchseite trägt, reicht offensichtlich aus, um ständig unter Wasser bleiben zu können (Plastronatmer; S. 34, Bild 11). Der Luftvorrat muss aber immer wieder neu mit Sauerstoff angereichert werden. Hierzu massiert der Käfer von Zeit zu Zeit mit den Vorderschenkeln das Haarkleid der Vorderbrust durch bürstende Bewegungen. Dies bewirkt, dass aus den Stigmen der Vorderbrust eine größere, aus denen der Hinterbrust und des 1. Hinterleibssegmentes kleinere Luftblasen austreten. Diese werden mit den Schenkeln und Schienen der Vorderbeine etwa eineinhalb Minuten lang durchgeknetet, um den Gasaustausch mit dem Wasser zu fördern. Das in der verbrauchten Atemluft enthaltene Kohlendioxid wird vom Wasser aufgenommen. Als Ersatz diffundiert Sauerstoff in die Luftblase hinein. Danach werden die „Atemblasen" wieder in die Stigmen eingesogen. Dieser komplexe Atemvorgang erklärt, dass Klauenkäfer nur in rasch fließenden oder kalten Gewässern leben können, da der Sauerstoffgehalt dort besonders groß ist.
In Fließgewässern zeigen die Elmiden von Quellrinnsalen über kleine Bäche bis hin zu größeren Flüssen eine ökologisch interessante Abfolge einzelner Arten. Außerdem sind oft bestimmte Arten miteinander vergesellschaftet.
Die Eier werden von den Weibchen mithilfe eines langen, ausstreckbaren Legeapparates in Gesteinsritzen und unter Algen- und Moosrasen gelegt.
Die meist flachen, asselähnlichen, vereinzelt auch leicht zylindrisch geformten **Larven** sind ziemlich stark chitinisiert und bei vielen Arten während des ganzen Jahres an den gleichen Stellen wie die Imagines zu finden. Sie atmen mithilfe von Tracheenkiemen, die in einer verschließbaren Höhlung des letzten Hinterleibssegments liegen (Analkiemen) und abwechselnd herausgestreckt und wieder eingezogen werden. Die Bestimmung der Elmidae ist schwierig, oft können nur die Männchen eindeutig bestimmt werden.

Sumpfkäfer (Scirtidae)

Die Sumpfkäfer (S. 262/3) sind unter den hier dargestellten Gruppen dadurch ausgezeichnet, dass bei ihnen nur die **Larven** aquatisch, die Imagines aber terrestrisch leben. Aus Deutschland sind ca. 25 Arten bekannt. Die Larven ähneln denen der Elmidae, haben aber längere Antennen, deren Gliederzahl im Verlauf der fünf Stadien zunimmt. Die Larven sind meist lichtscheu, können nicht aktiv schwimmen, sondern klettern auf dem Gewässerboden sowie an Wasserpflanzen umher. Zum Erneuern der Atemluft müssen sie alle zehn bis 20 Minuten zur Oberfläche aufsteigen. Dazu werden die nur am 8. Abdominalsegment vorhandenen Stigmen benutzt, um v. a. die zu Luftsäcken umgewandelten Tracheenlängsstämme mit frischer Atemluft zu füllen. Als weiteres Atemorgan haben sie durch Hämolymphdruck aus der dorsalen Kloakalwand ausstülpbare fingerförmige Analpapillen (Branchialorgan), die zudem der Osmoregulation dienen. Die Sumpfkäferlarven sind auch fähig, am Oberflächenhäutchen entlangzuklettern.
Die Mundwerkzeuge sind zu einem Filterapparat umgebildet, mit dem organische Sinkstoffe und/oder Mikroorganismen aufgenommen werden. Die Larven von *Cyphon palustris* leben mitunter massenhaft im Grundwasser.
Die **Verpuppung** erfolgt meistens an Land, *Hydrocyphon deflexicollis* verpuppt sich im Wasser. Eine Bestimmung auf Artniveau ist nur bei einzelnen Arten möglich.

Langtasterwasserkäfer (Hydraenidae)

Wie die Hydrophiliden haben auch die Hydraenidae (S. 262/4-6) lange Kiefertaster, die weitgehend als Antenne fungieren, und kurze, der At-

mung dienende Antennen. Mit rund 50 Arten besiedeln sie bevorzugt Fließgewässer. 217
Die **Imagines** tragen auf der Unterseite einen Luftvorrat mithilfe hydrophober Haare. Dieser wird bei den Arten sauerstoffreicher Fließgewässer wohl selten erneuert (Plastronatmer). Sie bewegen sich auf dem Substrat schreitend vorwärts, schwimmen können sie nicht. Sie fressen Algenaufwuchs und Detritus. Die Eier werden einzeln an Steine, Algen oder auch außerhalb des Wassers abgelegt, gelegentlich ohne eine Umhüllung, meist aber durch ein Gespinst geschützt. Zur Anfertigung dieser unterschiedlich gestalteten Hüllen dient ein Spinnapparat am Körperende der Weibchen.
Die **Larven** leben benthisch im Uferbereich (teils semiterrestrische Lebensweise) und können nicht schwimmen. Ihr Körper ist lang gestreckt, trägt keine Kiemen und kurze, kräftige Beine (S. 262/6). Sie ernähren sich von Algen- und anderem Aufwuchs. Auch sie sind Plastronatmer. Zur **Verpuppung** begeben sich die Larven an Land, wo sie aus Schlamm eine Art Kokon anfertigen.
In Deutschland sind sie mit drei Gattungen vertreten: *Hydraena*-Arten sowie einige *Ochthebius*-Arten bewohnen Fließgewässer, andere *Ochthebius*-Arten sind im Küstenbereich und brackigen Kleingewässern zu finden. Die *Limnebius*-Arten bevorzugen stehende Kleingewässer oder – selten – Quellen und quellnahe Bäche.

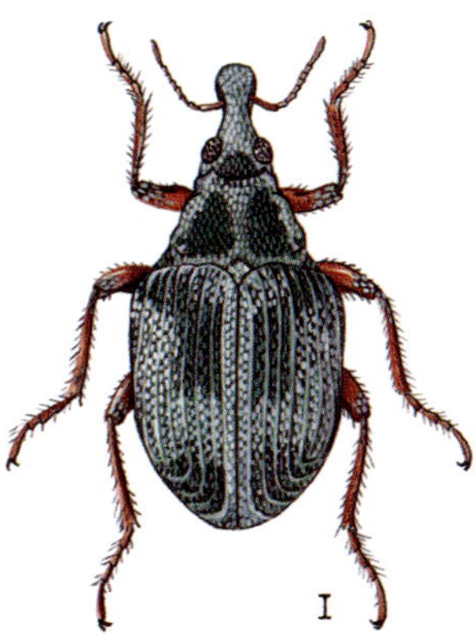

Bild 108. Der hellgrüne, dunkelgrün gefleckte Rüsselkäfer *Phytobius leucogaster* ist ein Vertreter einer vorwiegend terrestrisch lebenden Käferfamilie, die gelegentlich an Wasserpflanzen zu finden ist.

Runzelwasserkäfer (Helophoridae)

Diese Käferfamilie wurde lange Zeit unter den Hydrophiliden geführt, da auch bei ihnen die Kiefertaster Antennenfunktion und die Antennen Atmungsfunktion übernehmen. Sie sind in Deutschland mit 24 Arten vertreten, die einzige Gattung ist *Helophorus* (S. 62/7). Sie leben meist in vegetationsreichen Stillgewässern oder Fließgewässern mit geringer Strömung. Auch ihre Lebensweise ähnelt der der Hydrophilidae.

Weitere Käfer mit einer Bindung an Süßwasser-Lebensräume

Neben den Sumpfkäfern, die nur im Larvenstadium in Gewässern leben, gibt es eine Reihe weiterer Gruppen der Käfer, die eine ähnliche, nur auf bestimmte Stadien begrenzte Bindung an Gewässer haben. Die Mehrheit der Arten dieser Käferfamilien lebt rein terrestrisch. Das Leben am und im Gewässer steht meist mit der Präferenz für limnische Makrophyten in Zusammenhang oder einer Vorliebe für hygrophile Pflanzen, die die Gewässerufer besiedeln. Die Pflanzen können für die Stadien verschiedenste Bedeutung haben (Nahrung, Lieferant von Sauerstoff über das Luftröhrensystem, Verpuppungsort). Hier können nur einige Beispiele genannt werden.

Rüsselkäfer (Curculionidae)

Es gibt viele Arten von Rüsselkäfern, die im Grenzbereich zwischen Wasser und Land an Sumpf- und Wasserpflanzen vorkommen. Bei vielen ist noch unklar, ob sie als Imago und/oder als Larve wirklich im Wasser leben. Die Details der Atmung unter Wasser sind bei vielen Arten noch ungeklärt. Aber man weiß beispielsweise für *Eubrychius velutus* und *Bagous*-Arten, dass die Imagines untergetaucht leben können und dann Plastronatmer sind.

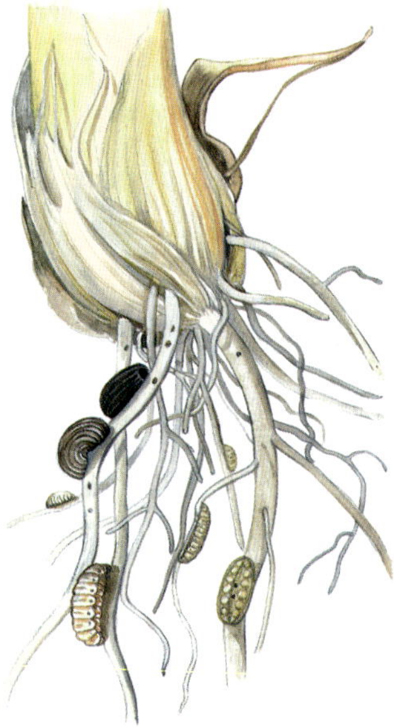

Bild 109. Larven und Puppen des Schilfkäfers an den Wurzeln einer Wasserpflanze.

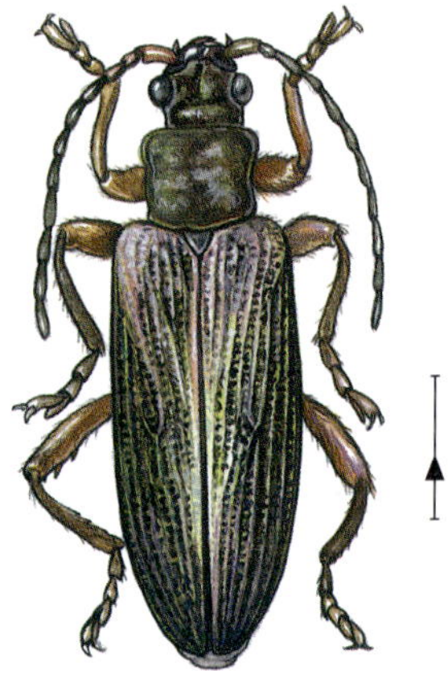

Bild 110. Imago eines Schilfkäfers (*Donacia* sp.), Länge 5,5–12 Millimeter. Körper lang gestreckt, einem Bockkäfer (Cerambycidae) ähnlich. Halsschild stark eingeschnürt. Fußglieder mit dichter Sohlenbürste. Körper oberseits abgeflacht, oft metallisch glänzend, gelblich, grünlich, bronzefarben oder kupfern.

Eine weitere Art ist *Phytobius leucogaster*, die an Wasserpflanzen (meist *Myriophyllum* sp.) zu finden ist (S. 159, Bild 108). Sie kann nicht schwimmen und lebt ständig unter Wasser, wo auch die Kopulation stattfindet. Die etwa zwei Millimeter lange Art hat einen Körper, der mit unbenetzbaren Schüppchen bedeckt und stets von einer Luftschicht umgeben ist.

Blattkäfer (Chrysomelidae)

Mit den Schilf- oder Rohrkäfern hat auch diese Familie aquatische Formen hervorgebracht. Die Imagines der Gattungen *Donacia* und *Plateumaris* sind im Sommer an den verschiedensten Sumpf- und Wasserpflanzen zu finden, wo sie Blattgewebe, zum Teil auch Pollen fressen (je nach Art an Seerosen, Laichkraut, Seggen). *Macroplea*-Imagines leben hingegen untergetaucht und atmen über eine feine, von Haaren festgehaltene Luftschicht (Plastron). Larven der Blattkäfer fressen meist an derselben Pflanzengattung wie die Imagines, aber oft strenger an einzelne Arten gebunden. Sie leben oft mehrere Meter unter Wasser, an Wurzeln oder Rhizomen (Bild 109). Die Atemluft beziehen sie aus dem Luftröhrensystem der Pflanzen (S. 69). Hierzu bohren sie mit zwei hakenähnlichen Hinterleibsfortsätzen Löcher in das Gewebe und nehmen die Luft mit den paarigen Endstigmen auf. Die Tiere bewegen sich in ihrem mehrjährigen Larvendasein nur wenige Zentimeter fort. Vor der Verpuppung scheiden sie ein Sekret aus, das den Körper vollkommen bedeckt und sich seitlich mit dem Pflanzengewebe verbindet. Von innen wird es zusätzlich mit Mundsekreten und Kot abgedichtet.

Der Schilfkäfer (*Donacia* sp.) lebt mit 23 Arten in Deutschland an verschiedenen Wasserpflanzen, auch solchen mit Schwimmblättern (Bild 110).

Ein weiterer im Gewässerumfeld regelmäßiger Chrysomelide ist der Erlenblattkäfer *Agelastica alni*, bei dem die Larve und die auffällig bläulich gefärbte Imago an Erlenblättern fressen.

ZWEIFLÜGLER (DIPTERA)

Dipteren sind holometabole Insekten, deren zweites Flügelpaar zu Schwingkölbchen (Halteren) umgewandelt ist, weswegen nur zwei Flügel sichtbar sind (Name). Die Zahl der Arten, deren Larven und Puppen im Wasser leben, ist mit über 1500 so groß, dass hier nur die wichtigsten Familien behandelt werden können. Selbst Experten können viele Arten nicht im Gelände bestimmen. Eine eigene Problematik tut sich bei den Entwicklungsstadien auf: Bei einem Großteil der Arten sind Larven und Puppen noch unbekannt; auch die Kenntnis über die Ökologie der Larven (rein aquatisch oder semiaquatisch, d. h. im Übergangsbereich Wasser/Land lebend) ist sehr lückenhaft. Meist lassen sich die beinlosen Larven erst ab dem 3. bis 11. Larvenstadium zumindest einer Dipterenfamilie klar zuordnen. Für die Bestimmung der Dipterenlarven sei auf die Werke von Faasch (2015) und Mauch (2017) verwiesen, die das bisherige Wissen zusammengefasst haben.

MÜCKEN „NEMATOCERA"

Mückenlarven sind an der Kopfkapsel zu erkennen, die meist vollständig und deutlich, in seltenen Fällen nur schwach ausgeprägt ist (eucephale bzw. hemicephale Larven). Oft haben sie beinähnliche Fortsätze (Pseudo- oder Parapodien). Die Puppen sind z. T. beweglich und lassen die Körperanhänge der Adulten erkennen (Mumienpuppen). Imagines sind an ihren meist langen Fühlern mit mindestens sechs gleich gestalteten Antennengliedern zu erkennen (S. 264–271), worauf der Fachbegriff anspielt (gr. *nemato* = Faden, *keras* = Horn).

Zuckmücken, Tanzmücken (Chironomidae)

Die Zuckmücken sind mit über 750 Arten allein in Deutschland die artenreichste Insektenfamilie der Binnengewässer. Es gibt kaum ein Gewässer ohne sie. Zudem kommen sie häufig in sehr hoher Anzahl an einem Ort vor. Ihre **Larven** machen oft 50 %, bisweilen sogar über 70 % der gesamten Tiefenfauna von Seen aus. Man hat schon mehr als 50 000 Tiere je Quadratmeter Bodenfläche gezählt. Sie gehören dadurch zu den wichtigsten Beutetieren der Fische.
Trotz unterschiedlicher Lebensweise sind die Arten morphologisch sehr schwer zu unterscheiden. Insbesondere die Bestimmung der Larven ist schwierig. Kennzeichnend sind die am 1. Brustsegment und am Hinterende (dort als Nachschieber) paarig ausgebildeten Parapodien, die an der Basis miteinander verschmolzen sind. Sie ermöglichen ein langsames Kriechen. Der Gasaustausch erfolgt vorwiegend über die Haut. Zusätzlich dienen noch die zwei Paar dünnen Schläuche (Blutkiemen, Ventraltubuli) am vorletzten Hinterleibssegment der Atmung, bei manchen Arten auch ein weiteres Paar am drittletzten Segment. Die am Körperende liegenden „Analschläuche" (Analpapillen) haben osmoregulatorische Funktion. Auf der Dorsalseite des letzten Körpersegments finden sich in aller Regel paarige Fortsätze, die Procerci („Borstenträger"). Diese können zwar gelegentlich fehlen, immer aber sind an dieser Stelle teils sehr lange Borstenbündel vorhanden. Vor der Verpuppung stehende, mature Larven sind oftmals durch aufgebläht wirkende Brustsegmente zu erkennen.
Die Zuckmücken werden anhand der Larvalmerkmale in (Deutschland: acht) Unterfamilien und diese teils wiederum in verschiedene Triben (Einzahl Tribus) unterteilt. Bereits die Bestimmung der Unterfamilie ist recht schwierig.
Viele Zuckmückenlarven leben in den oberen Schlammschichten des Gewässergrundes. Dort bauen sie sich mit dem Sekret ihrer beiden Speicheldrüsen feine, oft u-förmige Gespinströhrchen, die mit je einer Öffnung am Vorder- und Hinterende an der Oberfläche münden. Vor allem Bewohner fließender Gewässer stellen recht kunstvolle Gebilde her, z. B. in Gestalt fünfzipfeliger Kelche (S. 264/2). Das Gespinst wird von Zeit zu Zeit mit den darin haften gebliebenen Detrituspartikeln und Algen gefressen. Einige wenige Chironomidenlarven minieren in den Blättern von Wasserpflanzen (z. B. *Potamogeton*). Blattoberhaut und Blattunterhaut bleiben (ausgenommen den Öffnungen an den Gangenden) also unbeschädigt, ganz im Gegensatz zu den offenen Fraßgängen einiger Schilfkäfer (S. 160). Die Larven gewisser Arten kalkreicher Bäche und Quellen wirken

zusammen mit Moosen und Algen als Gesteinsbildner („Chironomidentuff"), da sich zwischen ihren Gespinströhrchen Kalk niederschlägt. Sehr viele Chironomidenlarven ernähren sich von Algen, andere von frischem Pflanzengewebe, manche von morschem Holz. Viele Vertreter der Unterfamilie Tanypodinae sind Räuber, die frei umherschweifen. Eine Besonderheit ist die parasitische Art *Symbiocladius rhithrogenae* (Unterfamilie Orthocladiinae), deren Larven unter den Flügelscheiden von Eintagsfliegenlarven (Heptageniidae) fressen und sich dort auch verpuppen.
Man kann anhand der Arten und Gattungen den ökologischen Zustand von Seen bestimmen (oligotroph: *Tanytarsus*-See, eutroph: *Chironomus*-See) und die Längszonierung von Fließgewässern charakterisieren. Das Leben der kleinen bis mittelgroßen (Körperlänge ein bis 14 Millimeter), schwarzbraunen, manchmal auch grünen **Imagines** dient nur der Fortpflanzung. Im Sitzen wird das 1., stets zuckende Beinpaar nach vorne gestreckt. Die Männchen haben dicht gefiederte, die Weibchen leicht borstige Fühler. Die Männchen tanzen in Gewässernähe oft in riesigen Schwärmen, in die die Weibchen hineinfliegen. Die Begattung erfolgt meist im Schwarmflug. Die Eier (mehrere Hundert bis einige Tausend) sind zu Eikugeln vereinigt. Sie werden über der Wasseroberfläche abgeworfen oder im Wasser auf verschiedene Oberflächen abgelegt, wo sie aufquellen. Die Chironomiden sind keine Blutsauger („non-biting midges"), vielmehr nehmen sie mit ihren kurzen Mundwerkzeugen Honigtau, Nektar, Wasser und wohl auch Pollen auf. Manche Arten sollen als Imago ganz ohne Nahrung auskommen.
Auf Artniveau bestimmbar sind selbst für Experten oft nur die Männchen, meist auch die Puppen, nur selten jedoch die Larven.

Gnitzen (Ceratopogonidae)

Die **Larven** der Gnitzen (vgl. S. 264/3, 4; Deutschland: mehr als 250 Arten) leben zum Teil auf dem Land (z. B. in feuchten Böden, Moosen), die meisten sind jedoch in unterschiedlichsten Gewässertypen anzutreffen. Sie werden bis zu 15 Millimeter lang und halten sich z. B. zwischen Algen oder auf dem Gewässergrund auf. Durch seitliche Krümmungen ihres oft schlanken Körpers können viele gut schwimmen. Sie fressen v. a. andere Mücken-, besonders Zuckmückenlarven, aber auch Detritus und Algen. Von den mit ihnen eng verwandten Chironomiden unterscheiden sich die Larven durch unpaare Parapodien bzw. das komplette Fehlen dieser Lokomotionsorgane.
Die **Imagines** sind selten größer als zwei, maximal fünf Millimeter; ihr Thorax ist auffällig gewölbt. Die Männchen sind Blütenbesucher, die Weibchen saugen Blut von Wirbellosen (vorwiegend von Insekten, u. a. Libellen, mit Blut vollgesogene Stechmücken) und zum Teil von Warmblütern. Ihr Stich ist für den Menschen schmerzhaft und – im Gegensatz zu dem der Stechmücken – sofort spürbar. Während des Sommers legen die Weibchen ihre Eier in Klumpen im Wasser ab oder in Form drei bis vier Zentimeter langer Schnüre auf die Wasseroberfläche. Die Weibchen einiger *Culicoides*-Arten übertragen das Virus, das die Blauzungenkrankheit bei Wiederkäuern auslöst.

Stechmücken (Culicidae)

Von dieser Familie (in Deutschland etwa 50 Arten) sind bei uns in erster Linie die **Imagines** der Gattungen *Culex*, *Aedes*, *Ochlerotatus* und die „Malariamücken" der Gattung *Anopheles* als schlimme Plagegeister bekannt (S. 266/1, 2). Sie werden fälschlich oft als „Schnaken" bezeichnet. Die Weibchen sind Blutsauger, die das Blut zur Reifung der Eier benötigen. Sie leben etwa sechs Wochen, die Männchen bedeutend kürzer. Diese ernähren sich nur von Blütennektar und Wasser. An Sommerabenden tanzen die Schwärme über den Uferwiesen leise auf und nieder, bisweilen auch seitlich hin und her, aber vorzugsweise über erhöhten Punkten wie Baumgruppen; manchmal auch über den Köpfen von Personen. Bei uns bestehen die Schwärme ausschließlich aus Männchen, während die Weibchen meist ruhig in Ufernähe sitzen. Sobald ein Weibchen von der Seite in einen Schwarm hineinfliegt, stürzen sich mehrere Männchen darauf. Mit einem von diesen erfolgt die nur wenige Sekunden dauernde Paarung, zu der sich die Tiere meist auf dem Boden niederlassen.
Zur Eiablage setzen sich die Weibchen auf die Wasseroberfläche. Das *Anopheles*-Weibchen legt

Bild 111. Den Larven der Stechmücken genügen kleinste Wasseransammlungen. Die Larven der *Culex*-Arten hängen senkrecht am Oberflächenhäutchen und filtrieren das Wasser auf der Suche nach Nahrung.

seine elliptischen Eier einzeln ab. Deren Wandung hat luftgefüllte Kammern, die die Eier an der Oberfläche halten. Die *Culex*-Weibchen vereinigen ihre 200 bis 300 einseitig zugespitzten, länglichen Eier zu floßartigen Gebilden (Mückenschiffchen). Die Eier stehen darin senkrecht mit der Spitze nach oben (lässt Wassertropfen abperlen) und sind an ihrer Längsseite aneinandergeklebt.

Die **Larven** bewohnen die Oberflächenschichten stehender Gewässer aller Art, gerne auch die von Kleinstgewässern (Regentonnen!). Ihre Oberlippe hat zwei Seitenteile. Diese tragen lange, weiche Borsten und schlagen dauernd von außen nach innen zusammen. So erzeugen sie zwei Wasserwirbel, die frische Nahrung (z. B. Algenzellen) herbeiführen, die zwischen den Mundwerkzeugen filtriert wird (Bild 111). Der wohlausgebildete (eucephale) Kopf, an dem bereits die imaginalen Augen ausgebildet sind, der Thorax und das Abdomen sind klar voneinander abgegrenzt.

Die Larven häuten sich viermal. Auch die **Puppen** schweben an der Oberfläche, können aber bei Gefahr, ebenso wie die Larven, ins tiefere Wasser abtauchen.

Die Culiciden sind in Deutschland mit den beiden Unterfamilien Anophilinae (einzige Gattung *Anopheles*) und Culicinae vertreten. Zur Letzteren gehören neben *Coquillettidia* und *Uranotaenia* (mit *C. richardii* und *U. unguiculata*) vier weitere, artenreiche Gattungen (*Culex*, *Aedes*, *Ochlerotatus* und *Culiseta*). In jüngerer Zeit erfuhren einige invasive Stechmückenarten Aufmerksamkeit. Ein bekanntes Beispiel ist die Asiatische Tigermücke *Aedes albopictus*, die sich infolge des Klimawandels in Deutschland ausbreitet und vermutlich zwischen 2030 und 2050 in ganz Europa anzutreffen sein wird. Sie ist Überträger humanpathogener Viren (z. B. Dengue-, West-Nil- und Gelbfieber-Virus) und deshalb von besonderer Problematik.

Büschelmücken (Chaoboridae)

Die artenarmen Büschelmücken (in Deutschland nur sieben Arten) wurden früher zu den Stechmücken gezählt, haben jedoch wie die Zuckmücken keinen Stechrüssel und sind keine Blutsauger. Kennzeichnend für die **Imagines** sind die leicht behaarten, am Hinterrand mit Schuppen besetzten Flügel, an denen jeweils zehn Adern den Flügelrand erreichen. Ihr Leben ist sehr kurz und dient ausschließlich der Fortpflanzung. Die Eier werden in scheibenförmigen Gelegen auf der Wasseroberfläche abgelegt.

Die **Larven** leben in Weihern, auch im Hochmoor und in eutrophen Seen. Sie sind durchsichtig, sodass schon bei schwacher Vergrößerung alle Körperorgane durch die Haut zu erkennen sind (S. 266/3). Sie haben keine Atemöffnung, sondern betreiben Hautatmung. Wie Culiciden-Larven besitzen sie bereits Komplexaugen. Die Brustsegmente sind miteinander verschmolzen und breiter als Kopf und Abdomen. Mit den zu Fangwerkzeugen umgebildeten Antennen packen sie ihre Beute, hauptsächlich Kleinkrebse. Sie schweben in waagerechter Haltung in verschiedenen Wasserschichten. Dies ermöglichen ihnen zwei Paar Tracheenblasen, bohnenförmige Auftreibungen der beiden Haupttracheenstämme in der Brust und im drittletzten Hinterleibssegment, die mit Luft gefüllt sind. Sie sind von einem schwarzen Pigmentmantel umhüllt.

Die **Puppen** von *Chaoborus* sp. sind von den Stechmückenpuppen an ihrer gestreckten Haltung zu unterscheiden (S. 266/3a).

Kriebelmücken (Simuliidae)

Weltweit zählt man heute mehr als 2000 Arten, in Deutschland mehr als 50. Die Imagines sind tagaktiv und im Gegensatz zu anderen Mücken bei hellem Sonnenschein am lebhaftesten.
Die **Larven** (S. 268/1) leben ausschließlich in Fließgewässern, wo sie mit der Haftscheibe ihres Hinterleibsendes auf Steinen oder Pflanzen festsitzen und sich mithilfe fächerförmiger Fortsätze ihrer Oberlippe als Filtrierer ernähren. Sie durchlaufen sechs bis neun Larvenstadien. Zur **Verpuppung** spinnen sie aus dem Sekret ihrer gut entwickelten Speicheldrüsen tütenförmige Gehäuse. Aus der der Strömung zugewandten Öffnung ragen zwei Büschel weißer Fäden heraus: Stigmenkiemen, von den Stigmen ausgehende luftgefüllte Schläuche mit einer für Gase durchlässigen Wandung (Plastron).
Die Kriebelmücken-**Imagines** sind klein, schwärzlich und machen einen „buckeligen" Eindruck (S. 268/1b). Die Männchen saugen, wenn sie überhaupt Nahrung aufnehmen, nur Blütennektar. Die Weibchen saugen Blut, und zwar vorzugsweise von Warmblütern, wobei zumindest manche Arten auf bestimmte Wirte spezialisiert zu sein scheinen. Beim Stich wird ein Sekret in die Wunde eingeführt, das je nach Art unterschiedliche Giftwirkung hat. Normalerweise kommt es zu tagelangem juckendem Schmerz, rötlichen Schwellungen und einem kleinen Bluterguss. Massenbefall durch bestimmte Arten kann zu schwerer Erkrankung, sogar zum Tod führen. Berüchtigt sind unter anderem die Kolumbatscher-Mücke (*Simulium colombaschense*) im südlichen Balkan und die Leine-Mücke (*Simulium erythrocephalum*), die auch in den Leineauen vorkommt. Ihnen sind schon zahlreiche Weidetiere zum Opfer gefallen. Die Weibchen legen ihre Eier (etwa 200 bis 1000 Stück, je nach Art) direkt in Fließgewässer ab (auch mäßig organisch verschmutzte) oder an Stellen, von denen sie ins Wasser gelangen. In den Tropen sind Kriebelmücken als Überträger von Parasiten gefürchtet, so z. B. von dem Fadenwurm *Onchocerca volvulus*, der die Flussblindheit beim Menschen verursacht.
Die Larven sind oft nur im letzten Stadium und schlechter als die Puppen auf Artniveau bestimmbar. Es gibt vier Gattungen in Deutschland, die artenreichste ist *Simulium*.

Tastermücken (Dixidae)

Von dieser relativ artenarmen Familie kennt man in Deutschland 16 Arten. Die **Larven** der beiden Gattungen *Dixa* und *Dixella* leben in dünnsten Wasserschichten, wie sie sich z. B. auf überrieselten Felsen oder Schwimmblättern von Wasserpflanzen bilden. Sie sind sofort an der u-förmigen Krümmung ihres Körpers zu erkennen (S. 268/2). Die Atemluft wird durch zwei Stigmen auf dem Rücken des letzten Hinterleibssegments aufgenommen. Besondere Strudelorgane des Kopfes, der in das Wasser eingetaucht wird, wirbeln die Nahrungsteilchen herbei. Die Dixiden haben vier Larvenstadien. Die Puppen haben einen langen, kantigen Hinterleib und liegen außerhalb des Wassers nahe der Wasser-Land-Grenze. Die **Imagines** (Länge drei bis sechs Millimeter) sind Blütenbesucher. Mit ihren langen Beinen und dem schmalen Abdomen erinnern sie an kleine Schnaken (Tipuliden).

Netz- oder Lidmücken (Blephariceridae)

Die artenarmen Blephariceridae (S. 268/3) sind in Mitteleuropa (sieben Arten in D) vorwiegend durch die Gattung *Liponeura* vertreten. Ihre **Larven** (vier Larvenstadien) bewohnen ausschließlich rasch fließende Gebirgsbäche. Dort sitzen sie auf den Felsen oder Steinen, über die das Wasser mit größter Wucht hinunterstürzt. Sie heften sich mit den sechs großen Saugnäpfen ihrer Bauchseite so fest, dass man sie oft nur mithilfe eines Messers ablösen kann. Mit ihren kräftigen Oberkiefern weiden die Larven Kieselalgen von den Steinen ab. Nach Art der Spannerraupen kriechen sie langsam vorwärts, wobei sie die einzelnen Saugnäpfe abwechselnd lösen und festheften. Sie atmen mit fadenförmigen Tracheenkiemen, die in Büscheln seitlich der Saugnäpfe stehen (Bild 112). Die Puppen sitzen an den gleichen Stellen wie die Larven. Ihre flache Unterseite schmiegt sich dem Felsen völlig an. Die hornartigen Fortsätze ihres Vorderendes bestehen aus luftumhüllten blattförmigen Lamellen (Plastronatmer). Die **Imagines** sind klein bis mittelgroß

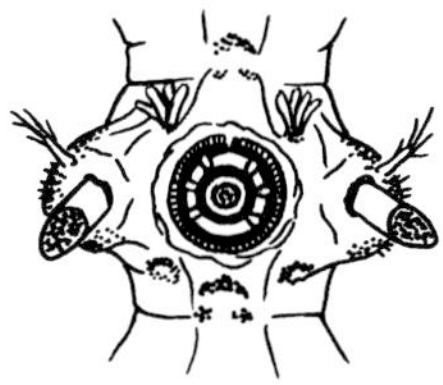

Bild 112. Saugnapftragender Körperabschnitt von *Liponeura*. Oberhalb des Saugnapfes befinden sich paarige, fingerförmige Tracheenkiemen. An den Körperseiten stehen fußähnliche Anhänge.

(Länge fünf bis sieben Millimeter) und schnakenähnlich; Flügel irisierend. Die weiblichen Mücken fangen Insekten, hauptsächlich Zuckmücken, und saugen diese aus. Die Männchen leben wohl nur von Nektar. Die Eier werden von den Weibchen dicht an der Wasserlinie abgelegt.

Schnaken (Tipulidae)

Früher wurden auch die Stelzmücken (Limoniidae und Pediciidae) und Moosmücken (Cylindrotomidae) zu den Tipulidae (S. 270/1) gerechnet. Sie gleichen sich mit Ausnahme ihrer Kiefertaster und ihres Flügelgeäders so sehr, dass sie auf den ersten Blick nur schwer zu unterscheiden sind.
Die **Imagines** der Tipuliden (D > 120 Arten) sind mittelgroß bis groß (Länge 7–35 Millimeter) und haben lange Beine und eine v-förmige Quernaht auf dem Rücken der Brust. Ihr Leben ist kurz. Sie saugen Nektar, meist aus Blüten, in denen er leicht zugänglich ist. Manchmal sieht man ihre kleinen Schwärme in der Dämmerung warmer Sommerabende an den Ufern der Gewässer tanzen. Manche Arten paaren sich im Flug, andere sitzen dabei auf festen Unterlagen. Gewöhnlich wenden die beiden Partner die Köpfe in entgegengesetzte Richtungen. Die Weibchen legen ihre Eier an verschiedenen Stellen ab. Viele Arten bohren sie mit einem Legebohrer in Schlamm oder feuchte Erde, einige legen sie auf Wasserpflanzen, andere lassen sie ins Wasser fallen.
Die dicklichen, vorne und hinten abgestumpften **Larven** sind in unterschiedlichen Lebensräumen anzutreffen. Sie bewohnen feuchte Erde, morsches Holz oder sogar Blüten. Ihr Kopf ist hemicephal, d. h. die Kopfkapsel ist teilweise aufgelöst und nicht komplett. Viele *Tipula*-Larven wühlen sich in gewundenen Gängen durch den Schlammgrund flacher Gewässer, wo sie organische Bestandteile fressen.
Der Hinterleib der Larven (Länge der maturen Larven 15–60 Millimeter) endet mit einer muldenförmigen Einsenkung, die von sechs meist behaarten Fortsätzen (Loben) umgeben ist und in der Mitte zwei rundliche Stigmen aufweist („Teufelsfratze"). In seichtem Wasser hängen die Larven häufig mit dieser unbenetzbaren „Respirationsschale" an der Oberfläche. Unter Wasser neigen sich die genannten Chitinzipfel zusammen und schließen eine kleine Luftblase ein. Dann atmet die Larve durch die Haut, wobei sechs fadenförmige Blutkiemen, die am Außenrand der Respirationsschale stehen, von Bedeutung sind. Zur **Verpuppung** graben sich die *Tipula*-Larven meist senkrechte Gänge am Ufer.

Stelzmücken (Limoniidae und Pediciidae)

Die Limoniidae (ca. 295 Arten) und Pediciidae (ca. 36 Arten) werden erst seit jüngerer Zeit als getrennte Gruppen betrachtet. Die **Imagines** sind schnakenähnlich und mittelgroß bis groß (Körperlänge ca. 5–30 Millimeter). Die Arten mit aquatischen Larven halten sich in Gewässernähe auf, die Weibchen stechen nicht. Stelzmücken tragen in Ruhe ihre Flügel nicht wie die Schnaken gespreizt, sondern auf dem Hinterleib übereinandergelegt.
Die **Larven** (Länge ca. 10–20 Millimeter) durchlaufen vier Stadien (S. 270/2). Die Kopfkapsel ist nahezu vollständig, lang gestreckt und kann tief in den Prothorax zurückgezogen werden. Wichtige Merkmale sind u. a. das Vorhandensein und die Anzahl oder das Fehlen von Parapodien am Abdomen, die Form und Ausprägung des letzten Abdominalsegments mit seinen meist zwei (bei *Ula* mit fünf) Loben, an deren Basis Stigmenfelder liegen. Manche Arten leben räuberisch, andere sind Pilzfresser (mycetophag).

Moosmücken (Cylindrotomidae)

Artenarme Familie mit lediglich vier Arten in Deutschland, jede in einer eigenen Gattung (S. 270/3). Imagines schnakenähnlich, Länge 11–16 Millimeter. Larven mit hemicephaler Kopfkapsel, die in den Prothorax eingezogen werden kann, und ausgeprägten Körperfortsätzen. Vier Larvenstadien, hinteres Stigmenfeld mit sechs Loben.

Faltenmücken (Ptychopteridae)

Artenarme Familie, in Deutschland mit acht *Ptychoptera*-Arten vertreten (S. 270/4). Die **Imagines** sind mittelgroß (Länge sieben bis 15 Millimeter), glänzend schwarz und durch lange Beine und schlankes Abdomen schnakenartig, aber mit u-förmiger Naht auf dem Rücken der Brust. Ihre Flügel sind oft gefleckt und tragen eine Scheinader (Vena spuria); namensgebend sind zwei scharfe Längsfalten der Flügel.
Die **Larven** von *Ptychoptera* stecken meist mit ihrem Vorderende mit dem eucephalen Kopf voran etwa senkrecht im Schlamm von Tümpeln, Sumpfquellen und sehr langsam fließenden Bächen, auch wenn diese verschmutzt sind. Sie wühlen wohl hauptsächlich nach Detritus. Die großen Körpertracheen vereinigen sich am Hinterleibsende zu einem dünnen, biegsamen, nahezu körperlangen Tracheenrohr. Die Larven versuchen, seine Spitze mit den beiden Stigmen stets an die Wasseroberfläche zu bringen. Als Lokomotionsorgane haben sie an den ersten drei Abdominalsegmenten ventral je ein Paar kurzer, kegelförmiger Parapodien, die mit Haken besetzt sind. Die ersten fünf Abdominalsegmente tragen zum Hinterende hin eine ringförmige Verdickung. Nach der Larvalentwicklung (über vier Stadien) erfolgt die **Verpuppung**. Auch die Puppe steckt senkrecht im Schlamm, jedoch mit dem Kopf nach oben. Am 1. Brustsegment sind zwei Atemrohre, von dem das rechte stark verlängert ist, um in den Luftraum zu reichen.

Schmetterlingsmücken (Psychodidae)

Eine artenreiche Familie (> 140 Arten in Deutschland), deren Larven zum größten Teil aquatisch bzw. semiaquatisch leben. Die **Imagines** sind nur zwei bis sechs Millimeter lang: Mit ihren in Ruhe dachförmig zusammengelegten Flügeln, die sehr dicht behaart sind, ähneln sie kleinen Schmetterlingen (Bild 113). Die Weibchen einiger Arten saugen Blut an Wirbeltieren (z. B. *Sycorax* spp. an Amphibien und Reptilien). Zu ihnen gehören auch die gelblich gefärbten Sandmücken (Unterfamilie Phlebotominae) aus den Tropen und Subtropen, die eine Reihe von Krankheiten übertragen können.
Die **Larven** (S. 270/5) leben mit ihren vier Larvenstadien in verschiedenen Gewässern, die der Gattung *Psychoda* häufig in stark verunreinigten Gewässern, ferner in Kläranlagen und in Abflussröhren. Sie sind Allesfresser. In ihrem sauerstoffarmen Lebensraum sind sie auf die Atmung atmosphärischer Luft angewiesen, die sie durch zwei Stigmen ihres nicht einziehbaren Atemrohrs aufnehmen. Die eucephalen Larven tragen am Abdomen keine Parapodien und können am Thorax und Abdomen eine Scheinsegmentierung aufweisen. Besonders ungewöhnlich ist der asselähnliche Habitus der Gattung *Sycorax*.

Bild 113. Schmetterlingsmücken der Gattung *Psychoda* halten sich gerne im feuchten Milieu auf, wo sich ihr Larven von Detritus und Bakterien ernähren (Massenvorkommen in Kläranlagen).

FLIEGEN (BRACHYCERA)

Fliegenlarven sind wurmförmige Lebewesen ohne Beine, ihre Kopfkapsel ist teilweise bis vollständig (Maden) aufgelöst (hemi- bis acephal). Die urtümlicheren Gruppen haben eine Mumienpuppe. Die Höheren Fliegen verpuppen sich in der letzten Larvenhaut (Tönnchenpuppe). Die Imagines haben stets kurze Fühler (gr. *bachy* = kurz, breit, *keras* = Horn, S. 272/4a).

Bremsen (Tabanidae)

In Deutschland gibt es knapp 60 Tabaniden-Arten, die in ihrer Entwicklung an feuchte oder aquatische Habitate gebunden sind.
Die **Imagines** der großen, dicken Bremsen (Körperlänge sechs bis 30 Millimeter) mit ihren oft farbig gebänderten Augen dürften jedem bekannt sein. Der Kopf ist deutlich breiter als lang und oft auch breiter als der Thorax. Die Männchen saugen Nektar, die Weibchen Blut von Wirbeltieren, auch von Menschen. Ihr Stich ist unmittelbar schmerzhaft. Die Weibchen legen ihre Eier oft in kegelförmigen Klumpen auf den Blättern von Sumpfpflanzen ab.
Die **Larven** entwickeln sich in feuchten Böden, meist in unmittelbarer Nähe von Gewässern, doch leben nur einige wenige echt aquatisch, v. a. in Quellen und Fließgewässern (S. 272/1). Der relativ lange Körper (zehn bis 50 Millimeter) ist zylindrisch, an beiden Enden verschmälert und kann kontrahiert werden. Der Kopf ist hemicephal, sehr beweglich und um 180° drehbar. Die Segmentierung der drei Thorakal- und acht Abdominalsegmente ist sehr deutlich, wobei die Abdomensegmente oft einen auffälligen Gürtel mit warzenartigen Parapodien besitzen. Die vorderen und hinteren Stigmen der Larven sind offen, doch dürfte Hautatmung überwiegen. Die frühen Stadien sind gute Schwimmer und bewohnen hauptsächlich sumpfige, ruhige Uferzonen. Dort ernähren sie sich von allerlei Wassertieren (Schnecken, Mückenlarven), aber auch von verrottenden Substanzen. Im Verlauf der Entwicklung können bis zu elf Larvenstadien ausgebildet werden. Die Biologie der Larven ist aber noch weitgehend unerforscht, nur von knapp der Hälfte der Arten ist die Larve beschrieben.

Waffenfliegen (Stratiomyidae)

Von den weltweit mehr als 2500 Arten von Waffenfliegen sind in Deutschland ca. 70 Arten bekannt. Nur für etwa ein Drittel von ihnen ist eine Bindung der Larven an das Süßwasser beschrieben. Die **Imagines** der Waffenfliegen kann man aufgrund ihrer Färbung (oft metallisch glänzend oder schwarz, Abdomen oft farbig gemustert) leicht mit Schwebfliegen (s. u.) verwechseln, sie besitzen jedoch zwei oder mehrere Dornen am Hinterrand des Brustabschnitts. Die adulten Waffenfliegen sind harmlos, sie ernähren sich v. a. von Pollen und Nektar.
Die **Larven** der Waffenfliegen sind teils dorsoventral abgeplattet, ihre Haut ist durch inkrustierte Kalkkörnchen sehr widerstandsfähig. Der Habitus ist längsoval bis spindelförmig. Der oft sehr schmale Kopf ist weitgehend eucephal und kann weit in den Thorax zurückgezogen werden. Ihre Körperlänge liegt zwischen fünf und über 60 Millimeter, es wurden bis zu zehn Larvenstadien in der Entwicklung beschrieben. Von den limnisch lebenden Larven sind die der Gattung *Stratiomys* am besten bekannt. Sie leben im Schlamm nährstoffreicher Gewässer und sind durch ein langes Atemrohr am Hinterende ausgezeichnet, das einen unbenetzbaren Haarkranz aufweist (S. 272/3); bei terrestrisch lebenden Waffenfliegenlarven ist das Atemrohr kürzer oder fehlt ganz. Die kleinen, hakenförmigen Oberkiefer sind mit feinen Borstenreihen besetzt und dienen der Nahrungsaufnahme und der Fortbewegung. Die Larve weidet mit ihnen Detritus und den Algenbelag von Wasserpflanzen ab. Hängt sie mit ihrer Atemröhre am Oberflächenhäutchen, so bewegen sich die Kiefer andauernd parallel zueinander in der Körperlängsrichtung. Dabei strudeln sie Nahrungsteilchen zur Mundöffnung und bewegen sich durch die entstehenden Wasserwirbel langsam voran.
Beim Kriechen auf dem Gewässergrund werden die Kiefer in die Unterlage eingehakt und der Körper nachgezogen. Die **Verpuppung** erfolgt in der verhärteten, aber sonst nicht veränderten letzten Larvenhaut. Diese Puppenhülle (Puparium) schwimmt waagrecht auf dem Wasser.

Schwebfliegen (Syrphidae)

Die Familie der Schwebfliegen (S. 272/4) umfasst weltweit mehr als 6000, in Deutschland mehr als 450 Arten. Ihren Namen tragen sie wegen ihrer Fähigkeit, an einer Stelle zu schweben. Aus Deutschland sind mindestens 62 Arten mit aquatischer Larve bekannt. Die **Imagines** haben eine Länge von ca. 3,5–35 Millimeter, sie können schlank bis kräftig wirken, sind teils schwarz mit weißer oder gelber Zeichnung, teils sind sie auch metallisch ge-

färbt. Sie sind überwiegend Blütenbesucher. Hier sei näher auf die Gattung *Eristalis* eingegangen, deren Imagines an Bienen erinnern (Bild 114). Besonders im Herbst kann man die plumpen Fliegen häufig auf Blütendolden antreffen und beobachten, wie sie am Ufer von Gewässern ihre länglich-ovalen, weißen Eier ablegen. Die **Larven** leben vorzugsweise in stehenden oder schwach strömenden nährstoffreichen Gewässern, besonders in Abwassergräben, Klärbecken, sogar Jauchegruben: daher die Bezeichnung „Jauchefliege" oder „Mistbiene" für *Eristalis tenax*. Bisweilen findet man sie auch an Brackwasserpfützen und binnenländischen Salzwasserbecken.
Die Larven der Syrphiden (Länge der letzten Larvenstadien sechs bis 25 Millimeter) sind aufgrund ihrer sehr unterschiedlichen Lebensweise sehr vielgestaltig, ihnen gemeinsam ist ein acephaler Kopf, ein vorne gerundeter Körper und eine nur undeutliche Trennung der Thorax- und Abdominalsegmente. Die typische „Rattenschwanzlarve" von *Eristalis* ist durch ein zurückziehbares mehr als körperlanges Atemrohr gekennzeichnet, das an seinem Ende Stigmen trägt. Bestimmungsmerkmale sind die Anzahl der Analpapillen, die allerdings meist eingezogen sind, die Gestalt der vorhandenen Parapodien und die Stellung der am letzten Parapodienpaar vorhandenen Haken. *Eristalis*-Larven leben meist im Schlamm, treiben manchmal aber auch an der Wasseroberfläche.

Bild 114. Die Schwebfliege *Eristalis tenax* ist ein Blütenbesucher. Ihre „Rattenschwanzlarve" kann selbst in Jauchegruben leben („Mistbiene").

Gewöhnlich kriechen sie jedoch langsam am Grund umher. Fast ohne Unterlass schlürfen sie dabei den Detritus ein. Ein feiner Filtermechanismus ihres Schlundes, der in Aufbau und Wirkungsweise an die Barten der Wale erinnert, hält feste Partikel zurück, sammelt sie in kleinen Portionen und entlässt diese von Zeit zu Zeit in den Schlund. Währenddessen wird der Mund geschlossen, das mitgesaugte Wasser in eine besondere Schlundkammer gepresst und später durch den Mund wieder ausgestoßen. *Eristalis*-Larven können lange Zeit ohne atmosphärische Luft leben; vermutlich atmen sie dann über die Haut. Aber gewöhnlich nehmen sie Außenluft durch die beiden Stigmen am Ende ihres senkrecht zur Wasseroberfläche gestreckten Atemrohres auf (S. 272/4).
Zur Überwinterung vergraben sich die Larven im Schlamm, im nächsten Frühjahr kriechen die Larven des letzten Stadiums zur **Verpuppung** an Land. Die Körperdecke wird verstärkt, die Atemröhre rückgebildet. Dafür entwickeln sich vorne zwei Paar Atemhörner. Im Inneren der Larvenhülle (Puparium) entsteht im Laufe von etwa 14 Tagen die Puppe.

Salz- oder Sumpffliegen (Ephydridae)

Von den fast 180 in Deutschland bekannten Salzfliegen leben längst nicht alle Larven im Wasser (S. 272/2). Ihre **Imagines** sind kleine bis mittelgroße Fliegen (Länge ein bis elf Millimeter) mit stark vorgewölbtem Gesicht. Sie fliegen wenig, sondern sitzen meist am Rand oder auf der Oberfläche des Wohngewässers ihrer Larven. Sie fressen Detritus, Algenzellen oder Ähnliches. Die Eier legen sie einzeln auf dem Wasserspiegel ab.
Den **Larven** fehlt eine Kopfkapsel, einzelne tragen Parapodien oder Kriechwülste, und die Hinterstigmen liegen meist auf mehr oder weniger langen Atemröhren (Stigmenträger). Einzelne Vertreter der Gattung *Ephydra*, deren hohe Widerstandsfähigkeit gegenüber extremen Lebensbedingungen bemerkenswert ist, bewohnen stets seichte Gewässer. Andere Arten können in Süßwassertümpeln, in der Uferzone von Seen, in Brackwasserlachen, Salinenbecken, Salzseen und in Thermen mit bis zu

40 °C Wassertemperatur vorkommen. Auch Trockenzeiten vermögen die Larven, im Schlamm vergraben, zu überstehen. Mit ihren acht Paar Fußwarzen kriechen sie träge auf dem Boden dahin. Ihre Hauptnahrung besteht aus einzelligen Algen, die, ähnlich wie bei *Eristalis*-Larven, im Schlund ausgesiebt werden. Die Atemluft nehmen sie durch die Stigmen ihrer gegabelten Atemröhre auf. Durch seitliche Körperkrümmungen können sie auch unbeholfen schwimmen. Zur **Verpuppung** kriechen die Larven an Land und erklimmen z. B. Grashalme, an denen sie sich mit der furchenartigen Einschnürung zwischen den letzten zwei Fußwarzenpaaren festhalten (S. 272/2a). Auch sie verpuppen sich wie die Waffenfliegen in der letzten Larvenhaut.

Bild 115. Düstere Farben und gemusterte Flügel zeichnen die Ibisfliege (*Atherix ibis*) aus, die Jagd auf Insekten in Gewässernähe macht.

Ibisfliegen (Athericidae)

Die mit lediglich vier Arten in Deutschland vertretenen Ibisfliegen (S. 274/1, 2) wurden früher in die Familie Rhagionidae (Schnepfenfliegen) gestellt, deren Imagines denen der Ibisfliegen sehr ähneln. Die **Imagines** der Ibisfliegen sind mittelgroße (Länge fünf bis neun Millimeter), bräunlich bis schwarze Fliegen mit dunkel gefleckten Flügeln (Bild 115). Sie leben räuberisch und halten sich meist in der gewässerbegleitenden Vegetation auf. Besonders bemerkenswert ist die Eiablage bei *Atherix ibis*, der Ibisfliege, von der die Familie ihren Namen bekam. Die Eier werden über fließenden Gewässern an überhängende Vegetation oder auch unter Brücken in einem Gemeinschaftsgelege abgelegt. Nach der Eiablage des ersten Weibchens werden weitere vermutlich olfaktorisch angelockt. Die Weibchen sterben nach der Eiablage und bleiben auf ihrem Gelege, sodass schließlich mit Insektenleichen vermischte Gelegeklumpen mit bis zu 20 Zentimeter Durchmesser entstehen. Die schlüpfenden Larven fallen später in das Gewässer, wo sie sich weiterentwickeln. Die früher geäußerte Vermutung, dass die Schlupflarven sich auch von ihren Müttern ernähren, konnte in jüngeren Untersuchungen nicht bestätigt werden.

Die **Larven** der Ibisfliegen leben in kleineren bis hin zu größeren Bächen und durchlaufen sechs bis neun Stadien. Sie ernähren sich räuberisch, wobei sie ihre Beute mit Gift töten und anschließend extraintestinal verdauen. Die erwachsenen Larven haben eine Länge zwischen 15 Millimeter (*Atrichops*) und 32 Millimeter (*Atherix*). Die grünlichen bis bräunlichen Larven sind hemicephal, der kleine Kopf kann vollständig in den Thorax zurückgezogen werden. Die relativ dicken Larven sind am Vorderende (*Atrichops* auch am Hinterende) deutlich verschmälert. Sie tragen an den Abdominalsegmenten ein bis sieben paarige, einziehbare Parapodien, am 8. ein unpaares medianes (*Atherix, Ibisia*) oder keines (*Atrichops*). Die Abdominalsegmente sind gleichförmig gestaltet und tragen jeweils dem Hinterende angenähert kurze oder längere Fortsätze (Loben, möglicherweise Tracheenkiemen), wobei das Analsegment in einem Paar längerer Fortsätze endet.

Langbeinfliegen (Dolichopodidae)

Diese Familie umfasst mehr als 400 Arten in Deutschland, von denen 40 bis 50 aquatische und einige weitere semiaquatische Larven haben. Die **Imagines** sind winzige bis mittelgroße (Körperlänge ein bis neun Millimeter) Fliegen mit auffallend langen Beinen, einem oft seitlich zusammengedrückten Körper und einer meist metallisch grünen Färbung. Sie sind meist räuberisch und halten sich oft in der Vegetation in der Nähe von Gewässern auf. *Poecilobothrus* ist im Sommer am Gewässerrand, auf

Schwimmblättern oder auf der Wasseroberfläche anzutreffen. Ihre Männchen zeigen ein auffälliges Werbeverhalten, indem sie ihre dunkel getönten Flügel, die einen weißen Spitzenfleck aufweisen, rhythmisch abspreizen und von Zeit zu Zeit im Schwirrflug an einer Stelle schweben, um plötzlich Rivalen zu vertreiben. Die **Larven** sind meist weißlich und haben einen zylindrischen Körper, der vorne leicht verjüngt und hinten eher abgestumpft ist (S. 274/3). Sie haben eine hemicephale Kopfkapsel und ihnen fehlt ein Augenfleck. Die Abdominalsegmente tragen ventral und vereinzelt auch dorsal Kriechwülste. Am Körperende findet man zwei bis vier größere, verschieden gestaltete Loben, wobei die ventralen meist etwas länger als die dorsalen sind, sowie eine unterschiedliche Anzahl kleinerer Fortsätze. Die Loben umstellen das Stigmenfeld. Die Larven ähneln denjenigen der Tanzfliegen und der Schnepfenfliegen. Zur Abgrenzung muss das Kopfskelett präpariert werden, eine Artbestimmung ist fast unmöglich.

Tanzfliegen (Empididae)

Die Tanzfliegen sind in Deutschland mit mehr als 400 Arten aus drei Unterfamilien vertreten. Für rund ein Fünftel der Arten wird eine aquatische Larve angenommen. Die **Imagines** sind winzig bis mittelgroß (Länge ein bis zwölf Millimeter), blass bis dunkel gefärbt. Sie leben räuberisch oder als Blütenbesucher. Vor allem bei den räuberischen Arten tragen die Männchen sehr häufig stark vergrößerte Komplexaugen, der Rüssel ist bei einigen Arten auffällig lang und dient dem Anstechen und Aussaugen der Beutetiere. Die Beine können relativ lang sein, wobei ein Beinpaar oft eine Art Fangkorb bildet. Sehr interessant und vielgestaltig ist das Fortpflanzungsverhalten. So bilden viele Arten „Tanzgruppen", entweder nur aus Männchen oder Weibchen bestehende kleinere Schwärme, in denen die Tiere Zickzack- und Kurvenflüge durchführen. Diese Tänze locken immer wieder einzelne Tiere des anderen Geschlechts an, die in den Schwarm hineinfliegen, in dem die Partnerfindung stattfindet. Die Kopulation erfolgt entweder sitzend oder in der Vegetation hängend. Bei einigen Arten überreicht das Männchen ein erbeutetes Tier als „Hochzeitsgeschenk", das vom Weibchen während der Kopulation ausgesaugt wird.

Die **Larven** der Clinocerinae und Hemerodromiinae leben überwiegend semiaquatisch oder aquatisch (S. 274/4). Sie ernähren sich fast alle räuberisch und ähneln den Larven der Langbeinfliegen. Ihr sechs bis acht Millimeter langer Körper ist zylindrisch, vorne verschmälert und am Hinterende abgestumpft. Auch sie können ihren hemicephalen, recht kleinen Kopfabschnitt in den Thorax zurückziehen. Das Abdomen trägt vom 1. oder 2. bis zum 8. Segment paarige Pseudopodien. Das letzte Paar kann verlängert sein. Am Analsegment gibt es terminal zudem drei bis vier Fortsätze (Loben), die ihrerseits mit Höckern und Borsten besetzt sein können. Es gibt vier Larvenstadien.

Hornfliegen (Sciomyzidae)

Die Hornfliegen (S. 274/5) sind mit mehr als 80 Arten in Deutschland vertreten und haben zum Großteil terrestrische, teilweise aber auch aquatische Larven. Die **Imagines** sind klein bis mittelgroß (Länge zwei bis 14 Millimeter), bräunlich grau oder schwarz glänzend und haben klare oder gefleckte Flügel. Sie ernähren sich hauptsächlich von Nektar und halten sich bevorzugt in feuchten Lebensräumen auf, in denen Schnecken günstige Bedingungen finden. Soweit man weiß, sind die meisten **Larven** der Hornfliegen auf Mollusken spezialisiert, die sie als Aasfresser, parasitoid oder rein räuberisch nutzen. Teilweise unterscheidet sich der Ernährungstyp auch zwischen den drei Larvenstadien. Einige Larven sind auf den Laich der Schnecken spezialisiert, bei den aquatischen Arten ernähren sich einige auch von Muscheln. In wärmeren Ländern werden Sciomyzidae auch zur biologischen Schädlingsbekämpfung genutzt, z. B. gegen Schnecken, die den Leberegel (*Fascicola*, ein zu den Plattwürmern gehörender Saugwurm) übertragen.

Die gelblich bis schwarz gefärbten Larven sind spindelförmig, bis knapp zwei Zentimeter lang, am Vorder- und teils am Hinterende verschmälert. Am Körperende tragen sie meist vier Paare dreieckiger oder fingerförmiger Loben. Teilweise haben sie bedornte Kriechschwielen als Lokomotionsorgane oder Parapodien.

KÖCHERFLIEGEN (TRICHOPTERA)

Die Köcherfliegen (S. 276–283) sind holometabole Insekten, die am nächsten mit den Schmetterlingen verwandt sind. In Europa zählen wir ungefähr 1700 Köcherfliegen-Arten, in Deutschland etwa 320.
Die Larven leben in den verschiedensten Gewässern, oft in hoher Besiedlungsdichte; viele Arten sind für ganz bestimmte Gewässertypen charakteristisch. Alle haben eine gut ausgebildete Kopfkapsel, drei kräftige Beinpaare und am letzten (10.) Hinterleibssegment zwei sogenannte Nachschieberkrallen.

Die Köcherfliegen lassen sich drei systematischen Gruppen zuordnen, die wir in einer tabellarischen Übersicht mit ihren besonderen Charakteristika vorstellen (s. u.). Dabei ist die Stellung der Spicipalpia noch nicht endgültig geklärt, sie sind möglicherweise nicht monophyletisch.
Im Folgenden sollen aber die für die Bestimmung relevanten Aspekte im Vordergrund stehen. Deshalb unterscheiden wir hier zwei Hauptgruppen: die köchertragenden und die köcherlosen Larven.
Die meisten Arten haben **köchertragende Larven**. Der Köcher ist mobil und wird ständig

Systematische Übersicht über die Köcherfliegen mit vereinfachten Angaben über ihre Ökologie, Morphologie und Biologie (in Anlehnung an Wichard & Wagner 2015)

Unterordnungen und erwähnte Familien	Bevorzugter Lebensraum und Ernährungsweise	Morphologie, Gehäuse, Kokon	Gelege und Eiablage
Spicipalpia (Rhyacophiloidea) Glossosomatidae Hydroptilidae Ptilocolepidae Rhyacophilidae; S. 276–277	Kühle Bäche, Hydroptilidae auch in stehenden Gewässern, Räuber, Weidegänger	Larven mit nach vorne weisenden Mundwerkzeugen (campodeid), mit und ohne transportablem Larvenköcher, Verpuppung in Kokon innerhalb Steingehäuse oder Larvenköcher	Einzeln oder in kleinen fädigen oder flächigen Gelegen, unter Wasser auf fester Unterlage, Kittlaich
Annulipalpia (Hydropsychoidea) Ecnomidae* Hydropsychidae Philopotamidae* Polycentropodidae Psychomyidae*; S. 276–277	Überwiegend Fließgewässer, bauen Netze, Schutzgehäuse oder Tunnel, Driftfang kleiner Organismen und Detritus	Larven mit nach vorne weisenden Mundwerkzeugen (campodeid), leben stationär, bauen Schutzgehäuse oder röhrenförmige Tunnel, Verpuppung in einem Kokon	Eiablage unter Wasser in einschichtigen Gelegen, auf festem Substrat, Kittlaich
Integripalpia (Limnephiloidea) Apataniidae Beraeidae Brachycentridae Goeridae Lepidostomatidae Leptoceridae Limnephilidae Molannidae Odontoceridae Phryganeidae Sericostomatidae Uenoidae; S. 278–283	Alle Gewässertypen, Räuber, Weidegänger, Zerkleinerer, Driftfänger, Aasfresser, Parasiten (in Schwämmen)	Larven raupenförmig, mit nach unten weisenden Mundwerkzeugen (eruciform), transportable Köcher, Verpuppung im Köcher ohne Kokon	Eiablage über oder unter Wasser, Gallertlaich (klebrig, aufquellend) von unterschiedlicher Gestalt

* werden im Buch nicht behandelt

mit umhergetragen und nie freiwillig verlassen (Bild 116). Er schützt den weichen, meist walzenförmigen Hinterleib der meist raupenähnlichen (eruciformen) Larven; bei Gefahr können sich die Tiere auch völlig in ihn zurückziehen. Seine Grundlage ist stets eine Röhre aus Seidengespinst. Die Larve lässt aus ihrer paarigen Spinndrüse an der Unterlippe ein Sekret austreten, das im Wasser zu einem elastischen Faden erstarrt. Dieser wird mit den Mundwerkzeugen und den Vorderbeinen verwoben. Die Gehäuse der jüngsten Larven bestehen meist nur aus Gespinst. Erst später beginnt die Larve, an den Seidenköcher in der für ihre Art typischen Weise außen Fremdmaterial anzubringen. Entsprechend dem Wachstum der Larve, die ihr Gehäuse auch während der Häutungen, die sie durchmacht, nicht verlässt, muss der Köcher am Vorderende erweitert werden. Der hintere, ältere und deshalb engere Teil wird gewöhnlich von dem Tier, das sich in seinem Köcher auch umdrehen kann, abgebissen, oder er fällt von selbst ab.
Beim Köcherbau kommen neben den Mundwerkzeugen v. a. die Vorderbeine zum Einsatz. Das verwendete Baumaterial ist recht verschieden: Schilfstückchen, Teile grüner oder welker Blättchen und Grashalme, Fichtennadeln, Samenkörner, kleine leere Schneckengehäuse und Muschelschalen, Zweigstückchen, Sandkörner oder Steinchen. Im Allgemeinen bauen Larven, die in stehenden oder sehr langsam fließenden Gewässern leben, ihre Köcher aus leichtem Pflanzenmaterial, die Bewohner von Bächen mit stärkerer Strömung aber aus verhältnismäßig schweren Baustoffen wie Steinchen und Sand. Zwar bevorzugen die verschiedenen Arten meist ganz bestimmte Materialien, doch verwenden sie häufig auch andere Baustoffe. Allein anhand der Köcher kann man daher bestenfalls auf die Zugehörigkeit der Larve zu einer bestimmten Familie oder Gattung schließen, fast nie aber eine Art bestimmen.
Weit stetiger als die Materialwahl ist der Baustil. So werden z. B. Larven von Arten, welche die Baustoffe quer anordnen, dies niemals in Längsrichtung tun. Der Köcher bietet Schutz vor Fressfeinden. *Potamophylax latipennis* (Limnephilidae) vermag ihren Köcher sogar auf die vorherrschen-

Bild 116. Das Material, mit dem Köcherfliegenlarven ihr Gehäuse bauen, ist äußerst vielfältig und kann selbst innerhalb einer Art sehr variieren. Von *Limnephilus flavicornis* sind auch Köcher aus Schneckengehäusen, kleinen Ästchen oder Steinen bekannt (S. 278/1).

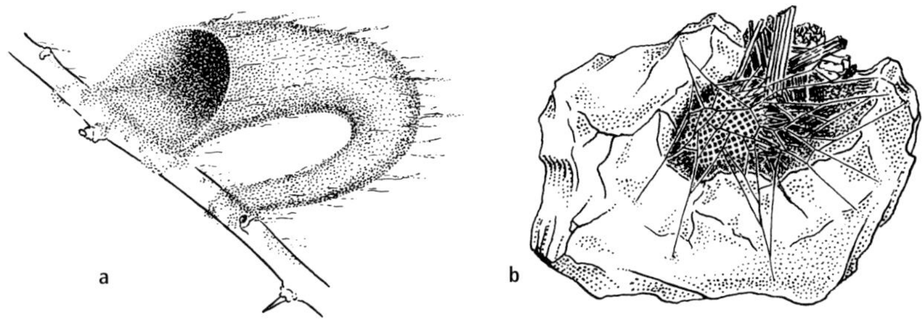

Bild 117. Köcherfliegenlarven ohne Köcher leben v. a. in Fließgewässern, wo sie verschieden gestaltete Netze spinnen, in denen sich Kleinstlebewesen und Detritus verfangen. Die posthornförmigen Fangnetze von *Neureclipsis bimaculata* (Polycentropodidae) **(a)** werden durch zahlreiche Stützfäden zwischen Pflanzen aufgehängt. Die Larven der Gattung *Hydropsyche* (Hydropsychidae) bauen reusenartige Gespinste zwischen Steinen am Gewässerboden **(b)**.

den Fressfeinde abzustimmen, die sie anhand chemischer Stoffe wahrnimmt (DETTNER 2019).
Der Köcher wird mit den zwei hakenartigen Nachschiebern am letzten Abdominalsegment stabil verankert. Diesem Zweck dienen auch laterale Höcker am 1. Abdominalsegment (bei den Limnephilidae zusätzlich ein dorsaler Höcker), die durch Einpressen von Körperflüssigkeit nach außen gedrückt werden können.
Die Nahrung der Larven ist sehr unterschiedlich. Sie fressen abgestorbene Pflanzenteile (Zerkleinerer), fangen Nahrung aus der Strömung (Filtrierer), schaben Algen- oder Bakterienfilme von Steinen (Weidegänger), jagen aktiv andere Organismen (Räuber) oder saugen Säfte aus lebenden Pflanzen („Zellstecher").
Zur Atmung dienen meist fadenförmige Tracheenkiemen, die am Hinterleib je nach Art in Rücken-, Seiten- und/oder Bauchreihen angeordnet sind und einzeln, zu zweien oder zu dreien stehen oder auch zu kleinen Büscheln vereint sein können. Die Tracheenkiemen sind im 1. Larvenstadium nicht ausgebildet, die Atmung erfolgt über die Haut. Einige Arten halten die reine Hautatmung auch bei älteren Stadien bei. Die Larven der Integripalpia besitzen an den beiden Seiten des Abdomens einen Fransensaum (sogenannte Seitenlinie, S. 278/2); er unterstützt die Wirkung der wellenförmigen Bewegungen des Hinterleibs, durch die frisches Atemwasser in die Röhre gelangt.

Die **köcherlosen Larven** leben frei am oder im Gewässergrund und bewohnen fast ausschließlich Bäche, Flüsse oder größere Seen mit ausreichender Wellenbewegung, die für ihre Atmung über die Cuticula und Tracheenkiemen wichtig ist.
Auch die köcherlosen Arten besitzen Spinndrüsen. Die Mehrzahl der Arten baut zwischen Steinen oder Wasserpflanzen netzartige Gespinste verschiedener Form: flache Tüten, posthornförmige Säcke und Trichter (Bild 117). Dies sind Fang- oder Seihnetze, deren Öffnungen stets gegen die Strömung gerichtet sind und von dieser auch geöffnet gehalten werden. Gewöhnlich sind sie mit einem Wohngespinst verbunden, in dem die Larve wartet, bis sich geeignete Beute, Algen und andere Kleinstlebewesen im Netz gefangen haben. Auch feiner Detritus und abgestorbene Pflanzenteile werden von einigen Arten genutzt und vom Netz abgeweidet. Die Larven der Gattung *Rhyacophila* (S. 276/1) leben im steinigen und lückigen Substrat schnell fließender Bäche und Flüsse, wo sie aktiv andere Gewässerorganismen jagen.
In ihrer Entwicklung durchlaufen Köcherfliegen meist fünf Larvenstadien, selten bis zu acht. Das letzte Stadium verpuppt sich an einer strömungsgeschützten Stelle im Wasser, z. B. an Steinen und Wurzeln. Die köchertragenden Larven verschließen vor der **Verpuppung** die Vorder- und Hinteröffnung ihres Köchers bis auf kleine Durchlässe für das Atemwasser mit Gespinstdeckeln und befesti-

Bild 118. *Limnephilus flavicornis*. Dachförmig gestellte Flügel und lange, nach vorn gerichtete Fühler kennzeichnen die adulten Köcherfliegen.

gen die Gehäuse an einer Unterlage. Auch die köcherlosen Larven bauen sich mit ihrem Spinnsekret Puppengehäuse, in die ebenfalls Fremdmaterial eingebaut ist. Sie spinnen vor ihrer Verpuppung auch noch einen Kokon. Nach wenigen Tagen bis Wochen wird das Puppengehäuse mit den kräftigen, beweglichen Mandibeln geöffnet und die Puppe, deren Extremitäten und Flügelanlagen frei abstehen und ebenfalls beweglich sind, klettert oder schwimmt an die Wasseroberfläche (das mittlere Beinpaar ist bei einigen Arten mit Schwimmhaaren versehen). Erst dort reißt die Puppenhaut auf und das geflügelte Insekt schlüpft aus. Bestimmte Arten werden als Larve/Puppe in auffälliger Weise parasitiert (S. 284/3, Hymenoptera: *Agriotypus armatus*).

Die **Imagines** werden häufig mit Kleinschmetterlingen oder auch mit Nachtfaltern verwechselt, denen sie auch bei flüchtiger Betrachtung ähneln (Bild 118), doch sind die Fühler nach vorne gerichtet. Die kleineren Arten (z. B. Hydroptilidae) erreichen nicht einmal die Größe der Kleidermotte, die größten (z. B. *Phryganea*) haben Spannweiten von bis zu 60 Millimeter. Ruhende Köcherfliegen legen ihre Flügel immer dachförmig über dem Hinterleib zusammen (vgl. S. 280/1). Die Köcherfliegen und die Schmetterlinge sind nächstverwandt (Schwestergruppen), es gibt jedoch deutliche Unterschiede, v. a. bei den Mundwerkzeugen, den Flügeln und der Färbung: Der für die Schmetterlinge charakteristische Saugrüssel fehlt, und die Flügel unserer heimischen Köcherfliegen sind nicht mit Schuppen, sondern mit Haaren besetzt, besonders stark an den Rändern. Die Färbung ist meist recht unscheinbar: Graue oder braune Farbtöne, bisweilen zu schönen Zeichnungen vereint, überwiegen bei Weitem schwarze, rötliche oder gelbliche Muster. Auffallend sind, besonders bei den Leptoceridae, die fadendünnen, vielgliedrigen, häufig mehr als körperlangen Fühler, die in Ruhe nach vorn gestreckt werden. Die Imagines der meisten Arten halten sich tagsüber in der Ufervegetation auf und meiden das direkte

Sonnenlicht. Erst in der Dämmerung werden sie aktiv und machen sich auf Partnersuche. Gelegentlich treten auch größere Schwärme auf. Manche Arten der Philopotamidae und Leptoceridae zeigen ihren Paarungsflug auch bei Tag über dem Wohngewässer.
Die Mundwerkzeuge sind stark umgewandelt. Die Nahrungsaufnahme erfolgt leckend über das Haustellum, ein aus der Unterlippe hervorgegangenes Saugkissen, mit dem Flüssigkeit (Wasser, Nektar) und Nahrungspartikel aufgenommen werden können. Ob alle Arten und beide Geschlechter Nahrung bzw. Flüssigkeit aufnehmen, ist noch ungeklärt; einzelne Untersuchungen weisen darauf hin, dass hierdurch die Eiproduktion verbessert wird.
Die Paarung erfolgt selten im Flug, meist auf einer festen Unterlage. Dabei sitzen die Partner mit abgewandten Köpfen hintereinander. Die Imagines leben im Allgemeinen nicht länger als etwa acht Tage. Die Flugzeiten sind je nach Art in Zeitraum und Dauer unterschiedlich. Frühe Arten (z. B. Glossosomatidae) sind bereits im März anzutreffen, späte Arten schlüpfen erst im Spätherbst und können bis in den November angetroffen werden.
Die runden, bisweilen auch länglich-eiförmigen Eier sind oft schön grün oder gelb gefärbt. Den Eiern wird beim Ablaichen ein Sekret beigegeben, das eine klebrige Wirkung hat und bei den Integripalpia stark aufquillt. Je nach Art bzw. Verwandtschaftsgruppe werden die Eier einzeln, meist aber zu Dutzenden bis zu Hunderten von den Weibchen in recht unterschiedlicher Weise abgelegt (S. 171, Tabelle). Bei manchen Arten fliegen die Weibchen in geringer Höhe über dem Wasserspiegel dahin und lassen die Eipakete einfach fallen. Andere heften die Laichkugeln an Pflanzen oberhalb der Wasseroberfläche, sodass die Junglarven nach dem Schlüpfen in ihr künftiges Wohngewässer fallen oder durch Regen hineingeschwemmt werden können (Bild 119). Bei Arten der Fließgewässer wird die Verdriftung der Larven ausgeglichen, indem die Weibchen zum Ablaichen stromaufwärts fliegen (Kompensationsflug). Die Weibchen mancher Arten kriechen ins Wasser hinein und kleben ihre Gelege an Steine oder Wasserpflanzen an. Die gallertigen Eigelege sind von unterschiedlicher Gestalt und können beträchtlich aufquellen (bis zur Größe einer Kirsche und darüber). Der Köcherfliegenlaich fällt dem Naturfreund beim sommerlichen Tümpeln häufig auf, wird aber selten richtig gedeutet.

Bild 119. Viele der Larvenköcher bauenden Köcherfliegen (Integripalpia) legen ihre Eier an Pflanzen in Gewässernähe ab. Die Eier (hier von *Limnephilus flavicornis*) sind von stark quellender Gallerte umgeben, die Schutz bietet, bis sich die schlüpfenden Larven ins Gewässer fallen lassen oder von Regen, Tautropfen oder einem Hochwasser ins Gewässer gespült werden.

Übrigens gibt es in unserer heimischen Tierwelt auch zwei Köcherfliegenarten der Limnephiliden (Gattung *Enoicyla*), deren Larven nicht im Wasser leben, sondern in feuchtem Moder und Moos, z. B. in der Laubschicht unter Hecken oder an Baumstämmen. Sie atmen nicht mit Tracheenkiemen, sondern besitzen ein offenes Tracheensystem.
Die Köcherfliegenlarven haben eine wichtige ökologische Funktion als Zersetzer abgestorbener organischer Substanz; sie selbst sind eine bedeutende Fischnahrung, insbesondere der Salmoniden, die sie mitsamt Gehäuse fressen und Jagd auf schlüpfende Puppen machen.
Der Artenreichtum der Köcherfliegen sowie die Problematik, dass vielfach nur ältere Larvenstadien bestimmbar sind, bedingen, dass die Larven und auch die Imagines nur von Spezialisten auf Artniveau bestimmt werden können. Eine gute Einführung in die Trichopteren geben Wichard & Wagner (2015)

Bild 120. Der Teichlinsenzünsler *Cataclysta lemnata* ist ein Wasserschmetterling, dessen Raupen sich Gehäuse aus Wasserlinsen bauen.

SCHMETTERLINGE (LEPIDOPTERA)

Von den rund 3700 heimischen Schmetterlingsarten sind nur sieben wirklich als „Wasserschmetterlinge" zu bezeichnen, die einen großen Teil ihres Lebens als Ei, Raupe, Puppe oder in einem Fall sogar als Imago im Wasser verbringen. Dies unterscheidet sie von jenen weit zahlreicheren Arten, die unmittelbar am Ufer, an und in Wasserpflanzen vorkommen.
Die heimischen Wasserschmetterlinge (S. 284/1) gehören alle zu den Zünslern (Crambidae, Acentropinae). Ihre Larven ernähren sich von Pflanzen und bauen sich – zum Teil nach einer Phase als Minierer in den Blättern – einen Köcher aus Pflanzenmaterial. Im erwachsenen Zustand leben bei uns nur die flügellosen Weibchen des Weißen Wasserzünslers *Acentria ephemerella* im Wasser. Sie strecken lediglich zur Paarung mit dem geflügelten Männchen den Hinterleib über die Wasseroberfläche. Die Partnerfindung wird durch Lockstoffe sichergestellt, die das Weibchen in die Luft abgibt. Es kommen aber an manchen Standorten auch geflügelte *Acentria*-Weibchen vor, sodass auch neue Gewässer besiedelt werden können. Alle anderen Arten sind als Imagines Lufttiere, die recht unscheinbar gefärbt sind.
Bemerkenswert ist die Bindung der fünf häufigsten Wasserzünsler an unterschiedliche Wasserpflanzen, wodurch die zwischenartliche Konkurrenz der pflanzenfressenden Larven vermieden wird: Im Uferbereich lebt der Igelkolben- oder Binsenzünsler (*Nymphula nitidulata*), dessen Raupen am Igelkolben fressen und sich am Ende in einem weißseidenen Kokon an einem schwimmenden Blatt verpuppen. Er wird zur Gewässermitte hin vom Teichlinsenzünsler (*Cataclysta lemnata*, Bild 120) abgelöst, dessen Raupen Gehäuse aus Wasserlinsenblättern oder Stängelstücken bauen und sich in abgestorbenen Schilfhalmen oder in ihrem an einem Halm fixerten Gehäuse verpuppen.
Der Seerosen- oder Laichkrautzünsler (*Elophila nymphaeata*) und Krebsscherenzünsler (*Parapoynx stratiotata*) dringen noch etwas weiter in den Gürtel der Schwimmblattpflanzen vor. Ihre Larven findet man an den Blättern von Teich- und Seerosen, Laichkräutern und Froschbiss bzw. in einem von Pflanzenblättern durchsetzten Gespinst unter der Wasseroberfläche zwischen den Blättern der

Krebsschere. Der bereits erwähnten *Acentria ephemerella* ist die metertiefe Zone der Unterwasserrasen vorbehalten. Ihre Larven ernähren sich von der Wasserpest, Laichkräutern und Hornblatt. Sie leben in einem unregelmäßig zusammengesponnenen Gehäuse an ihren Nährpflanzen, manche auch frei in einem Blattgehäuse. Die Verpuppung erfolgt in einem luftgefüllten Kokon.
Darüber hinaus gibt es im Uferbereich noch eine Reihe von Schmetterlingsarten, deren Larven an feuchtigkeitsliebenden Pflanzen fressen, z. B. am Schilfrohr (*Phragmites australis*) der Schilfborstenspinner *Laelia coenosa* oder die Ried-Weißstriemeneule *Simyra albovenosa*.

HAUTFLÜGLER (HYMENOPTERA)

Auch viele Schlupfwespen unter den Hautflüglern werden zu den Wasserinsekten gerechnet. Eine stattliche Anzahl von etwa 50 Arten aus unterschiedlichen Familien, z. B. Chalcididae (Erzwespen), Proctotrupidae (Zehrwespen), Ichneumonidae (Echte Schlupfwespen), legt ihre Eier in Eier, Larven oder Puppen verschiedener Wasserinsekten. Ihr Körperbau zeigt allerdings kaum Merkmale, die als Anpassung an ein Wasserleben zu deuten wären. Nur für wenige dieser Arten ist etwas Genaues über ihre Entwicklung bekannt.
Als gut untersuchtes Beispiel sei *Agriotypus armatus* aus der Familie der Echten Schlupfwespen (Ichneumonidae) erwähnt (S. 284/2, 3). Die kleinen Weibchen (Bild 121) suchen im Frühjahr Köcherfliegengehäuse auf, insbesondere solche der Gattungen *Silo* und *Goera* (Familie Goeridae). Diese werden durch Einstechen des Legeapparates auf ihre Eignung geprüft (Bild 122), denn nur in Gehäuse mit einer sich gerade verpuppenden Larve oder Puppe wird ein Ei gelegt. Die ersten vier Larvenstadien von *Agriotypus* ernähren sich „schonend" als Ektoparasit von der Köcherfliegenpuppe, sodass sich diese sogar noch bewegen kann und für einen Atemwasserstrom im Gehäuse sorgt. Das fünfte Larvenstadium frisst schließlich den Wirt auf und nimmt dessen Platz im Gehäuse völlig ein. Ein Insekt mit einer solchen, zunächst parasitischen Lebensweise, die schließlich zum Tod seines Wirtes führt, wird Parasitoid genannt.
Vor ihrer Verpuppung spinnt sich die *Agriotypus*-Larve einen Kokon, den sie im Kopfbereich aufschlitzt, um dann nach und nach ein Gespinstband (10–30 Millimeter lang) heraustreten zu lassen. Es verrät fortan jedes von *Agriotypus* besetzte Köcherfliegengehäuse (S. 284/3). Das Band ist mit dem Kokon verwoben und wie dieser mit Luft gefüllt. Die Puppe und die geschlüpfte Imago, die den Winter über im Kokon ausharrt, sind also im eigentlichen Sinne nicht wasserlebend. Die Atmung erfolgt über Stigmen, während die Larve über die Haut geatmet hat. Das Atemband ist lebenswichtig, denn es dient der Versorgung mit Sauerstoff, der aus dem Wasser nachdiffundiert. Auch verwirbelte Luftbläschen, die sich unter dem Atemband verfangen, spielen für die Sauerstoffversorgung eine bedeutende Rolle.

Bild 121. Weibchen der Wasserschlupfwespe *Agriotypus armatus* unter Wasser.

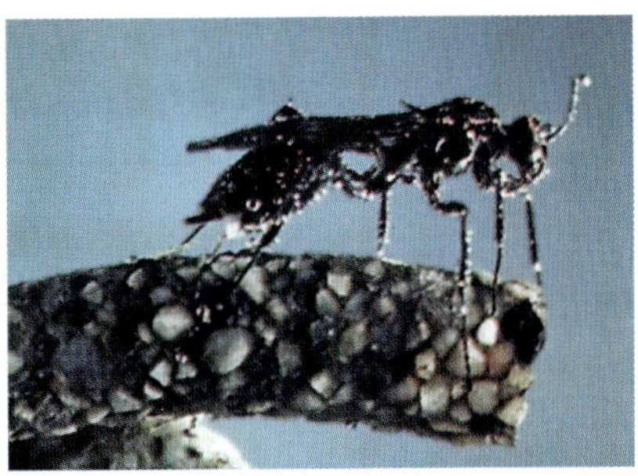

Bild 122. *Agriotypus armatus* inspiziert den Köcher einer Köcherfliegenlarve.

SPINNENTIERE (ARACHNIDA)

Spinnentiere sind primär räuberische Landtiere. Das vorderste Gliedmaßenpaar (Cheliceren) dient dem Ergreifen von Beute und trägt meist eine Schere, das 2. Beinpaar (Pedipalpen) ist oft als Kiefertaster ausgebildet. Darauf folgen die vier spinnentypischen Laufbeinpaare.

Webspinnen (Araneae)

Von allen bekannten Webspinnen kann nur die Wasserspinne *Argyroneta aquatica* (S. 286/1) ihr ganzes Leben im Wasser zubringen. Zwar scheint sie auf den ersten Blick daran gar nicht besonders angepasst zu sein, ihr Tracheensystem ist jedoch feiner verzweigt als bei Landspinnen. Zudem hat *Argyroneta* ein besonders dichtes Haarkleid, das aus zwei Schichten ungleich langer, unbenetzbarer, gefiederter Haare besteht. Die im Haarkleid festgehaltene Luftschicht verleiht der Spinne im Wasser ein silbriges Aussehen und dient als physikalische Kieme, die von Zeit zu Zeit erneuert werden muss (S. 133, Bild 75, Atmung der Insekten). Unter Wasser baut *Argyroneta* glockenförmige Netze, die meist an Wasserpflanzen befestigt und mit Luft gefüllt werden, wozu die Spinne wiederholt an die Oberfläche kommt, um weiteren Luftvorrat zu holen.

Es gibt mehrere Arten von Glocken (Bild 124). In Ernährungs- und Sommerglocken wohnt die Wasserspinne, hier frisst sie ihre Beute (u. a. Wasserasseln) und paart sich. Zur Häutung, welche die Wasserspinne wie alle Spinnen wiederholt durchmacht, baut sie meist ganz besonders dichte Glocken. Paarungsbereite Männchen (die – ungewöhnlich bei Spinnen – größer sind als die Weibchen) weben kleine, längliche Spermaglocken, die ein quer zur Längsachse etwa in ihrer Mitte befestigtes Gespinstband haben. Darauf setzt das Männchen seinen Samen ab, tupft ihn von dort mit den Palpen auf und begibt sich dann auf die Suche nach einem Weibchen.

Nach der Begattung webt das Weibchen gewöhnlich eine zweigeteilte Eiglocke: Im unteren Teil sitzt es selbst, im oberen legt es im Hochsommer eine stark schwankende Eizahl (30 bis über 100) ab, zuweilen verteilt auf bis zu vier Kokons. Es bewacht sein Gelege, tarnt die Eiglocke mit Algen und versorgt sie häufig mit frischer Luft (Brutpflege). Die Jungen schlüpfen nach zwei bis drei Wochen und

Bild 123. Die Listspinne (*Dolomedes fimbriatus*) kann auf der Wasseroberfläche laufen und Jagd auf Wassertiere machen, die sie sogar bei Tauchgängen fängt.

Bild 124. Wasserspinne *Argyroneta aquatica* mit einer zwischen Wasserpflanzen angelegten Wohnglocke. Der Hinterleib (Opisthosoma) ist von einer silbrig erscheinenden Luftschicht umhüllt.

Bild 125. Wassermilbe (*Eylais* sp.; typisch für die Gattung: die „Augenbrille"). Die meisten Arten fressen Muschelkrebse und Wasserflöhe. Die Larven parasitieren an Käfern und Wanzen.

bleiben hierauf noch etwa einen Monat in ihrer Geburtsglocke. Die Spinne kann zwei Jahre alt werden. Die Überwinterung erfolgt teils frei im Wasser, wobei die den Hinterleib umgebende Luftblase als physikalische Kieme dient, teils in eigens gebauten Überwinterungsglocken. Vor allem jüngere Tiere überwintern auch in leeren Schneckengehäusen.

Argyroneta aquatica ist eine der wenigen europäischen Spinnenarten, die dem Menschen schmerzhaft Bisse zufügen kann und deren Gift Taubheitsgefühle verursacht! Allerdings ist die Spinne nicht beißfreudig.

Viele andere Spinnenarten kommen bevorzugt an Gewässerufern vor und gehen auch auf der Wasseroberfläche auf Beutejagd, z. B. die auffällige Listspinne (Gerandete Jagdspinne, *Dolomedes fimbriatus*, Bild 123), die auch tauchen kann, und die Piratenspinne (*Pirata piraticus*).

Süßwassermilben („Hydrachnidia")

Die Vorfahren der echten Süßwassermilben („Hydrachnidia", S. 286/2–5) sind unter ihren feuchtigkeitsliebenden terrestrischen Verwandten (Trombidia) zu suchen. Ihre frühe Evolution verlief vermutlich in temporären Kleingewässern und grundwassergeprägten Sumpfhabitaten. Als Süßwassermilben im engeren Sinne werden verschiedene Milbenfamilien zusammengefasst, die zumindest teilweise unabhängig voneinander zum Leben im Wasser übergegangen sind. Man kennt weltweit etwa 6000 Arten, in Deutschland ungefähr 550. Im Süßwasser haben sie nahezu alle Lebensräume besiedelt, ausgenommen stark verschmutzte Gewässer, nur sehr kurz Wasser führende Gewässer, pflanzenfreie Brandungsufer und Grundwasser. Die meisten Arten gelten als Charakterformen bestimmter Gewässertypen. Von den knapp 1000 europäischen Arten kann man gut 40 % als Stillwasserformen ansehen (sie sind lenitobiont), knapp ein Drittel als Fließwasserarten (rheobiont), knapp 15 % der Arten sind quellgebunden (krenobiont), und die restlichen Arten (immerhin noch über 10 %) sind Bewohner des hyporheischen Interstitials (hyporheobiont); vgl. S. 29).

Die erwachsenen Tiere und die Nymphe (das letzte Stadium, das dem Adultstadium vorausgeht) haben vier Beinpaare (Bild 125), das vorangegangene, meist parasitische Larvenstadium dagegen nur drei.

Bild 126. Lebenszyklus einer typischen parasitischen Wassermilbe am Beispiel einer *Torrenticola*-Art der Fließgewässer. Die aus dem Ei (1) schlüpfenden Larven (2) suchen Larven bzw. Puppen von aquatischen Insekten auf (hier: Zuckmücken: 3). Beim Schlüpfen der Imago steigen sie um (4) und leben an dieser eine Weile ektoparasitisch (5). Wenn sich die Mücken in Gewässernähe befinden, lösen sich die Larven und setzen ihre Entwicklung im Gewässer fort (6). Zunächst durchlaufen sie ein puppenähnliches Stadium (7). Anschließend schlüpft die Nymphe, die dem erwachsenen Tier schon ähnlich sieht (8). Nach einer Zeit als Räuber von Insekten (v. a. Zuckmücken-Larven) wandelt sich die Nymphe über ein weiteres puppenähnliches Stadium (9) zum erwachsenen Tier um (10), das ebenfalls räuberisch ist. Nach der Fortpflanzung legt das Weibchen Eier ab und der Zyklus beginnt von vorne. Andere Arten können auch vorwiegend aquatisch lebende Imagines befallen wie Wasserkäfer und -wanzen, sodass ihre Entwicklung vollständig im Wasser erfolgt. Quelle: Martin & Gerecke (2009).

Bei den Adulti und Nymphen sind entsprechend der Lebensweise die Beine verschieden gestaltet. Die Beine der Quell- und Bachbewohner – bei Letzteren ist oftmals der Körper abgeflacht – haben meist große Klauen und steife Borsten zum Festklammern. Die Beine der frei schwimmenden Stillwasserformen sind wenigstens zum Teil mit dichten Säumen feiner Schwimmhaare besetzt. Am Boden lebende Arten haben typische Kriechbeine.
Wassermilben ernähren sich als adultes Tier und Nymphe räuberisch, hauptsächlich von Kleinkrebsen (z. B. Muschelkrebse, Wasserflöhe) und weichhäutigen Larven der Wasserinsekten (z. B. Zuckmücken, Eintagsfliegen). Sie werden mit den Kiefertastern (Pedipalpen, Palpen) gepackt, mit den Cheliceren angestochen und ausgesaugt. Nur der flüssige Inhalt wird von der Milbe aufgenommen; die ausgesaugte Beute lässt sie fallen. Dabei werden auch beträchtlich größere Beutetiere angegriffen. Wegen ihrer oft beachtlichen Häufigkeiten spielen Wassermilben in vielen Lebensräumen eine oftmals unterschätzte Rolle im Nahrungsgefüge.
Sie atmen über die Haut, wobei der im Wasser gelöste Sauerstoff in das geschlossene Tracheensystem diffundiert. Ein Luftschöpfen an der Wasseroberfläche ist daher nicht nötig. Alle Hydrachniden sind getrenntgeschlechtlich. Die Spermaübertragung erfolgt meist über gestielte Spermaträger (Spermatophoren), die das Männchen auf dem Substrat absetzt und die vom Weibchen aufgenommen werden. Bei einzelnen Vertretern kommt es aber auch zu Kopula-ähnlichen Übertragungen der Spermatophoren. Die Eiablage erfolgt einzeln oder zu unterschiedlich geformten Gelegen vereinigt, z. B. an Wasserpflanzen oder Steinen. Die Zahl der roten, gelben und bräunlichen Eier schwankt je nach Art zwischen einem einzigen und mehr als tausend.
Die Entwicklung ist recht komplex; sie verläuft über drei aktive Stadien (Larve, Nymphe und Adultus), die von mehreren puppenähnlichen Ruhestadien unterbrochen werden (vgl. Bild 126). Aus dem Ei schlüpft die sechsbeinige Larve, die sich, von wenigen Ausnahmen abgesehen, unmittelbar auf die Suche nach einem geeigneten Wirtstier macht, von dessen Blut sie schmarotzt. Mit Ausnahme der Eintagsfliegen werden fast alle Insektengruppen des Süßwassers durch Wassermilbenlarven parasitiert. Sehr unterschiedlich ist jedoch die Strategie, mit der die einzelnen Arten die Wirte aufsuchen. Die Larven mancher Arten kommen an die Wasseroberfläche und befallen dort kletternd oder springend z. B. Wasserläufer, Mücken oder andere Insekten, teils sogar terrestrisch lebende Wirte. Andere suchen im Wasser die Altlarven oder Puppen von Mücken, Köcherfliegen, Steinfliegen oder Libellen auf, wandern aber erst bei deren Verwandlung von der Larven- bzw. Puppenhaut auf das Vollinsekt über (Bild 126). Wieder andere saugen an ständig im Wasser lebenden Insekten, z. B. Schwimmkäfern oder Wasserwanzen. Nur wenige Arten parasitieren nicht bzw. haben die parasitische Phase aufgegeben; ihre Larve entwickelt sich ohne Nahrungsaufnahme weiter zur Nymphe, oder es schlüpfen aus den Eiern direkt die Nymphen. Der Wirt liefert den parasitischen Wassermilbenlarven nicht nur Nahrung, er ermöglicht ihnen, sich in eine neue Lebensstätte transportieren zu lassen (Phoresie). Nach der parasitischen Phase verlässt der oft deutlich angeschwollene Parasit sein Wirtstier, sucht im Wasser einen geeigneten Ort auf (z. B. kleine Spalten) und tritt dort in ein weiteres Ruhestadium ein. Aus diesem schlüpft die Nymphe, die abgesehen von fehlenden Geschlechtsorganen meist den erwachsenen Milben gleicht und auch schon vier Beinpaare hat. Die Nymphe lebt unterschiedlich lange und verwandelt sich dann abermals während eines Ruhestadiums in das geschlechtsreife Tier. Die Gesamtentwicklung sowie die Einzelstufen sind von sehr unterschiedlicher Dauer. Je nach Art können Nymphen oder adulte Tiere überwintern.
Trotz ihrer geringen Größe von maximal nur wenigen Millimetern sind die Süßwassermilben in vielen Kleingewässern leicht zu entdecken. Insbesondere die schwimmenden Arten sind oftmals als rote, orange oder bräunliche Kugeln besonders auffällig. Auffällige, oft rot gefärbte „Fremdkörper" an größeren Insekten (z. B. Libellen, Wanzen) sind in vielen Fällen die anheftenden Wassermilbenlarven. Eine Artbestimmung ist nur Experten möglich; auf den Seiten 286 und 287 können nur wenige exemplarische Formen vorgestellt werden.

WEICHTIERE (MOLLUSCA)

Die ursprünglich marinen Weichtiere sind mit den Muscheln und Schnecken auch im Süßwasser artenreich vertreten. Als Filtrierer, Pflanzen- und Detritusfresser besiedeln sie fast jeden Gewässertyp. Von mobileren Tieren (v. a. Vögeln) werden sie auch rasch in neu entstandene Gewässer eingetragen. Frei schwimmende Larven, wie sie bei den marinen Weichtieren vorkommen, gibt es im Süßwasser nur in Ausnahmefällen (Anpassung an die Bedingungen der Binnengewässer: vergleiche z. B. Krebse, S. 120).

Kennzeichnend für alle Weichtiere ist die Dreigliederung in Kopf, Fuß und Eingeweidesack, die bei den Schnecken am deutlichsten ausgeprägt ist: Man denke etwa an die Weinbergschnecke mit dem großen, muskulösen Fuß mit breiter, bewimperter Kriechsohle, dem Kopf mit Tentakeln und Augen und dem unter dem Gehäuse verborgenen Eingeweidesack. Bei den Muscheln kam es im Zusammenhang mit der filtrierenden Ernährungsweise zu einer Rückbildung des Kopfes mitsamt seiner Sinnesorgane.

Dem Körperschutz dient eine Schale, die bei Muscheln zweiklappig (die rechte und linke Körperseite umschließend, Bild 127), bei Schnecken als meist deutlich gewundenes Gehäuse ausgebildet ist. Die Schale wird vom Mantel abgesondert, einer Haut, die bei den Schnecken den gesamten Eingeweidesack überzieht. Bei den Muscheln erfährt der Mantel eine enorme Vergrößerung, denn er liegt den beiden Schalenhälften an, wobei seine Ränder bis auf wenige Bereiche (Ein- und Ausstromöffnung, Öffnung für den Fuß) miteinander verwachsen sein können. Auf diese Weise wird ein von Wasser gefüllter Hohlraum gebildet, die Mantelhöhle, in der die paarigen Kiemen liegen.

Die primäre Bildung und das Größenwachstum der Schale erfolgt am Mantelrand: In einer rinnenartigen Vertiefung (sie liegt bei Schnecken zwischen Fuß und Eingeweidesack), der Mantelrinne, wird zunächst das Schalenhäutchen (Periostrakum) abgeschieden, eine vorwiegend aus gegerbten Proteinen bestehende Substanz (Conchin). Diese hornartige, elastische, meist farbige Schicht überzieht die Kalkschale und schützt sie vor mechanischer und chemischer Zerstörung. Zudem verhindert sie, dass Wasser an die benachbarten kalkabscheidenden Mantelzellen gelangt. Am Mantelrand erfolgt der Aufbau der festen Schale, indem Kalk in eine organische, Conchin enthaltende Matrix abgeschieden wird. Auch in diese Schicht, die wegen der Ausrichtung der Kalkkristalle (Kristallform Calcit) als Prismenschicht bezeichnet wird, können Pigmente eingelagert werden. Ein Dickenwachstum erfolgt dagegen über das gesamte Mantelepithel. Die Schale weist bei einigen ursprünglichen Mollusken eine Differenzierung in eine äußere Prismen- und eine innere Perlmutt(er)schicht auf. Letztere besteht aus parallel zur Gehäusewandung liegenden Kalkschüppchen (Kristallform Aragonit).

Zwischen Schale und Mantel liegt ein Flüssigkeitsfilm, eine feste Verbindung mit dem Körper gibt es nur am Mantelrand (wird dieser Mantelrandsaum verletzt und gelangen Fremdkörper hinein, so kann es bei Muscheln zur Perlenbildung kommen) sowie an den Stellen, an denen Muskeln ansetzen: bei Schnecken der Spindelmuskel, der mit der Gehäusespindel verwachsen ist, und bei Muscheln der vordere und hintere Schließmuskel (Bild 128). Gegenspieler sind bei den Schnecken die Hämolymphe (aus Lymphe und Blut bestehende Leibeshöhlenflüssigkeit), bei den Muscheln das elastische, aus Conchin bestehende Ligament sowie der ausdehnbare Fuß.

Die Schalen sind meist recht robust, sodass man die Molluskenfauna eines Gewässers recht einfach durch Aufsammeln von Schalen kennenlernen kann, auch wenn eine Artbestimmung in vielen Fällen eine Untersuchung der Weichkörper erfordert. Darüber hinaus können die Schalen über periodisch gebildete Zuwachstreifen und Größe Auskunft über das Alter und Hinweise auf die ökologischen Bedingungen geben.

MUSCHELN (BIVALVIA)

In den mitteleuropäischen Gewässern leben rund 30 Muschelarten, die sich auf die Familien Fluss- und Teichmuscheln, Flussperlmuscheln, Kugelmuscheln, Körbchenmuscheln und Wandermuscheln verteilen (S. 288–291). Die Fluss- und Flussperlmuscheln werden auch zu den „Großmuscheln" des Süßwassers zusammengefasst. Allgemeine Informationen über die Muscheln finden sich im Folgenden bei der Beschreibung der Flussmuscheln, Abweichungen davon sind bei den Beschreibungen der übrigen Familien erwähnt.

Fluss- und Teichmuscheln (Unionidae)

Im Schlammgrund seichter, ruhiger Buchten kann man mitunter meterlange Furchen sehen, an deren einem Ende eine Flussmuschel sitzt. Diese Kriechspuren stammen von der Ortsbewegung der Muscheln, die man meist wegen ihrer Langsamkeit nur bei geduldiger Beobachtung wahrnehmen kann. Der Bewegung dient der muskulöse Fuß, der bei den Flussmuscheln einer stumpfen Pflugschar ähnelt. Durch Einpressen von Hämolymphe wird der Fuß prall und streckt sich durch einen Spalt zwischen den beiden Schalen am Vorderende der Muschel nach vorn. Er bohrt sich in den Schlamm oder Sand ein, und der Körper wird nachgezogen. Am oberen Rand (Rückenseite) werden die beiden Schalen der Muscheln durch ein horniges, zu Lebzeiten elastisches Band (Schlossband, Ligament, Periostrakumbildung) zusammengehalten. Vor diesem Band liegt der älteste, am stärksten gewölbte Schalenteil, der Wirbel (Umbo). Die Innenseiten der oberen Schalenränder tragen meist zahnartige Vorsprünge und Leisten, die ineinandergreifen und eine seitliche Verschiebung der Schalenhälften verhindern. Lamellen und Zähne bilden in ihrer Gesamtheit das „Schloss". Die kurzen, starken Zähne in der Nähe des Wirbels werden Hauptzähne genannt, die leistenartigen, die in Richtung des Hinterendes oder zu beiden Seiten hin verlaufen, Seitenzähne (Bild 128).

Beim lebenden Tier nimmt man auch bei geschlossener Schale an deren Hinterende zwei Öffnungen wahr (Bild 127). Durch die untere, bauchwärts gelegene, tritt das Atemwasser und mit diesem die Nahrung (kleinstes Plankton sowie aufgewühlter Detritus) in den Körper ein, durch die obere wird das verbrauchte Wasser samt Fäkalien und Geschlechtszellen ausgestoßen. Bei den Flussmuscheln sind beide Öffnungen spaltförmig.

Die Schalen umschließen die Mantelhöhle, in der die paarigen Kiemen liegen. Jede Kieme besteht

Bild 127. Kleine Flussmuschel (*Unio crassus*), Aufsicht auf linke Schalenhälfte (Vorderende links) mit deutlich erkennbarer Einströmöffnung (ventral, mit Sinnespapillen) und der darüber liegenden, deutlich kleineren, glattrandigen Ausstromöffnung. Die Mantelränder sind bis auf diese zwei Öffnungen und der (nicht sichtbaren) Öffnung für den Fuß miteinander verwachsen.

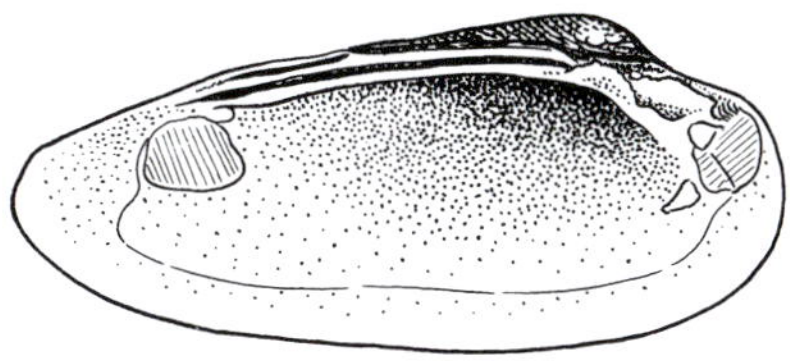

Bild 128. Linke Schalenhälfte von *Unio* sp. (rechts: vorne) Die stärkste Vorwölbung am oberen Rand ist der Wirbel (Umbo). Der starke, zackenartige Vorsprung darunter ist der Haupt-(Kardinal-)Zahn des Schlosses, die leistenartigen Gebilde zu seinen beiden Seiten sind die Seitenzähne des Schlosses. Die zum unteren Schalenrand parallel verlaufende Linie ist die Mantelrandlinie, an der bei der lebenden Muschel der Mantelsaum an der Schale festgewachsen ist. Die beiden rundlichen Gruben auf der Innenseite sind die Ansatzstelle des vorderen (rechts) bzw. hinteren (links) Schließmuskels.

aus zwei Blättern, die wie Vorhänge von der Rückenseite der Schale herabhängen und ihrerseits aus zwei Lamellen bestehen, die aus zahlreichen bewimperten und netzartig verbundenen Kiemenfäden zusammengesetzt sind. Die Kiemen dienen nicht nur der Atmung: Ihr schleimbedecktes Flim-

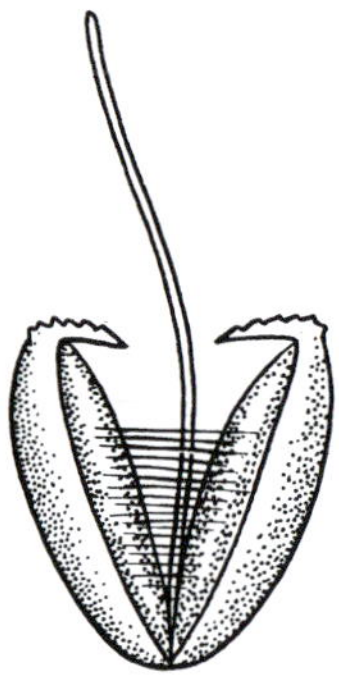

Bild 129. Parasitische Larve von *Unio* sp. (Glochidium) (Unionidae) mit dem bis zu 1,5 Zentimeter langen Haftfaden.

merepithel fängt, zusammen mit den Oberflächen des Mantels und des Fußes, die Nahrungsteilchen aus dem einströmenden Wasser und führt sie mit feinen Wimpern auf bestimmten Bahnen dem oberhalb des Fußes am Vorderende gelegenen Mund zu. Die Unioniden sind getrenntgeschlechtlich. Allerdings kommen bei *Anodonta* auch Zwitter vor. Die Samenzellen werden in das Wasser entleert und mit dem Atemwasser bis zu den Kiemen eines Geschlechtspartners gebracht, wohin auch die Eier aus den Eierstöcken gelangt sind. In besonderen Bruträumen, zu denen sich das Kiemengewebe teilweise umgestaltet, entwickeln sich die befruchteten Eier zu Larven. Diese, Glochidien genannt, sind nur ungefähr ¼ Millimeter groß und haben zwei Schalen, die durch einen Schließmuskel verbunden sind. Sie werden von der Mutter in das Wasser ausgestoßen, wobei sie sich mit den Haftfäden verfilzen und am Boden liegende Ballen bilden.

Zur Weiterentwicklung müssen sich die *Anodonta*-Larven mit den Haken ihrer Schalenränder an den Flossen von Fischen anheften, während die Glochidien von *Unio* von Fischen mit dem Mund aufgenommen werden und sich in deren Kiemen festsetzen. Das Wirtsgewebe umwuchert und ernährt die kleinen Parasiten für mehrere Wochen, die zu kleinen Muscheln heranwachsen. Anschließend fallen sie ab und beginnen ihr zunächst langsames Wachstum im Sediment. In Anpassung an die komplizierte und riskante Entwicklung sind die Eizahlen bei *Unio* und *Anodonta* sehr hoch (zwischen 200 000 und 400 000).

Die Fluss- und Teichmuscheln spielen im Haushalt ihrer Wohngewässer eine bedeutende Rolle. Fast ohne Unterlass filtrieren diese Tiere, die noch dazu häufig in verhältnismäßig großer Zahl den Gewässergrund bevölkern (manchmal mehr als zehn pro Quadratmeter), Schwebstoffe aus dem Wasser und führen sie nach entsprechender Umsetzung in ihrem Körper dem Bodenschlamm zu. Von einer Großmuschel werden in einer Stunde etwa 40 Liter Wasser durchfiltriert, das ist etwa ein Kubikmeter pro Tag (vgl. auch Bild 130).

Sowohl die *Anodonta*- als auch die *Unio*-Arten bilden je nach den ökologischen Verhältnissen ihres Wohngewässers – wie etwa der Strömungsgeschwindigkeit, der chemischen Eigenart des Wassers und der Bodenbeschaffenheit – recht verschiedene Formen nach Farbe, Dicke, Größe und Gestalt der Schalen aus. Diese Standortformen hat man lange Zeit als eigene Arten aufgefasst, ehe man z. B. durch molekularbiologische Untersuchungen erkannt hat, dass viele der Schalenmerkmale sehr variabel sind. Die einzelnen Arten können teils mehrere Jahrzehnte alt werden, in Nordeuropa älter als im Süden.

Bild 130. Bitterlinge (S. 308/3) machen sich die enorme Filtrationsleistung der Unioniden zunutze: Die Weibchen legen die Eier mit ihrer langen Legeröhre in die Kiemenhöhle ab, wo sie vor Feinden geschützt sind und gut mit Sauerstoff versorgt werden.

Bild 131. Die neozoische Chinesische Teichmuschel (*Sinanodonta woodiana*) hat eine Länge von 25 Zentimeter.

Neben den heimischen Arten (S. 288/1–4) gibt es auch einige Neozoen in unserer Fauna. Eine wichtige invasive Art ist *Sinanodonta woodiana*, die Chinesische Teichmuschel, die mit einer Schalenlänge von bis zu 25 Zentimeter Länge die größte der bei uns zu findenden Arten darstellt (Bild 131).

Flussperlmuscheln (Margaritiferidae)

Flussperlmuscheln sind bei uns nur mit einer Art, *Margaritifera margaritifera*, vertreten (S. 288/5). Sie ist aufgrund ihrer besonders hohen Ansprüche bei uns sehr selten geworden; man schätzt, dass heute in Mitteleuropa höchstens noch 2–3 % der ursprünglichen Bestände vorhanden sind. Problematisch ist, dass viele Restpopulationen zu klein und wegen genetischer Verarmung „funktionell ausgestorben" sind.
Die Glochidien sind auf Bachforellen angewiesen, in Teilen des Verbreitungsgebietes dienen auch der Atlantische Lachs und der Huchen als Wirte. Jungmuscheln benötigen einen lockeren Gewässerboden und sauerstoffreiches Wasser. Flussperlmuscheln werden in Mitteleuropa über 70 Jahre alt. Im Norden des Verbreitungsgebietes werden die Tiere größer und auch älter, in Schweden konnte gar ein 280 Jahre altes Individuum nachgewiesen werden.
In bestimmten Gegenden (z. B. Odenwald, Fichtelgebirge) war das regelmäßige Entnehmen von Perlen früher ein einträglicher Erwerbszweig. Aber nur in etwa jeder tausendsten Muschel war eine Perle zu finden. So hat die damalige Perlen-„Gewinnung" einen großen Anteil am Rückgang der Vorkommen. Aktuell stark gefährdet sind die Flussperlmuscheln durch eine Vielzahl teils miteinander verquickter Faktoren (Verfügbarkeit von Wirtsfischen, Sauerstoffgehalt, pH-Wert, Nährstoffgehalt des Wassers, Fließregime, Sedimentationsdynamik). Auch Fraß durch Bisamratte und Waschbär (Neozoen!) können lokale Bestände gefährden. Individuenreiche, aber überalterte Populationen können – ähnlich wie bei *Unio crassus* unter den Flussmuscheln – eine intakte Situation vortäuschen.

Kugelmuscheln (Sphaeriidae)

Recht kleine (bis zu zwei Zentimeter), rundliche Muscheln, die in unseren Gewässern v. a. mit den Gattungen *Sphaerium* und *Pisidium* verbreitet sind (S. 290/1–3). Ein langer, zungenförmiger Fuß kann weit herausgestreckt werden. Die Kugelmuscheln sind immer zwittrig und lebendgebärend. Die Samen gelangen mit dem Atemwasser in den Körper der Muschel, wo sie die Eizellen befruchten. Diese setzen sich in den Lamellen der Kiemen fest, die sich zur Bruttasche entwickeln. Dort wachsen sie zum geschlechtsreifen Tier heran, bis sie von der Mutter ausgestoßen werden.
Bei *Sphaerium* liegt der Wirbel kurz vor der Gehäusemitte, bei *Pisidium* dahinter.

Dreikantmuscheln (Dreissenidae)

Die getrenntgeschlechtliche Wandermuschel *Dreissena polymorpha* (S. 290/4) wurde um 1900 über die Donau nach Deutschland eingeschleppt und hat sich sehr schnell ausgebreitet. Ihr Erfolg hatte zwei Ursachen: Die Wandermuscheln besitzen anders als die angestammten Süßwassermuscheln eine Byssusdrüse. Diese liegt oberhalb des Fußes und produziert Haftfäden (Byssusfäden), mit denen sich *D. polymorpha* an die unterschiedlichsten Hartsubstrate (z. B. Steine, Muschelschalen oder auch Schiffsrümpfe) anheftet. Zudem entwickelt sie sich ausnahmsweise über frei lebende (Veliger-)Larven, die sich erst nach etwa einer Woche im Plankton auf einer Unterlage festsetzen.

Entsprechendes gilt auch für die Quagga-Muschel (*Dreissena rostriformis*; Artstatus noch umstritten, daher auch *D. rostriformis bugensis* oder *D. bugensis* genannt; vgl. S. 56), ein erst seit 2007 aus Deutschland bekanntes invasives Neozoon, das v. a. in Flüssen und Kanälen, aber u. a. auch im Bodensee zu finden ist. Lebende Tiere kann man oft bereits dadurch von *D. polymorpha* unterscheiden, dass angeheftete Muscheln nicht senkrecht zur Unterlage sitzen, sondern eine abgewinkelte Position einnehmen. Eine weitere neuerdings auftauchende Dreikantmuschel, *Congeria leucophaeata*, kommt in schwach brackigem Wasser vor und wandert zunehmend in Flüsse ein.

Körbchenmuscheln (Corbiculidae)

Diese Familie ist bei uns mit zwei invasiven Arten vertreten, der Grobgerippten (*Corbicula fluminea*, S. 290/5) und der Feingerippten Körbchenmuschel (*Corbicula fluminalis*), die teils gemeinsam vorkommen. Die ursprünglich aus Asien stammenden Arten gelangten Mitte der 1980er-Jahre von Nordamerika nach Deutschland. Die Schalen sind mehr oder weniger dreieckig, der Wirbel liegt an der Spitze, die Schalen sind dick und sehr stark gerippt und kleiner als 40 Millimeter.
Die Biologie der meist getrenntgeschlechtlichen, aber auch hermaphroditischen Corbiculidae ähnelt der der Sphaeriidae; auch sie haben eine innere Befruchtung und die Eier entwickeln sich im Schutz der Alttiere. Allerdings gibt es eine planktische Veliger-Larve, die eine Ausbreitung erleichtert.
Beide Arten sind vorwiegend in Schifffahrtsstraßen und mit diesen verbundenen Gewässern anzutreffen und breiten sich aktuell stark aus. Auch Funde aus Baggerseen sind dokumentiert.

SCHNECKEN (GASTROPODA)

So einheitlich sie äußerlich erscheinen, die Schnecken unserer Binnengewässer sind von verschiedener Herkunft (S. 290–297). Dies wird bereits in der systematischen Zuordnung deutlich: Neben Lungenschnecken (Pulmonata) gibt es eine Reihe von Kiemenschnecken, die man früher als **Vorderkiemerschnecken** („Prosobranchia") zusammengefasst hat. Es handelt sich um eine Sammelgruppe, die eine Reihe primär mariner Schnecken enthält, die zum Leben im Süßwasser übergegangen sind. Der Name Vorderkiemerschnecken spielt darauf an, dass die Kieme vor dem Herz, in einer zum Kopf hin offenen Mantelhöhle liegt. Die Kieme erinnert an eine Feder, deren Schaft meist mit der Mantelhöhle verwachsen ist.
Ein weiteres Kennzeichen vieler Vorderkiemerschnecken ist ein aus Kalk und Conchin (S. 182) bestehender Deckel (Operculum), der auf der Oberseite des Fußendes angewachsen ist. Er passt genau in die Gehäuseöffnung und gewährt Schutz, wenn sich die Tiere in ihr Haus zurückziehen. An leeren Schalen fehlt er meistens.
Eine zweite Entwicklungslinie repräsentieren die **Süßwasserlungenschnecken** (Pulmonata: Basommatophora). Ihre Vorfahren waren landlebend und atmeten über Lungen. Diese Atemmethode wurde beim Übergang in das Süßwasser in aller Regel beibehalten. Häufig kann man die Süßwasserlungenschnecken dabei beobachten, wie sie das Oberflächenhäutchen des Wassers durchbrechen, um ihre Lungen mit Luft zu versorgen. Anders als die Landlungenschnecken haben sie nur

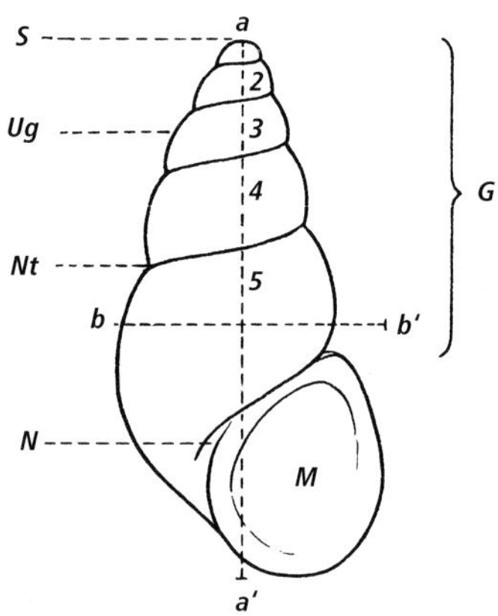

Bild 132. Schema einer rechtsgewundenen Schneckenschale. **a–a'** Achse (Höhe) des Gehäuses, **b–b'** Breite, **G** Gewinde, **Ug** Umgänge, **Nt** Naht, **S** Spitze (Apex), **N** Nabel, **M** Mündung.

ein Paar Fühler, an deren Basis die Augen sitzen (daher Basommatophora). Die Gehäuse haben keinen Deckel.
Die meisten Schnecken sind „Weidegänger". Mit ihrer Raspel- oder Reibzunge (Radula) schaben sie in erster Linie den Algenbelag von Wasserpflanzen und Steinen ab. Die Radula ist ein im Schlund gelegenes Conchinblatt, das ähnlich einem Reibeisen mit gleichmäßigen, dichten Reihen von Zähnchen bedeckt ist und von Muskeln bewegt wird. Schnecken sind in ganz verschiedenen Gewässertypen anzutreffen, nur in kalkarmem, huminsäurehaltigem Wasser findet man sie selten. Die Form, zum Teil auch die Farbe der Schalen ist je nach den Umweltbedingungen (z. B. Wasserbewegung, Temperatur, Wasserchemie, Nahrungsbedingungen) großen Änderungen unterworfen. Auch der Grad der Saugwurminfektion, an der die Wasserschnecken sehr leiden, prägt ganz verschiedene Standortformen. Dennoch sind viele Arten für den Laien recht gut an ihren Gehäusen bestimmbar (Merkmale: Bild 132).

VORDERKIEMER („PROSOBRANCHIA")

Kahnschnecken, Schwimmschnecken (Neritidae)

Die Familie enthält neben Meeresarten auch einige Brack- und Süßwasserformen. Die Arten unserer einzigen heimischen Gattung *Theodoxus* (Kahnschnecken, S. 290/6) gehören fast ausschließlich zur Steinfauna fließender Gewässer und der Brandungszonen von Seen. Hier ernähren sie sich von Kieselalgen. Die Augen sitzen auf kurzen Stielen an der Außenseite der borstenförmigen Fühler.
Die Tiere sind getrenntgeschlechtlich. Die weißen, stecknadelkopfgroßen, leicht gewölbten Eikapseln finden sich z. B. auf Steinen und Muschelschalen. Sie enthalten bei der Ablage etwa 70 bis 90 Eier. Es entwickelt sich aber in der Regel nur eines zu einer Larve, die die übrigen Eier auffrisst und erst als fertig entwickelte Schnecke die Eikapsel verlässt. Neben der relativ häufigen *Theodoxus fluviatilis* sind aus dem Donaugebiet zwei weitere, sehr seltene Arten, bekannt: *T. danubialis* und die FFH-Art *T. transversalis*.

Sumpfdeckelschnecken (Viviparidae)

Neben der Spitzschlammschnecke (S. 294/1) gehören die *Viviparus*-Arten (S. 292/1) zu unseren größten heimischen Süßwasserschnecken. *Viviparus viviparus*, eine Art des mäßig bewegten Wassers, v. a. der Flüsse, ist sowohl Weidegänger als auch Strudler, der Partikel über seine Kiemen filtriert. Diese Art ist getrenntgeschlechtlich. Die Geschlechter sind beim lebenden Tier leicht zu unterscheiden: Der rechte Fühler des kleineren Männchens ist kürzer als der linke und kolbig dick, da er auch als Begattungsorgan dient. Die beiden Fühler des Weibchens sind gleich dünn.
Die *Viviparus*-Arten sind die einzigen einheimischen Schnecken, die lebende Jungtiere zur Welt bringen. Die Entwicklung erfolgt in dotterreichen Eiern in dem Endteil der erweiterten Gebärmutter bis zu den kleinen, etwa zehn Millimeter großen Schnecken, die nacheinander schlüpfen und geboren werden. Ihr Gehäuse hat vier Windungen und ist mit Borsten besetzt, die später abfallen. Neben *Viviparus viviparus* und *V. contectus* kommen noch zwei weitere Arten sehr begrenzt in Deutschland vor.

Zwerg- oder Wasserdeckelschnecken (Hydrobiidae)

Die Arten dieser Familie haben einen schnauzenartigen Kopf und lange, fadenförmige Fühler (S. 292/2,3). Die Hydrobiidae stellen die meisten Gattungen innerhalb der Süßwasserschnecken. Entsprechend ist ihre Lebensweise sehr verschieden. Neben der vorgestellten Quellschnecke *Bythinella dunkeri*, kommt bei uns noch ein Neozoon vor: *Potamopyrgus antipodarum*. Diese bei uns heute weitverbreitete Art ist aus Neuseeland eingeschleppt worden und vermehrt sich häufig parthenogenetisch. Ökologisch bemerkenswert sind die zahlreichen winzigen Arten der Gattungen *Bythinella* (Quellschnecken) und *Bythiospeum* (Brunnenschnecken). Sie kommen in Quellen, Höhlen und Grundwasser-Lebensräumen Mittel- und Süddeutschlands vor. In Norddeutschland gibt es mit der Zwergdeckelschnecke *Marstoniopsis scholtzi* eine ähnliche kleine Art in stehenden oder langsam fließenden, pflanzenreichen Gewässern.

Schnauzenschnecken (Bithyniidae)

Zu dieser Familie, deren Vertreter einen rüsselartig vorstreckbaren Kopf besitzen, gehören nur wenige Arten. Die weitverbreitete und ökologisch anspruchslose *Bithynia tentaculata* ist die häufigste (S. 292/4). Schnauzenschnecken sind Weidegänger und zugleich Filtrierer.

Federkiemenschnecken (Valvatidae)

Die *Valvata*-Arten (S. 292/5) bewohnen den Grund größerer Seen, auch außerhalb des Pflanzengürtels, teils auch verschiedene Kleingewässer. Ihr Gehäuse ist bis sieben Millimeter breit und hoch. Der Kopf ist schnauzenartig verlängert, das Vorderende des Fußes breit und in zwei Lappen geteilt. Hinter den langen, dünnen Fühlern sitzen die Augen. Beim Umherkriechen ragt die zweiseitig gefiederte Kieme gewöhnlich an der linken Körperseite aus der Mantel- bzw. Kiemenhöhle hervor. Ein fühlerförmiger Mantelfortsatz auf der rechten Seite dient der Reinigung der Kiemen. Die Federkiemenschnecken fressen vorzugsweise Detritus. Sie sind Zwitter.

SÜSSWASSERLUNGENSCHNECKEN (PULMONATA: BASOMMATOPHORA)

Flussnapfschnecken (Ancylidae)

Zu dieser Familie, die zuweilen auch zu den Tellerschnecken (Planorbidae) gestellt wird, gehört in Mitteleuropa nur eine Art, die Flussnapfschnecke (*Ancylus fluviatilis*, S. 290/7). Sie ist durch ihre mützenförmige Schale ausgezeichnet an das Leben in schnell strömenden Gewässern angepasst (vgl. S. 26). Die Tiere sitzen hier mit ihrer breiten Fußscheibe fest an Steinen. Nie kommen sie an die Oberfläche. Ihre Lungenhöhle ist völlig rückgebildet. In dem sauerstoffreichen Wasser ihres Lebensraumes genügt Hautatmung. Sie ernähren sich von kleinen Algen, Aufwuchs und wasserbewohnenden Flechten. Ähnlich, aber kleiner (bis 3,2 Millimeter Länge) und mit durchsichtiger Schale ist *Ferrissia fragilis* (Ferrissidae), ein Neozoon aus Nordamerika. Der Laich, uhrglasförmige, durchsichtige Scheiben von etwa zwei bis vier Millimeter Durchmesser, ist außerordentlich fest an die Unterlage gekittet. Jede Laichmasse enthält ungefähr zehn Eier.

Teichnapfschnecken (Acroloxidae)

Die einzige heimische Art, *Acroloxus lacustris* (S. 290/8), bewohnt hauptsächlich den Schilfgürtel stehender Gewässer bis zu 13 Meter Wassertiefe. Dort kriechen diese auch „Schilfläuse" genannten Schnecken langsam an Schilfstängeln und weiden den Belag von Kiesel- und Blaualgen ab. Die Lungenhöhle ist zurückgebildet, geatmet wird über die Haut. Der Weichkörper ist viel kleiner als die Schale, die ihn dachartig überdeckt. Nur die Fühlerenden ragen noch etwas über den Schalenrand hinaus. Der Laich besteht aus flachen, wasserklaren, nahezu kreisrunden Kapseln von zwei bis vier Millimeter Durchmesser. Sie enthalten nur wenige, höchstens etwa zehn Eier.

Blasenschnecken (Physidae)

Eine kleine Familie mit vier Arten in Deutschland, die an ihrem linksgewundenen Gehäuse sofort zu erkennen sind (S. 292/6–8). Die recht schnell kriechenden Schnecken haben ein besonderes Abwehrverhalten: Werden die fingerartigen Mantelfortsätze, die das Gehäuse umgreifen (*Physa*, *Haitia*) berührt, so schleudert das Tier die Schale hin und her und schüttelt damit Feinde ab.
Auch in dieser Familie gibt es ein in Mitteleuropa durch Aquarianer verbreitetes Neozoon aus dem Mittelmeerraum, die Spitze Blasenschnecke, *Haitia acuta* (früher *Physa* oder *Physella acuta*).

Schlammschnecken (Lymnaeidae)

Die Schlammschnecken (S. 294/1–8) bewohnen je nach Art recht verschiedene Gewässertypen. Besonders die große Spitzschlammschnecke *Lymnaea stagnalis* kann man häufig an der Unterseite des Wasserspiegels entlanggleiten sehen, die Fußsohle nach oben gekehrt, das Gehäuse nach unten. Hierbei ist auch das Schleimband sichtbar, das bei den Schnecken von Drüsen im Vorderteil des Fußes ständig abgeschieden wird. Auf diesem

Schleimfilm gleitet der Körper voran, indem Bewegungswellen regelmäßig von hinten nach vorn über den Fuß laufen. Sie werden durch abwechselndes Zusammenziehen und Erschlaffen verschiedener Fußmuskeln erzeugt.
Schlammschnecken sind Weidegänger. Daneben beißen sie mit ihren Kiefern auch Stückchen weicher und verwesender Teile Höherer Pflanzen ab und führen sie der Radula zum Zerkleinern zu. Außerdem werden mitunter Aas, Laich verschiedenster Wassertiere und Moostierchen gefressen. Die Tiefenformen ernähren sich vorwiegend von Detritus. Wie die körnerfressenden Vögel nehmen Schlammschnecken kleine Steinchen in ihren Muskelmagen auf, die zum Zerreiben der Nahrungsteile beitragen.
Schlammschnecken, die ruhige, seichte Gewässer bewohnen, atmen atmosphärische Luft. Zum Luftschöpfen kommen sie an die Oberfläche, öffnen das unter Wasser geschlossene Atemloch und lassen frische Luft in ihre Mantelhöhle. An deren Decke liegt ein fein verzweigtes Gefäßnetz, die Lunge. Im Winter, unter der absperrenden Eisdecke, sowie bei den Bewohnern stärker bewegter oder tiefer Gewässer wird die Luftatmung durch Hautatmung ersetzt. Hierbei spielen die stark durchbluteten und breiten Fühler (vgl. S. 294/1) eine besondere Rolle. Fühlt sich eine an der Oberfläche ruhende *Lymnaea* bedroht, so kann sie blitzschnell die Luft aus der Atemhöhle ausstoßen und sinkt dann, spezifisch schwerer geworden, gleich einem Stein zu Boden. Umgekehrt können auf dem Grund kriechende Schlammschnecken durch den Zug der Mantelmuskeln den auf der Atemluft lastenden Druck vermindern und dadurch deren Ausdehnung bewirken. Lösen sie dann die Sohle von der Unterlage, so steigen sie gleich einem Korken bis zur Oberfläche auf.
Wie alle Lungenschnecken sind die Schlammschnecken Zwitter. Trotzdem ist Selbstbefruchtung unter natürlichen Bedingungen selten. Meist findet einseitige Begattung statt, d. h., bei der Paarung fungiert das eine Tier als Männchen, das andere als Weibchen. Der Laich besteht aus bandförmigen Gallertkapseln, deren Oberseite leicht gewölbt ist, wogegen die flache Unterseite an Steine oder an Wasserpflanzen angeklebt wird. Form und Zahl der Gelege sind ebenso wie die Eizahl artverschieden. Aus den Eiern schlüpfen die fertig ausgebildeten kleinen Schnecken.

Tellerschnecken (Planorbidae)

Die Tellerschnecken (S. 296/1–7) bevölkern mit mehreren Arten hauptsächlich stehende Gewässer. Sie haben ein linksdrehendes Gehäuse, was man oft nur an der Lage der inneren Organe erkennen kann. Am bekanntesten ist die größte Art, die Posthornschnecke (*Planorbarius corneus*), die sich vorwiegend auf dem Grund aufhält. Daher spielt auch Detritus bei ihrer Ernährung eine große Rolle.
Die kleinen Planorbiden sind in der Tiefe der Seen gleichfalls in erster Linie Detritusfresser; die Arten der Weiher weiden oft Algen und Detritus von der Unterseite des Wasserspiegels ab. Als einzige heimische Schnecken besitzten die Planorbiden Hämoglobin. Die Rotfärbung des Blutes ist besonders ausgeprägt bei *P. corneus*. Die Atemhöhle ist sehr umfangreich und durch eine Hautfalte unvollständig in einen vorderen und hinteren Abschnitt geteilt. *P. corneus* muss selten zum Luftholen an die Oberfläche kommen, in sauerstoffreichem Wasser hat sie das überhaupt nicht nötig. An ihrer linken Seite (S. 296/1) ragt eine dünne Hautfalte hervor, die vermutlich Kiemenfunktion hat.
Den Winter verbringt *P. corneus* häufig im Schlamm vergraben in einer Art Winterschlaf. Die Weiherbewohner unter den kleinen Planorbiden atmen, solange ihre Wohngewässer nicht zugefroren sind, atmosphärische Luft. Sind sie von dieser durch eine Eisdecke abgesperrt, gehen sie zur Wasseratmung über. Sie füllen ihre Atemhöhle dabei mit Wasser und das Lungengefäßnetz arbeitet dann nach Art einer Kieme. Die Atemhöhle der in der Tiefe der Seen lebenden Planorbiden, die nicht zum Luftholen an die Oberfläche kommen können, ist stets mit Wasser gefüllt. Haben diese Tiere jedoch Gelegenheit, Luft an der Oberfläche aufzunehmen, so pressen sie das Wasser durch Zusammenziehen der Mantelmuskeln aus der Lunge und gehen zur Luftatmung über. Hautatmung ist bei den Tellerschnecken nur von geringer Bedeutung.
Tellerschnecken sind Zwitter, die Paarung ist meist wechselseitig. Der Laich ist flach und kuchenförmig. Die Eizahl je Gelege ist artverschieden, aber nie groß.

FISCHE („PISCES")

Fische (S. 298–311) sind wasserbewohnende, wechselwarme Wirbeltiere mit knorpeligem (Knorpelfische) oder knöchernem (Knochenfische) Skelett. Mit mehr als 30 000 beschriebenen Arten sind die Fische die artenreichste Klasse der Wirbeltiere. Ein Drittel davon lebt im Süßwasser. Die Körperform hängt von der Lebensweise ab. Grundform der Bewohner des freien Wasserraums ist das Torpedo. Insbesondere bei den Arten des Gewässergrundes ist sie deutlich abgewandelt.

Das Skelett der Knochenfische besteht aus dem Schädel und der mit diesem verbundenen Wirbelsäule (mit sanduhrförmigen Wirbeln und Rippen in der Rumpfregion). Brust- und Bauchflossen sind paarig, Rücken-, Schwanz- und Afterflosse unpaar (Bild 133). Die Schwanzflosse dient hauptsächlich der Fortbewegung, die übrigen Flossen wirken steuernd und stabilisierend. Die Oberhaut ist meist reich an Schleimdrüsen, in der bindegewebigen Lederhaut darunter sind die Schuppen (Hautknochenplättchen) eingebettet. Diese wachsen schubweise. Aus der Anzahl der Zuwachsstreifen der Schuppen lässt sich das Alter der Fische bestimmen. Die Atmung erfolgt durch Kiemen, zusätzlich spielt bei einigen Arten Haut- und Darmatmung (Letztere über abgeschluckte Luft) eine bedeutende Rolle. Ein besonderes Sinnesorgan ist das in die Haut eingebettete Seitenlinienorgan, ein beidseits liegender Längskanal, in dem knospenartige Gruppen von Sinneszellen aufgereiht sind. Der Längskanal steht durch kurze Röhren, die sich durch Poren in den Schuppen der Seitenlinie öffnen, mit dem Wasser in Verbindung. Mithilfe des Seitenlinienorgans können Fische Wasserströmungen, Gegenstände im Wasser, andere Wassertiere sowie Boden- und Ufernähe wahrnehmen. Die meisten Fische legen Eier; die Mehrzahl der Knorpelfische und wenige Knochenfische sind lebendgebärend. Eine besondere Stellung nehmen die Kieferlosen Fische („Agnatha") ein, die durch die Neunaugen vertreten sind. Sie leiten sich von Formen ab, die sich als Filtrierer ernährten. Die Larven der Neunaugen führen diese ursprüngliche Lebensweise vor. Ausgewachsene Bachneunaugen nehmen keine Nahrung mehr zu sich. Adulte Meer- und Flussneunaugen leben im Meer als Ektoparasiten: Sie saugen sich mit ihrer mit Hornzähnen versehenen Mundscheibe an anderen Fischen fest und raspeln mit ihrer Zunge Fleischstücke heraus.

In Deutschland sind knapp 90 Arten von Süßwasserfischen nachgewiesen, darunter einige seit Langem eingebürgerte Neozoen wie die Regenbogenforelle und der Sonnenbarsch. In jüngerer Zeit sind – gefördert durch Binnenschifffahrt und Ausbau von Schifffahrtswegen – einige Grundeln (Gobiidae) aus dem Gebiet des Schwarzen und des Asowschen Meeres in die Flusssysteme (Donau-, Rhein-Main-Gebiet) eingewandert, so die Marmorierte Grundel (*Proterorhinus marmoratus*), die Schwarzmundgrundel (*Neogobius melanosto-*

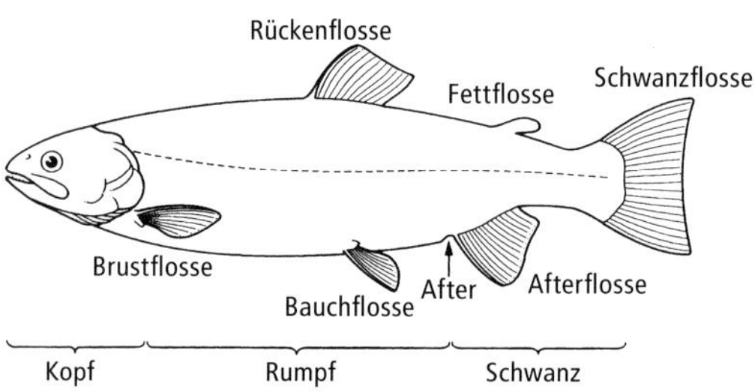

Bild 133. Äußerer Körperbau eines Fisches. Die unbewegliche Fettflosse ist ein Merkmal der Forellenartigen Fische. Gestrichelt: Seitenlinie.

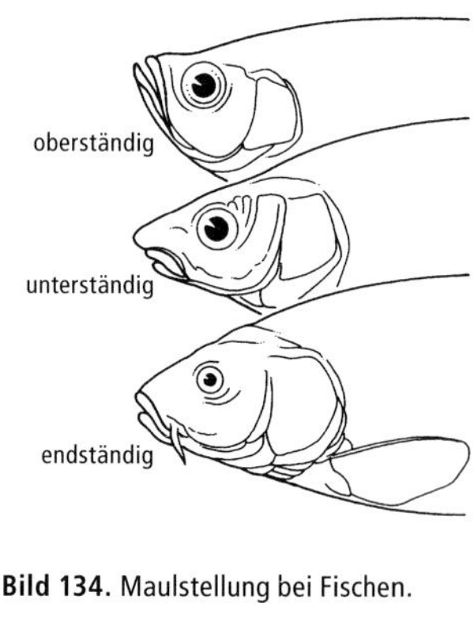

Bild 134. Maulstellung bei Fischen.

Bild 135. Bergmolchweibchen bei der Eiablage. Die befruchteten Eier werden einzeln an Pflanzen – bevorzugt an Blätter, die umgefaltet werden können – geklebt.

mus), die Kesslergrundel (*N. kessleri*) und die Flussgrundel (*N. fluviatilis*). Diese bodennah lebenden Fische ernähren sich u. a. von Fischbrut und breiten sich z. T. massiv aus.

LURCHE (AMPHIBIA)

Die Lurche oder Amphibien (S. 312–323) umfassen drei Ordnungen (Blindwühlen, Schwanzlurche und Froschlurche) mit mehr als 6000 beschriebenen Arten. Lurche sind wechselwarme Landwirbeltiere. Mit wenigen Ausnahmen (z. B. Blindwühlen) haben sie zwei Gliedmaßenpaare, von denen das vordere vier Zehen besitzt und das hintere fünf. Kiefer und Gaumen können bezahnt sein. Die Atmung erfolgt über Kiemen, Haut, Mundschleimhaut oder mittels Lungen. Die Haut ist nackt, drüsenreich und oft bunt gefärbt (Bild 135). Darm-, Harnblase und Geschlechtstrakte münden in einer Kloake. Bei den Schwanzlurchen setzt das Männchen bei der Balz einen Samenträger (Spermatophore) ab, der vom Weibchen aufgenommen wird (innere Befruchtung). Bei Froschlurchen erfolgt eine äußere Befruchtung bei gemeinsamer Abgabe der Geschlechtsprodukte (Bild 136). Alle Larven und die adult im Wasser lebenden Arten besitzen ein Seitenlinienorgan (vgl. Fische). Die Weibchen legen ihre Eier in der Regel in Gewässern ab. Die aus dem Ei schlüpfenden Larven leben im Wasser, erst am Ende der Larvalzeit wandeln sie sich zur Adultform um (Metamorphose), die zumeist am Land lebt. Die Larven der Schwanzlurche haben bis zur Metamorphose jederseits drei äußere Kiemenbüschel, ihre Vorderbeine entwickeln sich früher als die Hinterbeine. Beiderseits des Kopfes haben die Larven anfangs einen beinähnlichen Anhang („Balancer"), der an seiner Spitze Haftorgane trägt. Bei den Froschlurchen atmen die Larven (Kaulquappen) ebenfalls durch Kiemen. Diese sind jedoch nur bei jungen Stadien, die mit im Mundbe-

Bild 136. Frösche haben eine äußere Befruchtung, deren Erfolg durch die gleichzeitige Abgabe der Eier und Samen gewährleistet ist.

Bild 137. Laubfrosch-Männchen lassen beim Rufen ihre kehlständige Schallblase anschwellen.

Bild 138. Teichfrösche verfügen über paarige Schallblasen in den Mundwinkeln.

reich liegenden Haftorganen an den Gallerthüllen des Laichs oder an Pflanzenteilen angeheftet sind, sichtbar. Nach der Anheftungsphase liegen die Kiemen in einem von einer Hautfalte gebildeten Kiemenraum, der nur über eine Atemöffnung mit dem äußeren Milieu in Verbindung steht. In ihm sind auch die Vorderbeine verborgen, die nahezu gleichzeitig mit den Hinterbeinen gebildet werden. Somit entsteht der Anschein, dass sich bei Kaulquappen die Hinterbeine vor den Vorderbeinen

Bild 139. Die nachtaktiven Fischotter verraten sich oft erst durch ihre Lebensspuren: Trittsiegel im Schnee.

entwickeln. Die meisten Lurche sind auf Habitate mit hoher Luftfeuchtigkeit angewiesen bzw. sind besonders bei hoher Luftfeuchte aktiv (Regenwetter, nachts). In Anpassung an das Leben im Wasser verändern die Molche zur Fortpflanzungszeit ihr Erscheinungsbild (höhere Hautsäume, Abflachung des Schwanzes, Hinterfüße mit Schwimmsäumen u. a.) und die Männchen bilden ihr arttypisches Prachtkleid aus (Wassertracht), an dem sie am besten bestimmbar sind. In Deutschland sind 22 Arten heimisch, darunter ein Neozoon, der Nordamerikanische Ochsenfrosch (*Rana catesbeiana*), der in der Oberrheinischen Tiefebene verbreitet ist. Mit einer Kopf-Rumpf-Länge von bis zu 20 Zentimeter ist er äußerst gefräßig. Somit ist er für die im gleichen Lebensraum lebenden heimischer Amphibien ein Nahrungskonkurrent und auch ein Fressfeind.

KRIECHTIERE („REPTILIA“)

Die Kriechtiere umfassen vier Ordnungen: Brückenechsen, Krokodile, Schildkröten und Schuppenkriechtiere (u. a. Schlangen, Eidechsen). Die meisten der über 6000 beschriebenen Arten leben in den Tropen, in heimischen Süßgewässern sind sie nur durch zwei Arten vertreten (S. 322/3–4). Kriechtiere sind wechselwarme Wirbeltiere. Ihr Körper ist meist lang gestreckt und trägt ursprünglich zwei fünfzehige Gliedmaßenpaare, die bei Schlangen und einigen Eidechsen zurückgebildet sind. Die

Bild 140. Die neozoische Nutria ist anders als der Biber auch am Tag aktiv und hat einen drehrunden Schwanz.

Bild 141. Durch den Dammbau stauen Biber Fließgewässer und können so ganze Landschaften prägen.

Atmung erfolgt stets über Lungen. Ausscheidungs- und Geschlechtsprodukte werden gemeinsam über eine Kloake abgegeben. Die Haut ist arm an Drüsen, der Körper ist von Hornschuppen oder Hornschildern bedeckt. Die Eier werden stets innerhalb des Weibchens mittels unpaarer oder paariger Begattungsorgane des Männchens befruchtet. Wie bei Vögeln und Säugetieren ist die Entwicklung der Kriechtiere dank besonderer Eihüllen vom Wasser völlig unabhängig (Amnioten-Ei). Die Entwicklung ist direkt, ohne ein Larvenstadium. Faunenfremde Reptilien in den Gewässern sind mancherorts freigelassene Süßwasserschildkröten, wie die aus Nordamerika stammenden Rotwangen- und Gelbwangen-Schmuckschildkröten *Trachemys scripta elegans* und *T. s. scripta*.

SÄUGETIERE (MAMMALIA)

Die Säugetiere (vgl. S. 324/1–4) umfasst weltweit rund 5400 Arten von sehr unterschiedlicher Größe, Gewicht, Körperform und Lebensweise. Säugetiere sind wie die Vögel warmblütig (endotherm) und damit grundsätzlich unabhängig von der Umgebungstemperatur. Viele bekommt man selten zu Gesicht. Häufig wird man erst durch die Lebensspuren auf sie aufmerksam (Bilder 139, 141), darunter auch einiger eingebürgerter Arten, wie der Bisamratte (Bild 142).
Säugetiere haben ursprünglich zwei Gliedmaßenpaare, in der Regel als Beine mit Füßen ausgebildet. Ein typisches Säugetiermerkmal ist die drüsenreiche, von einem Haarkleid bedeckte Haut. Das Gehirn, besonders das Großhirn, und die Sinnesorgane sind meist sehr gut entwickelt. In der Regel dominiert der Geruchssinn, der bei der Abgrenzung von Revieren und im Fortpflanzungsverhalten eine große Rolle spielt. Abgesehen von den eierlegenden Kloakentieren sind alle Säugetiere lebendgebärend. Stets werden die Jungen mit Milch ernährt, die die Muttertiere in Milchdrüsen erzeugen.

Bild 142. Die neozoischen Bisamratten verwenden für ihre Bauten Pflanzen aus dem Röhricht, niemals große Äste und Stämme.

Süßwasserschwämme (Porifera)

Spongillidae

1 | Geweihschwamm

Spongilla lacustris

Form recht variabel, teils geweihartig, teils geklumpt, häufigster einheimischer Süßwasserschwamm. Bis mehrere dm^2 große Kolonien. Bestimmung der Arten nur durch mikroskopische Untersuchung der Skleritnadeln des Körpers oder der Gemmulae möglich (S. 108, Bild 47).

Nesseltiere (Cnidaria)

HYDROZOA
HYDRIDAE (SÜSSWASSERPOLYPEN)

2 | Süßwasserpolyp

Hydra sp.

An Wasserpflanzen, etwa 10 mm lang (ohne Fangarme). Bestimmung der heimischen Arten der Gattung vorzugsweise nach den Nesselkapseln, nur Spezialisten möglich.

OLINDIASIDAE (LIMNOMEDUSAE)

3 | Süßwassermeduse

Craspedacusta sowerbii

Vermutlich nichteuropäischer Herkunft. Langsam fließende und stehende (Altarme, klare Teiche) Gewässer. Auch in Gewächshäusern. Frei schwebend. Schirmdurchmesser 6–20 mm. Je nach Alter und Umweltbedingungen 8–400 lange Fangarme. Die Meduse entsteht als Geschlechtsform durch Knospung am nur 0,5–2 mm großen tentakellosen Polypen, der früher als eigene Art (*Microhydra ryderi*) bezeichnet wurde. Der Polyp kommt als Einzeltier oder aber in Gestalt kleiner Stöckchen vor.

CLAVIDAE

4 | Keulenpolyp

Cordylophora caspia

Im Brackwasser der norddeutschen Küsten, seltener in reinem Süßwasser. Neozoon. Verzweigte Kolonien mit Fang- und Fortpflanzungsköpfchen und wurzelartiger Verzweigung auf der Unterlage. Auch „Affenhaar" genannt. Bis zu 10 cm hoch. Verwandte Art: *Cordylophora lacustris* (S. 110, Bild 48).

Moostierchen (Bryozoa)

CRISTATELLIDAE

5 | *Cristatella mucedo*

Kolonie. In klaren, stehenden Gewässern, aber auch in Moorgewässern. Gallertartig durchscheinend. Meist 20–30 mm groß, selten größer, dann bis zu 30 cm groß. Statoblasten linsenförmig, mit Randhaken (S. 111, Bild 51b).

PLUMATELLIDAE

6 | *Plumatella fruticosa*

Kolonie. Auf Schwimmblättern und an Wasserpflanzen stehender und langsam fließender Gewässer. Zu beachten: die regelmäßige Verzweigung der Chitinröhren. Bis zu 10 cm groß. Statoblasten oval, meist mit, seltener ohne Schwimmring (S. 110, Bild 51a).

Weitere Art:
Plumatella repens

Kolonie (S. 110, Bild 49). Häufige Art in stehenden und fließenden Gewässern, selten auch in Brackwasser. Bis zu 20 cm groß, Wuchsform unterschiedlich. Statoblast meist mit Schwimmring. Kurz-oval bis rundlich.

6
5
2
1
4
3

Strudelwürmer „Turbellaria"

RHABDOCOELA

TYPHLOPLANIDAE

1 | *Mesostoma ehrenbergi*
Im Pflanzengürtel stehender Gewässer. Auf Wasserflöhe als Beute spezialisiert. Blattartig, durchsichtig. Darm stabförmig. Zwittrige Geschlechtsorgane durchscheinend. Kommt es zur Paarung, so gehen aus der zweigeschlechtlichen Fortpflanzung dickschalige Dauereier hervor, die erst nach dem Tod des Tieres frei werden. Länge bis zu 15 mm.

TRICLADIDA (PLANARIEN)

DENDROCOELIDAE

2 | *Dendrocoelum lacteum*
In Still- und Fließgewässern. Milchweiß („milchweiße Planarie"), Darm schillert oft rötlich braun oder schwarzgrau durch. Kopfende abgestutzt, mit beweglichen, gewellt erscheinenden Seitenlappen. 2 schwarze Augen, nahe dem Vorderrand, ihr Abstand zueinander größer als der Abstand von jedem Auge zum nächsten Körperrand. Länge bis zu 26 mm, Breite bis zu 6 mm.
Ähnliche, oberseits bräunliche Art (S. 113, Bild 53): ***Bdellocephala punctata***: größte einheimische Planarie (bis 40 mm Länge). In Stillgewässern (v. a. Seen) und – seltener – größeren Fließgewässern, auch im Brackwasser.

PLANARIDAE

3 | *Polycelis nigra*
In Still- und Fließgewässern. Färbung variabel: grau, braun, schwarz, grünlich, rotbraun, gelb. Kopf abgestutzt, die Mitte vorgewölbt. Zahlreiche Augen am Vorderrand. Länge bis zu 12 mm, Breite bis zu 1,5 mm. Ähnliche, nur anhand der Geschlechtsorgane unterscheidbare, häufigere Art (nicht abgebildet): *Polycelis tenuis*.

3a | Augenstellung von *Polycelis* sp.

4 | *Polycelis felina*
In Quellen und Bachoberläufen. Farbe wie **3**. Kopf mit 2 seitwärts gerichteten Tentakeln. Insgesamt etwa 50 Randaugen. Länge bis zu 18 mm, Breite bis zu 2 mm.

5 | *Crenobia alpina*
Meist in Quellen und Quellbächen, meidet saure Gewässer. Meist schiefergrau oder schwarz, seltener braun, rötlich, grünlich, weiß oder gefleckt. Kopf quer abgestutzt mit 2 beweglichen, etwa 1 mm langen, ausstreckbaren Tentakeln. 2 Augen, weit vom Stirnrand entfernt. Länge bis zu 16 mm, Breite bis zu 5 mm.

6 | *Planaria torva*
In Still- und Fließgewässern. Braun bis schwarz. Vorderende abgerundet, Stirnrand mit stumpfen Ecken in die Seitenränder übergehend. Vordere Seitenlappen nicht abgesetzt. 2 Augen, vom Stirnrand ziemlich weit entfernt. Länge bis zu 20 mm.

DUGESIIDAE

7 | *Schmidtea lugubris*
Früher *Dugesia lugubris*. In Still- und Fließgewässern. Recht unempfindlich gegen Temperaturschwankungen und organische Verunreinigungen. Meist tiefschwarz, bisweilen graubraun. Kopfende gerundet, etwas verbreitert, Form wechselhaft. 2 Augen vor der breitesten Stelle des Kopfes. Länge bis zu 20 mm, Breite bis zu 4 mm.
Ähnliche Art (ohne Abb.): *Schmidtea polychroa*.

8 | *Dugesia gonocephala*
„Dreiecksstrudelwurm". In sauberen Fließgewässern. Braun, grau, schwärzlich, bisweilen dunklere Längsstreifen. Kopf dreieckig, mit seitlich beweglichen „Öhrchen". 2 Augen vor der breitesten Stelle des Kopfes. Ihr gegenseitiger Abstand etwa gleich dem Abstand des Auges zum entsprechenden Kopfrand. Länge bis zu 25 mm, Breite bis zu 6 mm.
Ähnliche Art: ***Dugesia tigrina*** (S. 113, Bild 54), Tiger-Planarie. Neozoon aus Nordamerika. In Stillgewässern und langsam fließenden Bächen und Flüssen. Unempfindlich bei Gewässerverunreinigungen und Temperaturschwankungen (Optimum 25 °C); auch vegetative Vermehrung. Verbreitet, aber nicht häufig. Länge 10(–18) mm.

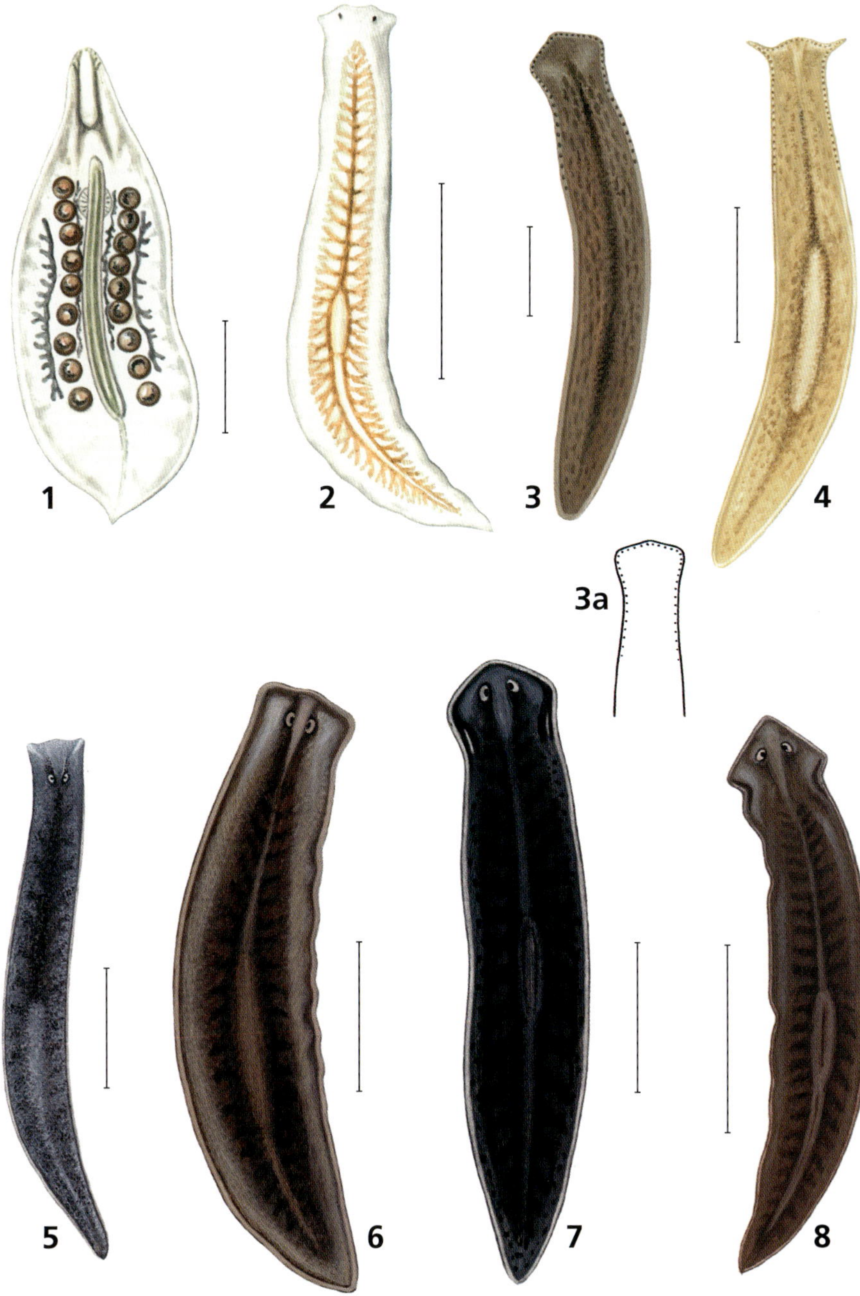
1
2
3
4
3a
5
6
7
8

Saitenwürmer (Nematomorpha)

GORDIIDAE

1 | Wasserkalb
Gordius aquaticus
Ähnlich einem sehr starken Rosshaar, mit charakteristischer, träger Bewegungsweise. Gelb, braun oder schwärzlich. Länge bis zu 80 cm.

Ringelwürmer (Annelida)

WENIGBORSTER (OLIGOCHAETA)

NAIDIDAE

2 | *Chaetogaster diaphanus*
An Wasserpflanzen und auch im Schlamm von Still- und Fließgewässern, auch im Brackwasser. Durchsichtig. Borsten nur auf der Bauchseite, 14–15 Segmente. Bildet Tierketten, Länge bis zu 15 mm. Räuber.

3 | Teichschlange
Stylaria lacustris
An Wasserpflanzen und auch im Schlamm vor allem stehender Gewässer, auch in schwach salzhaltigen. Durchsichtig, mit auffälligem Rüssel. Färbung variiert. Vorderkörper meist gelb bis bräunlich, übriger Körper mit schwarzen Ringen. Unterschiedlich lange Borsten. Stets Augenflecke. Bildet Tierketten, im Herbst geschlechtliche Vermehrung. Einzeltier bis zu 18 mm lang. Schwimmt sehr gut. Nahrung: Algen und Aufwuchs von Mikroorganismen.

4 | *Nais variabilis*
An Wasserpflanzen und auch im Schlamm stehender Gewässer, auch brackiger. Hellgrau. Augenflecke. Bildet Tierketten, Länge 8 mm. Nahrung: Algen. Schwimmt gut.

5 | Enchytraeidae
In der Uferzone, auch salziger und stark verschmutzter Gewässer. Gelblich bis rotbraun. 3–8 Borsten je Bündel. Länge 10–20 mm.

TUBIFICIDAE

6 | Schlammröhrenwurm
Tubifex sp.
Im Schlamm- und Sandboden stehender und fließender, auch verschmutzter Gewässer. Das Vorderende steckt in senkrechten, mit Schleim ausgekitteten Röhren. Das Hinterende ragt heraus und führt pendelnde Atembewegungen aus (S. 116, Bild 57). Rot bis rötlich gelb. Häufigste Art *Tubifex tubifex*. Länge bis zu 85 mm. Mit Haarborsten. Nahrung: Organische Schlammteilchen. Meist in großen Kolonien. In der Aquaristik als Lebendfutter beliebt („Roter *Tubifex*"), dort werden aber meist mehrere Tubificiden-Arten zusammen angeboten.

7 | *Limnodrilus* sp.
Lebensweise wie Tubifex. Oft mit diesem vergesellschaftet. Ohne Haarborsten. Kräftig rot bis braunrot, Länge bis zu 50 mm. Einige Arten der Gattung im letzten Körperdrittel gelblich.

LUMBRICULIDAE

8 | *Lumbriculus variegatus*
Zwischen Wasserpflanzen oder im Grund stehender Gewässer, v. a. in Waldtümpeln, überdauert Austrocknung in Cysten. Rot bis braun, irisiert grünlich. Länge 40–100 mm, Dicke 1–1,5 mm, „regenwurmähnlich". Kein Röhrenbau. Im Schlamm eingegraben, ragt das Hinterende unbeweglich hervor.

9 | *Eiseniella tetraedra*
Uferzone von Gewässern. Sienabraun, seltener gelb- bis rotbraun. Länge 30–50 mm, Dicke 2–4 mm. Mittel- und Hinterkörper 4-kantig.

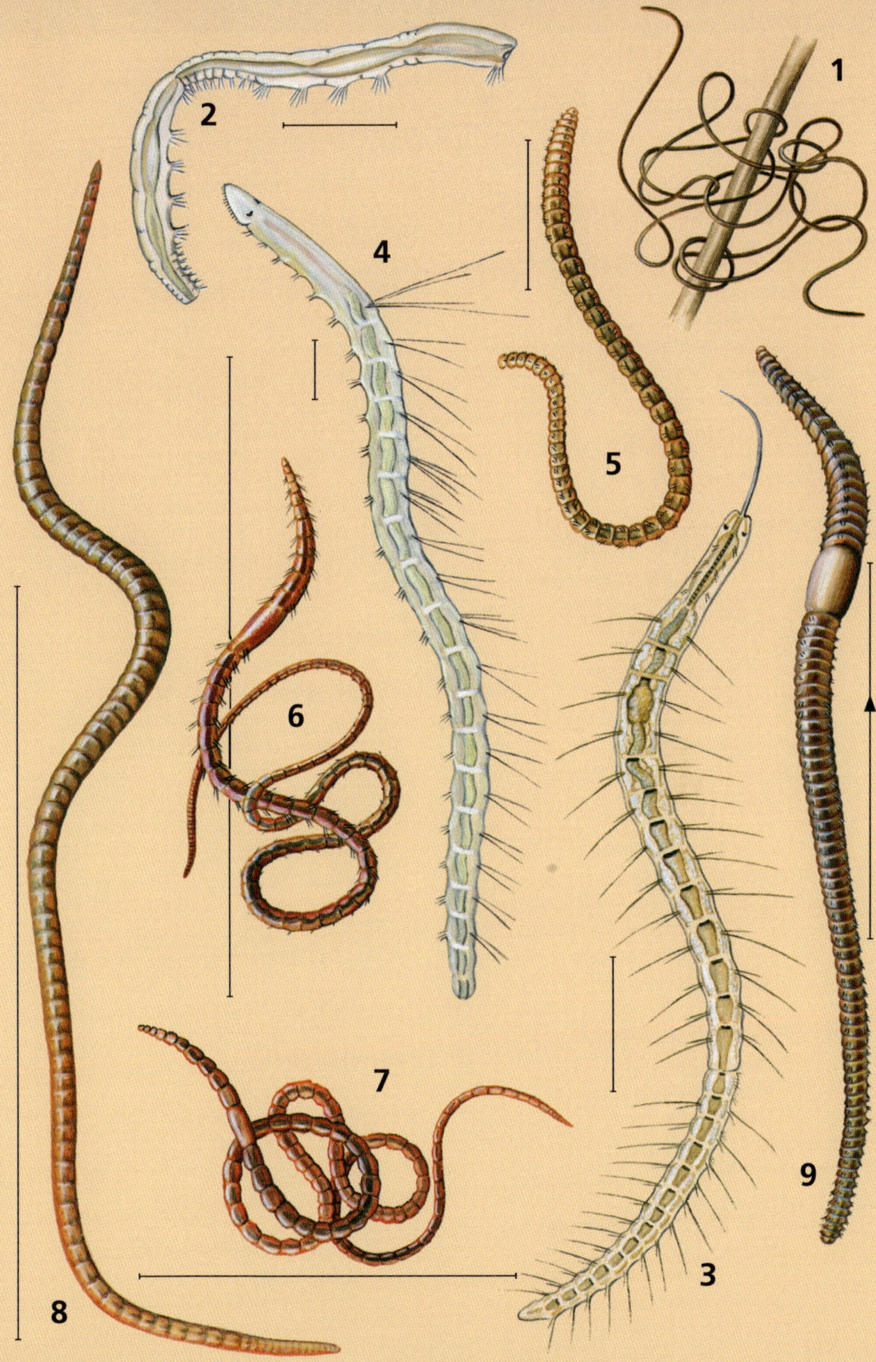
1
2
3
4
5
6
7
8
9

Egel (Hirudinea)

Zur Augenstellung ausgewählter Arten: S. 119.

RÜSSELEGEL (RHYNCHOBDELLIDA)

FISCHEGEL (PISCICOLIDAE)

1 | Gemeiner Fischegel *Piscicola geometra*
Schmarotzt an Fischen. Körper in Ruhe schräg vorgestreckt. Grünlich braun gescheckt. Länge bis zu 70 mm, drehrund. Schwimmt gut. Fast in allen Fischgewässern. Häufig. Es gibt noch mehrere andere Arten der Gattung.

PLATT- ODER KNORPELEGEL (GLOSSIPHONIIDAE)

2 | *Hemiclepsis marginata*
Saugt an Fischen, Lurchen. Rücken grün- bis rötlich braun, Längs- und Querreihen gelber Flecken. 4 Längsreihen Warzen. Länge beträgt in Ruhe 25–30 mm. Lebhaft. Zerstreut.

3 | Schildkrötenegel *Placobdella costata*
Saugt an Wirbeltieren. Körper fest, blaugrün bis dunkelbraun. Rückenlinie braun, schwarz unterbrochen. 7 Längsreihen kleiner, oft grüner Warzen. Dunkle Flecken an Körperrändern. Länge 20–70 mm. Selten.

4 | Großer Schneckenegel
Glossiphonia complanata
Saugt an Schnecken, Würmern und Insektenlarven. Körper knorpelig. Meist bunt, grün bis braun. 2 dunkle Längsbänder, 6 Längsreihen gelblicher Warzen, jeweils auf jedem 3. Körperring. Länge 10–30 mm. Häufig.

5 | Kleiner Schneckenegel
Alboglossiphonia heteroclita
An Schnecken. Körper glatt, hellgelb bis grauweiß, nie bunt, teils mit schwarzen Punkten. Länge bis 9,5 mm. Häufig, meist in Fließgewässern. Ähnliche Art: *Alboglossiphonia hyalina*: meist in Stillgewässern.

6 | Zweiäugiger Plattenegel
Helobdella stagnalis
An Chironomidenlarven, Wasserflöhen, Wasserasseln oder Schnecken. Ohne Papillen und Zeichnung. Durchscheinend, bisweilen grau oder rötlich. Dunkle Rückenplatte zwischen 10. und 11. Ring. Die Länge beträgt 5–10 mm. Häufig.

KIEFEREGEL (HIRUDINIFORMES)

HIRUDINIDAE

7 | Medizinischer Blutegel
Hirudo medicinalis
Bevorzugt moorige Weiher und Seen. Jungtiere ernähren sich von Wirbellosen und Wirbeltieren, Erwachsene saugen an Säugetieren. Rücken dunkelgrün mit 6 rotgelben oder braunen Längsbändern, meist von schwarzen Flecken unterbrochen. Bauch gelbgrünlich, schwarz gefleckt. Länge 100–150 mm. Zerstreut. Weiterer Blutegel in Deutschland (ohne Abb.): *H. verbana* (Ungarischer Blutegel), aus Südosteuropa eingebürgert. Dunklere, oft dunkelgrüne Oberseite und weniger deutliche Rückenlinien.

HAEMOPIDAE

8 | Pferdeegel *Haemopis sanguisuga*
Frisst kleine Wassertiere, geht aber auch an Land, wo er z. B. Regenwürmer verzehrt. Gilt als semiaquatisch. Rücken meist braun, grau bis schwarzbraun mit dunkleren Flecken. Bauch gelbgrau, schwarz gefleckt. Größe und Augenstellung wie **7**. Schwimmt gut. Häufig. Weitere ähnliche Art (ohne Abb.): Schwarzbäuchiger Vielfraß-Egel (*Haemopis elegans*). Noch stärkere Tendenz zur terrestrischen Lebensweise. Im Vergleich zur Dorsalseite stets einfarbig dunkle Ventralseite.

SCHLUNDEGEL (ERPOBDELLIFORMES)

ERPOBDELLIDAE

9 | Roll- oder Hundeegel
Erpobdella octoculata
Frisst Kleintiere. Farbe variabel, meist braun mit helleren Flecken. Länge bis zu 60 mm. Rollt sich zusammen. Häufig, in stehenden und fließenden Gewässern. Neben weiteren Vertretern der Gattung *Erpobdella* sind in der Familie noch die Gattungen *Dina* und *Trocheta* in Mitteleuropa häufig.

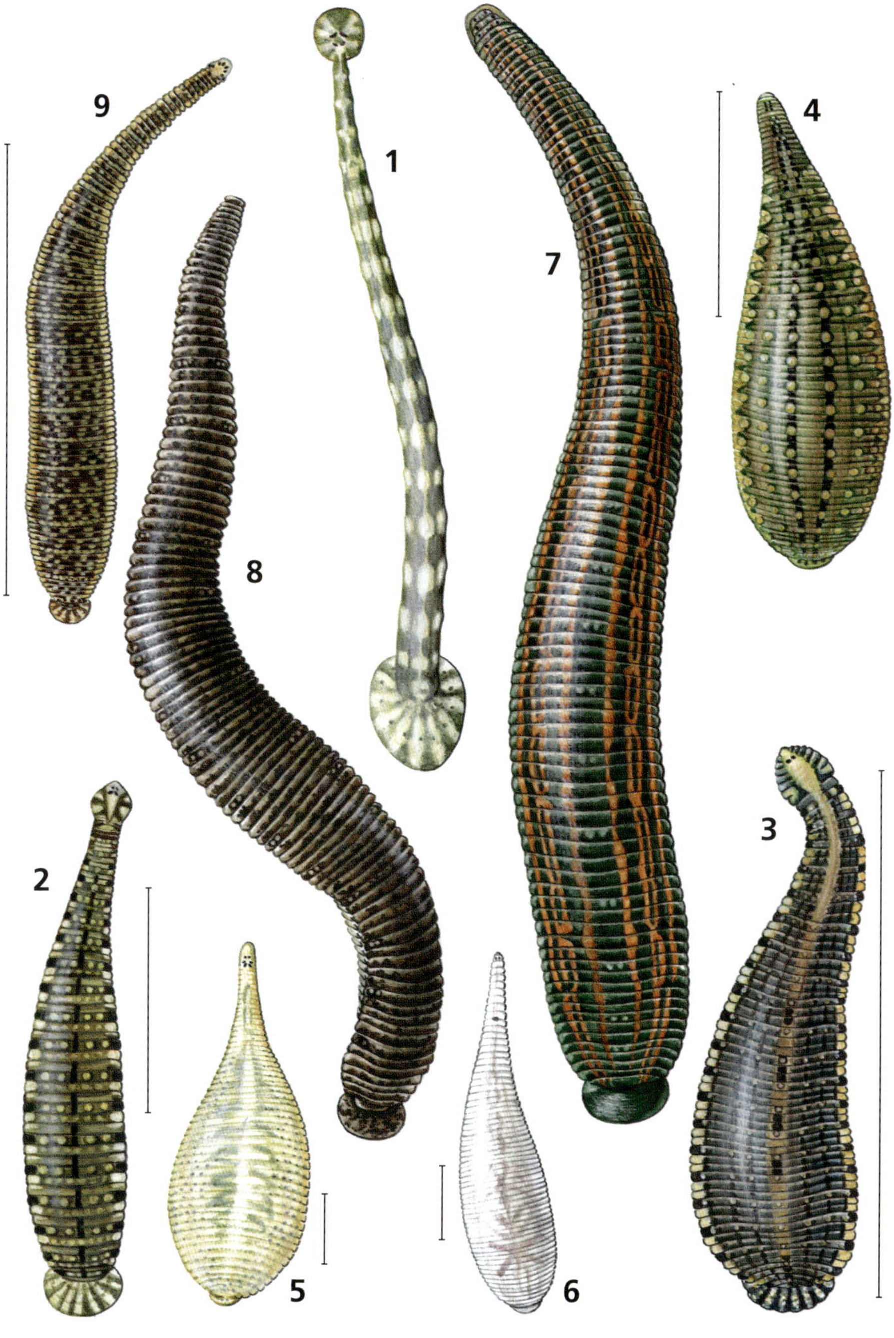

9
1
7
4
8
2
3
5
6

Krebse (Crustacea)

Rückenschaler (Notostraca)

TRIOPSIDAE

1 | Großer Schildkrebs, Sommerschildkrebs
Triops cancriformis
In seichten, lehmigen und meist voll besonnten Tümpeln. Sommerform: April bis Mitte November. Braun. Gesamtlänge bis zu 100 mm. In Reisfeldern (Italien, Spanien, Camargue) schädlich („rice field pest"). In Mitteleuropa relativ selten, im Norden seltener als im Süden.
Sehr ähnlich: Schuppenschwanz, Kleiner Rückenschaler *Lepidurus apus* (Triopsidae). Gesamtlänge bis 50 mm, kürzere Geißeln am 1. Brustfuß, letztes Hinterleibssegment läuft in ein zungenförmiges Blättchen aus **(1a)**. In seichten Waldtümpeln, Frühjahrsform: März bis April.

Kiemenfußkrebse, Feenkrebse (Anostraca)

BRANCHIPODIDAE

2 | Echter Kiemenfuß, Sommerkiemenfuß
Branchipus schaefferi
In besonnten, lehmigen Tümpeln, oft in Kleinstgewässern (z. B. Pfützen, Fahrspuren). Sommerform: Mai bis September. Beide Geschlechter weißlich, bisweilen schwach rötlich oder grünlich. ♂ gelegentlich in der Färbung vom ♀ abweichend, ♀ am meist leuchtend blau gefärbten Brutbeutel, ♂ an den zu einem Klammerorgan umgewandelten 2. Antennen erkennbar. Länge bis 12 mm. Oft mit *Triops cancriformis* **(1)** vergesellschaftet. Häufigster heimischer Feenkrebs: Frühjahrskiemenfuß, Handköpfchen ***Eubranchipus grubii*** (Chirocephalidae) (S. 120, Bild 62). Oft in Flussauen, aber auch in vom Fluss entfernten Waldgewässern. Meist in beschatteten und nur selten in besonnten Gewässern. ♀ mit grüngelblichem, relativ unauffällig gefärbtem Brutbeutel. Länge bis 30 mm. Frühjahrsform: v. a. im April zu finden.

ARTEMIIDAE

3 | Salzkrebschen
Artemia salina
In salzigen Binnengewässern. Ganzjährig. Rötlich. In Mitteleuropa vermutlich nicht (mehr) vorkommend, häufig jedoch im Mittelmeerraum. Länge 8–11 mm. Die Abbildung zeigt ein ♀ von oben. Aus Nordamerika eingeschleppte, ähnliche Art (nicht abgebildet): *Artemia franciscana*. Als Futterorganismus in der Aquaristik verbreitet. Die meisten Funde von *Artemia* im Freiland beziehen sich wohl auf diese Art.

Wasserflöhe (Cladocera)

DAPHNIIDAE

4 | Kahnfahrer
Scapholeberis mucronata ♀
In der Uferzone stehender Gewässer. Länge ♀ etwa 1,0 mm, ♂ 0,5–0,7 mm. Schwimmt mit dem Rücken nach unten dicht unter der Wasseroberfläche. In Mitteleuropa 3 Arten der Gattung.

MOINIDAE

5 | Tümpelwasserfloh
Moina brachiata ♀
Vorwiegend in Tümpeln mit Schlammboden und trübem Wasser. Weißgrau. Länge ♀ 1,0–1,6 mm, ♂ 0,8–1,0 mm. In Deutschland 4 Arten der Gattung.

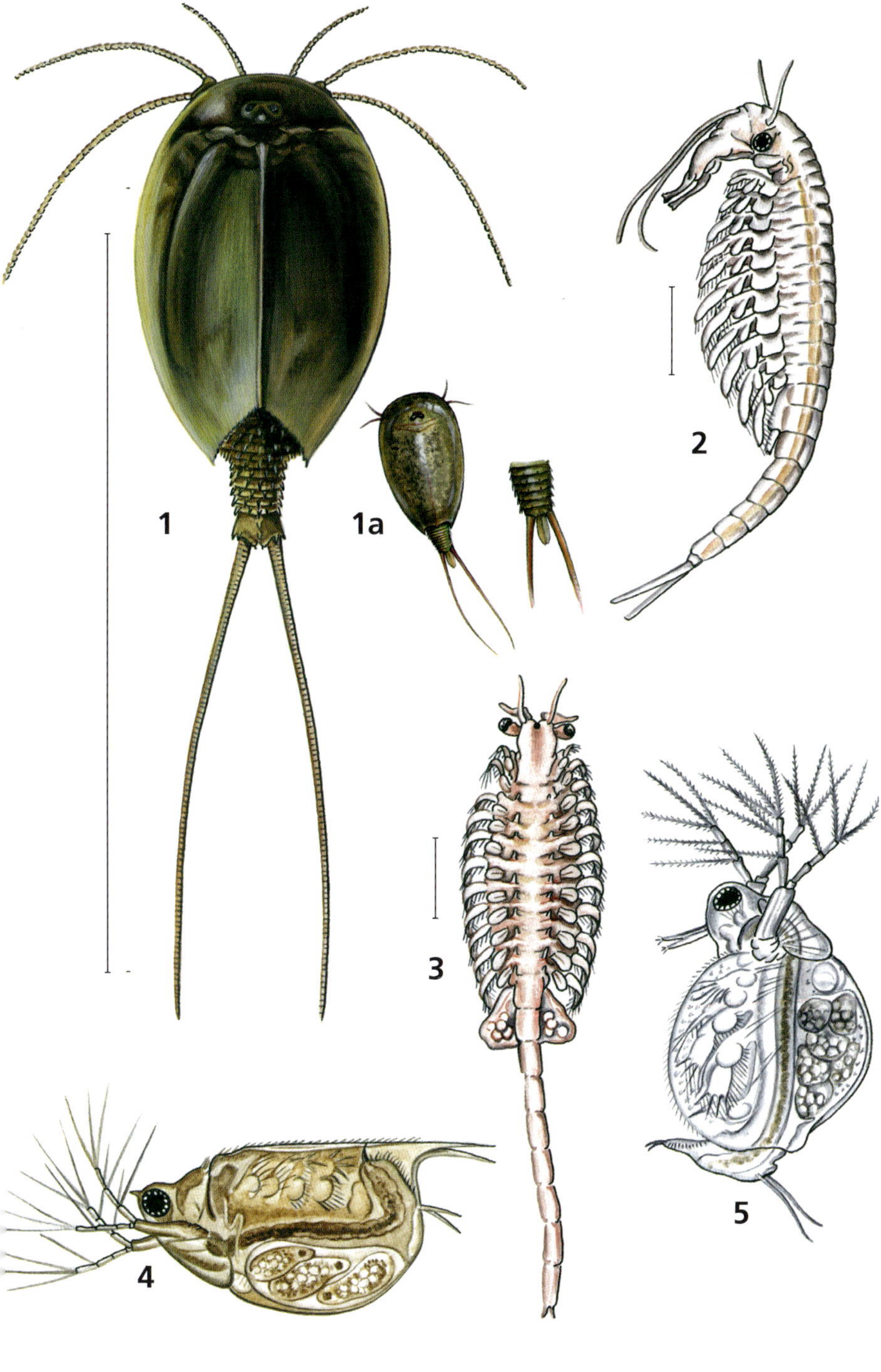
1
1a
2
3
4
5

Krebse: Wasserflöhe II

Wasserflöhe (Cladocera)

Abgebildet sind jeweils die weiblichen Tiere der verschiedenen Arten.

DAPHNIIDAE

1 | Gemeiner Wasserfloh
Daphnia pulex
In Tümpeln, kleineren und mittleren stehenden Gewässern. Durchsichtig, grünlich, gelblich, rötlich. Länge ♀ 3–4 mm, ♂ 1,0–1,5 mm. Damit einer der größten Wasserflöhe. In Deutschland 6 Arten in der Gattung.

2 | Plattköpfchen
Simocephalus vetulus
Im Ufergürtel pflanzenreicher Gewässer. Farbe ♀ dunkelgrün oder braun. Länge ♀ 2–3 mm, ♂ 1 mm. Sehr kleiner, leicht abgesetzter Kopf. Schwimmt schnell, oft mit dem Rücken nach unten, selten hüpfend, heftet sich an Pflanzen an. In Deutschland 4 Arten der Gattung.

3 | Wabenwasserfloh
Ceriodaphnia reticulata
In Weihern und Seen. Freiwasserform. Schale mit Wabenmuster. Länge ♀ 0,6–0,8 mm, ♂ etwa 0,6 mm. In Deutschland 6 Arten der Gattung.

SIDIDAE

4 | Kristallwasserfloh
Sida crystallina
Im Uferbereich stehender Gewässer zwischen den Pflanzen. Sehr durchsichtig. Länge ♀ 3–4 mm, ♂ 2 mm. Heftet sich mit seinem Nackenhaftorgan an die Wasserpflanzen an. Schwimmt schnell. Es gibt nur 1 Art in der Gattung. Häufig.

BOSMINIDAE

5 | Rüsselkrebschen
Bosmina longirostris
Im freien Wasser der Uferzone von Weihern, Seen, auch im Plankton. Gelegentlich auch im Brackwasser. Länge ♀ 0,4–0,6 mm, ♂ 0,4 mm. Mit unterschiedlich langem, unbeweglichem Rüssel. In Deutschland 2 Arten der Gattung.

MACROTHRICIDAE

6 | *Acantholeberis curvirostris*
Vorwiegend in Moorgewässern. Grünlich, grüngelb. Länge ♀ 1,0–1,7 mm, ♂ 0,7 mm. Einzige Art der Gattung. Zerstreut.

EURYCERCIDAE

7 | Breitschwanzkrebschen
Eurycercus lamellatus
In der Pflanzenregion von Weihern und Seen. Bauch fast gerade. Länge ♀ bis zu 6 mm, ♂ bis zu 1,3 mm. Schwimmt gut, heftet sich an Pflanzen an. In Deutschland 2 Arten der Gattung.

8 | Linsenkrebs
Chydorus sphaericus
In nahezu allen stehenden Gewässern. Fast kugelig. Oft sehr zahlreich. Farbe sehr verschieden. Länge ♀ 0,3–0,5 mm, ♂ 0,2–0,4 mm. In Deutschland 7 Arten der Gattung.

POLYPHEMIDAE

9 | Kleiner Raubwasserfloh
Polyphemus pediculus
In der Uferregion von Weihern und Seen, seltener im Plankton, auch in Moorgewässern. Länge ♀ 1,4–1,6 mm, ♂ 0,9 mm. Besonders auffällig: sein großes unpaares Auge. Räuber. Einzige Art der Gattung. Zerstreut.

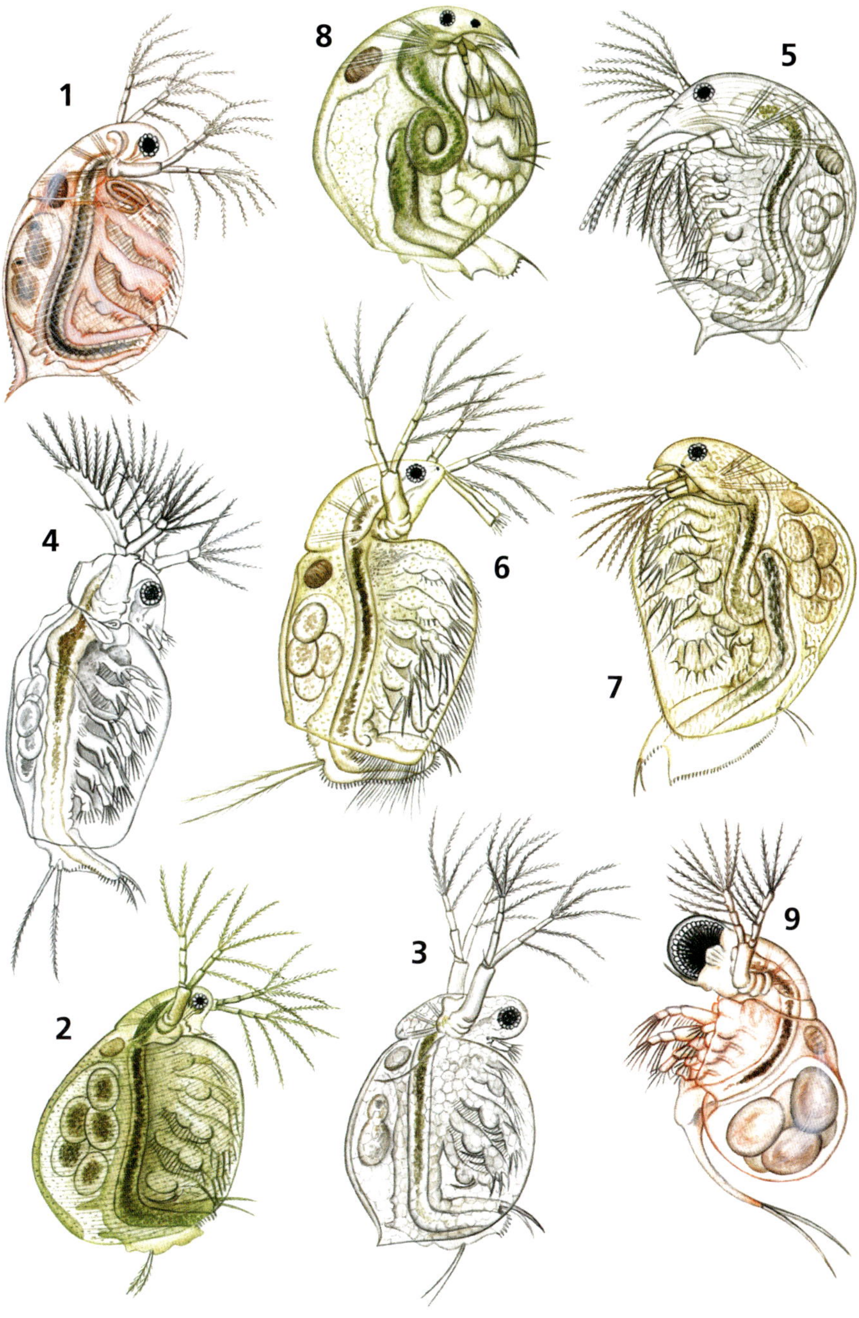
1
8
5
4
6
7
2
3
9

Ruderfußkrebse (Hüpferlinge, Copepoda)

DIAPTOMIDAE

1 | *Diaptomus* sp. ♀
Zahlreiche Arten, heute teils in selbstständigen Gattungen. Bewohner des freien Wassers in Weihern und Seen. 1. Antenne mit 24–25 Gliedern. ♀ trägt nur 1 Eiersäckchen. Länge bei den häufigsten Arten: ♀ etwa 2–4 mm, ♂ 2–3 mm.

CYCLOPIDAE

2 | Hüpferling
Cyclops sp. ♀
Zahlreiche Arten. Färbung artverschieden. Meist im Pflanzengürtel stehender Gewässer. 1. Antenne mit 8–17 Gliedern. ♀ mit 2 Eiersäckchen. Länge der häufigsten Arten: ♀ etwa 2–3 mm, ♂ 1,5 mm, jedoch auch kleinere Arten.

CANTHOCAMPTIDAE

3 | *Canthocamptus* sp. ♀
Zahlreiche recht ähnliche Gattungen und Arten. Länge der häufigsten Arten: ♀ etwa 0,6–0,8 mm, ♂ 0,4–0,6 mm.

4 | Naupliuslarve der Ruderfußkrebse

Muschelkrebse (Ostracoda)

Die Bestimmung der zahlreichen heimischen Arten erfolgt anhand der Beborstung ihrer Gliedmaßen. Sie ist schwierig und nur gut eingearbeiteten Spezialisten möglich. Nähere Diagnosen werden hier nicht gegeben. Hier sind, lediglich als Beispiele, 3 der häufigsten Arten abgebildet.

CYPRIDIDAE

5 | *Herpetocypris reptans*
Bevorzugt permanente Gewässer unterschiedlicher Typologie. 2 Generationen pro Jahr, daher meist Jungtiere und Erwachsene im ganzen Jahr vorhanden. Länge der ♀ ca. 2,5 mm. Verbreitet.

CANDONIDAE

6 | *Candona candida*-Gruppe
Früher als eine weitverbreitete Art (*C. candida)* sehr unterschiedlicher Gewässertypen verstanden. Vermutlich steht dahinter eine Vielzahl verschiedener Arten. Beide Geschlechter bis zu 1,2 mm lang.

NOTODROMADIDAE

7 | *Notodromas monacha*
Sowohl in dauerhaft als auch in nur zeitweilig Wasser führenden Gewässern. Beide Geschlechter bis zu 1,2 mm lang. Bevorzugt Flachwasserzonen pflanzenreicher Teiche und die Uferzone von Seen.

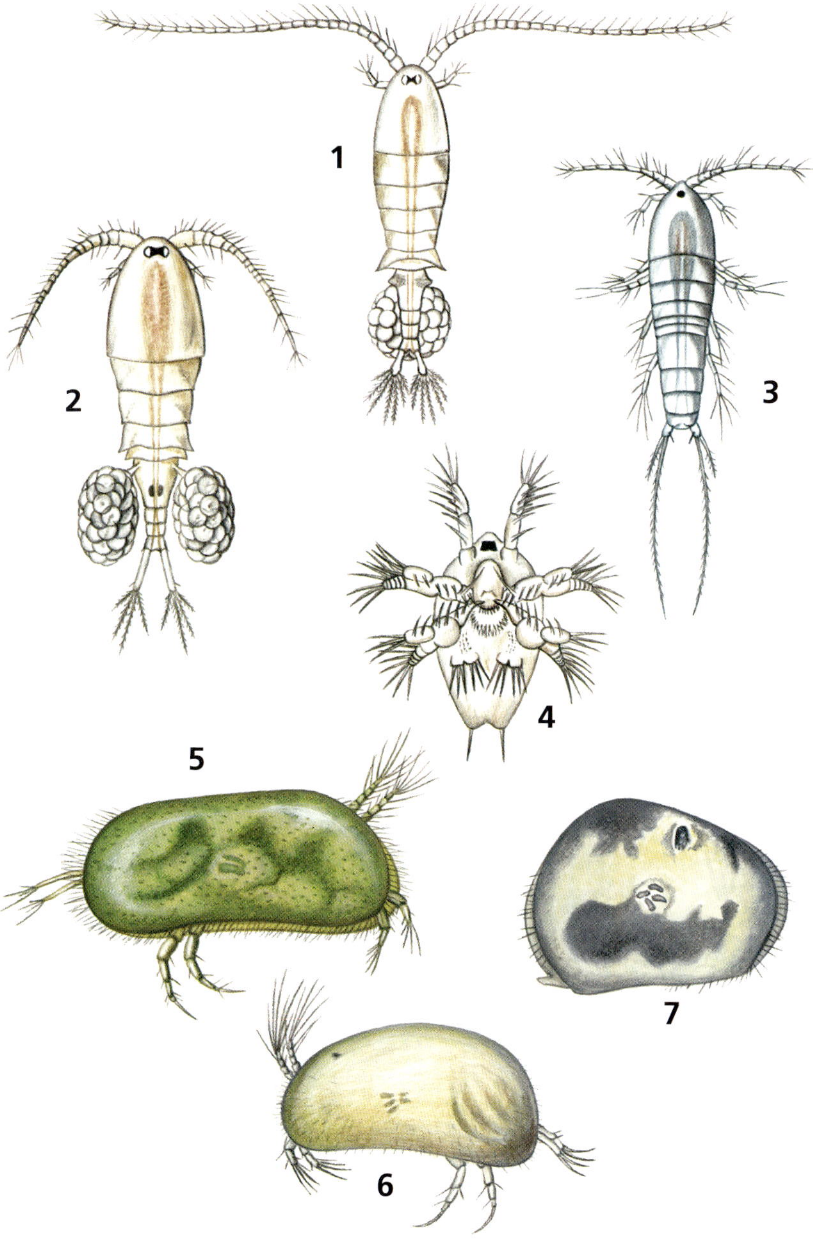
1
2
3
4
5
6
7

Wasserasseln (Isopoda)

ASELLIDAE

1 | Wasserassel

Asellus aquaticus

In langsam fließenden und stehenden Gewässern zwischen Laub und absterbenden Pflanzenresten. Schmutzig graubraun, manchmal leicht violett, mit helleren Flecken. Augen vorhanden, deutlich pigmentiert. Länge ♂ 12–20 mm, ♀ 8–15 mm. Oft an 2 hellen Kopfflecken erkennbar, die durch ein dunkel pigmentiertes Band getrennt sind, und dadurch von den beiden *Proasellus*-Arten **(1a, 1b)** zu unterscheiden. Wasserasseln sind wichtige Detritusfresser und Zersetzer von Falllaub. Sie können auch das Einfrieren im Grundeis überleben. Artstatus umstritten – möglicherweise handelt es sich um einen Artenkomplex.

1a | *Proasellus coxalis*

Neozoon; ursprünglich eine circummediterrane Art. ♂ 7–10 mm, ♀ 5–8 mm. In Fließgewässern jeglicher Art, auch in Quellen und sogar in salzhaltigen Gewässern.

1b | *Proasellus meridianus*

Neozoon. ♂ ca. 9 mm, ♀ 6–8 mm. Vielerorts seltener als *P. coxalis*.

2 | Höhlenassel

Proasellus cavaticus

In Brunnen, Höhlen, Grundwasser und vereinzelt in Quellen. Weißlich, durchscheinend. Länge 5–8 mm. Augenlos.

JANIRIDAE

3 | Donau-Assel

Jaera istri

Neozoon. Beine von oben nicht sichtbar, Länge ca. 4 mm. Durch breit-ovale Form und abgeflachten Habitus unverwechselbar. Zunächst nur im deutschen Teil der Donau, mittlerweile auch in anderen, meist größeren Fließgewässern.

Flohkrebse (Amphipoda)

GAMMARIDAE

4 | Bachflohkrebs

Gammarus pulex

Vor allem in fließenden Gewässern, auch an Brandungsufern von Seen. Auffällig ist die unterschiedliche Ausrichtung der vorderen 5 und der hinteren 3 (deutlich längeren) Brustbeine. Weißlich, grünlich, gelblich. Länge ♂ bis zu 20 mm, ♀ etwa 15 mm. In Ruhestellung liegen die hochrückigen Tiere seitlich auf dem Boden, oder sie halten sich an Pflanzen fest. Der Körper ist dann stark eingekrümmt. Die stiftförmigen Extremitäten des Hinterleibs erzeugen einen beachtlichen Wasserstrom, der Nahrungsteilchen, frisches Atemwasser und auch Geruchsstoffe herbeiträgt. Wird der Hinterleib gestreckt, so bewirken die Extremitäten einen Vortrieb zum Schwimmen. Bei Beunruhigung strecken sich die Tiere ruckartig, sodass sie vom Untergrund fortschnellen und in einem Sprung zum Schwimmen übergehen (daher der Name Flohkrebse). Heimische Art der Seen (nicht abgebildet): *Gammarus lacustris*. Sehr selten.

5 | *Gammarus fossarum*

Nicht im Tiefland vorkommend, ansonsten in kleineren Bachabschnitten und Quellen. In Regionen mit Buntsandstein- und Urgestein oft die einzige *Gammarus*-Art. ♂ ca. 17 mm, ♀ 10 mm. Möglicherweise handelt es sich auch bei dieser Art um einen Artkomplex mehrerer kryptischer Arten. Nur durch Schwanzanhänge von *G. pulex* sicher zu unterscheiden.

6 | Flussflohkrebs

Gammarus roeseli

In stehenden Gewässern besonders an Seeufern unter Steinen und in meist größeren fließenden Gewässern. Graubraun bis gelbbraun. Länge ♂ bis zu 20 mm, ♀ bis 15 mm. Unterscheidet sich z. B. von *Gammarus pulex* durch gekielte Segmente des Hinterkörpers, die in nach hinten gerichtete Dornen auslaufen.

1

1a

1b

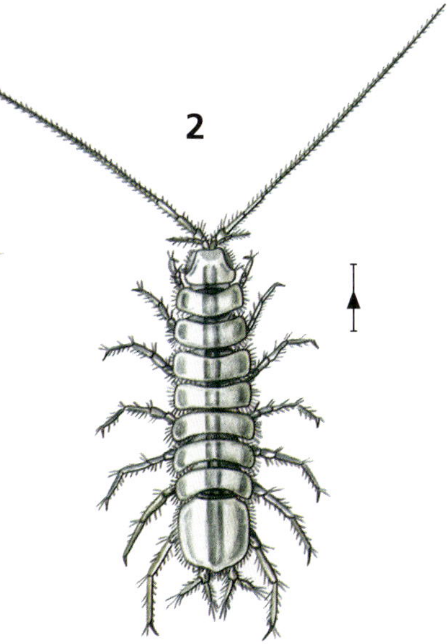

2

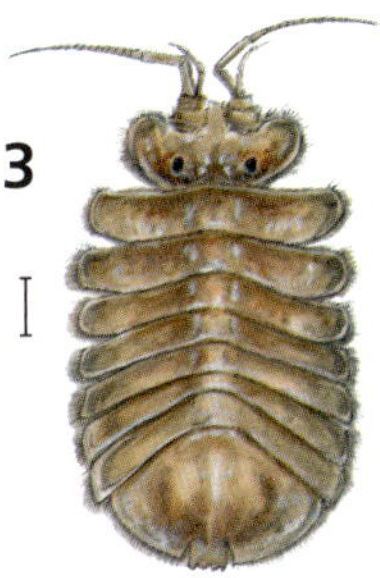

3

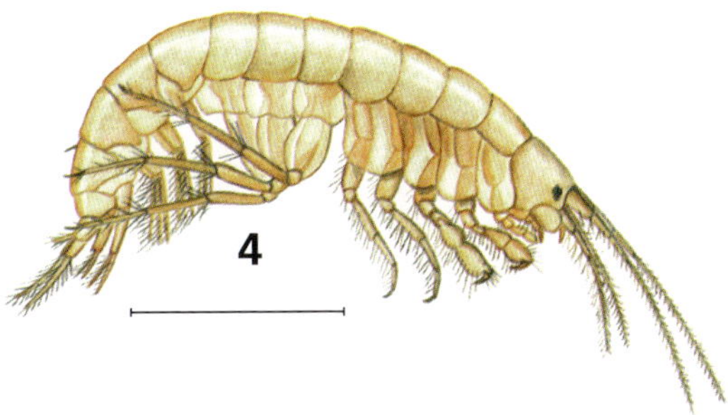

4

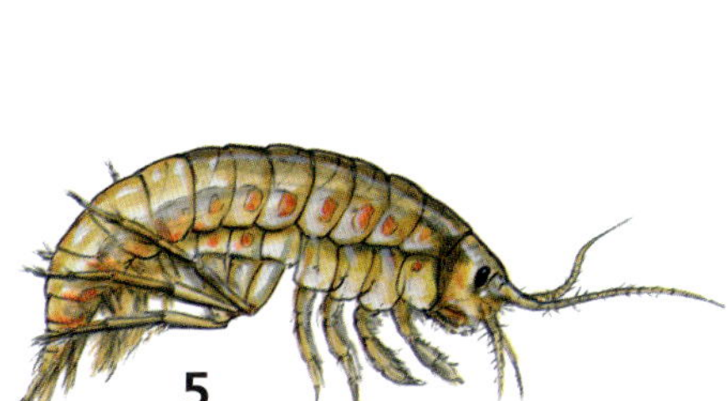

5

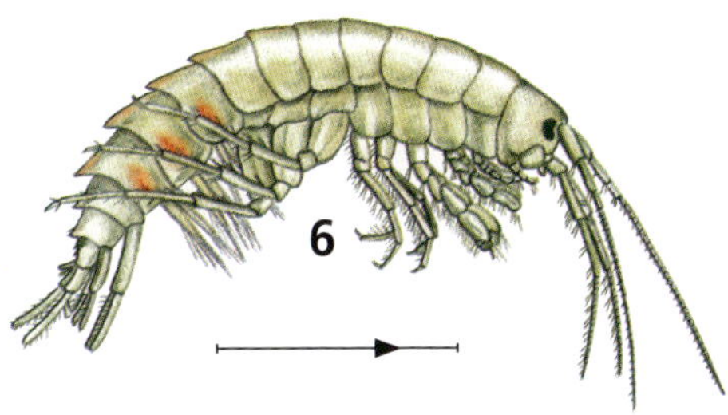

6

Flohkrebse (Amphipoda)

GAMMARIDAE

1 | Tiger-Flohkrebs

Gammarus tigrinus

Neozoon aus Nordamerika. In Seen, Flüssen und Kanälen. Salztolerant, in Deutschland erstmalig 1957 in die damals sehr salzige Werra ausgebracht, von dort Ausbreitung. Meist auffällige „Tigerung" der Art durch eine abwechselnd helle und dunkle Färbung des Körpers. Verwechslungsgefahr mit jungen Tieren von *Dikerogammarus villosus.* Länge 10–14 mm. Durch hohe Eizahlen sehr konkurrenzstark.

2 | Großer Höcker-Flohkrebs

Dikerogammarus villosus

Die gesamte Gattung besteht in Mitteleuropa aus Neozoen. Große Exemplare der Gattung *Dikerogammarus* sind meist schon mit dem bloßen Auge an deutlichen, rückenwärts gelegenen Höckern auf zwei der letzten Segmente zu erkennen **(2a)**. Bei *D. villosus* sind diese Höcker besonders deutlich ausgeprägt. Diese Art lebt in Flüssen, Kanälen und Seen. Färbung sehr variabel, selbst am selben Fundort. Scheint an manchen Standorten die heimischen Gammariden zu verdrängen. Allesfresser und manchmal als Räuber von *Gammarus tigrinus* beschrieben. Länge bis zu 21 mm.
Ähnliche, etwas kleinere Art (nicht abgebildet): *D. haemobaphes.*
Weitere neozoische Gattungen (nicht abgebildet, alle Gammaridae): *Echinogammarus*, *Pontogammarus*, *Obesogammarus.*

COROPHIIDAE

3 | Süßwasser-Röhrenflohkrebs

Corophium curvispinum

Neozoon. Recht klein, bis 9 mm Länge. Gestalt durch dorsoventral abgeflachten Körper und die stark verlängerten 2. Antennen sehr charakteristisch. Beim ♀ erreichen sie etwa die Hälfte, beim ♂ die gesamte Körperlänge. Wohnröhren aus mineralischen und organischen Bestandteilen liegen oft dicht beieinander. Kann enorme Besiedlungsdichten erreichen (> 50 000 Individuen pro m^2). Weidet hauptsächlich nachts Kieselalgenrasen ab. In langsam fließenden Flüssen, Kanälen und Seen.

Neben den erwähnten neozoischen Gattungen an Flohkrebsen gibt es noch eine Reihe weiterer Arten aus anderen Gattungen, auf die nicht näher eingegangen werden kann.

NIPHARGIDAE

4 | Höhlenflohkrebs

Niphargus puteanus

In Brunnen, Quellen, Höhlen, Grundwasser. Allesfressend. Weißlich, durchscheinend. Länge ♂ bis zu 30 mm, ♀ 10–18 mm. In Deutschland mehrere Arten der Gattung, taxonomisch zurzeit kaum unterscheidbar. Die Niphargen sind Nachkommen von Meeresformen, die über das Grundwasser in die Oberflächengewässer eingewandert sind. Von den stärker pigmentierten Gammariden kann man sie meist dadurch unterscheiden, dass sie ihren Körper deutlich stärker strecken können und dadurch in Seitenansicht nicht so rundlich erscheinen. Mancherorts häufigere Arten: *N. aquilex, N. schellenbergi.*

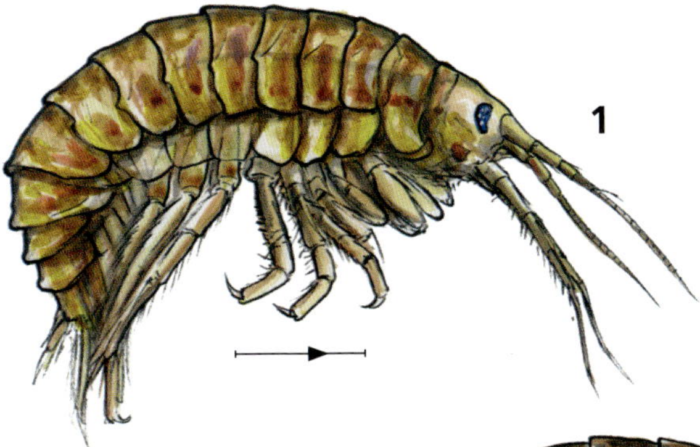

1

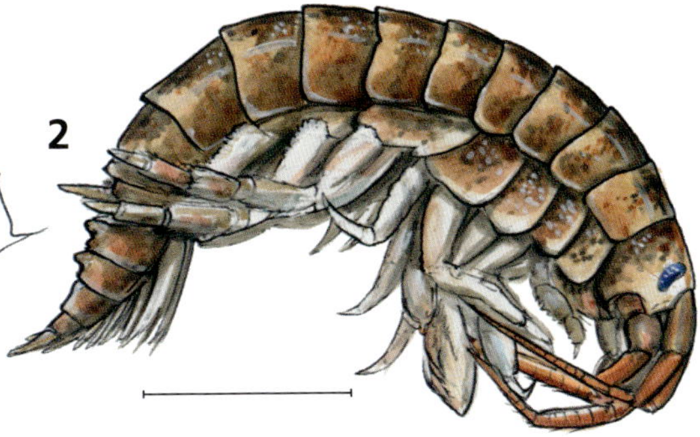

2

2a

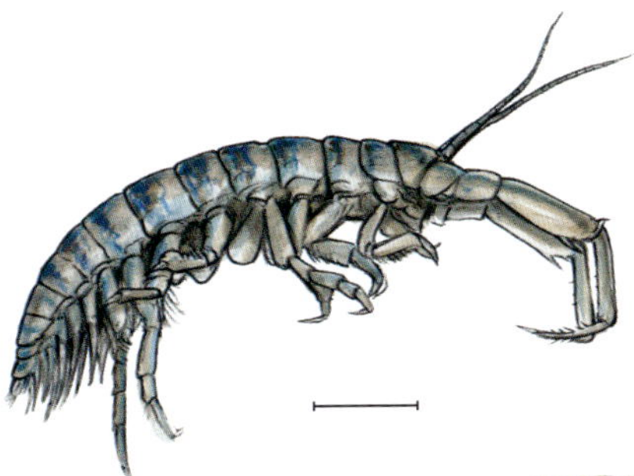

3

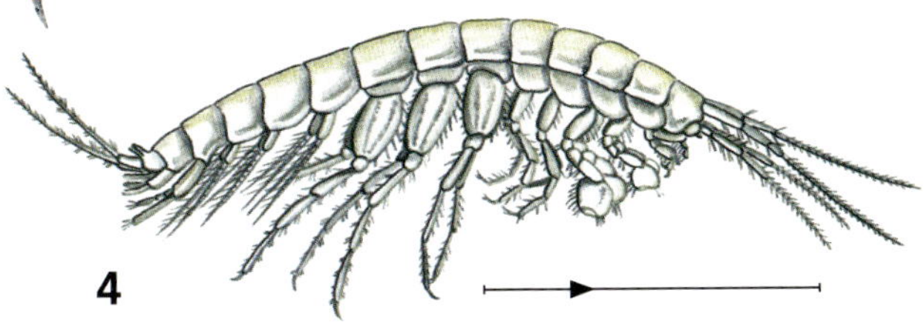

4

Zehnfußkrebse (Decapoda)

Die Bestimmung ist nicht einfach; am leichtesten bei erwachsenen Männchen. Wichtig sind v. a. Ausmaß und Gestalt des Brustpanzers und Stirnstachels.
Die folgenden Arten sind endemisch **(1, 3, 4)** oder schon längere Zeit in Mitteleuropa vorhandene Neozoen **(2, 5)**.

FLUSSKREBSE (ASTACIDAE)

1 | Edelkrebs

Astacus astacus

Bevorzugt klare fließende Gewässer. Verbreitet in Mitteleuropa, Südskandinavien, mittleres Donaugebiet, bei uns sehr selten geworden. Größter heimischer Zehnfußkrebs. Kann bis zu 20 Jahre alt werden. Länge von Stirnstachel bis Schwanzende: ♀ 15–16 cm (selten über 20 cm), ♂ 12 cm (selten über 18 cm). Schere gedrungen **(1a)**. Erwachsenes ♂ am unbeweglichen Finger mit 2 Höckern und dazwischenliegender Einbuchtung. Hinter den Augen 2 knotenartige Verdickungen auf dem Panzer. [FFH-Art]

2 | Galizischer Sumpfkrebs

Astacus leptodactylus

An Tiefland gebunden, ursprünglich nur in den zum Schwarzen und Weißen Meer führenden Flüssen verbreitet. In Mitteleuropa nach Auftreten der Krebspest durch den Menschen eingeführt. Zum Beispiel in einige mecklenburgische Seen. Lange, schlanke Scheren mit einer geraden Schneidekante **(2a)**. Länge beträgt etwa 12 cm. Hinter den Augen je 2 knotenartige Verdickungen.

3 | Dohlenkrebs

Austropotamobius pallipes

Lebt ähnlich wie der Edelkrebs. Selten, im äußersten Südwestdeutschland, Elsass. Brustpanzer hinter der Nackenfurche mit 4–6 kleinen, aber deutlichen Dornen. Stirnstachel klein und kurz. Länge selten über 8 cm. Hinter den Augen nur eine leistenartige Erhebung. [FFH-Art]

4 | Steinkrebs

Austropotamobius torrentium

In klaren, kiesigen Gebirgsbächen. Süddeutschland, nördlich bis zum Main. Länge bis zu 9 cm. Brustpanzer nie mit Dornen oder Stacheln, zuweilen gekörnelt oder ganz glatt. Hinter den Augen eine schwache, leistenartige Erhebung. [FFH-Art]

KAMBERKREBSE (CAMBARIDAE)

5 | Amerikanischer Flusskrebs

Orconectes limosus

Neozoon aus Nordamerika. Anspruchsloser als der heimische Edelkrebs. In Europa seit 1890 an vielen Stellen ausgesetzt, seitdem in Mitteleuropa weit verbreitet. Tag- und nachtaktiv, Pflanzen- und Tierfresser. Scherenspitzen orange. Auffällig orange Querflecken auf dem Hinterleib. Länge ♀ bis zu 11,8 cm, ♂ bis zu 11,1 cm. Seiten des Panzers reich bedornt. Deutlich ausgeprägte Leisten hinter den Augen.

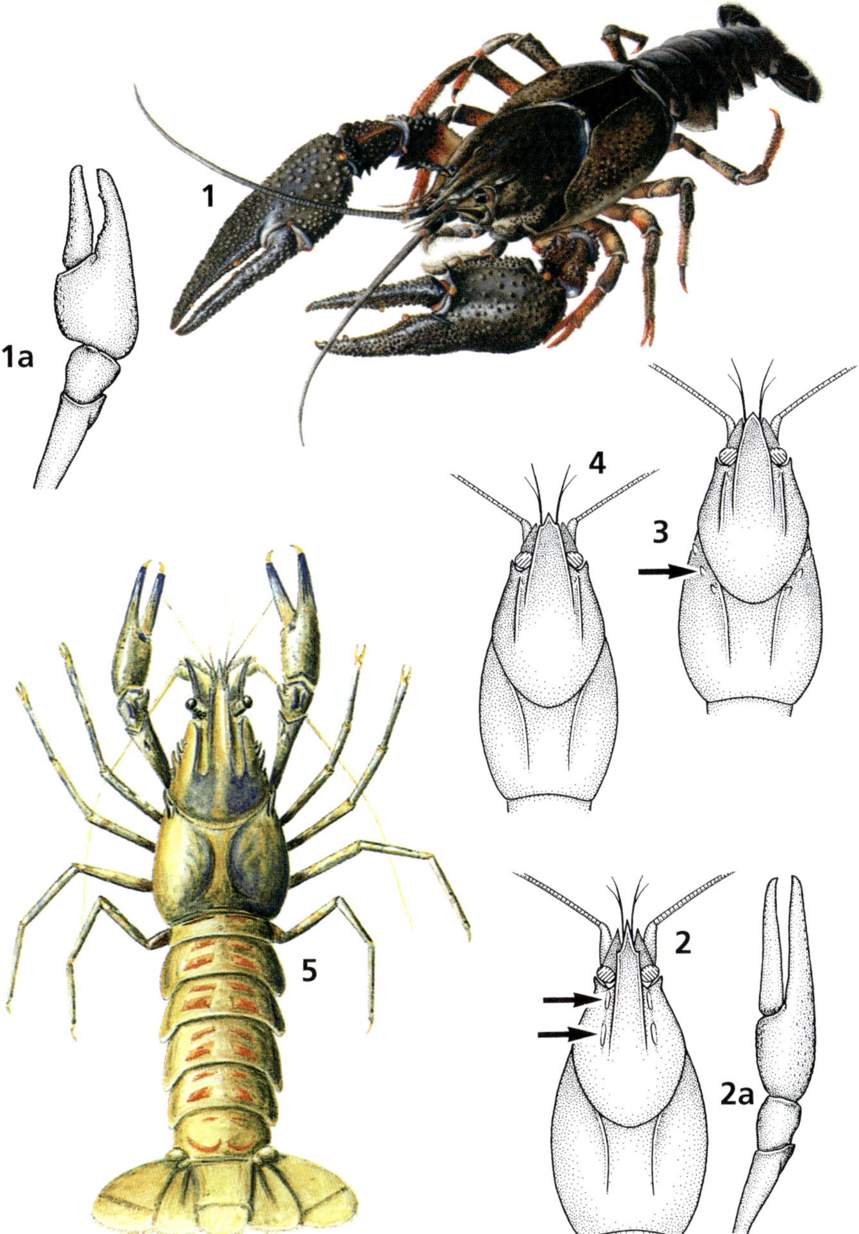
1
1a
4
3
5
2
2a

Neozoische Zehnfußkrebse (Decapoda)

FLUSSKREBSE (ASTACIDAE)

1 | Signalkrebs
Pacifastacus leniusculus
Neozoon aus Nordamerika. Bevorzugt kühle Fließgewässer, verträgt aber auch höhere Temperaturen in Stillgewässern. Länge ♂ bis 16 cm, ♀ bis 12 cm. Carapax glatt, ohne Dornen hinter der Nackenfurche **(1a)**. Farbe braun (bis oliv). Scherenoberseite am Gelenk des Scherenfingers mit türkis-weißem Signalfleck (Name!), kann nur undeutlich sichtbar sein oder ganz fehlen. Unterseite der Scheren rot.

KAMBERKREBSE (CAMBARIDAE)

2 | Marmorkrebs
Procambarus fallax f. *virginalis*
Neozoon aus Nordamerika. Parthenogenetische Form der nordamerikanischen Art, durch diese Vermehrungsweise potenziell gefährlich (invasiv). Carapax weist seitlich eine Marmorierung auf, die individuell zu sein scheint, Carapax glatt **(2a)**. Länge meist bis zu 12 cm, maximal bis 15 cm. Ökologisch sehr flexibel, in unterschiedlichsten Gewässertypen. Kann sich längere Strecken über Land bewegen.

3 | Kalikokrebs
Orconectes immunis
Neozoon aus Nordamerika. Erst seit 1997 sicher in Europa nachgewiesen. Ähnelt dem Kamberkrebs, bis 9 cm. Färbung meist beige-braun, aber auch bläulich. Haarbüschel auf der Innenseite des Scherengelenkes und am 1. Laufbeinpaar. Scherenfinger mit eingekerbtem Dorn, 1 Paar Augenleisten **(3a)**. In einem weiten Spektrum von Gewässertypen anzutreffen: Baggerseen, Kiesgruben, temporäre Augewässer, der Rhein, kleine Kanäle, rasch fließende Bäche. Durch hohe Nachkommenzahl und geringe ökologische Ansprüche für heimische Krebse potenziell sehr gefährlich.

Krabben, Kurzschwanzkrebse (Brachyura)

PANOPEIDAE

4 | Zuiderzeekrabbe
Rhithropanopeus harrisii
Neozoon von der Ostküste Nordamerikas. Länge nur etwa 2,5 cm. Vermutlich durch Ballastwasser oder im Bewuchs von Schiffsrümpfen nach Europa gelangt. Relativ selten. Helle und unterschiedlich große Scheren. Olivgrün bis bräunlich.

GRAPSIDAE

Chinesische Wollhandkrabbe
Eriocheir sinensis (S. 131, Bild 73, hier ohne Abbildung)
Neozoon, das Anfang des 20. Jahrhunderts nach Europa eingeschleppt wurde. Besiedelt meist größere Flussläufe, kann aber auch in kleinere Bäche vordringen. Lebt als erwachsenes Tier im Süßwasser, benötigt zur Entwicklung aber Salzwasser, sodass flussabwärts Reproduktionswanderungen durchgeführt werden (ca. 8–12 km pro Tag). Nach der Paarung wandern die Weibchen bis in stark salzbeeinflussten Mündungsbereich und laichen dort, indem sie die Eier bis kurz vor dem Schlupf der Larven an den Pleopoden angeheftet tragen. Nach etwa 4 Monaten geben sie die schlupfreifen Eier ins Wasser. Die Elterntiere sterben und aus dem Ei schlüpft eine erste planktisch lebende Larve. Nach mehrmaliger Häutung entwickeln sich aus den Larven junge Krabben, die wieder die Flussläufe hinaufwandern. Größere Hindernisse (z. B. Wehre) werden auf dem Landweg umgangen. Mit etwa 5–6 Jahren erreichen Wollhandkrabben die Geschlechtsreife.

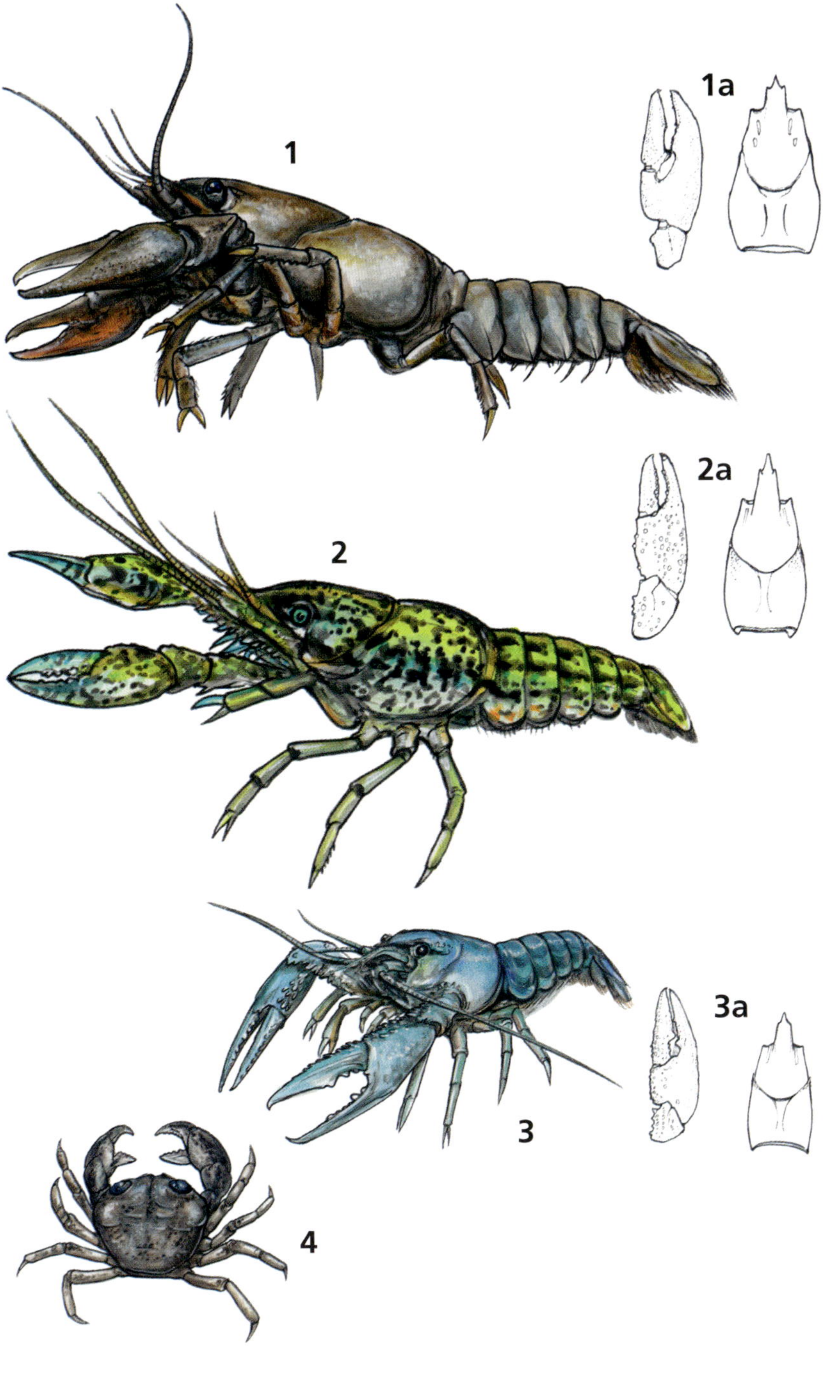
1
1a
2
2a
3
3a
4

Eintagsfliegen (Ephemeroptera)

MAIFLIEGEN (EPHEMERIDAE)

1 | *Ephemera danica* (Imago)
Körperlänge bis zu 20 mm, Flügellänge bis zu 17 mm. 3 Schwanzborsten, Länge 30–35 mm, weißlich braun, heller Gesamteindruck. Larve sehr ähnlich wie von *E. vulgata* **(2)**, deren Imago dunkler ist.

2 | *Ephemera vulgata*-Larve
Gräbt sich in der Uferzone größerer Fließgewässer und Seen u-förmige Wohnröhren in den Grund. Gelblich. 7 Paar Tracheenkiemen, die aus 2-ästigen, federförmigen, gefransten Lamellen bestehen und auf dem Rücken des Hinterleibs liegen. Oberkiefer dornartig verlängert, ragen als nach außen gekrümmte Bögen über den Stirnrand hinaus. Sehr ähnliche und häufigere Art der Bäche, Flüsse und Voralpenseen: *Ephemera danica*. Körperlänge (ohne Cerci) beider Larven 15–25 mm.

GELBHAFTE (POTAMANTHIDAE)

3 | *Potamanthus luteus*-Larve
Unter und an Steinen in größeren Fließgewässern. Einzige heimische Art der Gattung. Gelb mit brauner Zeichnung, Imago auffallend gelb. 6 Paar Tracheenkiemen, die aus 2-ästigen, federförmig gefransten Lamellen bestehen und seitlich vom Hinterleib abstehen. Oberkiefer ragen wesentlich weniger als bei **2** über den Kopfrand vor und enden mit je 1 scharfen Zahn. Länge 10–12 mm.

ADERHAFTE (HEPTAGENIIDAE)

4 | *Epeorus* sp.-Larve
2 Arten in klaren, sauerstoffreichen Bächen und kleineren Flüssen. Gelblich mit brauner Zeichnung. Körper stark abgeflacht. Augen liegen auf der Kopfoberseite. 7 Paar seitliche Tracheenkiemen, bestehen aus je 1 eiförmigen Blättchen und 1 darunterliegenden Fadenbüschel. Nur 2 Schwanzfäden. Länge 14–18 mm.

5 | *Ecdyonurus* sp.-Larve
Mehrere Arten in Fließgewässern. Gelbbraun bis dunkelgrau, bisweilen braun mit helleren Abzeichen. Gestalt und Kiemen wie bei **5**. Kiemenblättchen mehr eiförmig. Vorderbrust an ihren Hinterecken scheibenartig entlang den Seiten der Mittelbrust verlängert. Die Länge beträgt 9–18 mm.

6 | *Rhithrogena* sp.-Larve
Mehrere Arten. In Fließgewässern. Gelblich grün bis graugrün. Gestalt wie **5**. 7 Paar seitliche Tracheenkiemen, aus je 1 Blatt mit darunterliegendem Fadenbüschel bestehend. Blätter des 1. Paares stark vergrößert, berühren sich auf der Bauchseite (S. 134, Bild 77). Länge 6–18 mm.

7 | *Heptagenia* sp.-Larve
Mehrere Arten in Fließgewässern, auch in der Uferzone klarer Seen. Gelblich oder graubraun mit helleren Abzeichen. Körper stark abgeflacht, Augen liegen auf der Kopfoberseite. 7 Paar Tracheenkiemen, aus je 1 mehr oder weniger spitzeiförmigen Blättchen mit darunterliegendem Fadenbüschel. Vorderbrust rechteckig, ihre Hinterecken nicht verlängert. Länge 10–17 mm.

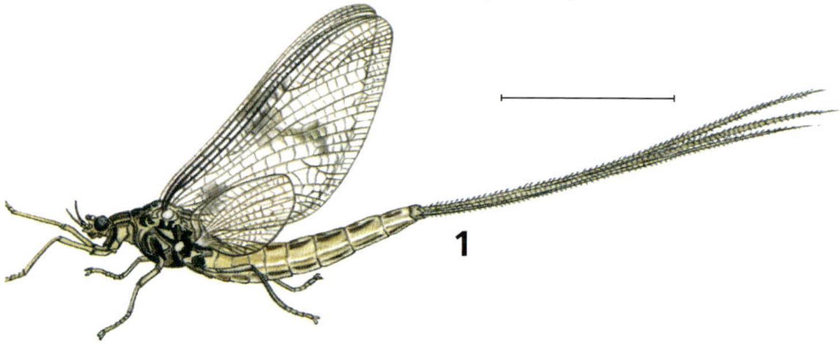

1

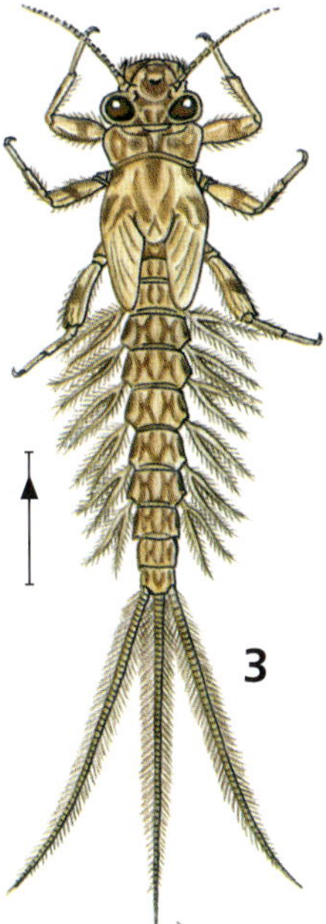

3

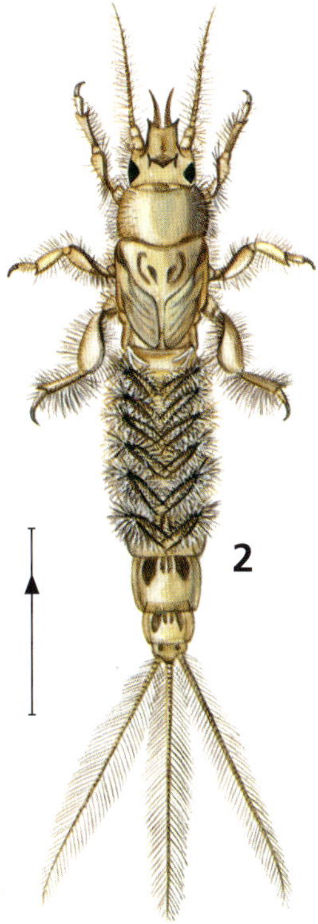

2

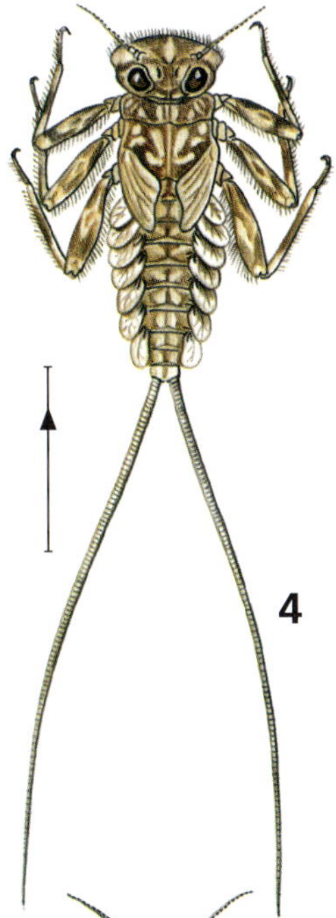

4

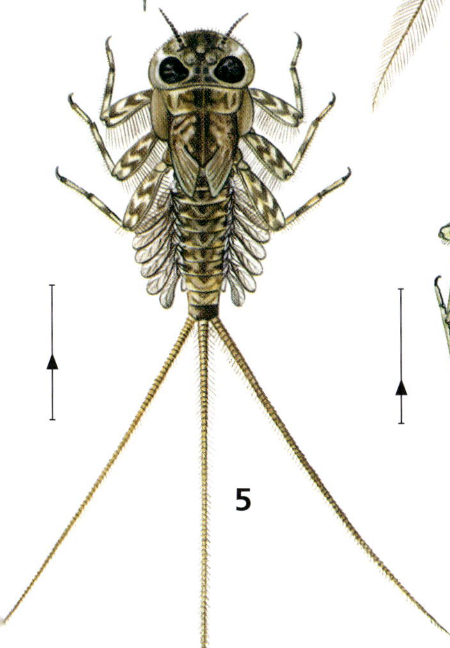

5

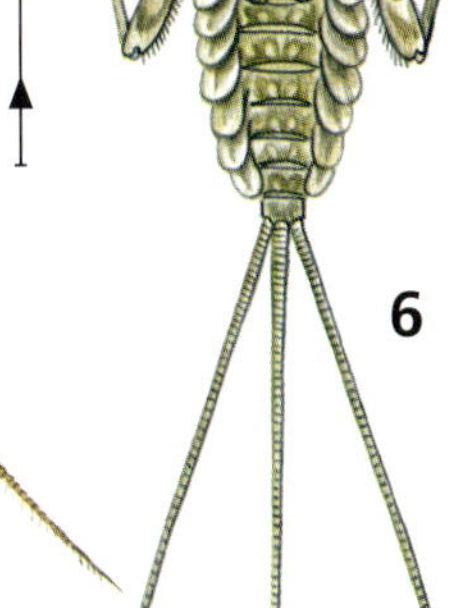

6

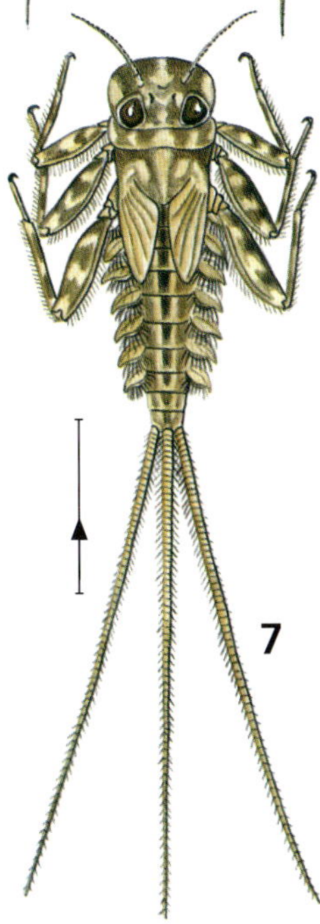

7

STACHELHAFTE (SIPHLONURIDAE)

1 | *Siphlonurus* sp.-Larve
5 Arten in Deutschland. Vorzugsweise im Pflanzendickicht fließender Gewässer. Hellgelblich bis bräunlich mit dunkleren Flecken. Körper schmal, nicht abgeplattet. Die letzten Hinterleibssegmente in nach hinten gerichtete Stacheln ausgezogen. Kopf nach Art der Heuschrecken senkrecht zur Körperlängsachse gestellt. Die beiden äußeren Schwanzfäden nur an der Innenseite behaart. 7 Paar seitliche, breite Kiemenblätter, die beiden ersten Paare doppelt ausgebildet. Länge (ohne Anhänge): 12–15 mm.

GLASHAFTE (BAETIDAE)

2 | *Cloeon* sp.-Larve
2 Arten in Deutschland. In stehenden und langsam fließenden Gewässern. Schwimmen gut. Grünlich mit hellerer Zeichnung. Gestalt ähnlich **1**, aber: 7 Paar aus ungleichen Teilen bestehende Kiemenblätter, die 6 ersten Paare doppelt, das 7. einfach. Die letzten Hinterleibssegmente nicht in Stacheln ausgezogen. Länge 7–12 mm. Sehr ähnliche Gattung: *Procleon*.

3 | *Centroptilum luteolum*-Larve
In Bächen, Flüssen und Seen. Alle 3 Schwanzborsten mit gleicher Länge und mit schwacher Behaarung, oft deutlich geringelt. Kiemen 1–7 einfach und lanzettlich. Länge 6–9 mm. Noch 2 weitere, seltenere Arten der Gattung in Deutschland.

4 | *Baetis* sp.-Larve
Zahlreiche, sehr schwer unterscheidbare Arten. In stehenden und fließenden Gewässern. Gute Schwimmer. Körper schmal, nicht abgeplattet. Kopf senkrecht zur Längsachse des Körpers gestellt. 7 Paar seitliche, eiförmige, am Ende abgerundete einfache Kiemenblätter. Cerci länger als das Terminalfilum. Länge 5–9,5 mm.

LEPTOPHLEBIIDAE

5 | *Habrophlebia* sp.-Larve
2 Arten in Deutschland, vorzugsweise in langsam fließenden Gewässern. Braun mit schwärzlichen Abzeichen. Gestalt ähnlich **4**, aber: 7 Paar gleichförmig bäumchenartige Kiemen. Länge 5–6 mm.

6 | *Leptophlebia* sp.-Larve
2 Arten in stehenden und fließenden Gewässern Deutschlands. Gelbbräunlich. Körper sehr schmal. Kopf senkrecht zur Körperlängsachse gestellt. 7 Paar 2-teilige Kiemen, das 1. fadenförmig, die übrigen am Grund blattförmig, in feine Spitzenfäden auslaufend. Länge 7–12 mm.

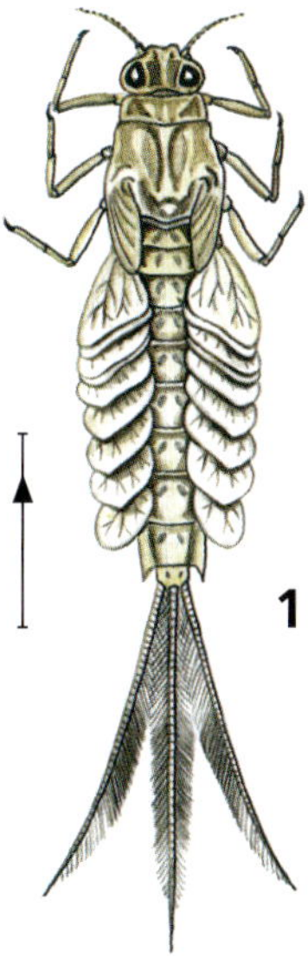

1

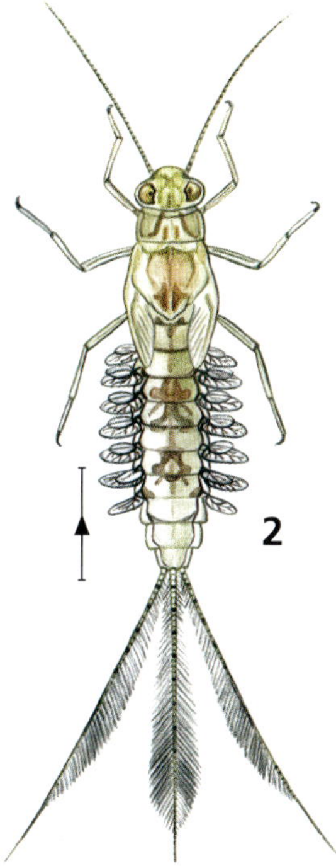

2

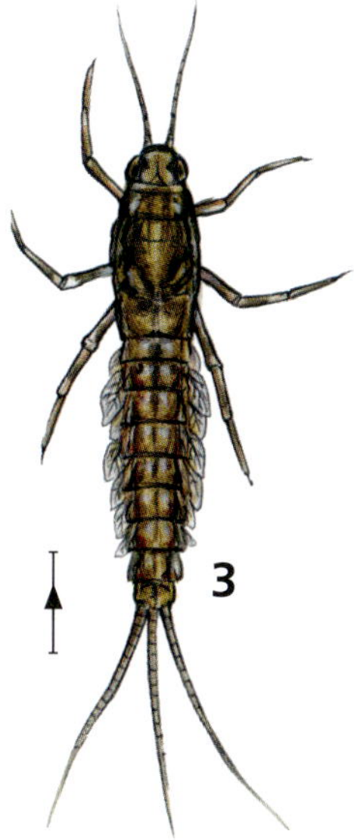

3

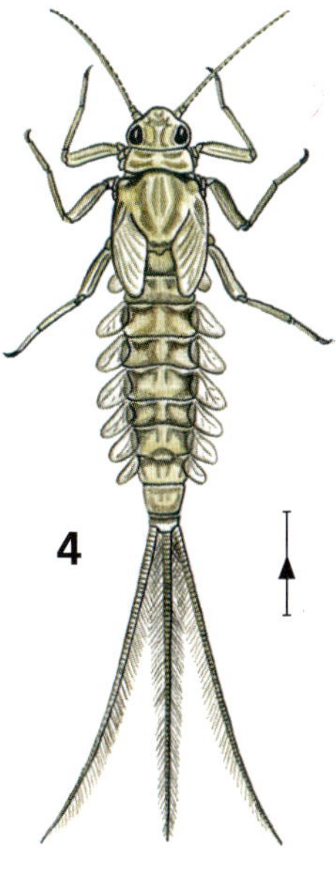

4

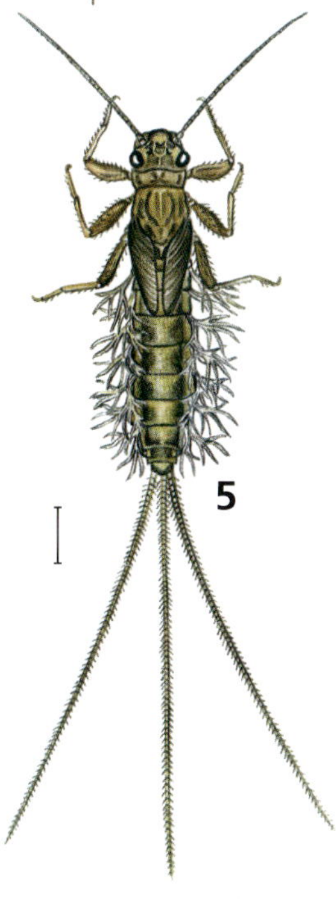

5

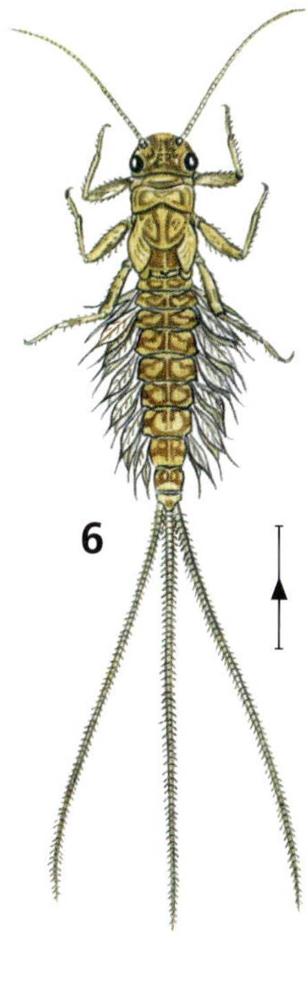

6

LEPTOPHLEBIIDAE

1 | *Habroleptoides modesta*-Larve
In Bächen. Gelbbraun mit dunkleren Abzeichen. Gestalt ähnlich **2**, aber: 7 Paar Kiemen, welche nur aus 2 am Grund miteinander verschmolzenen Fäden bestehen. Länge (ohne Schwanzanhänge) 8–10 mm.

2 | *Paraleptophlebia submarginata*-Larve
In Bächen und Flüssen. Häufigste Art der Gattung, die 2 weitere Arten umfasst. Antennen inserieren dorsal auf dem Kopf, rötlich braune Färbung. Kiemen 2-ästig, schmal und mit glatten Rändern. Kieme 1 kürzer als Kieme 2. Gelbbraun mit dunkleren Abzeichen. Länge 10–14 mm.

AMELETIDAE

3 | *Ameletus inopinatus*-Larve
In Bächen und Seen über 700 m Meereshöhe. Alle Kiemen nur aus einem Blättchen bestehend. Maxille der Mundwerkzeuge distal stark verbreitert. Abdominaltergite 5–9 in kurze, unscheinbare Spitzen ausgezogen. Kaltstenotherm und empfindlich gegen Gewässerverunreinigung. Selten. Länge 8–10 mm.
3a: Imago.

BÜSCHELHAFTE (OLIGONEURIIDAE)

4 | Büschelhaft, Rhein- oder Augustmücke, Larve
Oligoneuriella rhenana
Typische Art der steinigen, schnell strömenden Bäche und Flüsse unterhalb von 700 m Meereshöhe. Sehr selten geworden. Kopf und Körper dorsoventral abgeplattet. Schlupfreife Larven fast schwarz. Augen liegen dorsal. Kiemen sehr klein, büschelig. Mit zusätzlichen Kiemen unter dem Kopf und an den Maxillen. Vorderbeine mit jeweils 2 Reihen langer Haare. Lebt als passiver Filtrierer in der Strömung. Bei günstigen Bedingungen kann es zu Massenentwicklungen der Art kommen. Länge 12–16 mm.

POLYMITARCYIDAE

5 | Uferaas, Larve
Ephoron virgo
Nur in großen Flüssen der Ebene und Oberläufen größerer Flüsse. Zwischenzeitlich fast verschwunden, seit den 1990er-Jahren dank besserer Wasserqualität wieder im Rhein. Larven leben meist in u-förmigen Gängen im Substrat und filtrieren mit ihren Borsten an Kopf und Vorderbeinen. Gestalt und Lebensweise ähnelt *Ephemera* (S. 216/1, 2). Säbelförmig, nach innen gekrümmte Mandibelfortsätze. Von den 7 Kiemenpaaren das 1. kurz und stummelförmig, die übrigen 2-ästig. Färbung gelblich weiß. Länge 11–14 mm. Einzige einheimische Art der Familie.
Der Uferaas ist bekannt für seine Massenschwärme. Aus den im August abgelegten Eiern schlüpfen im April die Erstlaven, die im Interstitial Algenbewuchs abweiden. Erst nach Ausbildung der Mandibelfortsätze leben sie als Filtrierer. Die Adulten schlüpfen synchron Ende Juli/Mitte August an warmen Abenden, wobei sich die weibliche Subimago nicht häutet. Nach Paarung und Eiablage säumen Massen toter Tiere die Flussufer. Früher verfütterte man die ausgewachsenen Larven (Äsung, daher der Name). Die beweglichen Cerci (in der Abbildung gekrümmt), sind etwa gleich lang wie das Terminalfilum.

3a

Imago

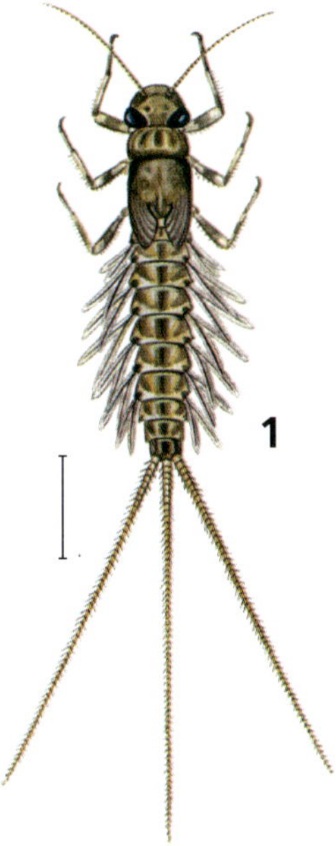

1

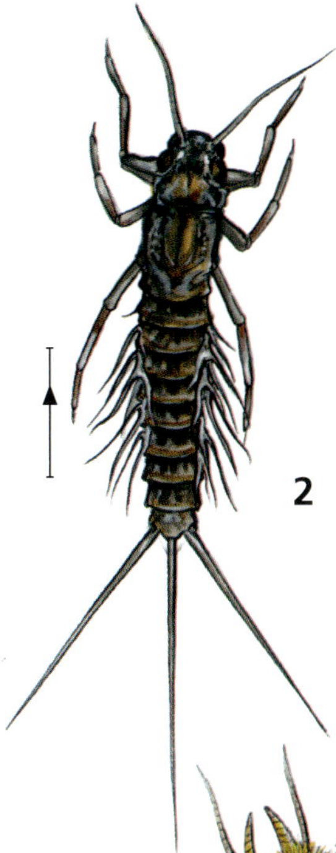

2

3

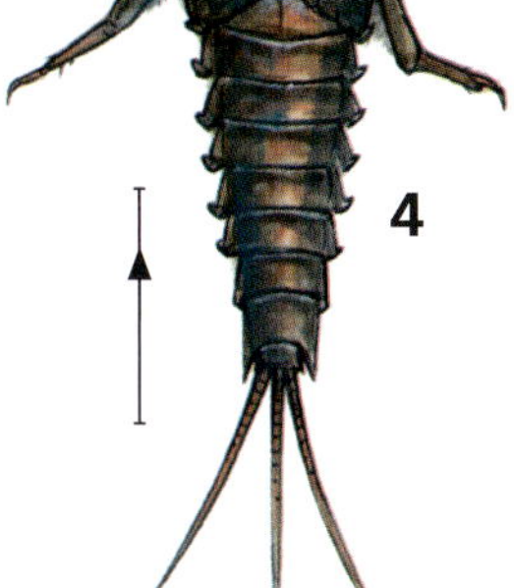

4

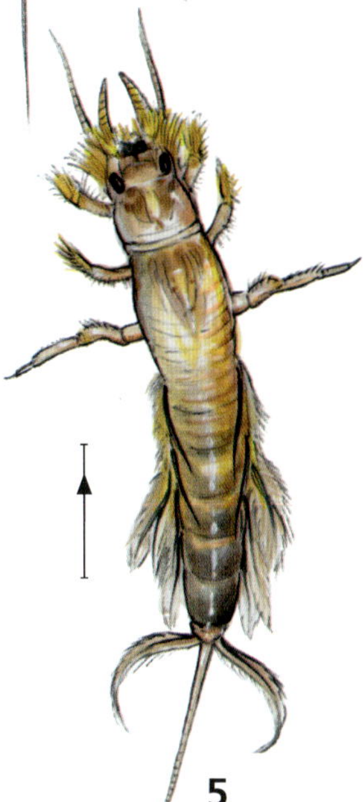

5

EPHEMERELLIDAE

1 | *Seratella ignita*-Imago

Art der Bäche und Flüsse. Kurz vor der Eiablage verkleben die aus der paarigen Geschlechtsöffnung austretenden Eier zu einem Eipaket, das ins Wasser abgeworfen wird.
Larvenmerkmale vgl. **(2)**, aber hintere Abdominalsegmente mit seitlichen Dornen, Hinterrand der Segmente 4–7 mit je 2 kräftigen Höckern. Länge 8–11 mm.

2 | Ephemerelidae-Larve

Mehrere Arten. In Fließgewässern, oft zwischen Wasserpflanzen. Meist gelbbraun, Färbung aber sehr variabel. Körper kaum abgeplattet. Augen seitwärts gerichtet. Alle Schwanzfäden beiderseits mit Borsten. 5 Paar Tracheenkiemen, die auf dem Rücken am Hinterrand des 3.–7. Hinterleibssegments angewachsen sind. Die 4 ersten Kiemenpaare sichtbar, das 5. vom 4. bedeckt. 5. Kiemenpaar ohne ohrförmige Zipfel an der Basis. Länge 7–12 mm.

3 | *Torleya major*-Larve

In Fließgewässern, an mit Schlamm und Algenrasen bedeckten Steinen. Fehlt im Tiefland. Körper kurz, breit, stark behaart, Beine verhältnismäßig kräftig, manchmal „Panzer-Eintagsfliege" genannt. Nur die ersten 3 Kiemenpaare sichtbar, das 4. und 5. vom 3. völlig verdeckt. Länge 8–12 mm.

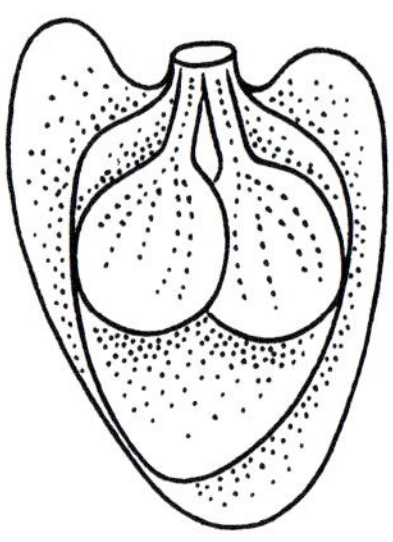

Bild 143. 5. Kieme von *Ephemerella mucronata* von unten gesehen, mit den charakteristischen ohrförmigen Ausbuchtungen an beiden Seiten der Basis.

4 | *Ephemerella mucronata*-Larve

In höher gelegenen Fließgewässern und selten in Voralpenseen. Braun mit hellerer Zeichnung. Gestalt etwa wie **2**, aber: Deckplatte des 5. Kiemenpaares am Grund jederseits ohrförmig ausgezogen (Bild 143). Länge 8–12 mm. Zweite, sehr seltene Art der Gattung in Deutschland: *Ephemerella nodata*.

CAENIDAE

5 | *Caenis* sp.-Larve

Mehrere Arten. Am Boden stehender und fließender Gewässer. Gelbbraun. Körper nicht abgeflacht. Augen seitwärts gerichtet. Alle Schwanzfäden beiderseits mit Borsten. 6 Kiemenpaare am 1. bis 6. Hinterleibssegment, das 1. sehr klein, stielartig, das 2. eine große 4-eckige Platte, die alle folgenden bedeckt. 2. Fühlerglied wenig länger als das 3. Länge 4–8 mm. Weitere Gattung der Familie: *Brachycercus* (s. u.).

Weitere Arten (ohne Abb.):
Beispiele für Arten aus der Familie der Caenidae mit unterschiedlichen ökologischen Ansprüchen:
Caenis rivulorum: Übergang von Bach zu Fluss. Larven bevorzugen lagestabile und kiesige Gewässerabschnitte.
Caenis luctuosa: Uferzone stehender Gewässer, seltener in Seeabflüssen oder im Flussmittellauf. Bevorzugt lagestabile Feinsubstrate oder groben Detritus.
Caenis robusta: Teiche, Altwässer, Seen, deren Abflüsse und träge fließende Flussabschnitte.
Brachycercus harrisella: Bäche und Flüsse unter 600 m. Kriecht halb eingegraben durch Feinsubstrate, frisst Detritus. In Anpassung daran: Seiten- und Scheitelaugen auf konischen Höckern, aus dem Substrat ragend. Sonst wie **5**, aber: 2. Fühlerglied 3-mal so lang wie das 3.

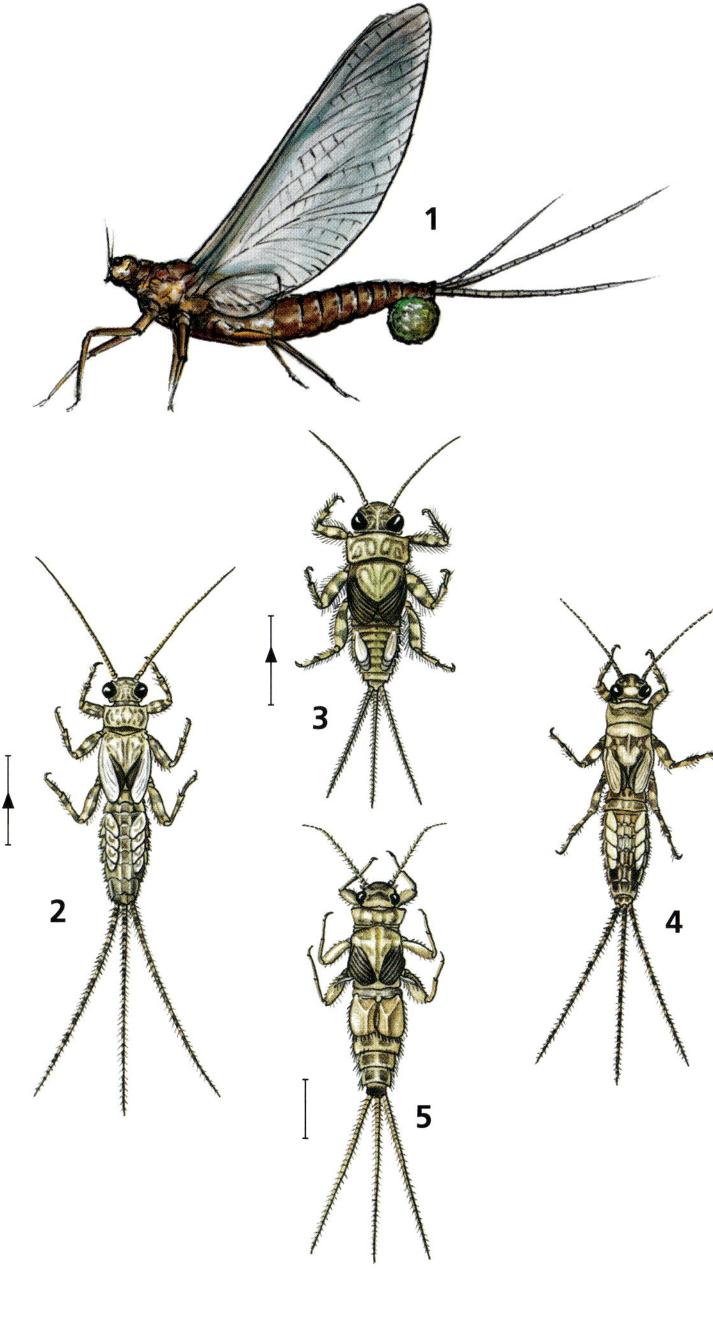
1
2
3
4
5

Libellen (Odonata)

Ein großer Teil unserer Libellenlarven kann nur vom Spezialisten bis zur Art bestimmt werden, z. B. anhand der Larvenhäute (Exuvien). Hier sind Vertreter von Gattungen abgebildet, die auch der Laie richtig erkennen kann. Sie stellen zugleich die Grundtypen der 9 heimischen Familien (4 Zygoptera, 5 Anisoptera) dar.

KLEINLIBELLEN (ZYGOPTERA)

Am Hinterleibsende 3 Schwanzblättchen, Körper länglich, schlank.

PRACHTLIBELLEN (CALOPTERYGIDAE)

1 | Gebänderte Prachtlibelle

Calopteryx splendens

Nur in Fließgewässern, zwischen Wasserpflanzen oder flutenden Erlenwurzeln. Lehmgelb mit schwärzlicher und weißlicher Zeichnung. Entwicklungsdauer 2 Jahre. Überwinterung meist 2-mal als Larve. Länge 26 mm + 12 mm Schwanzblätter. 1. Fühlerglied sehr lang, kräftig, länger als die übrigen 6 zusammen. Äußere Schwanzblätter 3-kantig, das mittlere kürzer und blattförmig: **1a**. Höcker auf dem Hinterhaupt hinter den Augen stumpf, überragen die Augen nach oben nicht: Bild 144a.

Blauflügel-Prachtlibelle

C. virgo

In Fließgewässern. Aussehen wie **1**, aber: Höcker hinter den Augen spitz, überragen die Augen nach oben (Bild 144b), 1. Fühlerglied nur etwas länger als die übrigen und mittleres Schwanzblatt länger: **1b**. Seltener, ökologisch anspruchsvoller, kommt oft gemeinsam mit *C. splendens* vor. Wird in den letzten Jahren wieder häufiger.

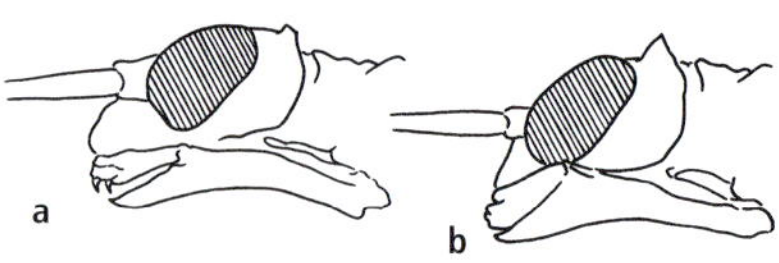

Bild 144. Kopfschema der Larven von *Calopteryx splendens* **(a)** und von *C. virgo* **(b)**.

TEICH- ODER BINSENJUNGFERN (LESTIDAE)

2 | Binsenjungfer

Lestes sp.

8 Arten der Familie in Mitteleuropa, neben 6 *Lestes*-Arten noch 2 Arten der Gattung *Sympecma*. Bevorzugt stehende Gewässern, teils in langsam fließenden Gewässern. Larven überwintern nicht, sondern entwickeln sich in wenigen Monaten zur Imago. Grundfarbe grau- oder gelbbraun. 8–10 Wochen Entwicklungsdauer. Länge (erwachsen) 10–20 mm + 8–10 mm Schwanzblätter, diese gleich, flach, mit kräftiger Mittelader, von der die unverzweigten Seitenadern rechtwinklig abgehen: **2a**. Fangmaske mit langem Stiel, der in Ruhelage bis zu den Hüften der Hinterbeine reicht.

FEDERLIBELLEN (PLATYCNEMIDAE)

3 | Federlibelle

Platycnemis pennipes

Nur 1 Art der Gattung in Deutschland. In Weihern, Seen, häufig auf dem Grund oder in langsamen Fließgewässern, zwischen Wasserpflanzen. Letzte Larvenstadien überwintern. Gelblich oder weißlich mit dunklerer Zeichnung. Länge erwachsen 19 mm + 7 mm Schwanzblätter, diese behaart mit sehr langer Spitze.

SCHLANKLIBELLEN (COENAGRIONIDAE)

4 | Azurjungfer

Coenagrion sp.

18 Arten der Familie in Mitteleuropa. Vorzugsweise in stehenden Gewässern, zwischen Wasserpflanzen. Larven überwintern. Grünlich, gelblich oder graubraun, je nach Art. Länge artverschieden, erwachsene Larven 12–16 mm + 6 mm Schwanzblätter, diese mit rundem Ende oder höchstens kurzer Spitze, von den Mitteladern gehen verzweigte Seitenadern in spitzem Winkel ab: **4a**. Andere Gattungen der Familie: *Pyrrhosoma*, *Ceriagrion*, *Ischnura*, *Enallagma*, *Nehallenia*.

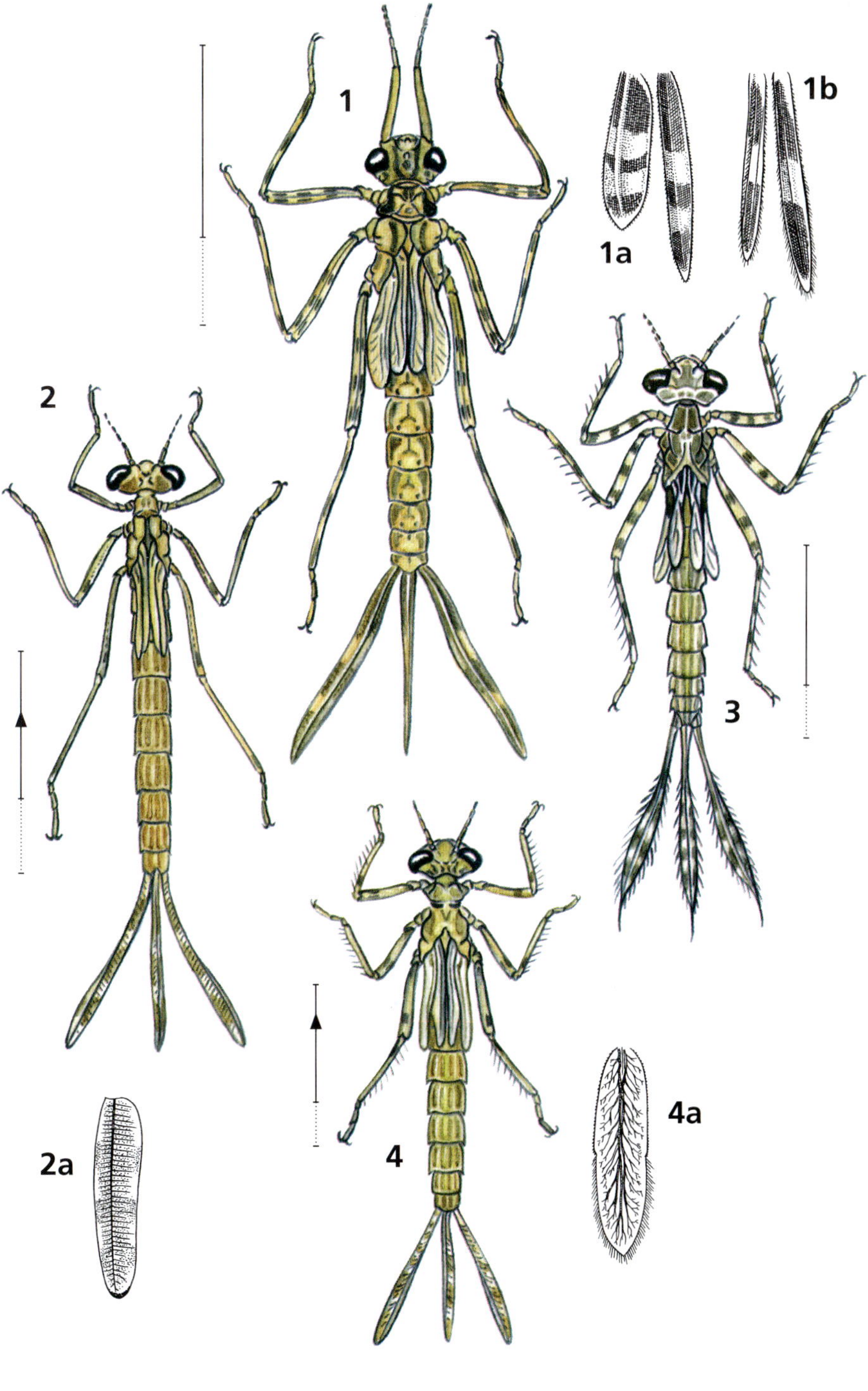
1
1a
1b
2
2a
3
4
4a

Großlibellen (Anisoptera)

Besitzen am Hinterende eine aus 5 Stacheln bestehende Analpyramide, die auch zur Feindabwehr eingesetzt wird. Die Fangmasken der heimischen Familien sind jeweils schematisch in Aufsicht wiedergegeben. Es gibt 2 Typen: Helmmasken (Libellulidentyp: **1a**, **2a**, **6**), deren löffelförmige Seitenlappen wie ein Fangkorb arbeiten, und Zangenmasken (Aeshnidentyp: **3a**, **4a**), deren dolchartige Endhaken einem gezielten Beutegreifen dienen.

FALKENLIBELLEN (CORDULIIDAE)

7 Arten der Familie in Mitteleuropa, weitere Gattungen: *Somatochlora*, *Epitheca*, *Oxygastra*. In stehenden Gewässern aller Art sowie langsamen Fließgewässern, meist am Grund. Entwicklungsdauer 1–3 Jahre. Länge 15–30 mm.

1 | Gemeine Smaragdlibelle
Cordulia aenea
Bevorzugt in kleineren Seen und Weihern. Fangmaske helmartig gewölbt, Seitenlappen regelmäßig schwach gezähnt oder nur wellig gebuchtet: **1a**. Hinterbeine überragen, nach hinten gestreckt, das Hinterleibsende deutlich. Entwicklung 2-jährig, 22–26 mm lang, Überwinterung im letzten Larvenstadium.

QUELLJUNGFERN (CORDULEGASTRIDAE)

2 | Quelljungfer
Cordulegaster sp.
2 Arten der Familie in Mitteleuropa (Imago S. 240/4). In Quell- und Bergbächen, bis auf Augen und Schwanzpyramide im Grund vergraben. Entwicklungsdauer 3–5 Jahre. Bräunlich, schwarze Flecken. Länge über 40 mm. Kopf eckig, Augen sehr klein. Fangmaske mit kräftigen Zähnen: **2a**. Körper dicht behaart. Die Hinterbeine erreichen das Hinterleibsende nicht.

FLUSSJUNGFERN (GOMPHIDAE)

7 Arten der Familie in Mitteleuropa, weitere Gattungen: *Gomphus*, *Ophiogomphus*, *Stylurus*. In Fließgewässern oder in der Brandungszone von Seen. Im Grund vergraben, dann nur Kopfoberseite sowie Schwanzpyramide sichtbar. Entwicklungsdauer 3–4 Jahre. Gelbbraun. Erwachsene je nach Art 25–30 mm lang. Fangmaske flach, reicht in Ruhestellung nach hinten nicht über das 1. Beinpaar hinaus. Hinterleib abgeflacht. Körper stark behaart.

3 | Kleine Zangenlibelle
Onychogomphus forcipatus
Meist in schnell fließenden Bächen und Flüssen, auch in Seeausflüssen und sandigen Seen mit guter Wasserqualität. Länge bis zu 26 mm; Fangmaske vgl. **3a**.

3a | Fangmaske einer Gomphide

EDELLIBELLEN (AESHNIDAE)

4 | Königslibelle *Anax* sp.
Nur in stehenden Gewässern, 3 Arten der Gattung in Deutschland (Imago S. 234/1). Entwicklung 1–2 Jahre. Grundfarbe grünlich. Erwachsen bis zu 60 mm lang. Besitzt nur 3 Hinterleibssegmente mit Seitenstacheln (7–9). Fangmaske vgl. **4a**.

5 | Mosaikjungfer
Aeshna sp.
14 Arten der Familie in Mitteleuropa, weitere Gattungen in Deutschland: *Brachytron*, *Boyeria*. Meist im Pflanzendickicht stehender oder langsam fließender Gewässer, teils auch auf dem Grund. Entwicklungsdauer je nach Art 1–4 Jahre. Grünlich oder dunkelbraun. Fangmaske (vgl. **4a**) reicht in Ruhestellung nach hinten mindestens bis zum 2. Beinpaar. Augen groß, Körper unbehaart. 4 Hinterleibssegmente (6–9) mit Seitenstacheln.

SEGELLIBELLEN (LIBELLULIDAE)

6 | Fangmaske einer Libellulide
Libellulidae-Larven ähneln den Larven der Corduliiden **(1)**, doch ist die Innenseite ihrer Fangmaske stets nur wellig gebuchtet. 22 Arten in Mitteleuropa, Vertreter folgender Gattungen: *Libellula*, *Orthetrum*, *Sympetrum*, *Leucorrhinia*, *Crocothemis*.

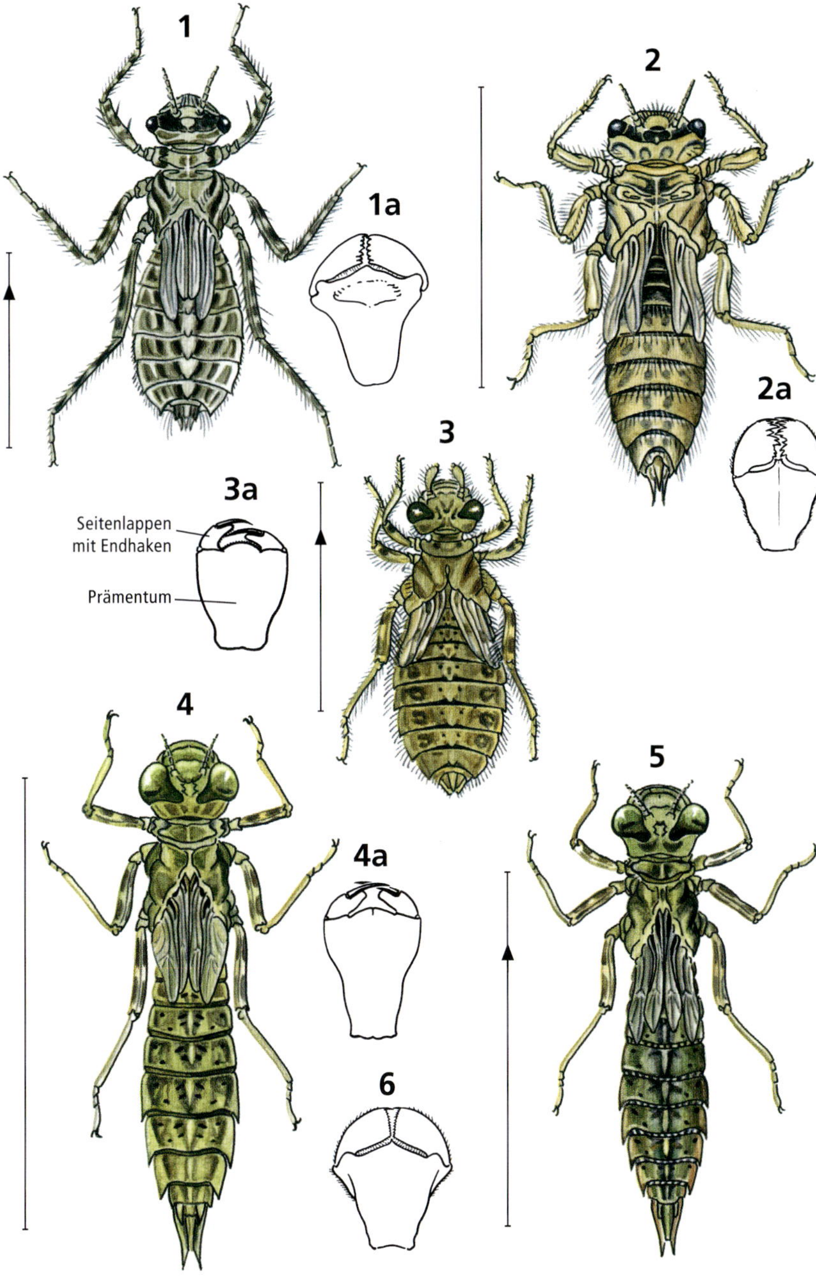
1
1a
2
2a
3
3a
Seitenlappen
mit Endhaken
Prämentum
4
4a
5
6

Kleinlibellen (Zygoptera)

Zu den Kleinlibellen zählen 4 Familien: Prachtlibellen (Calopterygidae), Teich- oder Binsenjungfern (Lestidae), Federlibellen (Platycnemididae) und Schlanklibellen (Coenagrionidae). Für weitere Informationen zu den Arten siehe auch Larven (S. 224).
Prachtlibellen sind aufgrund ihrer Flügelfärbung und der zahlreichen Queradern am Flügelvorderrand unverkennbar. Die 3 übrigen Familien (230/1–8) haben glasklare Flügel. Nur 2 Queradern unterteilen den Flügelvorderrand bis zur Einkerbung (Nodus, S. 230/1, Pfeil). Sie lassen sich mit diesem Schlüssel unterscheiden:

A Randmal (Pterostigma) der Flügel wesentlich länger als breit, steht über 2–3 Zellen; die meisten Flügelzellen 5-eckig (Bild 145a). Flügel beim lebenden Tier in Ruhehaltung schräg nach hinten ausgebreitet (Ausnahme *Sympecma*): **Lestidae** (S. 136, Bild 80), sonst **A***.
A* Randmal wenig länger als breit, steht nur vor einer oder selten höchstens vor eineinhalb Zellen der 2. Zellenreihe. Flügelzellen 4-eckig (Bild 145b). Flügel in Ruhehaltung nach hinten zusammengeklappt (S. 230/1). Weiter mit B.
B Auffällig verbreiterte, abgeflachte, mit langen Dornen besetzte Schienen (Tibien) der Mittel- und Hinterbeine. Kopf von oben mit 2 hellen Linien: Platycnemididae, sonst **B***.
B* Beine nicht verbreitert. Kopf von oben mit nur einer Linie oder Fleckenzeichnung: Coenagrionidae.

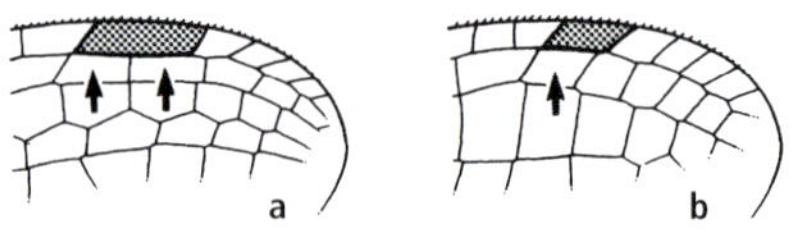

Bild 145. Flügelrandmale der Lestidae **(a)** und der Coenagrionidae **(b)**.

PRACHTLIBELLEN (CALOPTERYGIDAE)

1 | Gebänderte Prachtlibelle
Calopteryx splendens

Fast nur an fließenden Gewässern. Länge etwa 5 cm, Flügelspannweite etwa 7 cm. Flügel des ♀ blassgrün. Flügel des ♂ mit breiter, schwarzblau schillernder Binde, letzte 3 Abdominalsegmente auf der Bauchseite weiß gefärbt. Flugzeit: Mitte Mai bis Mitte September. Ebenso wie *C. virgo* mit ausgeprägtem Balz- und Revierverhalten der ♂.

2 | Blauflügel-Prachtlibelle
Calopteryx virgo

Nur an fließenden Gewässern, oft gemeinsam mit *C. splendens* auftretend. Länge etwa 5 cm, Flügelspannweite etwa 7 cm. Flügel des ♀ hellbräunlich. Vorder- und Hinterflügel des ♂ bis auf die äußerste Spitze blauschwarz gefärbt, etwas breiter als bei *C. splendens*, letzte 3 Abdominalsegmente auf der Bauchseite leuchtend hellrot gefärbt. Flugzeit: Ende April bis Anfang September. Das Einzeltier lebt etwa 14 Tage. Die weitaus seltenere der beiden *Calopteryx*-Arten.

1♀
1♂
2♀
2♂

Kleinlibellen (Zygoptera)

Die Artbestimmung von erwachsenen Teichjungfern, Federlibellen und Schlanklibellen ist für den Laien schwierig. Die Hinterleiber der häufigen Arten bieten zuverlässige Merkmale, die allerdings beim lebenden Tier oft nur in Ausnahmefällen deutlich sichtbar sind. Die Zeichnungen auf dem 2., 8. und 9. Hinterleibsring sind recht veränderlich, weshalb stets die Gesamtzeichnung zu vergleichen ist.

1 | Schema einer Kleinlibelle
Man beachte die 2 Queradern bis zur Flügeleinkerbung (Nodus) und die bei den meisten Arten verbreitete Ruhehaltung der Flügel (Ausnahme: Lestidae ohne *Sympecma*, S. 136, Bild 80).

TEICHJUNGFERN (LESTIDAE)

2 | Gemeine Binsenjungfer
Lestes sponsa
An Weihern, Teichen, Tümpeln, bisweilen auch ziemlich weit von Gewässern entfernt. Länge ca. 3,5 cm, Flügelspannweite 4–4,5 cm. Flügelhaltung in Ruhe: schräg abgespreizt. Beide Geschlechter mit grünmetallischer Grundfärbung. Flugzeit: Anfang Juni bis Anfang Oktober. Eine der häufigsten mitteleuropäischen Libellen. ♂ begleitet das ♀ bei der Eiablage (Tandem), die an senkrecht aus dem Wasser stehenden Pflanzenstängeln erfolgt.

FEDERLIBELLEN (PLATYCNEMIDIDAE)

3 | Gemeine oder Blaue Federlibelle
Platycnemis pennipes
Bei uns einzige Art der Familie. An pflanzenreichen, langsam fließenden und v. a. stehenden Gewässern. Mittel- und Hinterschienen verbreitert, federartig wirkend durch steife Borsten (Name!). Grundfärbung beim ♂ blau, beim ♀ hellbräunlich. Abdomen bei beiden Geschlechtern dorsal meist mit 2 schwarzen, hinten verbreiterten Längsstreifen gezeichnet, die jedoch sehr variabel gestaltet sein können. Länge 2,8–3,5 cm, Flügelspannweite 4–4,5 cm. Flugzeit: Mitte Mai bis Mitte September. Verbreitet, im Norden seltener (fehlt an der Nordseeküste). Eiablage im Tandem.

SCHLANKJUNGFERN (COENAGRIONIDAE)

4 | Frühe Adonislibelle
Pyrrhosoma nymphula ♂
Selten an langsam fließenden, häufiger an stehenden Gewässern. Länge ca. 3,5 cm, Flügelspannweite 4–4,5 cm. Beim ♀ ist der Hinterleib ebenfalls rot, aber die schwarze Zeichnung erstreckt sich über alle Segmente. Flugzeit: Ende April bis Anfang Juni. Eiablage an verschiedenen Pflanzen, immer in Begleitung des ♂.

5 | Große Pechlibelle *Ischnura elegans* ♂
An langsam fließenden und stehenden Gewässern aller Art. Länge ca. 3 cm, Flügelspannweite 3,5–4 cm. Hinterleib pechschwarz außer 8. Segment, ♀ ebenso; legt die Eier (anders als 6–8) unbegleitet ab. Flugzeit: Anfang Mai bis Ende September. Eine der häufigsten Libellen.

6 | Becher-Azurjungfer
Enallagma cyathigerum
Hauptsächlich an stehenden Gewässern mit freier Wasserfläche, aber auch an Tümpeln und Wiesengräben. In den Alpen bis in 1800 m Höhe. Länge ca. 3 cm, Flügelspannweite ca. 4 cm. ♂ hat am 2. Hinterleibssegment dorsal eine schwarze Zeichnung in Form eines gestielten Bechers, beim ♀ lanzettförmige Zeichnungen. Flugzeit: Mai bis September. Weitverbreitet.

7 | Fledermaus-Azurjungfer
Coenagrion pulchellum
An stehenden Gewässern aller Art; im Gebirge bis in ca. 1500 m Höhe. Länge ca. 3 cm, Flügelspannweite 4–4,5 cm. Abdomen des ♂ sehr schlank, am 2. Hinterleibssegment dorsal mit „fledermausähnlicher Zeichnung". Flugzeit: Mai bis September.

8 | Hufeisen-Azurjungfer
Coenagrion puella
An langsam fließenden und stehenden Gewässern aller Art. Länge ca. 3 cm, Flügelspannweite ca. 4 cm. ♂ mit typischem „Hufeisen" auf dem 2. Hinterleibsring. ♀ in 2 Farbformen: neben der abgebildeten noch eine seltenere mit blauer Grundfarbe. Flugzeit: Anfang Mai bis Ende September. Häufig.

1
2♂
2♀
3♂
3♀
4♂
5♂
6♂
6♀
7♂
7♀
8♂
8♀

Großlibellen (Anisoptera)

Großlibellen sind schnelle und gewandte Flieger. Viele Arten kehren aber oft zu einem Ansitzplatz zurück, sodass man sie wiederholt und gegebenenfalls auch aus der Nähe beobachten kann. Wenn sie sich niedersetzen, halten sie die Flügel in charakteristischer Weise ausgebreitet. Die Basis des Hinterflügels ist deutlich breiter als die des Vorderflügels (daher Anisoptera).
Die etwa 45 heimischen Arten gehören zu 5 Familien, die sich anhand ihrer Augen- und Flügelmerkmale gut unterscheiden lassen (Bild 146). Diese Familienkennzeichen werden zusammen mit den ausgewählten Arten vorgestellt. Abgebildet sind Kopfansichten von oben (bei Segel- und Falkenlibellen auch von der Seite). Bei den Flügeln sind nur markante, durch Flügeladern umgrenzte Dreiecke eingezeichnet.

EDELLIBELLEN (AESHNIDAE I)

Hierzu gehören die stattlichsten einheimischen Formen, in Mitteleuropa sind sie mit 14 Arten vertreten. Zu den Augen- und Flügelmerkmalen siehe die folgende Abbildung.

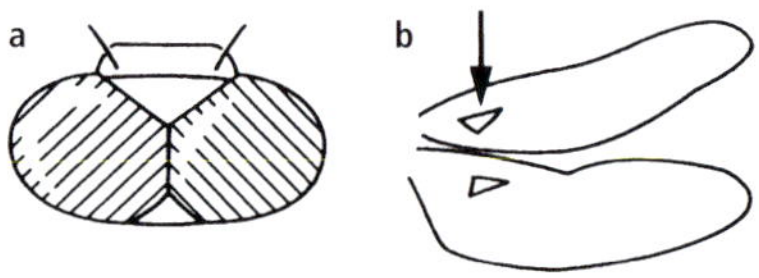

Bild 146. Augen- **(a)** und Flügelmerkmale **(b)** der Aeshnidae.

1 | Blaugrüne Mosaikjungfer

Aeshna cyanea

An stehenden Gewässern aller Art, auch an Wiesengräben, bisweilen auch weit von Gewässern entfernt. Länge etwa 7 cm, Flügelspannweite 9,5–11 cm. Flugzeit: Mitte Juni bis Anfang November. In Mitteleuropa die häufigste *Aeshna*-Art. Gilt bei uns als anspruchsloseste und anpassungsfähigste Großlibelle. Besiedelt schnell neu entstandene Gewässer (z. B. Gartenteiche). Jagd meist in verhältnismäßig geringer Höhe über dem Boden (1–2 m). Die Paarung beginnt am Wasser und endet meist in Baumkronen. Die Eiablage erfolgt in Treibholz und im Boden am Ufer. Entwicklungszeit 1, meist 2 Jahre.
Ausgefärbte Individuen sind an den ovalen, grüngelben Flecken auf der Vorderbrust eindeutig zu erkennen. Beim ♀ trägt der gesamte Hinterleib grüne Flecken, beim ♂ sind auf den Segmenten 1–7 zusätzlich blaue Seitenflecken zu sehen, die letzten 3 Segmente tragen bei ihm aber nur blaue Zeichnungen. Auffällig sind am 2. Abdomensegment die seitlich abstehenden „Öhrchen" (Aurikel), die bei Männchen mancher Großlibellen vorkommen. Augen haben am Hinterrand charakteristische kleine Einbuchtungen. In beiden Geschlechtern tragen die Tiere auf der Stirn eine schwarze Gesichtszeichnung, an der man sie individuell erkennen kann. Siehe auch Bild 146a und fliegendes ♂ auf S. 140, Bild 90.

2 | Herbst-Mosaikjungfer

Aeshna mixta

An pflanzenreichen stehenden Gewässern, aber auch an Moorgewässern. Tiere sitzen häufig und können dadurch sehr gut beobachtet werden. Ihre Jagdflüge können auch in großer Entfernung vom Gewässer stattfinden. Länge etwa 6 cm, Flügelspannweite etwa 8 cm. Die Paarung erfolgt v. a. an Schilfblättern und auch in Bäumen in 1–2 m Höhe. Eiablage bevorzugt in Treibholz. Entwicklung 1–2 Jahre. Flugzeit: Ende Juli bis Anfang November, Überwinterung als Ei. In Mittel- und Süddeutschland häufig, in Norddeutschland seltener.

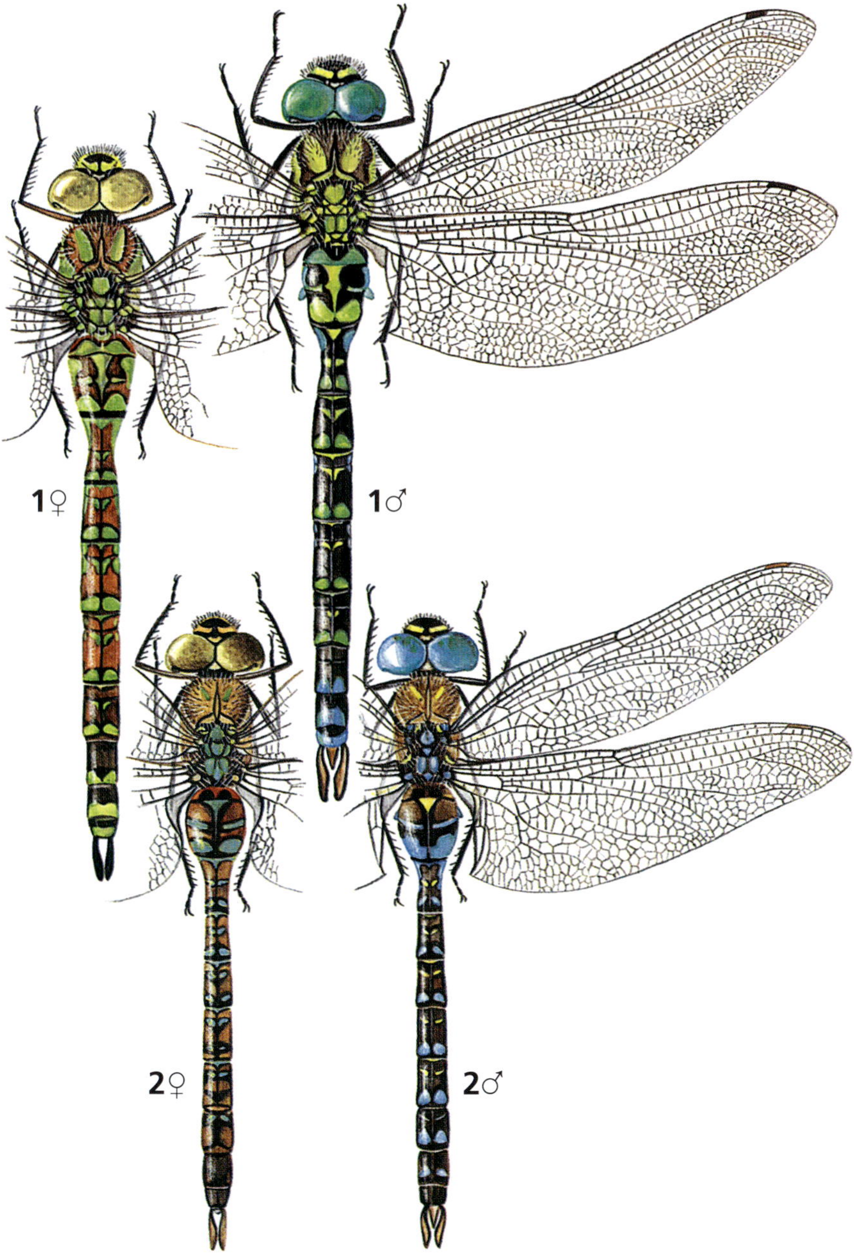
1♀
1♂
2♀
2♂

Großlibellen (Anisoptera)

EDELLIBELLEN (AESHNIDAE II)

1 | Große Königslibelle

Anax imperator

An Weihern und anderen pflanzenreichen Gewässern, fehlt an temporären Gewässern. Imagines fliegen auch weit von Gewässern entfernt. Länge 7–8 cm, Flügelspannweite 9,5–11 cm. Größte mitteleuropäische Libelle. Flugzeit: Juni bis September. Überall verbreitet, im Norden seltener.

Die Paarung beginnt im Flug und endet meist in Baumwipfeln. Die Eiablage erfolgt in der Gewässermitte in schwimmende Pflanzenteile. Das ♀ wird dabei nicht vom ♂ begleitet (S. 139, Bild 88). Die Entwicklungszeit beträgt meist 1 Jahr. Diese Art kann bei günstigen Temperaturen besonders ausdauernd fliegen. Im Gegensatz zu anderen Aeshnidae mit eher versteckter Eiablage setzt sich das ♀ der Großen Königslibelle zur Eiablage gerne vom Ufer entfernt auf gut sichtbare schwimmende Pflanzenteile.

Beinahe von ähnlicher Größe ist die seltenere Kleine Königslibelle (*Anax parthenope*, nicht abgebildet), die jedoch eine braune Brust hat und nur an den ersten Hinterleibssegmenten blau gefärbt ist. Bei ihr bewacht das ♂ die Eiablage meist im Tandemflug, gelegentlich werden aber auch unbewachte Weibchen bei der Eiablage beobachtet. Flugzeit: Mitte Mai bis Ende August. Bevorzugt größere Weiher und Seen.

2 | Kleine Mosaikjungfer

Brachytron pratense

An stehenden Gewässern verschiedenster Art, fliegend nicht selten auch auf Waldwiesen und an Waldrändern zu finden. Meist aber im Röhricht fliegend und daher oft übersehen. Kleinste unserer Edellibellen: Länge 5,5–6,5 cm, Flügelspannweite 7–8 cm. Brust an der Seite grün mit schwarzen Streifen. Körper (besonders Thorax) auffallend fein behaart. Flugzeit: Anfang Mai bis Mitte Juli. In der Ebene gebietsweise häufig.

Die Art kann mit der Herbst-Mosaikjungfer (*Aeshna mixta*) verwechselt werden, die allerdings später fliegt und eine braune Brust mit breiten gelben Seitenstreifen hat (S. 232/2).

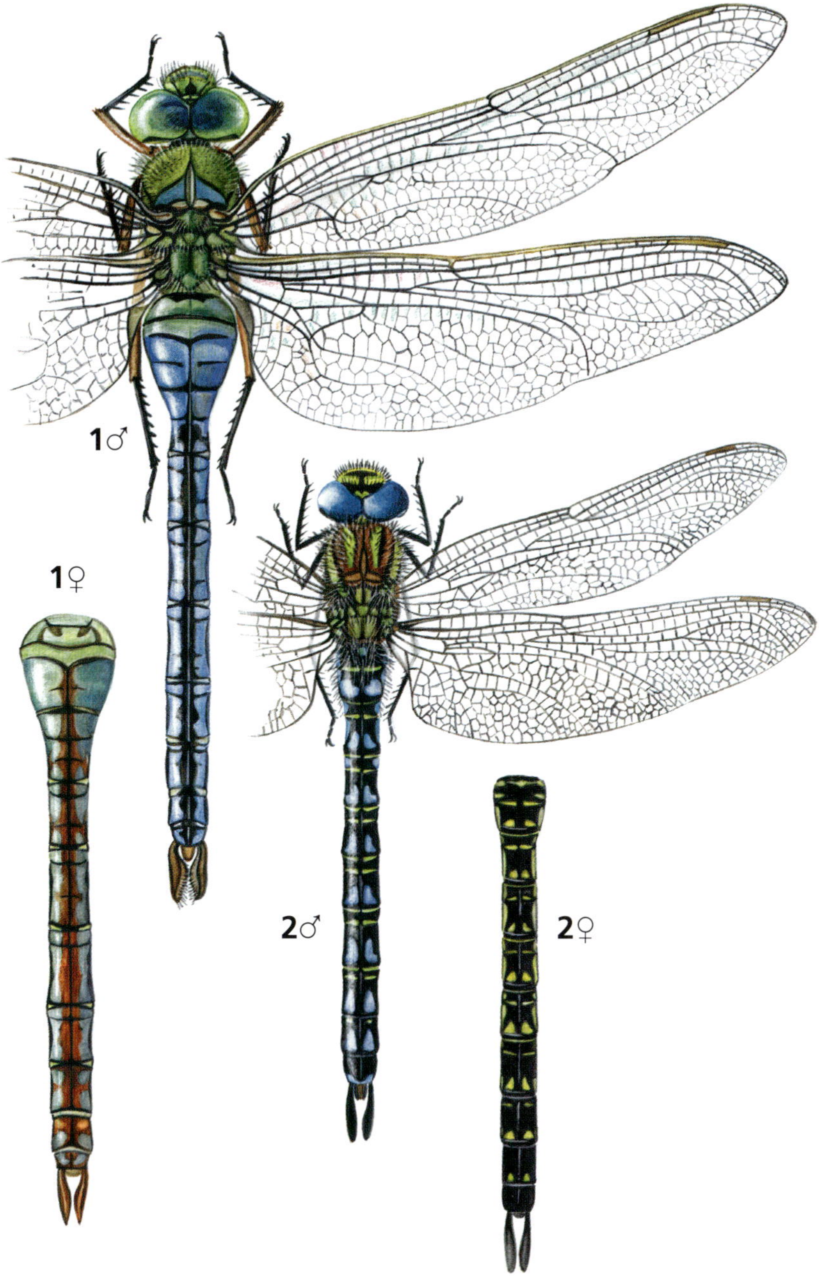
1♂
1♀
2♂
2♀

Großlibellen (Anisoptera)

SEGELLIBELLEN (LIBELLULIDAE I)

Segellibellen drücken ihre Flügel in Ruhestellung gerne schräg nach vorne und sind daran gut zu erkennen (S. 137, Bild 81). In Mitteleuropa 22 teils sehr häufige Arten. Augen- und Flügelmerkmale: Bild 147.

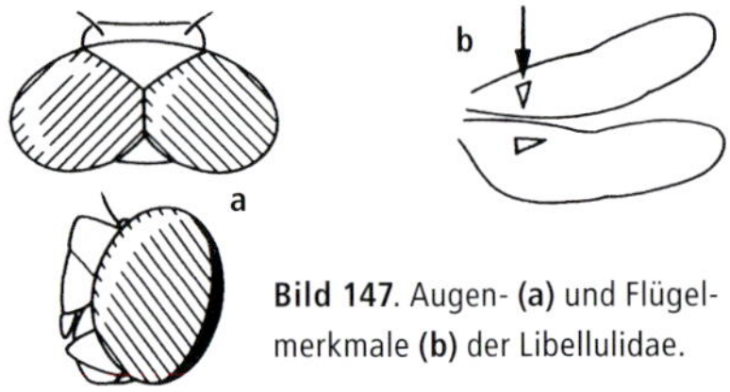

Bild 147. Augen- **(a)** und Flügelmerkmale **(b)** der Libellulidae.

1 | Großer Blaupfeil
Orthetrum cancellatum

Besonders an größeren stehenden Gewässern, aber auch z. B. an vegetationsarmen Baggerseen. Länge 4,5–5 cm, Flügelspannweite 7,5–9 cm. Weitverbreitet und häufig.
♂ sitzt gern auf unbewachsenem Boden in der Sonne. Die Oberseite seines Hinterleibs ist bei alten Individuen blau bereift. Zur Eiablage fliegt das Weibchen dicht über der Wasseroberfläche und taucht den Hinterleib mehrmals 2–3-mal pro Sekunde in das Wasser, ehe es eine andere Stelle aufsucht; es wird dabei vom patrouillierenden Männchen bewacht, das Konkurrenten vertreibt. Flugzeit: Ende Mai bis Mitte September.

2 | Gefleckte Heidelibelle
Sympetrum flaveolum ♂

Larven in flachen stehenden Gewässern aller Art. Erwachsene Tiere meist mehr oder weniger weit von Gewässern entfernt. In den Alpen bis etwa 2800 m Meereshöhe. Länge etwa 3,5 cm, die Flügelspannweite beträgt 5–6 cm.
Beide Geschlechter mit gelben Flügelflecken, die am Hinterflügel über das Flügeldreieck hinausreichen und manchmal bis zum Nodus reichen. Wie bei anderen Heidelibellen wird das ♀ bei der Eiablage vom ♂ begleitet (Tandemflug, S. 140, Bild 89). Die Eier werden ins Wasser oder auf feuchtem Boden abgelegt. Entwicklungszeit: 1 Jahr, Eier überwintern. Flugzeit: Mitte Juni bis Ende September. Früher eine der häufigsten Arten, heute selten.

3 | Blutrote Heidelibelle
Sympetrum sanguineum

An stehenden Gewässern aller Art, auch Fischteichen. Länge 3,5–4 cm, die Flügelspannweite beträgt 5–6 cm; Hinterflügelbasis mit kleinen gelben Flecken. ♂ mit rotem Gesicht und auffällig rotem und hinten verdicktem Hinterleib. Weibchen mit gelber Grundfarbe und schwarzer Zeichnung. Im Alter zuweilen auch rötlich. Verbreitet, vielfach häufig.
Von der sehr ähnlichen Gemeinen Heidelibelle (*S. vulgatum*, S. 238/1) durch die vollständig schwarzen Beine zu unterscheiden. Flugzeit: Ende Juni bis Mitte Oktober.

4 | Kleine Moosjungfer
Leucorrhinia dubia

Häufigste von 5 Arten der Gattung in Mitteleuropa. An kleineren, fischfreien stehenden Gewässern verschiedener Art, besonders in Hochmooren, im Gebirge bis etwa 2000 m Höhe, nie weit von den Gewässern entfernt. Länge 3–4 cm, Flügelspannweite 5–6 cm. Eiablage durch Auftupfen des Hinterleibs auf die Wasseroberfläche, anfangs bewacht, später ohne Begleitung des ♂. Flugzeit: Anfang Mai bis Mitte August.

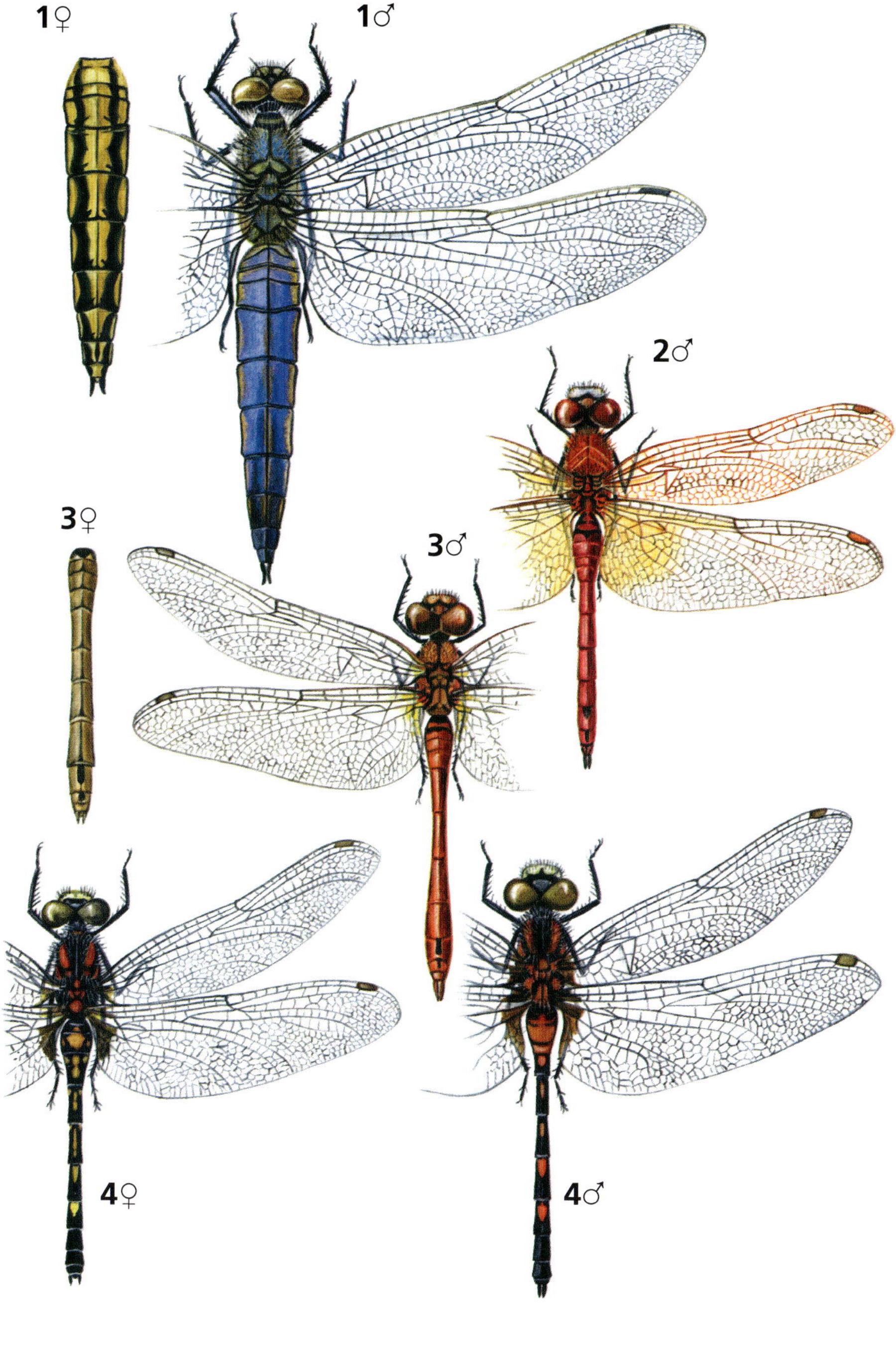
1♀
1♂
2♂
3♀
3♂
4♀
4♂

Großlibellen (Anisoptera)

SEGELLIBELLEN (LIBELLULIDAE II)

1 | Gemeine Heidelibelle

Sympetrum vulgatum

An stehenden, pflanzenreichen Gewässern aller Art, auch an Gartenteichen und extensiv genutzten Fischteichen. Bis 1200 m Höhe. Länge etwa 3,7 cm. Die dunklen Beine an der Hinterseite mit hellem, meist gelblichem Längsstreifen. Schwarze Strichzeichnung am Oberrand der Stirn, die sich ein Stück seitlich der Komplexaugen hinunterzieht. Geschlechtsbestimmung bei frisch geschlüpften Tieren schwierig. Der Hinterleib des reifen ♀ ist leuchtend rot, etwas abgeflacht und im hinteren Abschnitt etwas verbreitert. Das ♂ ist zunächst gelbbraun, dann dunkelbraun und im Alter oft an einigen Stellen rot gefärbt. Flügelspannweite 5,5–6,5 cm. Fliegt von Juli bis November. Sehr häufig.

2 | Vierfleck

Libellula quadrimaculata ♂

Durch meist je 2 dunkle Flügelmale auf jedem Vorder- und Hinterflügel leicht erkennbar. Bei dieser Art ähneln sich die Geschlechter in der Färbung. An stehenden Gewässern aller Art, besonders Torfgewässern. Länge 4–5 cm, Flügelspannweite 7–7,5 cm. Die Paarung vollzieht sich im Flug und dauert etwa eine halbe Minute. Die Eier werden im wippenden Flug ins Wasser geworfen. Dabei hält sich das ♂ in der Nähe auf und vertreibt Konkurrenten. Die Entwicklungszeit beträgt 2 Jahre. Neigt bei Massenentwicklung zur Bildung von Wanderschwärmen, die früher in Mitteleuropa etwa alle 10 Jahre beobachtet wurden, mit bis über 2 Milliarden Tieren; heute Wanderschwärme seltener und kleiner. Flugzeit: Anfang Mai bis Ende August. Häufige Art, besonders in den Mittelgebirgen.

3 | Plattbauch

Libellula depressa

Vorzugsweise an kleineren stehenden Gewässern, bisweilen auch an langsam fließenden Bächen. Gerne auch in vegetationsarmen Gewässern. Häufig an Gartenteichen, dort klassischer Erstbesiedler. Geschlechter mit unterschiedlicher Färbung. Verhält sich ähnlich wie **2**. Länge 4–4,5 cm, die Flügelspannweite beträgt 7–8 cm. Flugzeit: Anfang Mai bis Anfang August. Siehe S. 137, Bild 81.

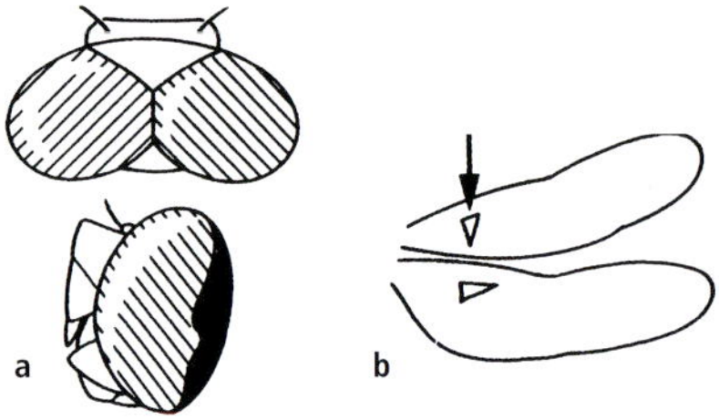

Bild 148. Augen- **(a)** und Flügelmerkmale **(b)** der Corduliidae.

FALKENLIBELLEN (CORDULIIDAE I)

Oft metallisch glänzende Libellen mit schnellem, falkenähnlichem Flug. Die Eiablage erfolgt ohne das ♂. Entwicklung meist 2–3 Jahre. In Mitteleuropa 7 Arten. Augen- und Flügelmerkmale: Bild 148.

4 | Glänzende Smaragdlibelle

Somatochlora metallica ♀

An stehenden und langsam fließenden Gewässern, besonders in Wald- und Moorgebieten, oft auch entfernt von Gewässern auf Waldwiesen. Länge 5–6 cm. Flügelspannweite 7–7,5 cm. Beide Geschlechter mit rein grüner bis goldgrüner metallischer Färbung. ♀ mit eigenartiger, arttypischer, senkrecht nach unten abstehender Legeröhre: **4a**. Während der Eiablage biegt es die letzten Hinterleibssegmente nach oben und schlägt die Legeröhre in feuchten Boden oder auf schwimmende Algenmatten. Flugzeit: Ende Mai bis Mitte September. Häufige Art, besonders in den Mittelgebirgen.

4a
1
4
2
3♂
3♀

Großlibellen (Anisoptera)

FALKENLIBELLEN (CORDULIIDAE II)

1 | Gemeine Smaragdlibelle

Cordulia aenea ♂

An allen stehenden Gewässern, jedoch auch weit entfernt von Gewässern, im Gebirge bis etwa 1800 m Höhe. Fliegt sehr ausdauernd und sitzt nur selten. ♂ schon sehr früh am Morgen auf ♀-Suche am Gewässerufer zu beobachten. Länge etwa 5 cm, Flügelspannweite etwa 7 cm. ♀ mit eher zylindrischem Abdomen. Flugzeit: Ende April bis Mitte Juni. Häufig, besonders in der Ebene.

2 | Zweifleck

Epitheca bimaculata ♂

An großen Seen und Teichen mit Schilf- und Binsenbestand. Selten in Ruhestellung zu sehen. Die Länge beträgt 5,5 cm. Flügelspannweite 8–9,5 cm. Ohne die metallische Färbung der übrigen Falkenlibellen; an der Basis des Hinterflügels mit großem schwarzem Fleck. ♀ setzen sich vor der Eiablage und pressen ein großes Eipaket aus, das im Wasser zu langen „Laichschnüren" aufquillt. Flugzeit: Ende Mai bis Mitte Juni. Vom Aussterben bedroht.

FLUSSJUNGFERN (GOMPHIDAE)

Mittelgroße Libellen, deren Komplexaugen nicht aneinanderstoßen (Bild 149a). Eiablage ohne das ♂. Eiballen quellen im Wasser auf, haften auch an Steinen. Lange Entwicklungszeit (3–5 Jahre). 7 Arten in Mitteleuropa, mit einer Vorliebe für fließendes oder zumindest bewegtes Wasser.

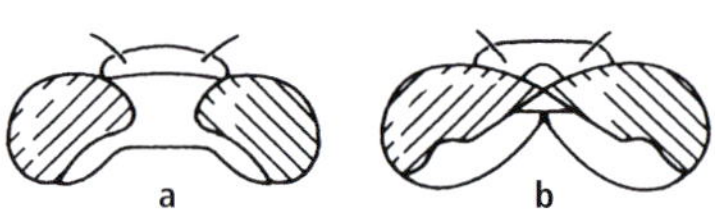

Bild 149. Augen der Gomphidae **(a)** und der Cordulegastridae **(b)**.

3 | Gemeine Keiljungfer

Gomphus vulgatissimus ♂

An Seen (Brandungszone), Flüssen, See- oder Teichabflüssen, besonders auch an Waldbächen. Galt lange als sehr selten, scheinbar wieder häufiger. ♂ gerne in Wassernähe auf Steinen und Pflanzen, ♀ oft fern vom Wasser. Länge 4–5 cm, Flügelspannweite 6–7 cm. Flugzeit: Anfang Mai bis Ende Juli.

QUELLJUNGFERN (CORDULEGASTRIDAE)

Große, schwarz-gelbe Libellen, die an kleine Bachoberläufe und Quellen gebunden sind. In Deutschland 2 Arten, in Südosteuropa weitere Arten bzw. Unterarten (systematisch weitgehend ungeklärt). Augen stoßen (bei Dorsalansicht) aneinander: Bild 149 b.

4 | Zweigestreifte Quelljungfer

Cordulegaster boltoni ♂

Rasch fließende Bäche und Flüsse im Gebirge, selten in der Ebene. Auch Quellmoore und -sümpfe. 2 gelbe Querstreifen auf den mittleren Hinterleibsringen sind namensgebend für den deutschen Namen. Gilt als größte der einheimischen Libellen: Länge 7–8,5 cm. Flügelspannweite 9–11 cm. Zur Eiablage sucht das ♀ sandige und flache Stellen im Bachbett auf, wo es mit senkrechtem Hinterleib auf- und abfliegt und die Eier in den Untergrund einbohrt. Entwicklungszeit 3–4 Jahre. Flugzeit: Ende Mai bis August. Gefährdet.

Weitere Art (ohne Abb.):
Gestreifte Quelljungfer

Cordulegaster bidentata

Zweite Art der Gattung in Deutschland. Gelbe Zeichnung etwas weniger ausgeprägt als bei der Vergleichsart, Mittlere Hinterleibssegmente mit nur 1 gelben Querstreifen. Fast nie im Tiefland. Stärker an Quellen gebunden. Gerne in Kalktuffquellen. Larven brauchen vermutlich Standorte mit erheblichem Gefälle. Flugzeit: Ende Mai bis Ende Juli.

2
4
1
3

Steinfliegen (Plecoptera)

Steinfliegenlaven sind typische Bewohner von Fließgewässern. Eine hohe Artenzahl spricht für gute Gewässerqualität. Längenangaben: Körperlänge ohne Fühler und Schwanzfäden. Zählung der Fußglieder: von der Basis (1) zur Spitze (3).

ÜBERFAMILIE NEMOUROIDEA

NEMOURIDAE

1 | Imago von *Nemoura* sp.
Braun. Körperlänge bis zu 10 mm.

2 | *Nemoura* sp.-Larve
Viele Arten. Einige sehr anpassungsfähig. 6–9 mm lang, gedrungen, kräftig. Meist dunkelbraun. 2. Fußglied kürzer als das 1., 3. nicht viel länger als 1. und 2. zusammen. 1. Glied des Hinterfußes nur etwa 1/3 so lang wie 3. Glied. Hinterbeine länger als Hinterleib. Wie bei allen Nemouridae stehen die Flügelscheiden der alten Larven schräg nach außen. Keine Kiemen. Detritusfresser. Häufigste, da anspruchsloseste Art (nicht abgebildet): *N. cinerea*, gelegentlich sogar in Stillgewässern.
Nicht abgebildet: *Nemurella pictetii*-Larve
Sehr häufig in unterschiedlichen Gewässertypen. Wie **2**, **4**, aber: 1. und 3. Glied des Hinterfußes etwa gleich lang. Im Habitus haben sie von der Seite betrachtet eine s-förmig geschwungene Körperhaltung (ähnlich auch bei *Protonemura*, s. u.). Flugzeit: Frühjahr, Sommer, Herbst.

3 | *Amphinemura* sp.-Larve
Mehrere Arten. Wie **2**, **4**, aber: Auf der Unterseite des 1. Brustsegments jederseits 2 Büschel mit mehreren fadenförmigen Tracheenkiemen. Die Zahl der Fäden nimmt mit dem Alter bis 5 im äußeren und 8 im inneren Büschel zu (S. 244, Bild 150 b). Kleinere Larven oft an größeren Mengen angehefteten Sandes oder Detritus erkennbar. Flugzeit: meist Frühjahr.
Nicht abgebildet: *Protonemura* sp.-Larve. Mehrere Arten v. a. in Gebirgs- und Bergbächen der Mittelgebirge und Alpen. Wie **2**, aber: Auf der Unterseite des 1. Brustsegments 2 Büschel mit je nur 3 fadenförmigen Tracheenkiemen (S. 244, Bild 150 c). Flugzeit: meist Frühjahr und Sommer.

CAPNIIDAE

4 | *Capnia bifrons*-Larve
Eine von mehreren Arten dieser Familie. Parallelseitige Flügelscheiden. *Capnia*-Arten ähneln der Gattung *Leuctra* **(7)**, bei Ersteren sind am gesamten Abdomen die Bauchplatten von den Rückenplatten getrennt (Merkmal von lateral und ventral sichtbar, bei *Leuctra* nur an den Segmenten 1–4). Meist in kleineren Bächen. Alte Stadien 6–11 mm lang. Ovovivipar. Flugzeit: v. a. Frühjahr, selten Winter.

TAENIOPTERYGIDAE

5 | *Brachyptera* sp.-Larve
An Steinen in Bächen und Flüssen. Breitbeinig in starker Strömung. 8–10 mm lang. Braun mit helleren Abzeichen, unterseits heller. Jedes Fußglied länger als das vorhergehende. Fühler und Schwanzfäden sehr lang, Letztere ohne Borstenwirtel. Keine Kiemen. Detritus- und Aufwuchsfresser. Flugzeit: meist Frühjahr. Häufigste Art: *B. risi* (April–Juli).

6 | *Taeniopteryx* sp.-Larve
Wie **5**, aber: Hinterleibssegmente 1–7 (z. B. *T. nebulosa*, in sauberen Tieflandflüssen) oder 1–9 (z. B. *T. schoenemundi*, in kleinen bis mittelgroßen Flüssen im Bergland) mit rückwärts gerichteten Dornen. Stelzbeinige Detritusfresser. Unterseite: 3-teilige, fadenförmige, einziehbare Kiemen an der Innenseite jeder Hüfte (S. 244, Bild 150a). Flugzeit: v. a. Frühjahr.

LEUCTRIDAE

7 | *Leuctra* sp.-Larve
Meist in kleineren bis größeren Fließgewässern. 5–8 mm lang, wurmförmig, schlank. Gelblich. 2. Fußglied sehr kurz. 3. Glied des Vorderfußes mindestens 5-mal so lang wie 1. und 2. zusammen. Nach hinten ausgestreckte Hinterbeine reichen etwa bis zum Hinterleibsende. Flügelscheiden parallel zum Körper. Detritusfresser.

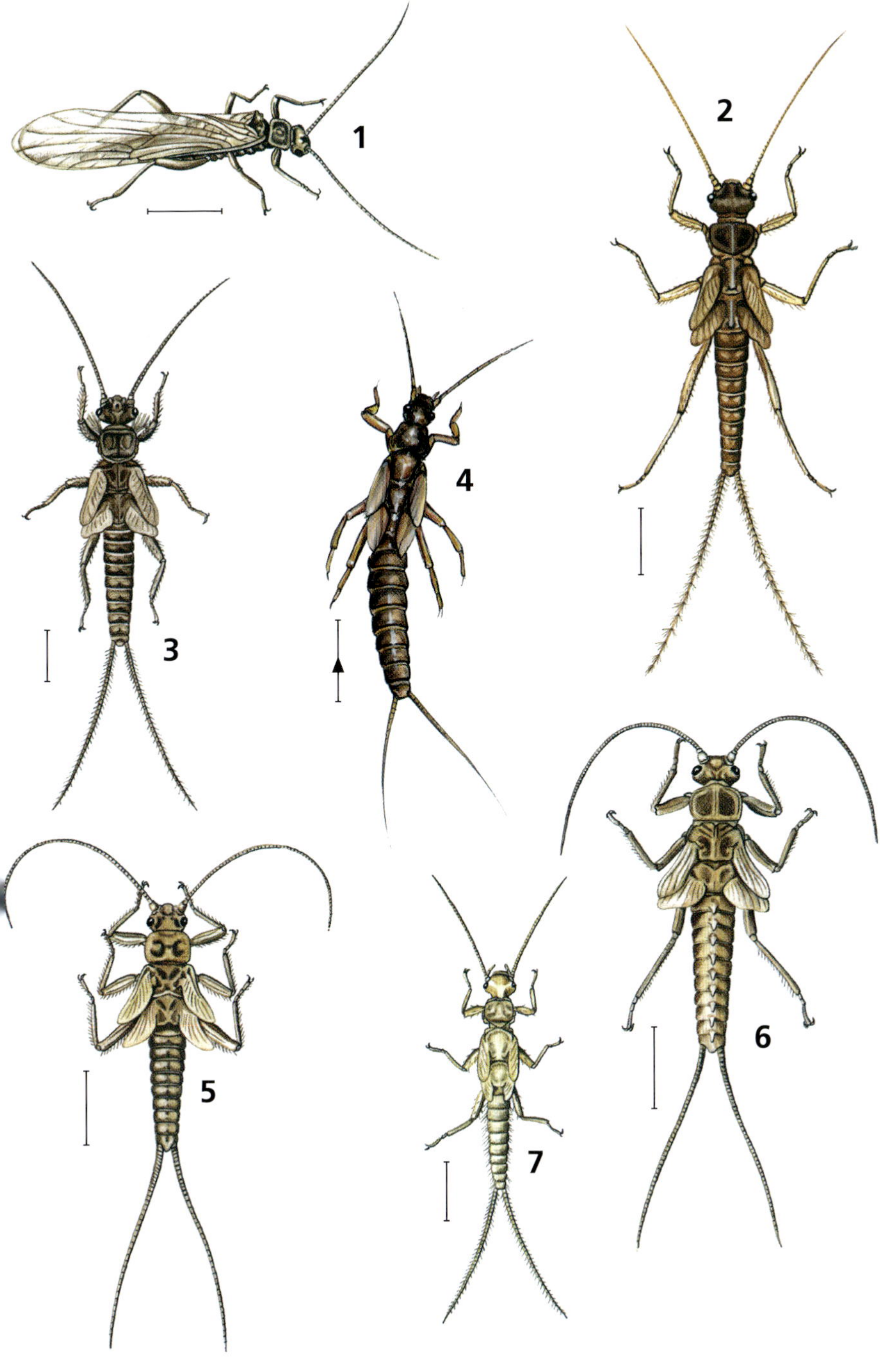
1
2
3
4
5
6
7

ÜBERFAMILIE PERLOIDEA

Längenangaben ohne Schwanzfäden.

PERLIDAE

1 | Kurzflügeliges ♂ von *Perla* sp.
Braun mit gelben Abzeichen. Körperlänge bis zu 20 mm. Verkümmerte Mundwerkzeuge, nehmen als Imago keine Nahrung mehr zu sich.
Larven sind Raubtiere, atmen z. T. mit Analkiemen (z. B. *Perla abdominalis*).

2 | *Dinocras* sp.-Larve
Mehrere Arten. In Fließgewässern, an Steinen. Erwachsen bis zu 20 mm lang. Meist bunt gezeichnet (graubraun-gelb). Nur mäßig abgeflacht, vor und hinter jedem Bein und zwischen den Cerci Tracheenkiemen. Das 3. Glied der Unterkiefertaster nicht kürzer als das 4., letztes nicht zugespitzt. 3. Fußglied viel länger als 1. und 2. zusammen. Raubtiere. Charakterart naturnaher Mittelgebirgs- und Gebirgsbäche: *D. cephalotes*. Flugzeit Mai–August.

3 | *Isoperla* sp.-Larve
In Bächen und Flüssen. Junglarven an Wasserpflanzen, ältere Larven gehören zur Steinfauna. Erwachsen etwa 10 mm lang. Meist bunt, sehr variabel gezeichnet. Mäßig abgeflacht. 3. Glied der Kiefertaster kürzer als das 4., letzteres etwas schlanker als das vorhergehende. Ohne Kiemenanhänge. Raubtiere.
Häufige Art der Gattung (nicht abgebildet): *Isoperla grammatica*, Flugzeit Frühjahr bis Sommer.

PERLODIDAE

4 | *Perlodes* sp.-Larve
Mehrere Arten. In Fließgewässern und an Steinen. Imago bis zu 20 mm lang, Larven bis 35 mm. Meist bunt gezeichnet (graubraun-gelb), charakteristische Kopfzeichnung. Nur mäßig abgeflacht. Keine Tracheenkiemen. 3. Glied der Unterkiefertaster nicht kürzer als das 4., letzteres nicht zugespitzt. Das 3. Fußglied viel länger als 1. und 2. Fußglied zusammen. Raubtiere.

CHLOROPERLIDAE

5 | *Chloroperla* sp.-Larve
In Mitteleuropa 3 Arten der Gattung. In Bächen, an Steinen. Bis zu 10 mm lang, schlank. Gelblich bis rötlich braun. Eiförmige Randlinien der Flügelscheiden. 4. Glied der Unterkiefertaster kolbig dick, 5. bedeutend kleiner, zugespitzt. Borstenwirtel der Schwanzfäden länger als die betreffenden Glieder. Detritusfresser.

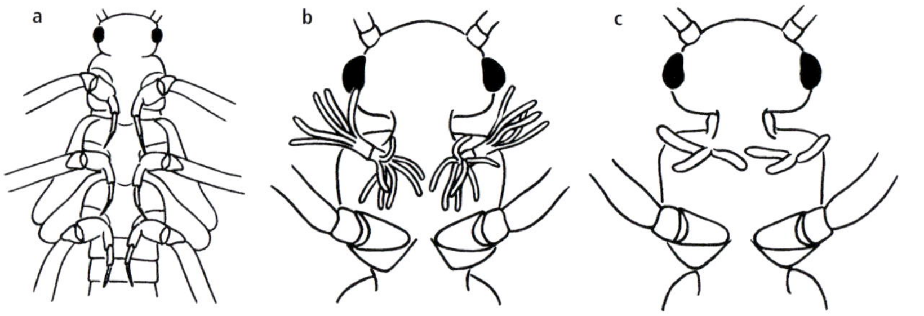

Bild 150. Lage der Tracheenkiemen von Steinfliegenlarven (Aufsicht auf Bauchseite der Nemouroidea; S. 242): **a** *Taeniopteryx* sp. Kiemenfäden an den Hüften der Laufbeine, **b** *Amphinemura* sp. Kiemenbüschel auf der Unterseite des 1. Brustsegments, **c** *Protonemura* sp. 2 Büschel mit je 3 Tracheenkiemen am 1. Brustsegment.

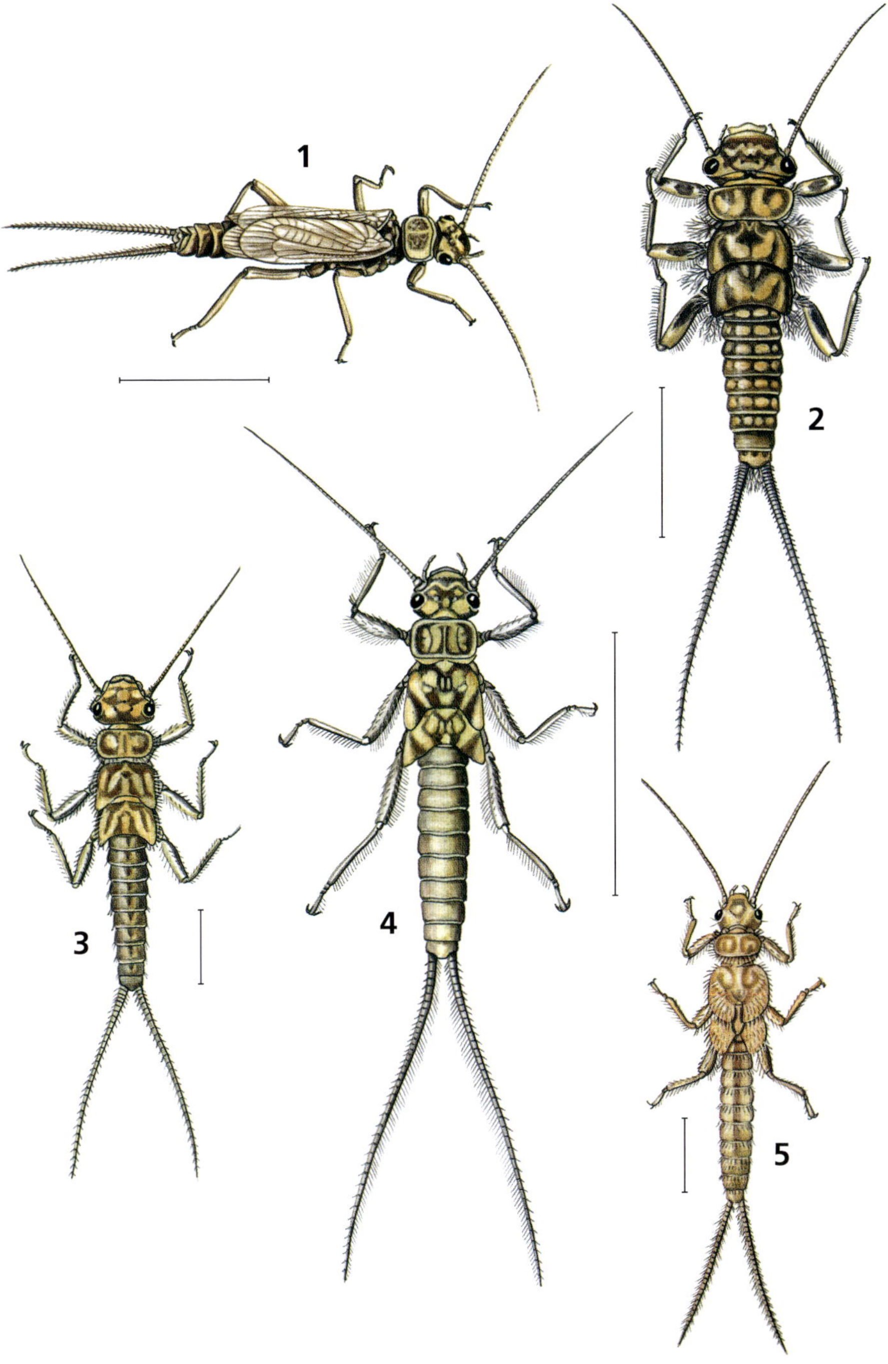
1
2
3
4
5

Wanzen (Heteroptera)

Wasserläufer i. w. S. (Gerromorpha)

WASSERLÄUFER i. e. S. (GERRIDAE)

1 | Wasserläufer *Gerris* sp.
Auf der Oberfläche stehender und auch langsam fließender Gewässer. Schnelle, teils springende Bewegung, Flügelpolymorphismus. *Gerris* (9 Arten), *Aquarius* (2 Arten), *Limnoporus* (1 Art, Fühler länger als halber Körper). Hauptfarbe braun bis schwarz. Länge ohne Beine 5–17 mm. Häufige Art kleiner Stillgewässer: *Gerris lacustris*. Länge der erwachsenen Tiere 8–10 mm. ♀ etwas größer als das ♂, trägt das ♂ oft tagelang auf dem Rücken umher. Je nach Art 1–2 Generationen pro Jahr.

2 | Larve von *Gerris* sp.
Der Hinterleib wandelt sich während der Entwicklung in extremer Weise: Nach der 2. und 3. Häutung ist er nahezu vollständig reduziert. Erst bei den 2 folgenden Häutungen wird er wieder voll ausgebildet.

3 | Aquarius paludum
Häufige Art auf stehenden Gewässern mit offenen Wasserflächen und reicher Ufervegetation. Länge 14–16 mm. Pronotum mit hellem Seitenstreifen. Adulte unterscheiden sich von *Gerris* durch paarige verlängerte Fortsätze am Hinterende.

4 | Aquarius najas
Typische Art der Fließgewässer mit Ufergehölzen (Beschattung). Selten auf Stillgewässern. Länge 14–17 mm. Pronotum ohne hellen Seitenstreifen.

TEICHLÄUFER (HYDROMETRIDAE)

5 | Teichläufer
Hydrometra stagnorum
Kopfteil vor den Augen etwa doppelt so lang wie hinter ihnen. Schwärzlich. Länge 9–12 mm. *Hydrometra gracilenta*: Kopfteil vor den Augen nur 1,5-mal so lang wie hinter ihnen. Meist hellbraun. Länge 7,5–9 mm, seltener als *H. stagnorum*. 2 Generationen pro Jahr. Bei beiden Arten Flügelpolymorphismus. Zeigen manchmal Totstellverhalten.

ZWERGWASSERLÄUFER (HEBRIDAE)

6 | Zwergwasserläufer *Hebrus pusillus*
Auf unterschiedlichen Gewässertypen. Kopf rot, sonst schwarz mit rötlichen Verfärbungen. Fühler 5-gliedrig, letztes Glied am kürzesten (Unterscheidungsmerkmal zu *Microvelia* **7**). Länge etwa 2 mm, meist geflügelt.
Zweite heimische Art: *H. rufipes*. In Torfmoos, selten auf freier Wasserfläche von Moorweihern. Etwas kleiner als Vergleichsart. Meist mikropter.

BACHLÄUFER (VELIIDAE)

7 | Zwergbachläufer *Microvelia* sp.
Im Pflanzendickicht von Uferzonen meist stehender Gewässer, gesellig. 3 heimische Arten. Hauptfarbe schwarz. Fühler 4-gliedrig, 1. Glied kürzer als der Kopf und gerade, 4. Glied am längsten (vgl. **6**). Länge ca. 2 mm. 2–3 Generationen pro Jahr. Imagines manchmal auch im Winter aktiv. Flügelpolymorphismus. Häufigste Art: *M. reticulata*.

8 | Stoßwasserläufer, Bachläufer
Velia caprai
Uferbuchten fließender Gewässer. Schnelle, stoßweise Bewegungen. Schwarz. Bauchseite orangegelb, an den Seiten meist mit schwarzem Längsband. Länge 6–7 mm. ♂ mit bedornten Hinterschenkeln. Nur 1 Generation jährlich. Auch im tiefsten Winter auf offenem Wasser. Geflügelte Tiere selten.

HÜFTWASSERLÄUFER (MESOVELIIDAE)

9 | Hüftwasserläufer
Mesovelia furcata
Im Uferbereich von Weihern und anderen Stillgewässern mit Schwimmblattvegetation, auf Blättern und auf der Wasseroberfläche. Einzige Art der Gattung in Mitteleuropa. Grünlich braun. Beine bräunlich gelb. Länge 2,8–3,5 mm, erinnert an einen sehr kleinen Wasserläufer. Lebt meist gesellig. Meist 1–2 Generationen pro Jahr. Meist ungeflügelt.

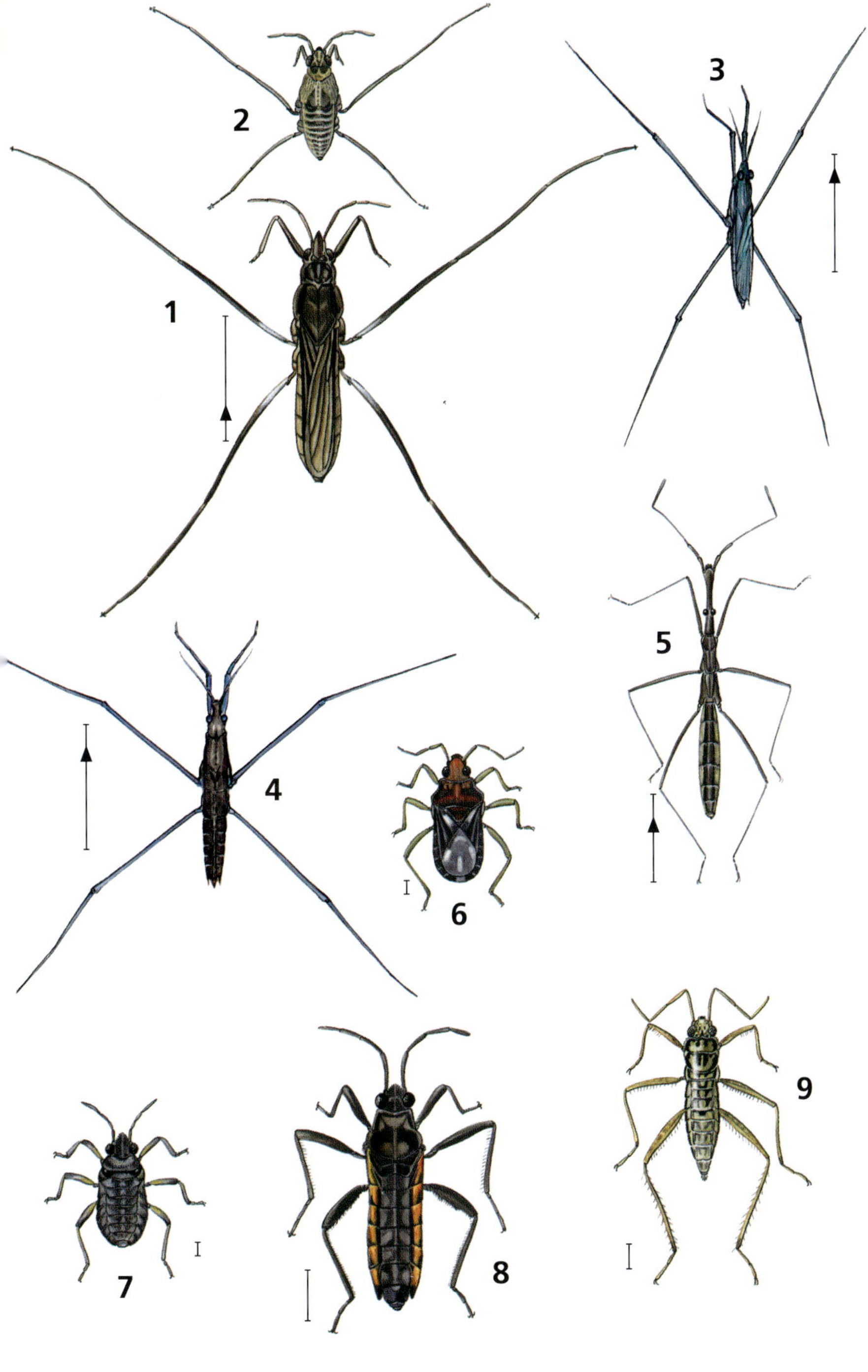
2
3
1
5
4
6
9
7
8

Wasserwanzen (Nepomorpha)

SKORPIONSWANZEN (NEPIDAE)

1 | Stabwanze *Ranatra linearis*
Länge 30–40 mm (ohne Atemrohr). Im Uferbereich stehender und langsam fließender Gewässer, selten außerhalb des Pflanzengürtels im freien Wasser. Reglos an Wasserpflanzen und auf dem Boden nach Beute lauernd. Vorderbeine meist geflügelt. Der Fuß schnappt messerklingenartig gegen den Unterschenkel. Die Beute wird ausgesaugt. Schwimmt unbeholfen. Fliegt oft. Seltener als der Wasserskorpion. Überwintert meist im Wasser.

2 | Wasserskorpion *Nepa cinerea*
Länge 12–23 mm (ohne Atemrohr, dieses ca. 1 mm). Ähnliche Lebensweise wie **1**, doch im äußersten Uferbereich und häufiger. Schwimmt schlechter. Flugmuskeln meist reduziert. Überwintert im Wasser, aber auch an Land.

RUDERWANZEN, WASSERZIKADEN (CORIXIDAE)

36 Arten in 9 Gattungen (artenreich: *Corixa*, *Sigara*), meist am Boden stehender Gewässer. Nahrung: kleine Tiere (z. B. *Cymatia*), einzellige Algen und Detritus (z. B. *Sigara striata*). Letztere werden mit den Vorderbeinen (vgl. Pfeil in **3**) am Grund aufgewirbelt und zusammengescharrt.

3 | *Sigara falleni* ♂
Länge 5–15 mm. Oligo- bis eutrophe Gewässer, omnivor.

4 | *Micronecta scholtzi*
Wohl die häufigste von 4 Arten der Gattung. Nur 2 mm. Gesellig im Uferbereich größerer Seen, seltener in Tümpeln, Weihern und Fließgewässern. Zirpt laut hörbar.

RÜCKENSCHWIMMER (NOTONECTIDAE)

5 | *Notonecta glauca*
Die häufigste von 6 heimischen *Notonecta*-Arten. 13–16 mm lang. Bevorzugt in den obersten Wasserschichten stehender Gewässer. Kielartiger Rücken zeigt nach unten. Fressen v. a. Insekten, auch Fischbrut. Stich schmerzhaft („Wasserbiene"). Vorzügliche Flieger, suchen im Herbst häufig pflanzenreiche Gewässer auf. **5:** Ansicht von oben. **5a:** Atemstellung.

6 | *Notonecta obliqua*
Länge 15–18 mm. In unterschiedlichen Stillgewässern, gerne auch in solchen mit niedrigem pH-Wert (z. B. Moorgewässern). Verbreitet und stellenweise häufig.

ZWERGRÜCKENSCHWIMMER (PLEIDAE)

7 | Zwergrückenschwimmer
Plea minutissima
Einzige heimische Art der Familie. In verschiedensten vegetationsreichen stehenden und langsam fließenden Gewässern. Länge 2–3 mm. Verbreitet und teilweise häufig. Schwimmt wie die großen Rückenschwimmer mit dem Bauch nach oben, allerdings sind bei ihnen die Hinterbeine nur schwach als Schwimmbeine ausgebildet. Meist mit verkürzten Hinterflügeln, also flugunfähig. Nahrung wohl hauptsächlich Wasserflöhe.

SCHWIMMWANZEN (NAUCORIDAE)

8 | Schwimmwanze *Ilyocoris cimicoides*
Länge 12–16 mm. Gewässer aller Art, soweit sie ausdauernd, pflanzenreich und strömungsarm sind. Beute bis zur Größe von Jungfischen wird mit den starken Vorderbeinen festgehalten und mit dem Rüssel angestochen und ausgesaugt. Voll entwickelte Flügel, doch Flugmuskulatur reduziert. Wandert nachts über Land, um neue Gewässer aufzusuchen. Kann schmerzhaft stechen.

GRUNDWANZEN (APHELOCHEIRIDAE)

9 | *Aphelocheirus aestivalis*
Länge 8,5–10 mm. Dunkelbraun, gelbe Zeichnung, sehr flach. Sauerstoffreiche Fließgewässer mit steinigem oder sandigem Grund, ganz selten in Teichen und Seen. Laufen auf dem Grund, graben sich aber auch mehrere dm tief ein. Nahrung: Wasserinsekten und Kugelmuscheln. Flügel meist stark reduziert.

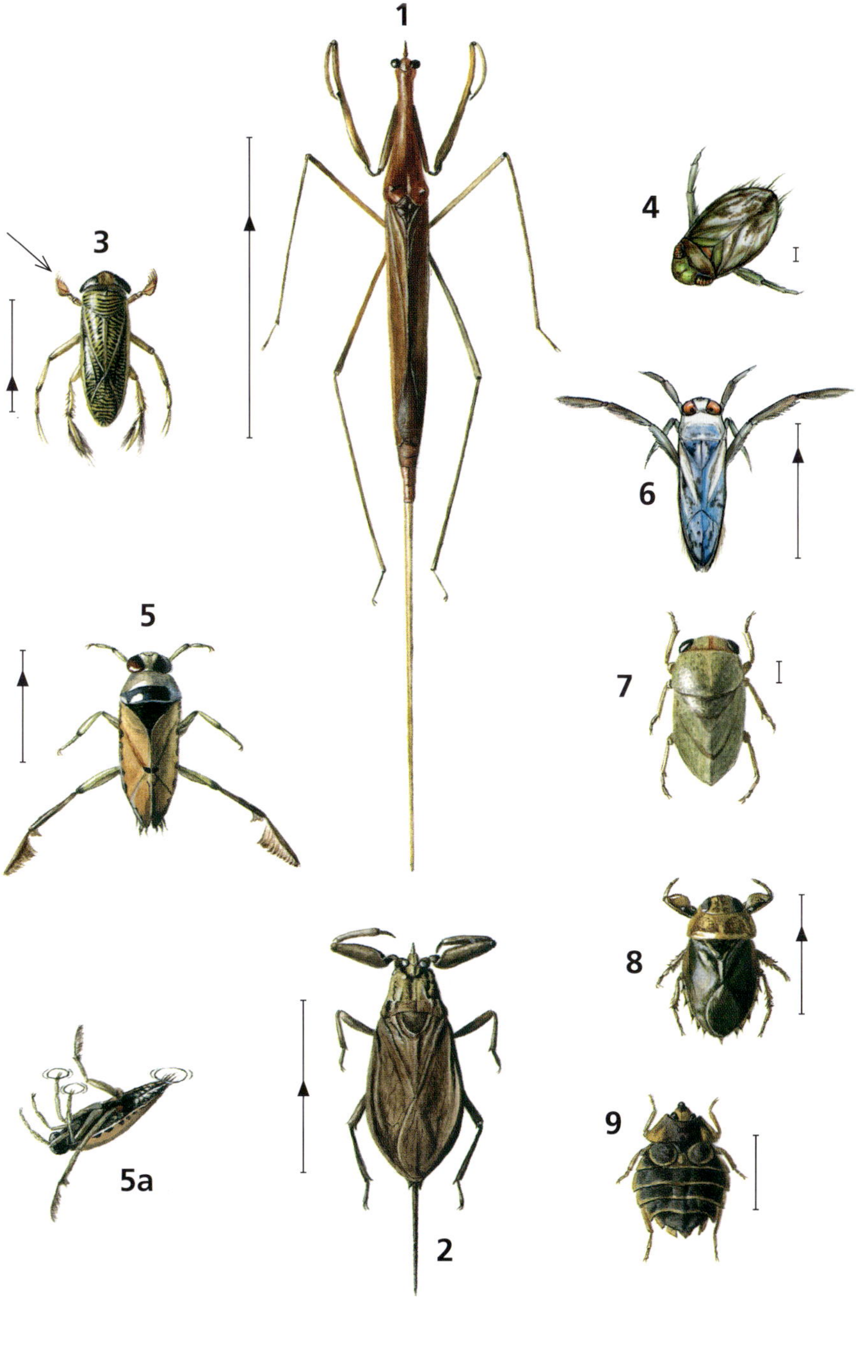
1
3
4
6
5
7
8
5a
9
2

Netzflügler i. w. S. (Neuropterida)

Schlammfliegen (Megaloptera)

SCHLAMMFLIEGEN (SIALIDAE)

1–3 Schlammfliege *Sialis* sp.
Die Schlammfliegen sind mit 4 Arten in Deutschland vertreten, die sich in vielen Fällen durch ihre unterschiedlichen ökologischen Ansprüche unterscheiden lassen. Wohl am häufigsten und am besten erforscht: *Sialis lutaria*. Sehr anspruchslos, kommt im Schlamm unterschiedlicher stehender und fließender Gewässer vor. *S. fuliginosa*: Art der Bachoberläufe und kleineren Bäche. Fehlt in verunreinigten Gewässern. *S. nigriceps*: Seltenere Flussart. Die letzte Art, *S. sordida*, ist in Deutschland ebenfalls selten und kommt in Fließgewässern, Seen und Brackwasser vor.

1 | Imago
Länge 25–30 mm. Körper schwarz, Flügel bräunlich grau, werden in Ruhe dachförmig über dem Körper getragen und überragen diesen deutlich. Das Prothorakalsegment ist relativ kurz und breit. Die Antennen sind fadenförmig und erreichen etwa die halbe Körperlänge. Den Schlammfliegen fehlen die für die geflügelten Insekten (Pterygota) charakteristischen Punktaugen (Ocellen). Von April bis Juni regelmäßig zu beobachten. Die Tiere sind meist in Ufernähe zu finden. Dabei sind sie sehr flugfaul und bewegen sich meist laufend fort, besonders aktiv sind sie morgens an warmen Tagen.

2 | Eigelege
(4-fach vergrößert)
Die außerhalb des Wassers abgelegten Gelege können bis zu 2000 Eier umfassen. Gewöhnlich werden sie auf Pflanzenteilen über dem Wasser abgelegt, von wo sich die Junglarven nach dem Schlupf ins Wasser fallen lassen.

3 | Larve
Länge bis 40 mm. Weißlich gelb mit dunkel- bis hellbrauner Zeichnung. Beidseitig gegliederte Tracheenkiemen an den Abdominalsegmenten 1–7, diese etwas heller bis weißlich wirkend. Außerdem am Körperende ein langer, behaarter unpaarer Fortsatz. Der annähernd quadratische Kopf trägt kräftige, nach vorne gerichtete Mandibeln, die bereits auf die räuberische Lebensweise hinweisen. Die Beutetiere sind diverse Insektenlarven, aber auch kleine Muscheln und Oligochaeten.

Netzflügler i. e. S. (Neuroptera, Planipennia)

SCHWAMMFLIEGEN, SCHWAMMHAFTE (SISYRIDAE)

4 | Larve der Schwammfliege *Sisyra* sp.
Länge etwa 10 mm. Hellgrün bis gelb. Einzige Gattung in der Familie. 4 Arten in Mitteleuropa. Häufigste Art: *Sisyra fuscata*. Die Schwammfliegenlarve bewohnt die Oberfläche von Schwämmen und Moostierkolonien, deren Gewebe sie saugend frisst. Beim Kriechen dienen ihre langen, dünnen Fühler als Stelzen. Auf der Bauchseite 7 Paar Tracheenkiemen. Imagines ähneln denen der Schlammfliegen, sind aber viel kleiner.

BACHHAFTE (OSMYLIDAE)

5 | Larve des Bachhafts *Osmylus fulvicephalus*
Länge 15–20 mm. Färbung meist schwarzbraun. Am Ufer kleiner und größerer Waldbäche. Lebt meist terrestrisch, kann aber kurzzeitig dank hydrophober Kutikula zum Erbeuten von Insektenlarven ins Wasser, das Aussaugen erfolgt an Land. Am Kopf nach vorne ragende lange, etwas nach außen gebogene Saugzangen (**5a** Dorsalansicht, **5b** Lateralansicht). Der Köper ist mit feinen, aber starren Borsten besetzt. Keine Abdominalfortsätze und kein Terminalfilum. Am Hinterende ein ausstülpbarer Haftapparat, der die Fortbewegung unterstützt und im Gewässer ein Abdriften verhindert. Die Imagines (Körperlänge 12–17 mm) sind recht groß, Gestalt erinnert an große Florfliegen. Aber: Körper dunkelbraun, Kopf rotbraun. Dachartig gehaltene Flügel sind transparent und haben braune Flecken. Flugzeit Mai bis August.

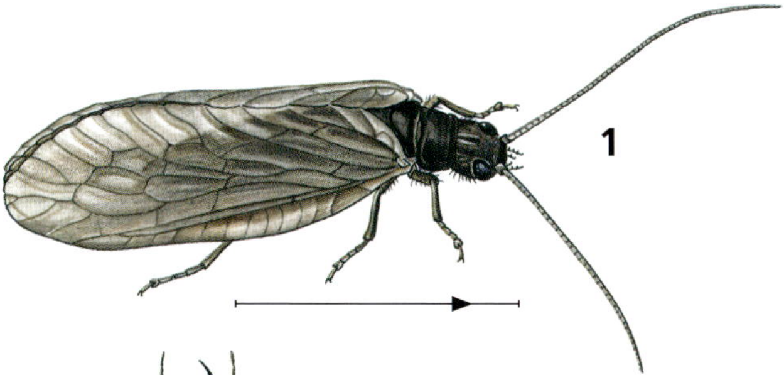

1

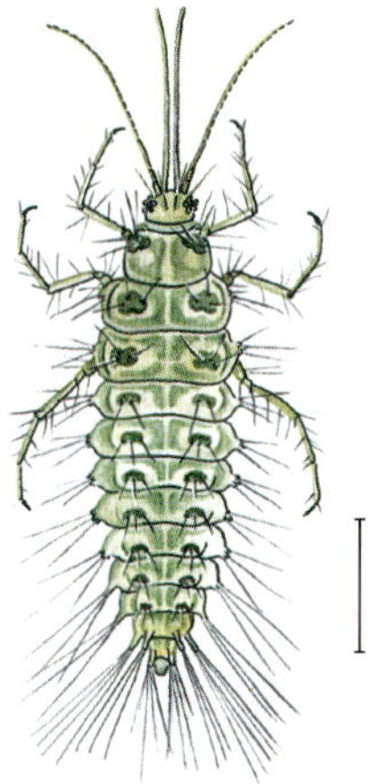

4

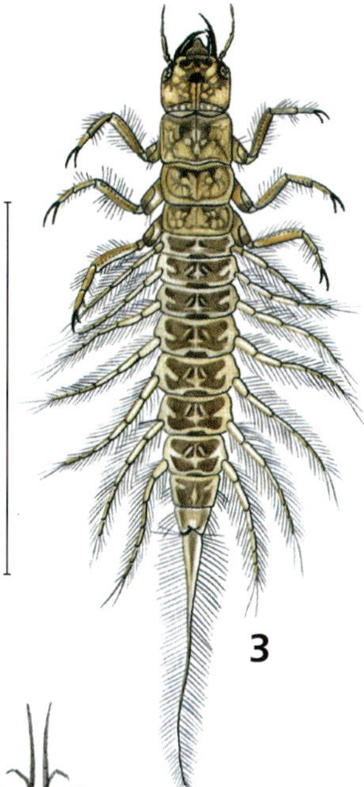

3

2

5a

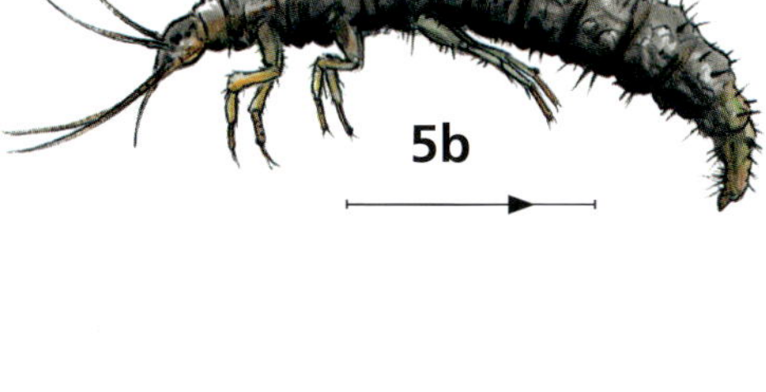

5b

Käfer (Coleoptera)

SCHWIMMKÄFER (DYTISCIDAE I)

1 | Breitrand *Dytiscus latissimus* ♀
In größeren, möglichst nährstoffarmen Stillgewässern (Seen und Teiche, Fischteiche) mit dichtem Pflanzenbewuchs an den Ufern und in der Flachwasserzone. Deckflügel mit stark verbreiterten Seitenrändern. Unterseite rötlich. Länge 36–44 mm. Größte heimische Art (und zweitgrößter Schwimmkäfer der Welt!). Sehr selten, In Deutschland nur noch an wenigen Stellen in Mecklenburg-Vorpommern und Brandenburg. [FFH-Art]

2 | Gelbrand
Dytiscus marginalis ♂
In Weihern und Teichen. Bauchseite ganz oder fast ganz gelb. Fortsätze der Hüften der Hinterbeine in eine ganz kurze Spitze ausgezogen **(2a)**. Länge 30–35 mm. Häufig ruhender Lauerjäger, der plötzlich hervorschnellt. Das ♂ hat glatte Deckflügel und zu Saugnäpfen umgewandelte Fußglieder, mit denen es sich bei der Paarung am ♀ festhält. Das ♀ hat tief gefurchte Flügeldecken. Paarung v. a. im Herbst, auch im Frühling. Oft bleibt das ♂ 2–3 Tage auf dem ♀, die Begattung, bei der ein Samenpaket übertragen wird, dauert aber nur etwa 15 Min. Eiablage: Frühling bis Sommer. Die etwa 7 mm langen Eier werden mit einem Legebohrer in Pflanzen abgelegt. Die im Frühsommer schlüpfenden Larven häuten sich in 5–6 Wochen 3-mal und verpuppen sich an Land. Puppenstadium etwa 14 Tage, das fertige Insekt überwintert in der Puppenwiege. Als Wehrsekret gegen Fische kann aus 2 Drüsen in der Vorderbrust ein Sekret abgegeben werden, das das Steroidhormon Cortexon in hoher Konzentration enthält. Solche Abwehrstoffe sind bei Dytiscidae verbreitet. Noch 6 weitere Arten der Gattung *Dytiscus* in Deutschland, an den Hinterhüftfortsätzen **(2a)** zu unterscheiden. Larve des Gelbrandkäfers **(2b)**: Länge ausgewachsen 50–60 mm. Schwimmfähig durch Behaarung der Beine und Flanken der letzten beiden Hinterleibssegmente, die zusammen einen Schwimmfächer bilden. Lauern bewegungslos zwischen Wasserpflanzen oder am Oberflächenhäutchen hängend. Sehr gefräßig.

3 | *Graphoderus cinereus* ♀
In stehenden Gewässern. Länge 15 mm. Verbreitet. Noch 3 weitere ähnliche, seltenere Arten in der Gattung, darunter (nicht abgebildet): Schmalbindiger Breitflügel-Tauchkäfer *Graphoderus bilineatus*: Charakterart für schwach bis mäßig nährstoffführende, bis zu 1 m tiefe, größere Standgewässer mit pflanzenreichen Uferzonen. [Letztere: FFH-Art]

4 | *Platambus maculatus*
In nicht zu rasch fließenden Bächen und am Brandungsufer von Seen. Oberseite mit sehr variabler Zeichnung auf gelbem Grund, sodass fast gelbe und nahezu schwarzbraune Tiere vorkommen. Halsschild am Hinterrand schwarz, Kopf dunkel, hinter den Augen 2 helle Flecken. Länge etwa 8 mm.

5 | Gaukler
Cybister lateralimarginalis ♀
In Weihern und Teichen. In Mitteleuropa früher selten, nun offenbar in Ausbreitung begriffen. Länge 30–35 mm. Unterschied zu *Dytiscus*: Hinterfüße mit nur einer Klaue. Schienen der Hinterbeine sehr kurz und verbreitert, halb so lang wie die Schenkel. Schlanke Larve bis zu 8 cm lang, ohne paarige Anhänge (Cerci) am Hinterende. Lauert zwischen Wasserpflanzen, sehr guter Schwimmer.

6 | Furchenschwimmer
Acilius sulcatus
In stehenden Gewässern, verbreitet. Beim ♂ Ober- und Unterseite sehr dicht und kräftig punktiert, beim ♀ Deckflügel mit 3–4 glatten Längsrippen, dazwischen dichte Behaarung. Halsschild mit 2 schwarzen Querbinden. Länge 16–18 mm. Aktiver Schwimmer. Auch die spindelförmige Larve (kleiner Kopf, in der Mitte bucklig wirkender Körper) schwimmt oft, stoppt kurz vor der erspähten Beute und schnellt mit einem kräftigen Abwärtsschlag des Hinterleibs nach vorne.

7 | *Hydaticus transversalis*
Unterschiedliche Stillgewässer, bevorzugt Schlamm. Länge bis 13 mm. Grundfärbung schwarzbraun, im vorderen Deckflügel jeweils eine unregelmäßige gelbe Querbinde. Seiten diffus gelblich. In Deutschland verbreitet, im Norden häufiger.

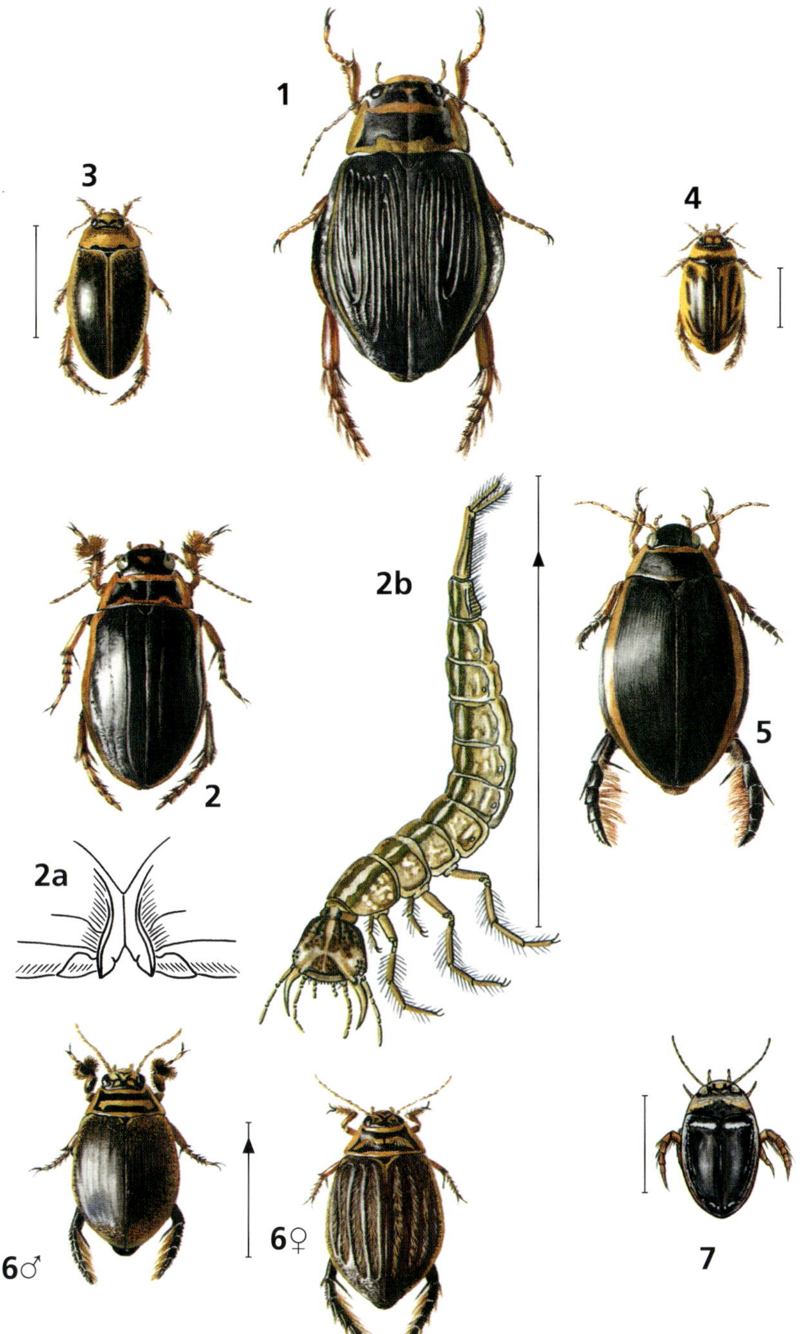

1
3
4
2b
5
2
2a
6♂
6♀
7

SCHWIMMKÄFER (DYTISCIDAE II)

1 | Kugelschwimmer

Hyphydrus ovatus

In stehenden Gewässern, auch in Randzonen von Fließgewässern und im Brackwasser. Sehr häufig. Länge 4,5–5 mm. Körper beiderseits fast kugelig gewölbt (Name!). Am Hinterende stets mit mehr oder weniger großer Luftblase (S. 152,Bild 101). Krallen der Hinterbeine sehr ungleich lang. Rostrot, Deckflügel dunkler gezeichnet. Vorder- und Mittelfüße sind scheinbar 4-gliedrig (eines der 5 Glieder stark verkürzt). Recht guter Schwimmer. Larve 7–8 mm lang, dunkel, vorne und in der Mitte mit auffälligen, hellen Querbinden. Das Kopfschild ist auffällig verlängert.

2 | Gemeiner Zwergschwimmer

Hydroporus planus

In stehenden Gewässern, bevorzugt dichtes Falllaub. Länge 4–4,5 mm. Flügeldecken dunkelbraun, vorn heller, dicht behaart. Körperform oval-flachgedrückt. Vorder- und Mittelfüße scheinbar 4-gliedrig. 33 Arten der Gattung in Deutschland.

3 | Sumpf-Zwergschwimmer

Hydroporus palustris

In stehenden Gewässern aller Art, auch in Mooren, gelegentlich auch in gering strömenden Fließgewässern. Länge 3,5–4 mm. Unterseite schwarz. Oberseite schwarz mit gelben Flecken und Streifen. Vorder- und Mittelfüße scheinbar 4-gliedrig.

4 | *Hygrotus inaequalis*

In stehenden Gewässern. Die Länge beträgt 3 mm. Deckflügel sehr gleichmäßig, dicht punktiert. Rostrot mit schwarzen Flecken, 2 normale Krallen an den Hinterbeinen, Vorder- und Mittelfüße scheinbar 4-gliedrig. 9 weitere Arten der Gattung in Deutschland.

5 | *Hygrotus impressopunctatus*

In stehenden Gewässern. Die Länge beträgt 5 mm. Gewölbt. Rostrot. Flügeldecken mit 4, nach hinten verkürzten, durch Doppelpunktreihen gehobenen Längsstreifen; grob, hinten dicht punktiert. Bauchseite schwarz. 2 Seitenflecken am Scheitel, Basis des Halsschildes in der Mitte schwarz. Längslinien der Flügeldecken schwarz. Normale Klauen. Vorder- und Mittelfüße scheinbar 4-gliedrig.

6 | *Graptodytes pictus*

In stehenden Gewässern, gelegentlich in pflanzenreichen langsam fließenden Gewässern. Die Länge beträgt 2,3 mm. Körper gewölbt. Brust und Bauch schwarz, Kopf rotbraun. Halsschild schwarz mit hellerem Vorder- und Hinterrand und gelbrötlichen Seiten. Deckflügel sind gelbrot mit schwarzen Zeichnungen. Vorder- und Mittelfüße scheinbar 4-gliedrig.

7 | *Oreodytes sanmarkii*

In Bächen und kleinen Flüssen des Hügel- und Berglandes, bevorzugt auf mineralischem Substrat, aber auch in flutenden Wasserpflanzen. Dort häufig. Länge 2,5–3,3 mm. Im Umriss mit leichter Einschnürung an der Halsschildbasis. Mit etwa 6, teilweise verkürzten oder unterbrochenen schwarzen Längsbinden auf gelbem Grund. Halsschild mit ungeteiltem dunklem Mittelfleck.

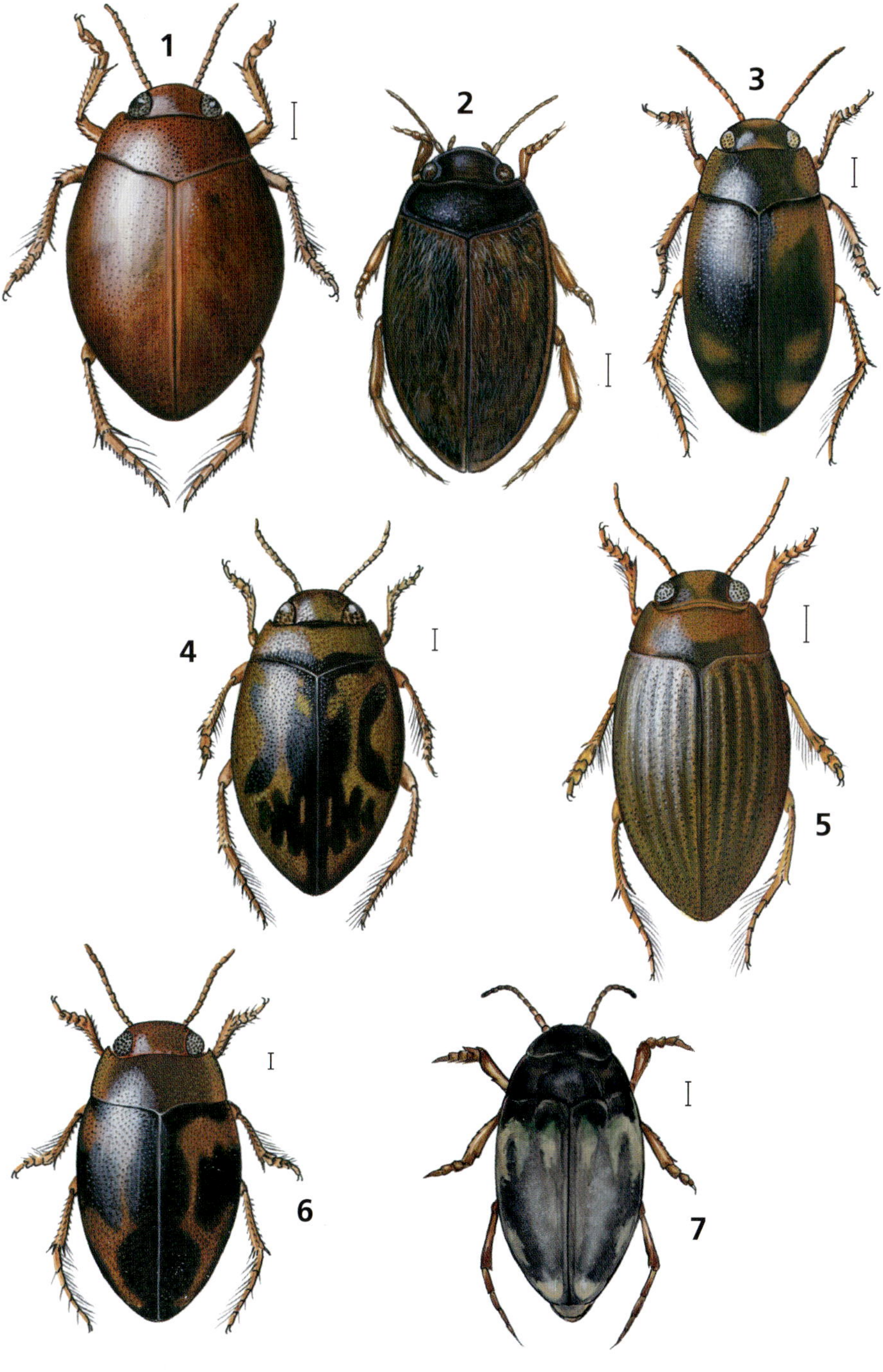
1
2
3
4
5
6
7

SCHWIMMKÄFER (DYTISCIDAE III)

1 | Schnellschwimmer
Agabus bipustulatus ♀

In stehenden und Buchten fließender Gewässer. Länge etwa 10 mm. Bevorzugt kaltes, klares Wasser. Glieder der Hinterfüße sind gerade abgeschnitten. Schwarz, auf dem Scheitel oft 2 rötliche Flecken. Mund, Fühler und Fußenden rostrot. Überall häufig. 20 Arten der Gattung in Deutschland. Kriechende Larve ohne Schwimmhaare an den Beinen. Verpuppung an Land in kirschgroßer Puppenwiege aus Erdbrocken, die fast frei in einer Bodendelle liegt.

2 | *Bidessus unistriatus* ♀

In stehenden Gewässern. Die Länge beträgt 2 mm. 2 charakteristische Längsfalten, die jederseits von der Basis des Halsschildes auf die Basis der Deckflügel ziehen. Gewölbt. Kopf rotbraun, Halsschild rotgelb, am Hinterrand, oft auch am Vorderrand mit schwarzem Saum. Deckflügel dunkelbraun mit hellerer, unscharfer Zeichnung, punktiert.
4 Arten der Gattung in Deutschland. Mit 1,5–2,5 mm Körpergröße sind *Bidessus*-Arten die kleinsten unter den Schwimmkäfern. Eine norditalienische Art besiedelt sogar über 40 °C warme Thermalquellen.

3 | *Hydroglyphus geminus*

In unterschiedlichsten Gewässertypen und tolerant gegenüber unterschiedlichsten Umweltbedingungen (euryök). Auch im Randbereich langsam fließender Gewässer. Von der Ebene bis in höchste Gebirgslagen. Länge 1,9–2,2 mm. Gelbliche Grundfärbung mit variabler, unterschiedlich ausgeprägter dunkler Zeichnung auf den Flügeldecken. Pionierbesiedler neu entstandener und kleiner Gewässer.

4 | Schlammschwimmer
Ilybius fuliginosus

In pflanzenreichen stehenden und Buchten fließender Gewässer, sehr flugaktiv. Ökologisch anspruchslose (euryöke) Art. Länge 10–11,5 mm. Körperform schlank und aufgewölbt, Klauen der Hinterfüße unterschiedlich lang. Oberseite schwarzbraun mit Bronzeglanz, Flügeldecken mit deutlichem, gelbem Seitenstreifen, Beine und Unterseite rötlich braun. Gibt ein schlecht schmeckendes Verteidigungssekret gegen Fraßfeinde ab. 16 Arten der Gattung in Deutschland.

5 | Grundschwimmer
Laccophilus minutus

In stehenden Gewässern, gelegentlich auch in strömungsarmen größeren Fließgewässern. Die Länge beträgt 4,5 mm. Seiten- und Vorderrand des Halsschildes ohne abgesetzten Saum. Vorder- und Mittelfüße mit 5 deutlichen Gliedern. Grünlich braun mit verwaschenen Flecken. 3 Arten der Gattung in Deutschland. An Land zeigen die Käfer ein auffälliges Sprungvermögen.

6 | *Laccophilus hyalinus*

In langsam fließenden, meist größeren Gewässern mit und ohne Makrophyten, z. B. in Altarmen oder Kanälen. Länge 4,5–5,1 mm. Hinterrand des Halsschildes meist fast gerade. Gelblich mit durchscheinenden hellen Längslinien.
3. Art der Gattung (nicht abgebildet): *L. poecilus*. In Moorgewässern. Schwarze Grundfärbung mit charakteristischer gelber Zeichnung.

TAUCHKÄFER, UFERFEUCHTKÄFER (NOTERIDAE)

7 | Dickfühler-Tauchkäfer
Noterus crassicornis ♂

In kleinen Weihern, Tümpeln. Länge 3,5–3,8 mm. Körper stark gewölbt, Halsschild und Deckflügel in durchgehendem, flachem Bogen gerandet. Rostbraun. Kopf und Halsschild glatt, Deckflügel mit groben, zum größten Teil in Reihen angeordneten Punkten. Beim ♂: das 5. Fühlerglied groß, das 6. nur wenig schmäler. 2. Art der Familie in Deutschland (nicht abgebildet): *N. clavicornis*.
Die 7–8 mm langen, weißlichen, wurmförmigen Larven erinnern an Larven von Schnellkäfern („Drahtwürmer"). Mit kurzen, unbehaarten Beinen graben sie sich im Uferschlamm ein, wobei oft nur noch die Hinterleibsspitze mit Kontakt zur Wasseroberfläche herausschaut. Häufig mit Ptychopteriden-Larven (S. 270/4) und Tabaniden-larven (S. 272/1) vergesellschaftet.

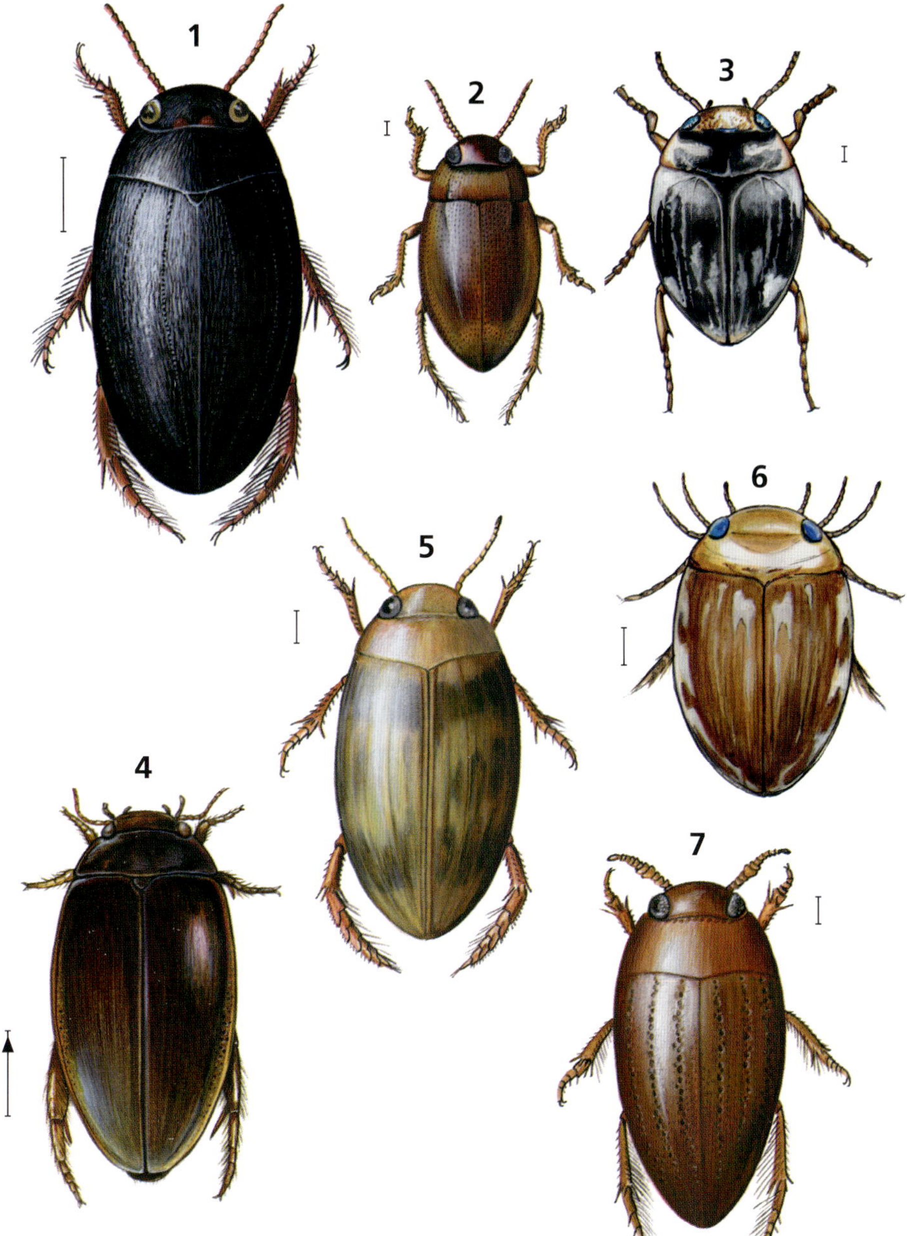
1
2
3
6
5
4
7

TAUMELKÄFER (GYRINIDAE)

In Mitteleuropa mit 20 Arten vertreten. Die erwachsenen Taumelkäfer sind durch ihre eigentümliche kreiselförmige Schwimmweise auf der Wasseroberfläche unverkennbar (Seite 154, Bild 103).

1 | *Gyrinus substriatus*

An stehenden Gewässern, regelmäßig auch in langsam fließenden Gewässern. 5–7 mm Länge. Oberseite kahl, Flügeldecken mit bis zu 11 Punktreihen. Weitere 9 Arten in Deutschland. Durch ihre parallel verlaufenden Körperränder gut kenntliche Art in Schilfbeständen (nicht abgebildet): *G. paykulli*.

2 | Bachtaumelkäfer

Orectochilus villosus

Fließgewässer. Oberseite dicht und fein behaart („Behaarter Taumelkäfer"). Schwarz, matt glänzend, Haare gelblich. Länge 6 mm. Im Gegensatz zu vielen anderen Taumelkäfern meist dämmerungs- und nachtaktiv.

3 | Taumelkäferlarve

Oft gelblich weiß. Etwa 12 mm lang. Körper leicht dorsoventral abgeflacht. Larven haben 10 Paar lange, behaarte Tracheenkiemen. Räuber, die bodenlebende kleine Wassertiere fressen. Larven können schwimmen. Im Gelände fallen sie oft dadurch auf, dass sie nicht oder kaum benetzbar sind.

WASSERTRETER (HALIPLIDAE)

4 | *Haliplus fluviatilis*

Stillgewässer und langsam fließende Gewässer, v. a. in Wasserpflanzen. Länge 2–3 mm. Halsschild trapezförmig, an der Basis am breitesten. Deckflügel mit schwarzen Punktstreifen in unterbrochenen schwärzlichen Linien.
18 Arten der Gattung in Deutschland.

5 | *Haliplus lineatocollis*

Wohl häufigste Art der Fließgewässer, präferiert dabei größere, langsam fließende Gewässer. Längsoval, in der Mitte fast parallel. Halsschild häufig (aber nicht immer!) mit dunklem, typischerweise lang gestrecktem Fleck in der Mitte. Länge 2,2–3,5 mm.

6 | *Haliplus* sp.-Larve

Körper lang gestreckt, sehr schmal und mit röhrenförmig verlängertem letztem Abdominalsegment. Länge bis ca. 8 mm. Alle Segmente mit Ausnahme des letzten dorsal mit dunklen, am Hinterrand gezackten Chitinplättchen. Manche Arten auch mit auffällig langen fädigen Tracheenkiemen auf dem Rücken und der Seite der einzelnen Segmente.

1

2

3

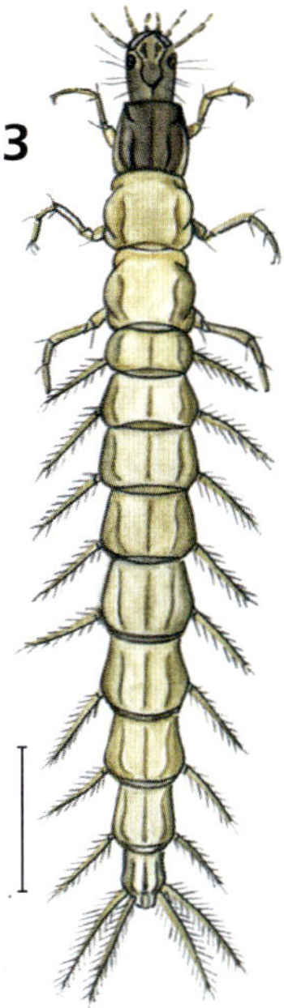

4

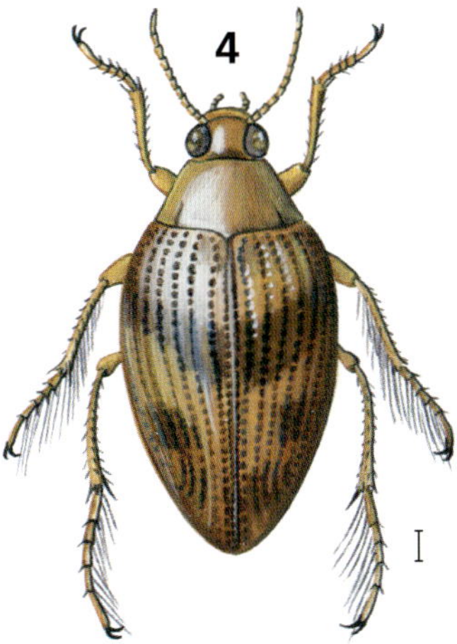

5

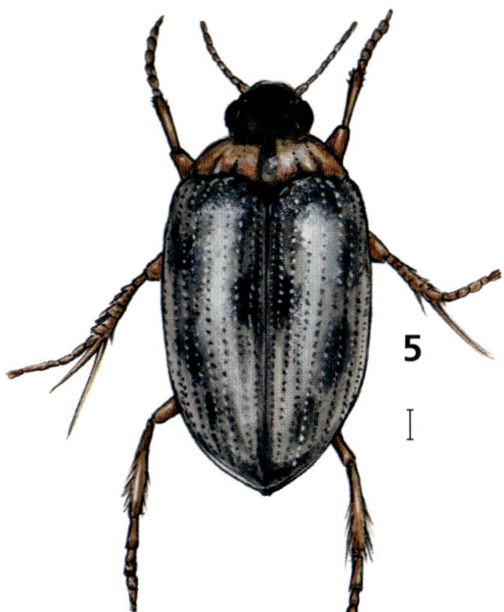

6

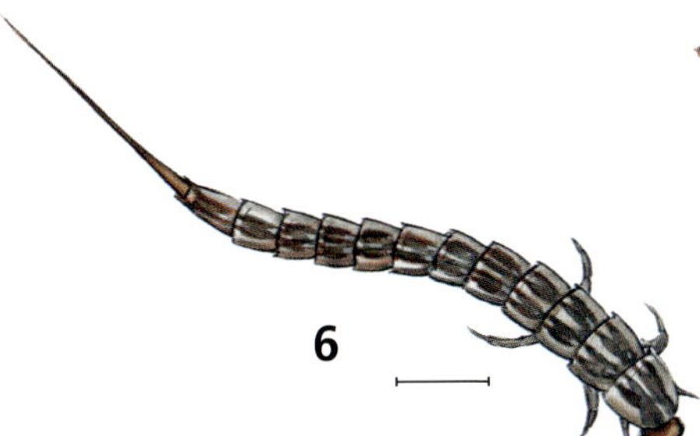

WASSERKÄFER i. e. S. (HYDROPHILIDAE)

Von der Familie leben 47 Arten im Wasser.

1 | Großer Kolbenwasserkäfer

Hydrophilus piceus

In größeren Weihern und Teichen. Länge 34–47 mm. Hochgewölbter Rücken, flache Bauchseite mit langem Stachel von der Hinterbrust bis zum 2. Hinterleibssegment. Lange Kiefertaster mit Antennenfunktion, die unscheinbaren Antennen dienen als Atemrohr (S. 156, Bild 105). Luftvorrat unter den Flügeln, v. a. auf der Unterseite, vom Bruststachel abgestützt. Schwimmt oft auf dem Rücken. Behaarte Mittel- und Hinterbeine, mit denen die Tiere beim Schwimmen „laufen" (Unterschied zu Dytisciden). Nahrung der Imagines: v. a. frische Pflanzenblätter. Früher wurde die Art in Unkenntnis der vegetarischen Lebensweise als Fischräuber angesehen („Karpfenstecher"). Paarung im Frühjahr: ♂ hält sich mit großen Vorderbeinklauen am ♀ fest. Das ♀ baut mit seinem an der Hinterleibsspitze sitzenden Spinnapparat einen schwimmfähigen Eikokon. Das längliche, allseits geschlossene Gespinst wird in mehrstündiger Arbeit angefertigt, wobei der Hinterleib als Hohlform dient. Der Kokon ist durch Abstreifen feiner Bläschen vom Körper luftgefüllt. Auf den Kokonboden werden etwa 50 Eier abgelegt. Nach dem Schließen wird ein bis zu 3 cm langer Schornstein als Atemrohr gesponnen. Geschützte, weil seltene Art.
Sehr ähnlich ist der etwas kleinere *H. aterrimus* (Länge 32–43 mm; nicht abgebildet).

1a | Larve

Schwarzbraun, Länge erwachsen etwa 70 mm. Von Ende Mai bis Anfang August am Gewässerrand anzutreffen. Nahrung: v. a. Schnecken. Erste Larvenstadien verzehren Beute außerhalb des Wassers, die größeren bleiben untergetaucht und kriechen in die Schneckengehäuse hinein. Verpuppung in der Erde. Die Imago schlüpft noch im Herbst und überwintert im Wasser.

2 | Stachelwasserkäfer, Kleiner Kolbenwasserkäfer

Hydrochara caraboides

In kleinen Weihern und Tümpeln, allgemein verbreitet. Länge 14–18 mm. Schwarz mit schwach grünlichem Schein, Fühlerbasis und Fußglieder rostgelb. Stachel auf der Bauchseite. Eikokon mit eingesponnenem Pflanzenblatt (S. 156, Bild 106). Nahrung der Larven: Kleinkrebse, später Insektenlarven.
2. Art der Gattung in Deutschland (nicht abgebildet): Gelbbeiniger Stachelwasserkäfer, *H. flavipes*. Seltener, aber in Ausbreitung befindlich.

3 | *Hydrobius fuscipes*

In stehenden Gewässern und ufernah in langsam fließenden, makrophytenreichen Fließgewässern. Die Länge beträgt 6–7,5 mm. Schwarz, meist mit schwachem Erzschein. Beine rostrot mit dunklerer Schenkelbasis. Deckflügel mit 10 nach hinten vertieften Punktstreifen. Letztes Glied der Kiefertaster länger als vorletztes.

4 | *Enochrus affinis*

In Stillgewässern, bevorzugt in Mooren. Länge 3–4 mm. Gelbbraun, Kopf schwarz, vor den Augen mit gelbbraunen Flecken, Beine rostrot, Kiefertaster sehr lang, letztes Glied dunkel und kürzer als das vorletzte. 10 Arten der Gattung in Deutschland.

5 | *Enochrus testaceus*

Verbreitet in unterschiedlichen Stillgewässern. Länge 5,5–6,8 mm. Körper ziemlich breit. Rotbraun, seltener gelbbraun, die Hinterhälfte des Kopfes und eine damit verbundene Partie davor unscharf stärker verdunkelt. In ganz Mitteleuropa, im Norden und Osten ziemlich häufig, nach Süden seltener.

6 | *Laccobius minutus*

In verschiedensten stehenden und langsam fließenden Gewässern. Gerne in etwas nährstoffärmeren Gewässern, z. B. Ausgrabungsgewässern. Länge 2,5–3,3 mm. Fast halbkugelig gewölbt. Gelbbräunlich. Kopf mit Halsschildflecken, schwarz. Deckflügel dicht streifig punktiert, schwarz mit flachen Zwischenräumen. 12 Arten der Gattung in Deutschland.

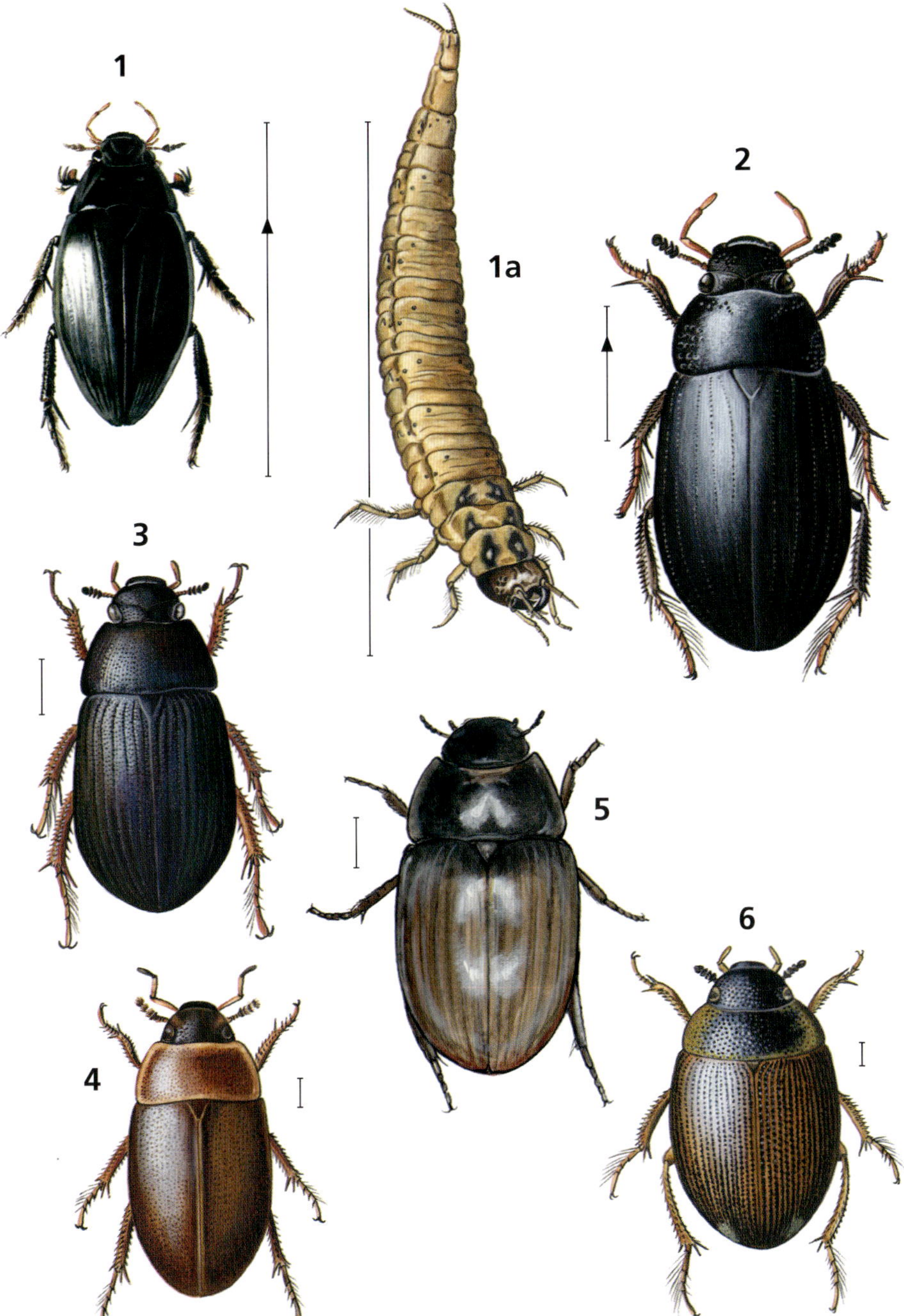
1
1a
2
3
5
6
4

Käfer: diverse Familien

KLAUENKÄFER (DRYOPIDAE)

1 | *Dryops* sp.
Uferzone fließender und stehender Gewässer, Larven oft landlebend. Länge 4–5 mm. Halsschild jederseits mit tief eingeschnittenem, außen scharfkantigem Längsstreifen. Körper und Augen dicht behaart. Fußglieder wie **2**. Schwarz bis schwarzbraun, Haare manchmal gelbgrau. 13 Arten in Deutschland. Larven lang gestreckt, zylindrisch, meist amphibisch lebend.

HAKENKÄFER (ELMIDAE)

2 | *Elmis maugetii*
In Fließgewässern an Steinen und Wasserpflanzen. Länge bis 2,5 mm. Fuß 5-gliedrig, Krallenglied auffällig lang, keulig, länger als die 4 vorhergehenden zusammen. Krallen groß. Glänzend schwarz. Fühler fadenförmig, diese und Beine teils braunrot. Körper kahl. Häufige Art, die sich im Längsverlauf eines Fließgewässers oft unterhalb von *E. aena* anschließt. 6 Arten der Gattung in Deutschland. Familie in Mitteleuropa mit 25 Arten.

2a | Larve
Dunkelbraun, Körper abgeflacht. Länge 3–4 mm.

SUMPFKÄFER (SCIRTIDAE)

3 | *Elodes* sp.
Larve abgeflacht wie **2a**, aber mit langen Antennen. Relativ breit, Vorderkörper deutlich breiter als der Kopf.
Es gibt etwa 25 Sumpfkäfer-Arten in Mitteleuropa, kaum oder gar nicht auf Artniveau bestimmbar. Imagines leben an Land. Weitere artenreiche Gattung: *Cyphon*.

LANGTASTERWASSERKÄFER (HYDRAENIDAE)
Artenreiche Familie mit über 50 Arten in Mitteleuropa.

4 | *Hydraena riparia* ♀
V. a. in fließenden Gewässern, meist an Steinen, Wasserpflanzen, Holz. Länge 2,2–2,4 mm. Kiefertaster antennenartig, sehr lang, ihr Endglied länger als das vorletzte. Schwarz, Deckflügel bisweilen bräunlich, Beine und Fußglieder rot, Spitzen der Fußglieder schwärzlich. Auf den Deckflügeln dichte Punktstreifen. Zahlreiche ähnliche Arten in der Gattung, weitere häufige Art der Fließgewässer (nicht abgebildet): *H. gracilis*.
Die Arten der Gattung *Ochthebius* ähneln den *Hydraena*-Arten, haben aber deutlich kürzere Kiefertaster.

5 | *Limnebius crinifer*
Meist in stehenden Gewässern, auch in Moorgewässern. Körper oval-eiförmig mit gleichmäßig gebogener Kontur. Halsschild wie bei allen Arten der Gattung glatt und glänzend, ohne Eindrücke oder Streifen. Flügeldecken hinten abgestutzt. Grundfarbe schwarz, Seitenrand und Flügeldeckenspitze rotbraun. Länge 1,7–2,1 mm. Im Norden und Osten häufiger, im Südwesten, Süden und Südosten selten.

6 | Hydraenidae-Larve
Larven im Uferbereich, teils semiterrestrisch. Länge 3–4 mm. Körper zylindrisch-langgestreckt. Ohne Abdominalkiemen, paarige Anhänge (Urogomphi) am Abdominalende.

RUNZELWASSERKÄFER (HELOPHORIDAE)

7 | *Helophorus* sp.
Meist in vegetationsreichen Stillgewässern, selten in Fließgewässern mit geringer Strömung. Halsschild mit 5 Längsfurchen und dazwischenliegenden Wülsten. Flügeldecken mit Punktstreifen. Letztes Fußglied kürzer als die vorhergehenden Glieder zusammen. Länge ca. 2–7 mm. Arten der Gattung *Helophorus* sind leicht als solche erkennbar, doch viele der 24 in Deutschland vorkommenden Arten sind schwierig zu bestimmen.

Weitere Käferfamilien mit Bindung an Süßwasser-Lebensräume vgl. S. 159–160.

1

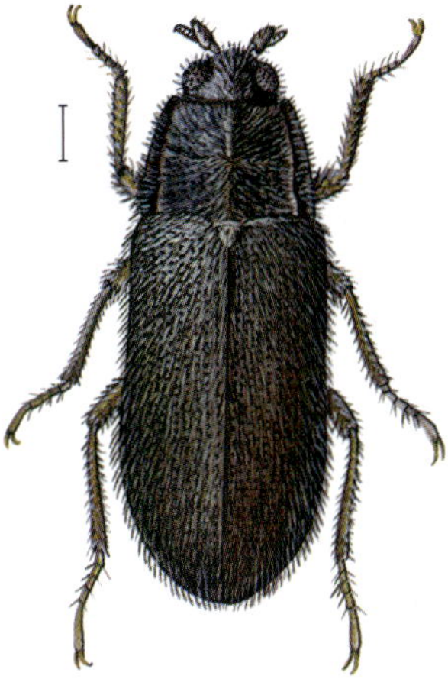

2

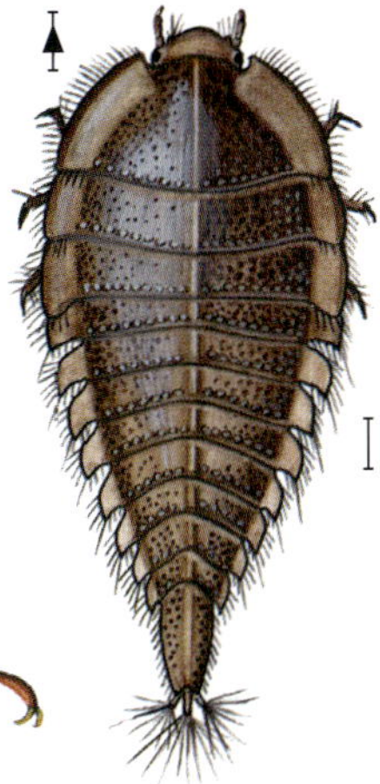

2a

3

4

5

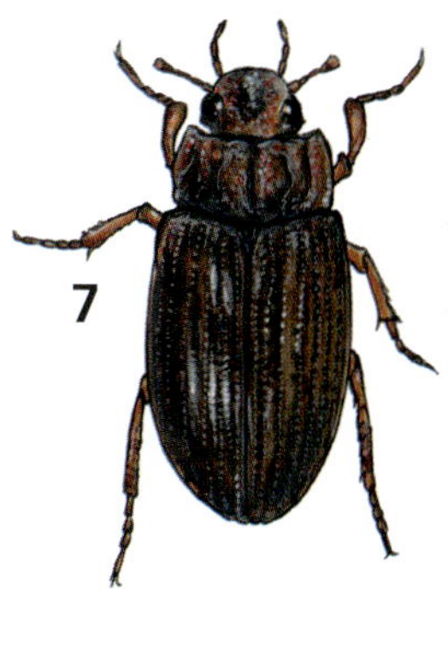

7

6

Zweiflügler (Diptera)

Mücken (Nematocera)

ZUCKMÜCKEN (CHIRONOMIDAE)

Chironominae, Tribus Chironomini

1 | Zuckmückenlarve *Chironomus* sp.
Die Größe der Zuckmückenlarven schwankt je nach Art und Entwicklungsstadium (das gilt generell bei den Angaben!) zwischen 1–2 mm und 2 cm. Die Färbung kann weiß, gelblich, grün, braungrau oder hell- bis dunkelrot sein. Rotfärbung wie am gezeigten Beispiel kommt besonders bei schlammbewohnenden Arten vor und wird durch einen dem Blutfarbstoff Hämoglobin ähnlichen Stoff hervorgerufen. Trotz der sehr verschiedenen besiedelten Habitate ist die Gestalt der Larven recht einheitlich: Körper schlank und zylindrisch. Kopf mit kompletter Kopfkapsel. Paarige Parapodien am Prothorax und am Hinterende. Am Hinterende vor den Stummelfüßen unterschiedlich geformte Schläuche, die als Blutkiemen der Atmung dienen. Außerdem hinter den Stummelfüßen am Körperende oftmals Analpapillen, die zur Osmoregulation dienen, sowie dorsal meist an Procerci („Borstenträger") ansetzende Borsten. Die Lebensweise der Larven kann sehr unterschiedlich sein.

1a | Zuckmückenpuppe *Chironomus* sp.

1b | Zuckmücken-Imago ♂ *Chironomus* sp.
Im Unterschied zu den Stechmücken werden die Vorderbeine unter zuckenden Bewegungen frei nach vorn getragen (Name!); von der Seite buckelige Brust. Männchen sind an ihren stark behaarten Fühlern zu erkennen. Sie bilden gelegentlich in der Luft auf- und abtanzende Riesenschwärme, um die Weibchen anzulocken. Das ♀ sticht nicht, auch wenn es im Aussehen an eine Stechmücke erinnert.

Chironominae, Tribus Tanytarsini

2 | Gehäuse der Zuckmücken-Gattung *Rheotanytarsus*
Diese Gattung ist ausschließlich in Fließgewässern anzutreffen. Ihre meist aus Sandkörnern bestehenden Wohnröhren sind oft gestielt und in großer Zahl zu finden; am offenen Ende werden fadenförmige Fortsätze gebaut, zwischen denen ein schleimiges Fangnetz gesponnen wird, an dem Nahrungspartikel aus dem durchströmenden Wasser hängen bleiben. Von Zeit zu Zeit werden das Gespinst und die Nahrungsteilchen gefressen und anschließend erneuert.

GNITZEN (CERATOPOGONIDAE)

Artenreiche Gruppe. Es werden 4 Unterfamilien unterschieden, die sich in 3 Morphotypen auftrennen lassen. Alle Larven haben eine eucephale Kopfkapsel und alle Körpersegmente sind gut erkennbar. Die Forcipomyiinae haben einen zylindrischen oder abgeplatteten Körper, einen nach unten gerichteten (hypognathen) Kopf, am Prothorax einen gespalteten Scheinfuß und am letzten Segment einen unpaaren Nachschieber. Dasyheleinae tragen am Prothorax kein Pseudopodium, der undeutliche Scheinfuß am letzten Segment trägt einziehbare Krallen. Den Ceratopogoninae und Palpomyiinae ist gemeinsam, dass ihr Körper zylindrisch und schlank, teils nadelartig dünn und an den beiden Enden verschmälert ist.

Ceratopoginae

3 | Larve von *Bezzia* sp.
Weißlich gelb. Die Larven anderer Gnitzen-Gattungen (z. B. *Atrichopogon*, *Forcipomyia*) haben teilweise eine gänzlich andere Gestalt (s. o.).

4 | Imago einer Gnitze ♀ *Culicoides* sp.
Sehr kleine Mücken mit gedrungenem Habitus. Tragen in Ruhe die Flügel flach über dem Abdomen. Länge meist < 2 mm. Beide Geschlechter mit stechenden-saugenden Mundwerkzeugen. Die Männchen ernähren sich von Blütensäften, die Weibchen sind Blutsauger an anderen Insekten, Vögeln oder Säugern. Da sie oft in großer Zahl auftreten, können sie durch schmerzhafte Stiche sehr lästig werden.

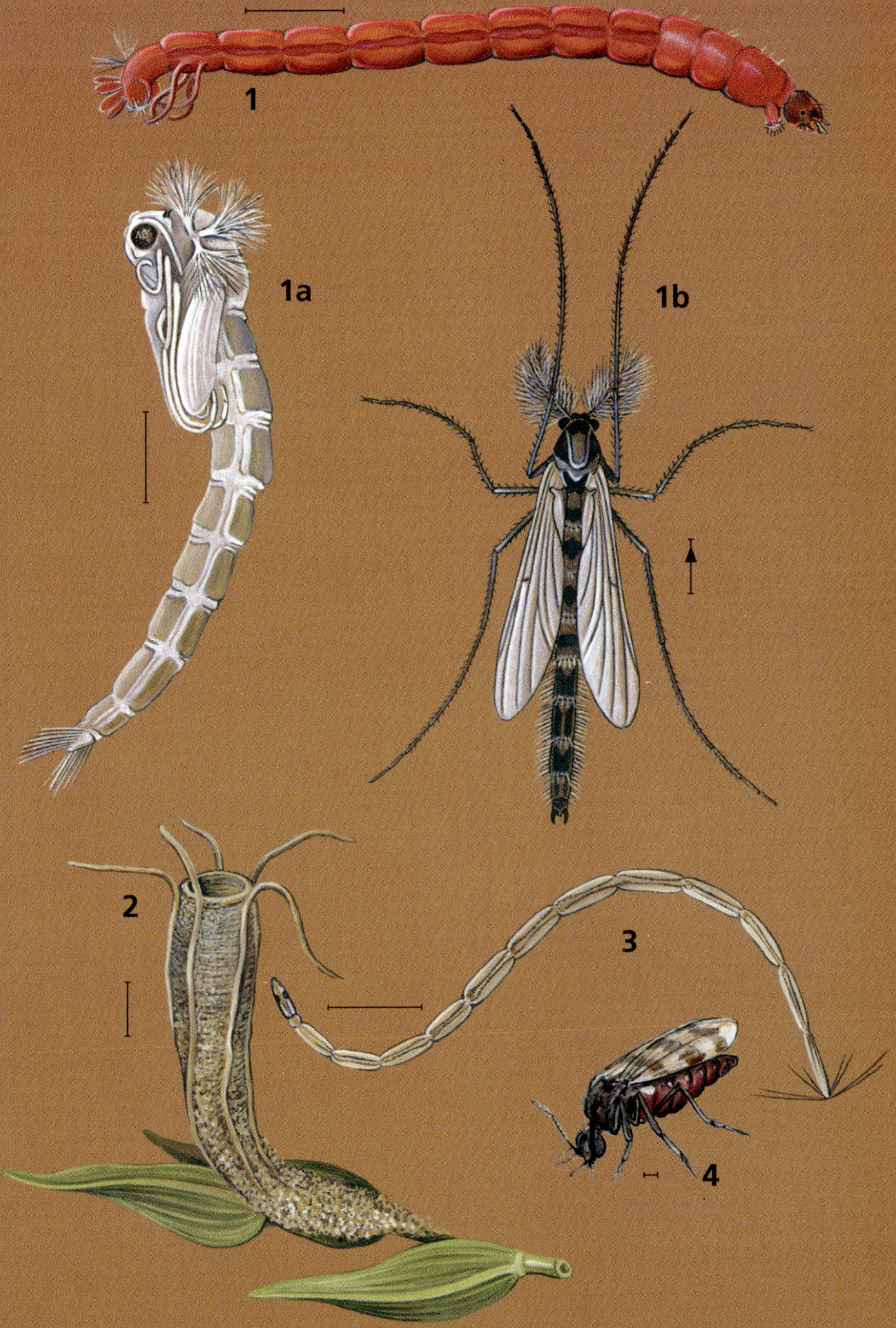
1
1a
1b
2
3
4

STECHMÜCKEN (CULICIDAE)

In Deutschland ca. 50 Arten, Larven fast ausschließlich in unterschiedlichen Stillgewässern.

1 | Larve von *Culex* sp.

Bräunlich. Die Länge beträgt etwa 10 mm. Die Larve hängt meist kopfüber am Oberflächenhäutchen (vgl. S. 163, Bild 111). An ihrem 8. Hinterleibssegment zweigt die nach oben ziehende Atemröhre ab. Sie trägt an ihrer Spitze die beiden kreisrunden Öffnungen des Tracheensystems. Diese sind von 5 3-eckigen Chitinspitzen umstellt, die sich unter Wasser über den Öffnungen kegelartig zusammenschließen, an der Wasseroberfläche aber sofort ausbreiten. Da sich in dem Atemrohr stets Luft befindet, nimmt es beim Aufstieg als Erstes Kontakt zur Oberfläche auf, wo sich die erwähnten Chitinspitzen ausbreiten. Die Larven der ebenfalls häufigen Gattung *Aedes* (nicht abgebildet) ähneln in der Gestalt der *Culex*-Larve.

1a | Puppe von *Culex* sp.

Gewöhnlich mit 2 Fortsätzen am Thorax, den oben offenen „Atemhörnern", an der Wasseroberfläche aufgehängt. Kann sich aber mit ruckartigen Schlägen des Schwimmfächers am Hinterleibsende flink bewegen, um zu flüchten.

2 | Larve von *Anopheles* sp. („Malariamücke")

Oft grünlich gefärbt. Die Länge beträgt etwa 10 mm. In Körperbau und Lebensweise ähnlich *Culex*, es fehlt aber das Atemrohr, deshalb andere Aufhängestellung an der Wasseroberfläche: Die beiden auf der Rückenseite des 8. Hinterleibssegments liegenden Tracheenöffnungen befinden sich in einer seichten Vertiefung. Palmblattförmige Haare auf dem Hinterleib und ausstülpbare Organe der Vorderbrust ermöglichen, dass die Larve waagerecht unter dem Wasserspiegel aufgehängt ist. *Anopheles*-Larven können ihren Kopf um 180° drehen und so die Unterseite des Oberflächenhäutchens abweiden.

2a | Puppe von *Anopheles* sp.

Zu beachten ist die im Gegensatz zu *Culex* waagerechte Haltung der Brustsegmente.

2b | Imago von *Anopheles* sp. ♀

Vollgesaugt, in charakteristischer Ruhestellung, mit gesenktem Vorderende und erhobenem Hinterende. Die Gattungen *Culex* und *Anopheles* sind morphologisch für den Laien schwer zu unterscheiden, außer in Ruhestellung: Bei *Culex* bilden in der Ruhestellung Rüssel und Körper einen stumpfen Winkel, wobei der Rüssel gegen die Unterlage gesenkt wird. Bei *Anopheles* hingegen bilden – wie hier zu sehen – Rüssel und Rumpf eine Linie.

BÜSCHELMÜCKEN (CHAOBORIDAE)

Artenarme Familie (7 Arten in Deutschland).

3 | Larve der Büschelmücke *Chaoborus crystallinus*

Ausschließlich in Stillgewässern. Länge etwa 12–15 mm. Schwimmt waagerecht im Wasser mithilfe von Tracheenblasen. Erbeutet kleine Tiere (z. B. Wasserflöhe) mit den umgewandelten Antennen. Stets langsam auf- und abtauchend, zwischendurch schnelle Sprungbewegungen, um wieder in die bevorzugte Wassertiefe zu gelangen. In Anwesenheit räuberischer Fische ziehen sich die Larven tagsüber in tiefere Wasserschichten zurück (Vertikalwanderung). Toleriert dabei Sauerstoffmangel.

3a | Puppe von *Chaoborus crystallinus*

Anders als bei *Culex* und *Anopheles* ist der Hinterleib nicht unter das Kopfbruststück eingeschlagen, sondern gestreckt. Die Puppe schwebt jeweils in der Wasserschicht, in der sie im Gleichgewicht ist; sie kommt erst zum Schlüpfen der Imago an die Wasseroberfläche.
Neben der Gattung *Chaoborus* gibt es in der heimischen Fauna der Büschelmücken noch die Gattung *Mochlonyx* (nicht abgebildet). Deren Larve hat einen breiteren Kopf und trägt im Gegensatz zu *Chaoborus* einen langen Sipho am 8. Abdominalsegment und kann damit ähnlich wie die *Culex*-Larve an der Wasseroberfläche atmen. Ihr Aufenthaltsort ist allerdings meist deutlich unter der Wasseroberfläche, wo sie horizontal schwebend auf planktische Beute lauert.

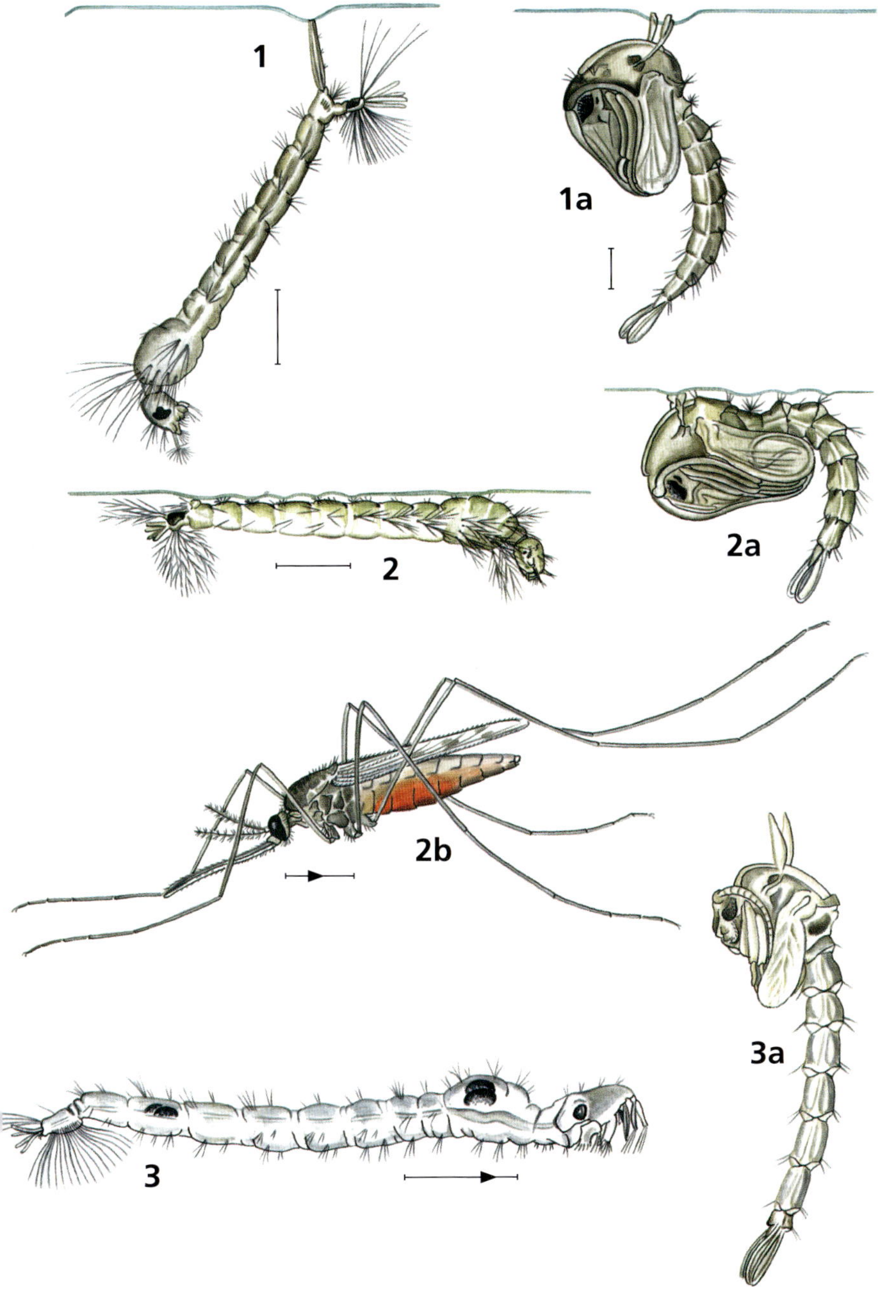
1
1a
2a
2
2b
3a
3

Zweiflügler: Mücken III

KRIEBELMÜCKEN (SIMULIIDAE)

Mehr als 50 Arten in Deutschland. Die Larve lebt als passiver Filtrierer ausschließlich in Fließgewässern.

1 | Larve der Kriebelmücke

Simulium sp.

Bräunlich. Länge bis 15 mm. Lebt in Fließgewässern und heftet sich mit einer mit Hakenkranz versehenen Haftscheibe am Hinterende an Steinen und Pflanzen an. Der Untergrund wird zuvor mit Spinnfäden versehen, die aus der Unterlippe austreten und mit dem unpaaren thorakalen Parapodium befestigt werden. Verlässt die Larve einmal ihren Haftplatz, so bewegt sie sich spannerraupenartig vorwärts. Dabei befestigt sie abwechselnd die Fußstummel des Vorderendes und die Haftscheibe am Körperende an der Unterlage. Die Oberlippe trägt auf schaftartigen Seitenteilen jederseits 1 großen und 2 kleine Fächer aus feinen, teilweise kammartigen Borsten. Zusammen bilden die Fächer je einen Korb, mit dem z. B. Algenzellen oder Detritus aus dem strömenden Wasser gefiltert werden. Die Borsten werden mit einem klebrigen, aus Drüsen des Kopfes abgeschiedenen Sekret versehen, womit auch winzige Nahrungspartikel von 0,1–350 µm (1 µm = 1/1000 mm) abgefangen werden. Sie werden von Zeit zu Zeit mit den Mandibeln ausgekämmt und dem Mund zugeführt. Beim Filtrieren wird der Rumpf um 180° in sich gedreht, sodass die Antennen von vorn angeströmt und durch den Wasserdruck vollkommen aufgefächert werden. Wird nicht filtriert, ist der Filterapparat zusammengeklappt. Am Hinterende liegen austülpbare Darmkiemen.
Manche Kriebelmücken ernähren sich zusätzlich als Weidegänger.

1a | Puppen der Kriebelmücke

Simulium sp.

Bräunlich, vor dem Schlüpfen schwarzbraun. Länge 6–10 mm. Die Öffnung mit den fadenartigen Atemanhängen (Stigmenkiemen) liegt der Strömung zugewandt.
Besonders diese Anhänge sind artspezifisch und können gut zur Bestimmung genutzt werden.

1b | Imago der Kriebelmücke

Simulium sp.

♂ samtschwarz, ♀ grau. Die Länge beträgt 1,5–3 mm. Charakteristisch ist das 1., stark aufgetriebene Brustsegment, das dem Tier ein etwas buckliges Aussehen verleiht. Die Weibchen vieler Arten sind blutsaugend und stechen auch Säugetiere.

TASTERMÜCKEN (DIXIDAE)

2 | Larve der Tastermücke

Dixa sp.

Gelblich oder bräunlich grau mit dunklerem Kopf und Hinterende. Länge 6–10 mm. 6 Arten der Gattung in Deutschland. In flachen Gewässern unterschiedlicher Art. Körper u-förmig gekrümmt. Bei der Fortbewegung werden die beiden Schenkel des Us abwechselnd vorwärtsgeschoben, während der Mittelteil, die beiden ersten Hinterleibssegmente, vorangehen. Diese haben auf der Bauchseite Kriechwarzen. Auf den Abdominalsegmenten 2–7 oder 3–7 (Abb., links Kopf, anschließend 3 Brustsegmente, danach Abdomen) tragen die Larven dorsal auffällige Hakenkränze.
Der zweiten Gattung, *Dixella* (10 Arten in Deutschland), fehlen die abdominalen Hakenkränze.

NETZ- ODER LIDMÜCKEN (BLEPHARICERIDAE)

Larven ausschließlich in Fließgewässern. In Deutschland 7 Arten.

3 | Larve von *Liponeura* sp.

Oberseite gewölbt, grau. Unterseite flach, weißlich. Länge beträgt bis zu 9 mm. 5 Arten der Gattung in Deutschland. Mithilfe von 6 Saugnäpfen auf Steinen von Gebirgsbächen angeheftet (S. 165, Bild 112).

3a | Puppe von *Liponeura* sp.

Oberseite hell- bis dunkelbraun. Unterseite weißlich. Länge 7–8 mm. Am Vorderende lamellenartige Atmungsorgane.

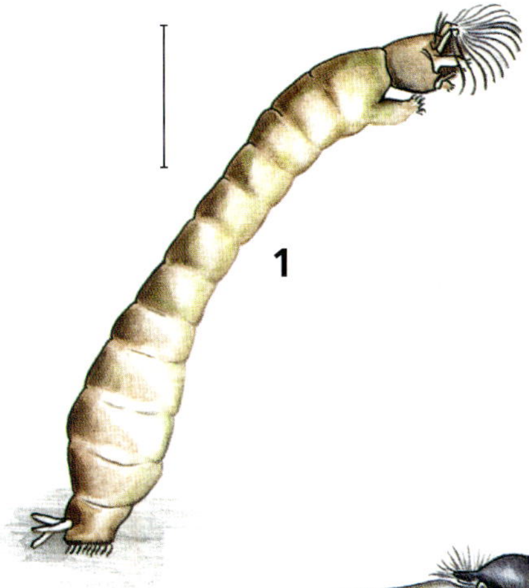

1

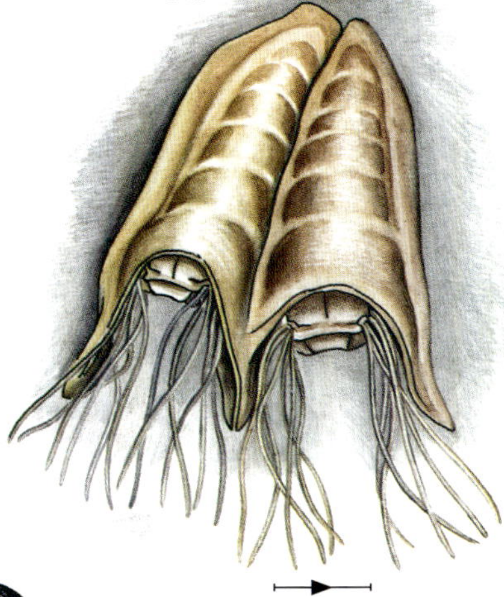

1a

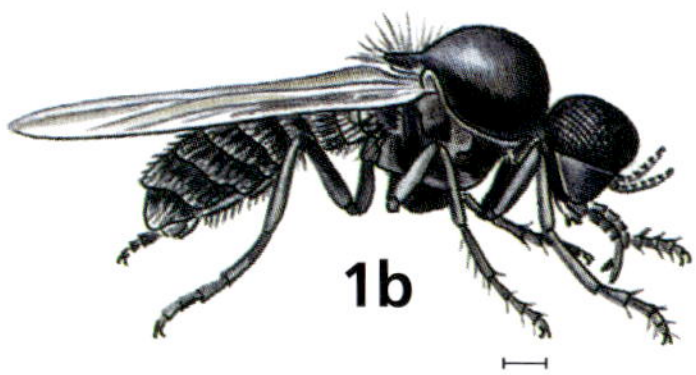

1b

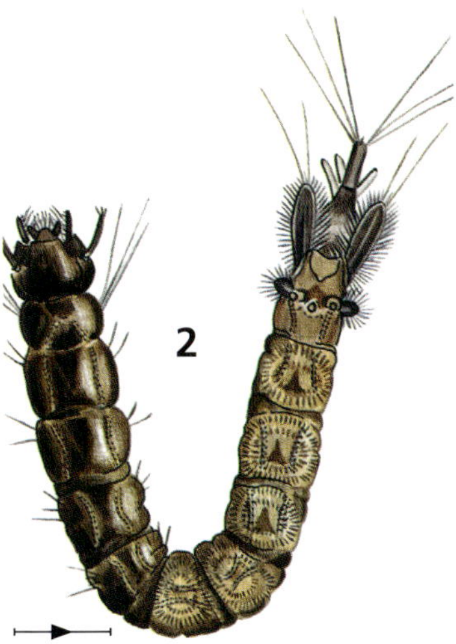

2

3

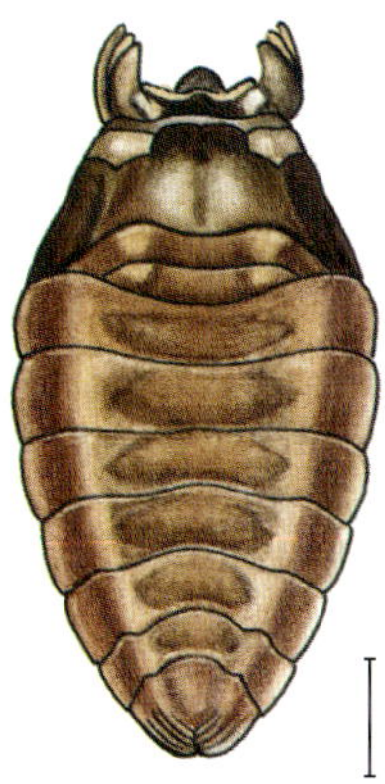

3a

SCHNAKEN (TIPULIDAE)

Artenreiche Familie (> 120 Arten in Deutschland).

1 | Imago der Bachmücke (Schnake)
Tipula sp. ♂
Zahlreiche Arten in sehr verschiedenen Gewässern. Körper hell- oder dunkelbraun. Flügel verschieden gezeichnet. Sehr zerbrechliche Tiere, deren ♀ nicht stechen. Länge ohne Beine: ♂ etwa 14–25 mm, ♀ etwa 20–35 mm.

1a | Larve von *Tipula* sp.
Grau oder gelblich. Kopfkapsel und Stigmenplatte dunkelbraun. Ausgestreckt bis etwa 30 mm lang, bis 10 mm dick. Im Schlammgrund flacher Gewässer. Schlammbewohnende Stelzmückenlarven **(2)** sind ihnen z. T. sehr ähnlich, doch wird deren Respirationsschale am Ende des Hinterleibs nicht von 6 („Teufelsfratze"), sondern von höchstens 5, oft nur 4 Fortsätzen (Loben) umstellt oder ist ganz anders ausgebildet.
Auffallend große, semiaquatische Larven (bis 60 mm Länge, nicht abgebildet): *Tipula maxima* und *T. fulvipennis*.

STELZMÜCKEN (PEDICIIDAE)

2 | Larve von *Dicranota* sp.
Schmutzig weiß, Haare schwarz. Länge etwa 20 mm, am Körperende 2 lange Fortsätze, an deren Basis die Stigmen liegen. Mehrere Arten. Bewohnen den Grund klarer Bäche. Mit ihren 5 Paar warzenartigen, hakenbewehrten Fußstummeln können sie recht geschickt kriechen. Ernähren sich vorwiegend von Würmern (Tubificiden).
Larve von *Pedicia rivosa*, nicht abgebildet: Körperlänge bis 45 mm. Einer der wichtigsten Räuber in Quelllebensräumen. Imago mit Flügellänge von 25 mm größter Vertreter der Familie in Europa.

MOOSMÜCKEN (CYLINDROTOMIDAE)

3 | Larve von *Phalacrocera replicata*
Grün bis bräunlich. Länge etwa 30 mm. Unverkennbar durch die langen, teils gegabelten Tracheenkiemen, die von allen Körpersegmenten ausgehen. Klettert langsam in Rasen des Quellmooses (*Fontinalis*) umher und weidet dessen Blätter ab. Die von 4 Chitinspitzen umgebene Respirationsschale am Hinterende wird nur selten benutzt. Der Kopf kann eingezogen werden. Fortbewegungsorgane fehlen. Nur 3 weitere Arten der Familie in Deutschland.

FALTENMÜCKEN (PTYCHOPTERIDAE)

4 | Larve von *Ptychoptera* sp.
Weißgelblich, durchscheinend. Mit ausgestrecktem Atemrohr bis zu 70 mm lang. 8 Arten der Gattung. Senkrecht im Bodenschlamm seichter, auch verschmutzter Gewässer. Das Atemrohr durchstößt dabei die Wasseroberfläche. Je nach Wasserstand wird es mehr oder weniger weit in den Körper zurückgezogen, bei Störung völlig. Bei allzu hohem Wasserstand können die Larven auch über die fadenförmigen Tracheenkiemen des letzten Segments atmen. Auf Dauer ist dies nicht ausreichend, denn die Tiere kriechen bald in seichtes Wasser. Borstenwülste der Segmentgrenzen dienen als Bewegungsorgane; erste 3 Hinterleibssegmente mit hakenbesetzten Fortsätzen (Parapodien).

SCHMETTERLINGSMÜCKEN (PSYCHODIDAE)

5 | Larve einer Schmetterlingsmücke
Artenreiche Familie. Weißgrau. Länge etwa 1 cm. Mehrere Arten mit teils verschiedenem Aussehen; Segmente in bis zu 26 Abschnitte unterteilt, auf der Rückenseite häufig sklerotisierte Platten. Kurzes, nicht einziehbares Atemrohr. Häufig auch in stark verunreinigten Gewässern. Allesfresser. Erwachsene Tiere erinnern durch ihre dachförmig gehaltenen Flügel an winzige Schmetterlinge (S. 166, Bild 113).

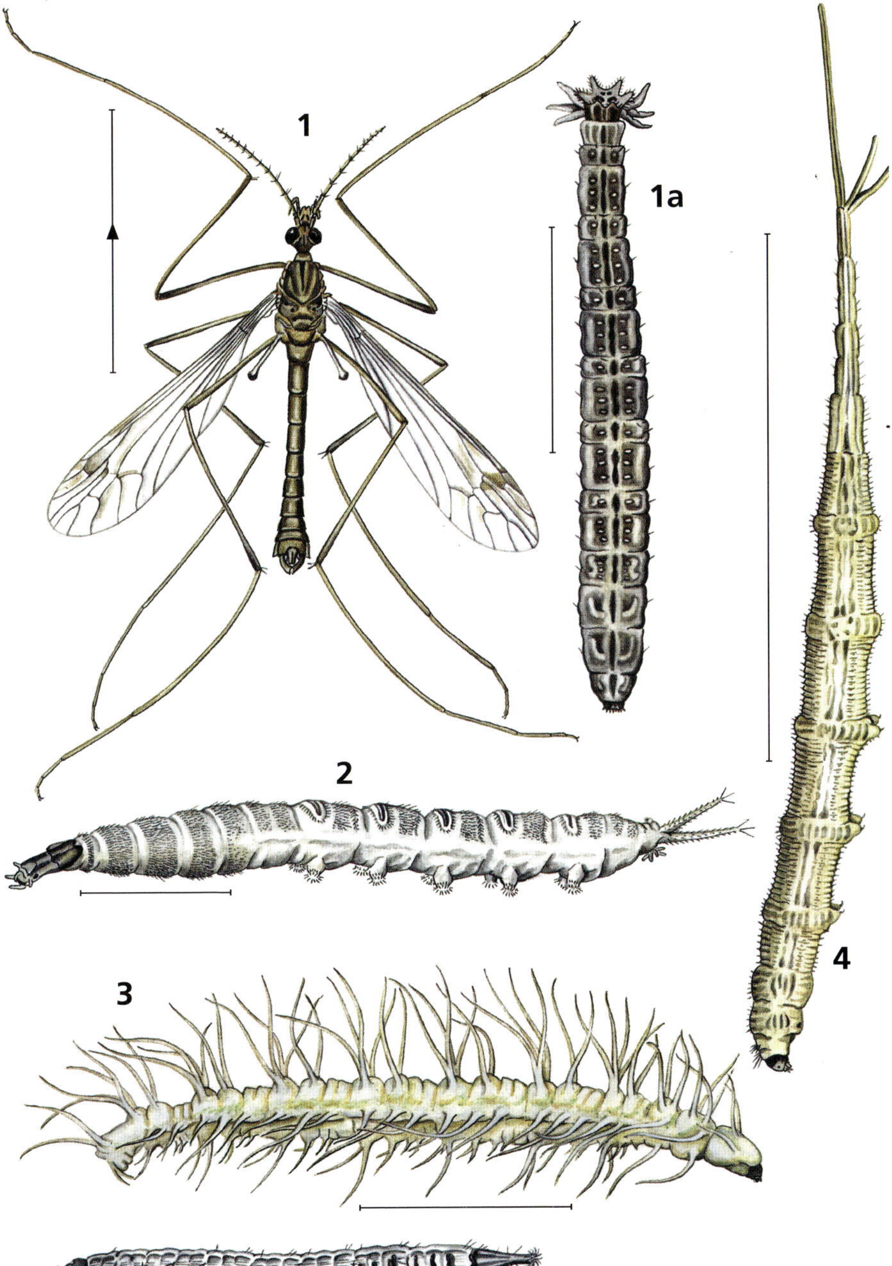
1
1a
2
3
4
5

BREMSEN (TABANIDAE)

1 | Larve von *Tabanus* sp.
Weiß oder blassgelblich. Die Länge beträgt 30–40 mm. Mehrere Arten. Feuchte Uferzone von Gewässern. 4.–10. Segment zeigt vorn je einen muskulösen Wulst mit einer Anzahl dicker Knoten (meist 8). Mit diesem sowie dem teleskopartig ausstreckbaren Hinterende stemmen sich die Tiere beim Kriechen gegen die Unterlage. Nahrung: kleine Wassertiere. Offene Stigmen am Vorder- und Hinterende.

SALZ- ODER SUMPFFLIEGEN (EPHYDRIDAE)

2 | Larve von *Ephydra* sp.
Mehrere Arten. Grau oder gelbbraun. Länge ausgewachsen 12–15 mm. Flache, auch heiße und sehr salzhaltige Gewässer. Gegabelte Atemröhre. Fressen träge kriechend Algenbelag ab oder filtrieren im Wasser hängend einzellige Algen.

2a | Puparium von *Ephydra* sp.
Länge 8–10 mm. Außerhalb des Wassers an Pflanzen festgeheftet. Die Verpuppung erfolgt in der Haut des letzten Larvenstadiums, die somit zu einer schützenden Puppenhülle (Puparium) wird. Die eigentliche Puppe ist darin verborgen.

WAFFENFLIEGEN (STRATIOMYIDAE)

3 | Larve von *Stratiomys* sp.
Graugrün. Länge 40–50 mm. Mehrere Arten. In Quellbächen, Tümpeln und Weihern, meist im Gewirr dichter Algenwatten. Derbhäutig. Weidet, an der Wasseroberfläche hängend oder am Boden kriechend, Aufwuchs ab. Die lange Atemröhre wird vom letzten Hinterleibssegment gebildet. An ihrem Ende stehen 2 Stigmen, von einem Kranz langer, gefiederter Haarborsten umstellt. Sie sind unbenetzbar und breiten sich auf dem Wasserspiegel aus. Bei Störung klappen sie blitzschnell zusammen und schließen dabei eine Luftblase ein. Bei der Rückkehr an die Wasseroberfläche zerplatzt diese, sodass sich der Fiederkranz nun wieder ausbreiten kann.

SCHWEBFLIEGEN (SYRPHIDAE)

4 | Rattenschwanzlarve
Eristalis sp.
Weißgrau. Länge bis zu 20 mm, Atemröhre bis etwa 35 mm („Rattenschwanz"). Stehende, schwach strömende, nährstoffreiche Gewässer. Die dünne, nahezu durchsichtige Haut erlaubt zusammen mit der kräftigen Körpermuskulatur lebhafte, krümmende Bewegungen, die von 7 Paar hakenbewehrten Fußfortsätzen unterstützt werden. Schlammfresser. Das Atemrohr besteht aus 3 ineinandersteckenden Teilen. Die Larve kann sich auf unterschiedliche Wassertiefen einstellen, indem sie das Atemrohr durch Steigerung des Innendrucks streckt oder durch Muskelzug verkürzt. Bevorzugte Wassertiefe 3–4 cm. Das Atemrohr ausgewachsener Larven lässt sich über 10 cm herausziehen. Die beiden Stigmen sind von 8 unbenetzbaren Fiederborsten umstellt, die kürzer sind als diejenigen der Waffenfliegen **(3)**. Manchmal kommt es zu Massenentwicklungen.

4a | Imago von *Eristalis* sp.
Mehrere Arten. Länge 10–16 mm. Meistens schwarz glänzend oder dunkel metallisch, Hinterleib mit kräftig gelben Seitenflecken, bienenähnlich („Mistbiene", S. 168, Bild 114). Flügel glashell, häufig mit braunem Mittelfleck. Blütenbesucher.

1
2
2a
3
4a
4

IBISFLIEGEN (ATHERICIDAE)

Artenarme Familie mit nur 4 Arten in Deutschland.

1 | Larve der Ibisfliege

Atherix ibis

Grünlich bis bräunlich. Länge 25–32 mm. Meist in sauberen Bächen und Flüssen, aber auch in mäßig belasteten Gewässern. Am Abdominalsegment 1–7 paarige Parapodien, am 8. ein unpaarer Scheinfuß. Alle mit je 3 Hakenkränzen. 2 charakteristische, behaarte Fortsätze am letzten Abdominalsegment (Tracheenkiemen?) relativ kurz. Fortsätze an den Abdominalsegmenten 2–7 (jedes Segment mit je 1 lateralen und 1 dorsalen Paar) mehr oder weniger gleichförmig und immer kürzer als ein Abdominalsegment. Die Weibchen lassen durch gemeinschaftliche Eiablage, bei der sie verenden, an überhängenden Pflanzen oder unter Brücken einen Gelegeklumpen (Fliegentraube) entstehen. Nach dem Schlupf fallen die Larven in das Gewässer. Die Larve einer weiteren Art der Gattung (*Atherix flavipes*) ist bisher unbekannt.

2 | Larve von *Atrichops crassipes*

In sauberen Bächen und Flüssen v. a. des Tieflandes. Selten. Abdominalsegmente 6–8 mit langen, schmalen und unbehaarten Fortsätzen. Diese Fortsätze sind um ein Vielfaches länger als ein Segment. Am Abdominalsegment 6 und 7 sind es 2 Paare, am 8. 1 Paar. Außerdem kurze, kegelförmige Fortsätze am Abdominalsegment 2–5, dorsal und lateral jeweils 1 Paar. Körper an beiden Seiten verschmälert. Paarige Parapodien am Abdominalsegment 1–7, das letzte ohne. Länge bis 15 mm.
Nicht abgebildet: *Ibisia marginata*, eine Art der sauberen, kühlen Bachoberläufe vorwiegend der Mittelgebirge. Sehr ähnlich zu *Atherix ibis*, aber im Gegensatz zu dieser Art sind die lateralen Anhänge an den Abdominalsegmenten 2–7 etwa so lang wie das Segment, sodass die Larven deutlich haariger wirken.

LANGBEINFLIEGEN (DOLICHOPODIDAE)

3 | Larve einer Langbeinfliege

Weißlich. Zahlreiche, sehr schlecht unterscheidbare Arten. Neben einer weitgehend aufgelösten, hemicephalen Kopfkapsel findet man bei ihnen meist ventrale Kriechwülste und Fortsätze (Loben) am Hinterende, die das Stigmenfeld begrenzen. Länge bis ca. 14 mm. Über die Ökologie der Larven ist wenig bekannt.

TANZFLIEGEN (EMPIDIDAE)

4 | Larve einer Tanzfliege

Hemerodromia sp.

In Deutschland 7 Arten der Gattung, die zur Unterfamilie Hemerodromiinae gehört. Weißlich. Am Abdominalsegment 2–8 paarige Parapodien, wobei das Paar am letzten Segment etwa doppelt so lang ist wie die übrigen und nach hinten abgespreizt getragen wird. Das Hinterende trägt einen mittig geteilten, mit kleinen Fortsätzen versehenen Lobus.
Bei der Gattung *Chelifera* (nicht abgebildet) ist das Hinterende abgerundet und besitzt nur kleine Borsten tragende Höcker.
Bei den Larven der ebenfalls nicht abgebildeten Unterfamilie Clinocerinae tragen alle 8 Abdominalsegmente ein Paar Parapodien und die 2 paarigen Loben am Hinterende sind kurz oder lang und tragen recht kräftige Borsten. Länge ca. 6–8 mm.

HORNFLIEGEN (SCIOMYZIDAE)

5 | Larve einer Hornfliege

Tentanocera sp.

Bräunliche Färbung, Körper spindelförmig und besonders am Vorderende stark verschmälert. Länge bis ca. 13 mm. Kopf klein, die Kopfkapsel ist komplett aufgelöst (acephaler Bauplan) und die Mundhaken tragen Zähne. Thorakalsegmente etwas länger und schmäler als die Abdominalsegmente. Ohne bedornte Ventralflächen, am Abdomen mit zahlreichen Höckern, Schuppen und Warzen bedeckt. Hinterende mit verlängerten Ventrolateralloben und 3 Paar kleinerer Fortsätze.
Die Hornfliegenlarven sind in der Regel auf Schnecken und in Ausnahmefällen auch auf Muscheln als Nahrung spezialisiert. Zahlreiche, kaum bestimmbare Arten.

1

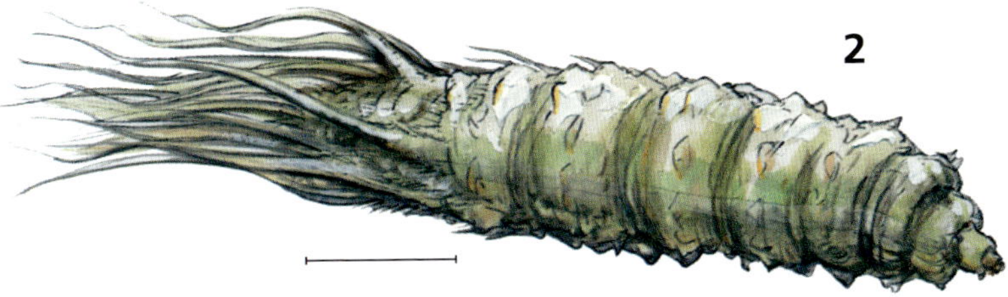

2

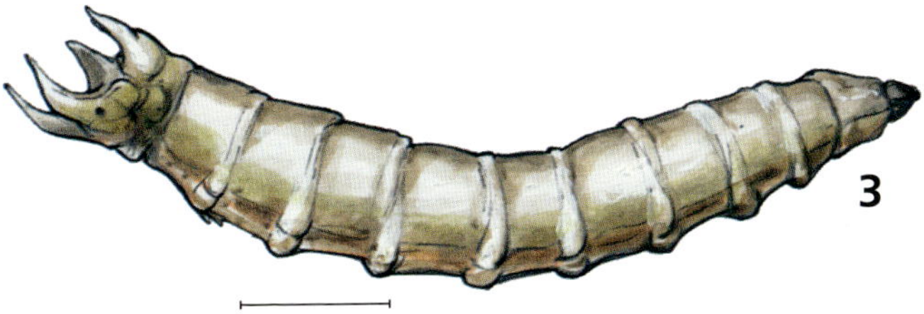

3

4

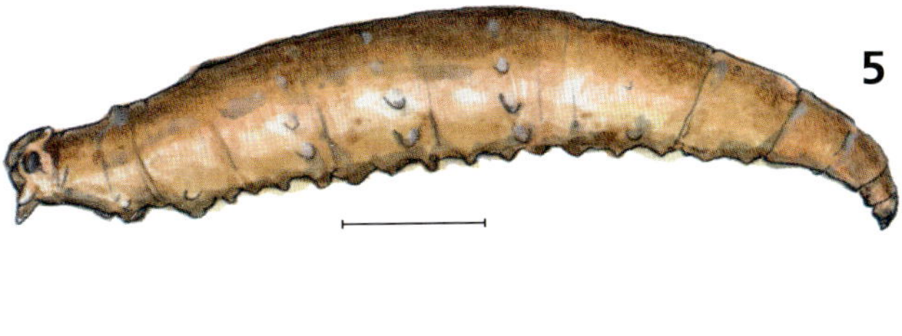

5

Köcherfliegen (Trichoptera)

Die Artbestimmung der Larven ist selten allein nach dem Köcherbau möglich. Meist braucht man dazu morphologische Merkmale der Larven selbst, die nur mit hoher Vergrößerung erkennbar sind. So ist eine Artdiagnose dieser artenreichen Tiergruppe meist nur Spezialisten möglich. Die Auswahl stellt die häufigsten heimischen Formen und einzelne auffällige Vertreter vor.

Köcherlose Larven

RHYACOPHILIDAE

1 | *Rhyacophila* sp.
24 Arten in Deutschland. In rasch fließenden Bächen mit steinigem Grund. Länge bis 25 mm. Schweifen als Räuber frei umher, ohne Köcher und Netze. Oft heften sie dabei einen Sicherungsfaden an den stabilen Untergrund und können sich mit ihren kräftigen Nachschiebern am Substrat verankern, um das Risiko des Verdriftetwerdens zu verringern. Meist auffällige büschelförmige Tracheenkiemen an Brust und Hinterleib. Nur die Rückenseite des 1. Brustsegments (Pronotum) sklerotisiert. Zeichnung meist gelbgrünlich, baut sich ein Puppengehäuse aus Steinen und spinnt sich einen braunen, lederartigen Kokon für die Puppe.

HYDROPSYCHIDAE

2 | *Hydropsyche* sp.
18 Arten in Deutschland, davon gilt eine Art (*Hydropsyche tobiasi*) als ausgestorben. In Fließgewässern unterschiedlicher Größe. Länge bis zu 20 mm. Weben recht regellose Wohngespinste, dazwischen Netzflächen mit regelmäßigen Maschen zum Nahrungsfang (S. 173, Bild 117 b). Omnivor; können sich auch von Algenaufwuchs ernähren. Auf allen 3 Brustsegmenten sklerotisierte, meist graubraune, 4-eckige Platten. Grundfarbe des Körpers gelblich grau. Verzweigte Büschelkiemen. Kopf mit hellen Flecken. Um Eindringlinge von der Wohnröhre abzuwehren, stridulieren sie, indem sie mit einer plektronartigen Struktur der Vorderschiene über ein Leistenfeld am Hinterkopf entlangfahren.

POLYCENTROPODIDAE

3 | *Plectrocnemia* sp.
4 Arten in Deutschland. Von Quellbächen in den Gebirgen bis in die Flüsse der Ebene. Länge bis zu 22 mm. Bauen flache, etwa tütenförmige Filtergespinste, karnivor. Nur 1. Brustsegment sklerotisiert. Dieses und Kopf hell- oder dunkelbraun, Hinterleib rötlich, keine Kiemen.

Köchertragende Larven (I)

PTILOCOLEPIDAE

4 | Larve von *Ptilocolepus granulatus*
Bei uns einzige Art der Familie. Im Moosrasen von Quellen und Bächen, v. a. im Gebirge. Gehäuse flach, gleicht einem an beiden Enden spaltenartig offenen Brillenfutteral aus Stückchen von Moosblättern. Ernähren sich von Lebermoosen. Länge bis zu 6 mm. Kopf und Brust braun.

HYDROPTILIDAE

5 | *Hydroptila* sp.
15 Arten in Deutschland. In stehenden und fließenden Gewässern. Erste 4 Larvenstadien frei lebend, erst 5. Stadium baut Gehäuse aus Sandkörnern. Dieses ist seitlich zusammengedrückt, vorn und hinten offen und wird auf einer Kante getragen. Larve (**5a**, Gehäuse entfernt): Länge 3–4 mm. Körper seitlich zusammengedrückt. Lebt von Algenzellen, die aufgebissen und ausgesaugt werden.

GLOSSOSOMATIDAE

6 | *Agapetus* sp.
5 Arten in Deutschland. In Bächen, auch sehr kleinen. Gehäuse meist aus kleinen Steinchen und Sandkörnern. Weidegänger, die ihr Gehäuse zur Verpuppung fest an das Substrat anspinnen. Länge bis zu 8 mm. **6a**: Gehäuse von oben, **6b**: Gehäuse von unten, oben schauen der Kopf und die Beine heraus, unten das Hinterleibsende. Beide Öffnungen sind nach unten gerichtet und mit kleinen Sandkörnern umgrenzt. **6c**: Seitenansicht.

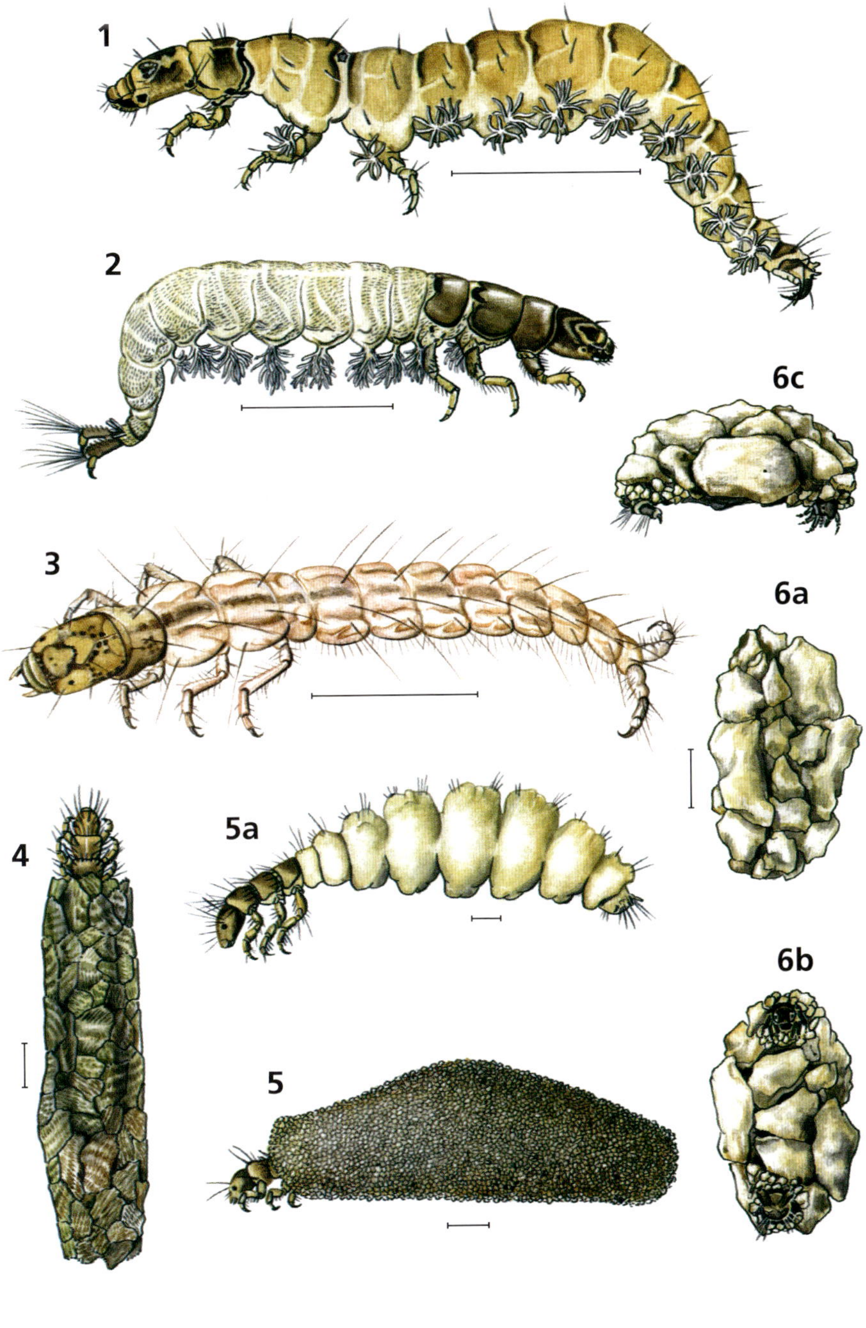
1
2
6c
3
6a
4
5a
6b
5

Köchertragende Larven (II)

LIMNEPHILIDAE

Die Limnephiliden sind die artenreichste Familie der Köcherfliegen, deren Bestimmung selbst Spezialisten Probleme bereitet. Sie umfasst in Deutschland 28 Gattungen mit 94 Arten, davon die Hauptgattung *Limnephilus* mit allein 34 Arten.
Die Larven bewohnen Gewässer aller Art. Für die Familie typisch: transportabler, röhrenförmiger Köcher verschiedener Form und Baumaterialien, jedoch nie allein aus Gespinst bestehend. 1. und 2. Brustsegment mit je einem 4-eckigen, durch eine Mittellinie geteilten, sklerotisierten Schild. 3. Brustsegment mit 3 Paar sklerotisierter kleiner Schilder. Kopfoberseite meist mit keilförmiger Zeichnung. Vorderbeine kürzer und kräftiger als die Mittel- und Hinterbeine. Mittelbeine kräftiger und gewöhnlich länger als die Hinterbeine. Auf der Unterseite der Vorderbrust ein hornähnlicher Fortsatz (Prosternalhorn). Neben den beiden lateralen Protuberanzen am 1. Abdominalsegment 1 unpaarer dorsaler Höcker vorhanden. An beiden Längsseiten des Hinterleibs je 1 Streifen feiner Haare (Seitenlinie) **(2)**.

1 | *Limnephilus flavicornis*
In stehenden und langsam fließenden Gewässern aller Art. Ernährungsweise sehr variabel, meist Detritusfresser, selten Weidegänger und Räuber. Verbreitet. Gehäuse (aus unterschiedlichsten Baumaterialien): Länge etwa 30–35 mm, Breite etwa 10 mm. Imago: S. 174, Bild 118.

2 | *Limnephilus* sp.
Köcher entfernt, um den Hinterleib mit der Seitenlinie, die Anordnung der Kiemenfäden und den Stemmzapfen auf der Dorsalseite des 1. Abominalsegments zu zeigen. Auf dem 3. Brustsegment sind die 3 Chitinschilder der rechten Seite deutlich zu sehen.

3 | *Potamophylax* sp.
Meist in Bächen, Nahrung: Falllaub und Detritus. Gehäuse: Die Länge beträgt etwa 25–30 mm, die Breite etwa 8–10 mm.

4 | *Anabolia* sp.
In langsam fließenden Gewässern und Seen. Auf der gelben Kopfoberseite zwischen den Augen eine hutpilzförmige, schwarze Zeichnung, vor dieser jederseits der Mitte 1 dunkle Bogenfigur. Auf dem Hinterhaupt Reihen schwarzer Punkte **(4a)**. Köcher 3–4 cm, mit angehefteten Aststückchen gegen Fressfeinde. Häufigste Art: *Anabolia nervosa*.

GOERIDAE

Vor allem in Fließgewässern, manchmal am Brandungsufer von Seen (v. a. *Goera pilosa*).

5 | *Silo* sp.
3 Arten der Gattung in Deutschland. In rasch fließenden Bächen in der Ebene und besonders im Gebirge. Weidet Algenrasen auf sandigem oder steinigem Grund ab. Gehäuse mit auffälligen seitlichen Steinchen: Länge 10–12 mm.
Manchmal sind die Köcher in auffälliger Weise (Atemband) durch parasitische Hautflügler bewohnt (S. 284/3).

LEPIDOSTOMATIDAE

6 | *Lepidostoma hirtum*
In unterschiedlichen Fließ- und Stillgewässern, Nahrung: Falllaub, Detritus, Algen. 1. und 2. Brustsegment ganz sklerotisiert, 3. Brustsegment mit 3 Paar winzigen, borstentragenden Chitinschildern; von diesen die seitlichen am größten, die mittleren am kleinsten **(6a)**. Köcher der Junglarven (aller Lepidostomatidae) sind glatte, konische, gerade Sandröhren, die der älteren Larven bestehen aus Blattstückchen **(6)**, 4-seitig. Länge bis 18 mm.

SERICOSTOMATIDAE

7 | *Sericostoma* sp.
2 Arten der Gattung in Deutschland. In Bächen. Nahrung: Falllaub, Wasserpflanzen, Algen. Gehäuse aus Sandkörnern. Länge bis zu 15 mm.

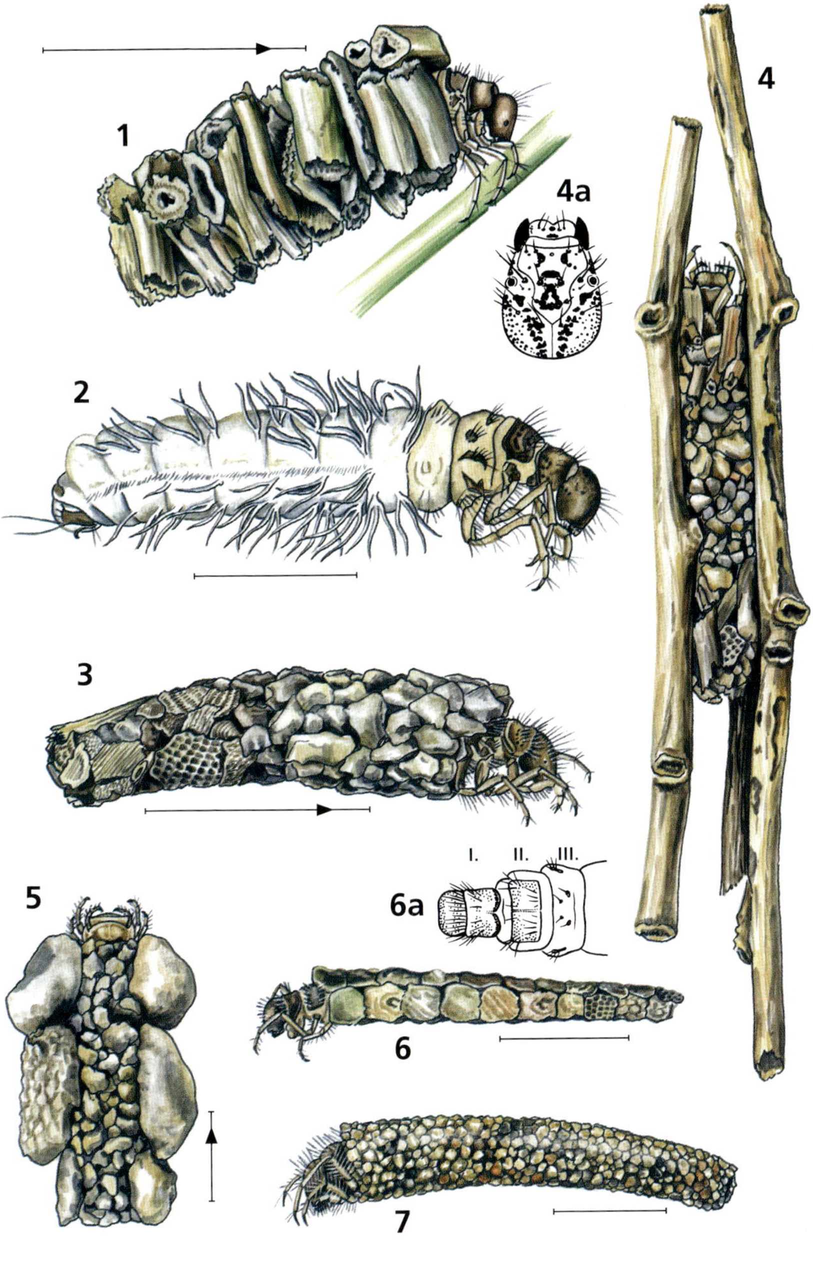
1
2
3
4
4a
5
6
6a
I.
II.
III.
7

PHRYGANEIDAE

1 | Köcherfliegen-Imago

Phryganea sp.

Sitzend. Erinnert vom Aussehen an einen Kleinschmetterling; Fühler nach vorn gestreckt.
2 Arten in Mitteleuropa, *Phryganea grandis* und *P. bipunctata.* Mit einer Körperlänge von 15–21 mm ist *P. grandis* die größte heimische Köcherfliege; Vorderflügel 20–32 mm, Färbung sehr unterschiedlich von fast einfarbig braun bis auffällig gefleckt.

Köchertragende Larven (III)

2 | *Phryganea* sp.

In stehenden pflanzenreichen und langsam fließenden Gewässern. Kopf- und Körperachse bilden zusammen einen stumpfen Winkel (suberuciform). 2. und 3. Brustsegment weichhäutig. Hornartiger Fortsatz auf der Unterseite des 1. Brustsegments, gut ausgebildete Seitenlinien (vgl. S. 278/2).
1. Segment des Hinterleibs mit 3 aufrichtbaren Höckern. Die hinteren seitlichen Kiemen flaumig behaart, alle übrigen glatt. Köcher fast stets gerade, an beiden Enden offen, meist aus spiralig angeordneten Pflanzenteilen bestehend; Junglarven bauen Köcher aus Moosen oder Armleuchteralgen. Köcher bis knapp über 50 mm lang. Vorwiegend räuberisch, die Larven können blitzartig aus dem Köcher hervorschnellen.

3 | *Oligotricha striata*

Einzige Art ihrer Gattung in Mitteleuropa. In humusreichen langsam fließenden und stehenden Gewässern; oft in Moorstich- und Entwässerungsgräben. Köcher wie bei **2** aus spiralig aufgebauten Pflanzenstückchen, hier entfernt. Gut sichtbar: Ausstülpungen des 1. Hinterleibssegments, die bei Einpressen von Hämolymphe eine feste Verankerung im Köcher ermöglichen. Die Larven ernähren sich vorwiegend räuberisch, z. B. von den Eiern des Grasfrosches. Länge: 20–22 mm, Köcher bis 30 mm.

LEPTOCERIDAE

4 | *Triaenodes* sp.

2 Arten der Gattung in Deutschland. In stehenden oder langsam fließenden Gewässern. Lange Hinterbeine mit Schwimmborsten, die den Larven ein langsames Schwimmen ermöglichen. Köcher aus pflanzlichem Material, das spiralig angeordnet ist.
T. bicolor: in pflanzenreichen Teichen, Weihern, Gräben und an moorigen Gewässern. Länge 8–13 mm, Köcher 15–20 mm und größer.
T. unanimis: nur in sauren Moorgewässern Norddeutschlands. Gehäuselänge: 20–30 mm. Sehr selten.

5 | *Athripsodes* sp.

6 Arten in Deutschland. Meist in kleinen stehenden, pflanzenreichen Gewässern, aber auch in größeren und langsam fließenden Gewässern (z. B. *Athripsodes albifrons*). Kiemen in Büscheln vereinigt. Köcher aus Sekret, Sandkörnern und Pflanzenteilchen. Länge 12–15 mm.

5a | *Athripsodes* sp.

Köcher entfernt und in Abbildung vergrößert dargestellt. Kiemen nur auf 1.–3. Hinterleibssegment.

MOLANNIDAE

6 | *Molanna* sp.

3 Arten der Gattung in Deutschland, häufigste Art: *Molanna angustata.* Vorzugsweise in großen stehenden Gewässern. Die Länge beträgt 15–25 mm, Breite des schildförmigen Köchers mit den Seitenflügeln etwa 12 mm. Der Köcher (nur dieser ist hier abgebildet) ist vorn überdacht, sodass die Larve darin von oben nicht sichtbar und dadurch geschützt ist. Der Köcher ist auf steinig-sandigen Substraten nur schlecht erkennbar. Larven ernähren sich vorwiegend räuberisch, aber auch von Detritus. Seltener sind die beiden Arten *M. albicans* und *M. nigra.*

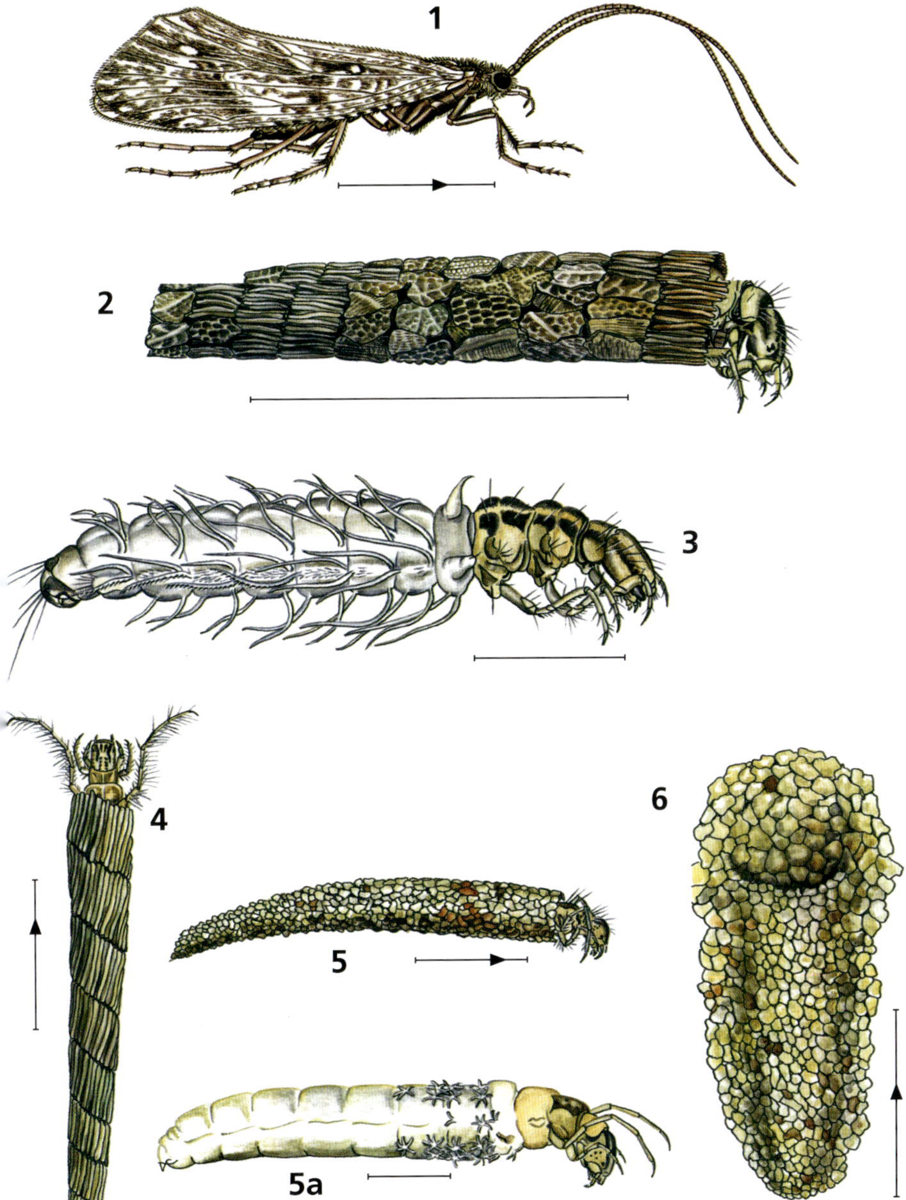
1
2
3
4
5
5a
6

Köchertragende Larven (IV)

BERAEIDAE

Artenarme Familie kleiner Arten (Länge meist unter 10 mm), die vorwiegend in Quellen und Fließgewässern leben. Verbreitet, aber wohl oft übersehen. Konische Köcher aus feinem Sand, die sich nach hinten (teils stark: *Beraeodes minutus*, die ökologisch anspruchsloseste Art der Familie) verjüngen.

1 | *Beraea pullata*
Verbreitungsschwerpunkt in Quellen, auch in meist kleinen Bächen, aber gelegentlich auch in anderen Gewässertypen. Teils grabend im Substrat. Meist auf steinig-kiesigen oder lagestabilem Sand mit Detritus. Frisst Feindetritus und Falllaub. 2-jährige Entwicklung als Larve (semivoltin). Ohne Seitenlinie. Länge 6–9 mm, Köcher 6–8 mm.

2 | *Ernodes articularis*
Streng an Quelllebensräume gebunden. Hintere Köcheröffnung mit charakteristischer nach ventral vorspringender Lippe. Oft mit anderen Quellarten (*Beraea maurus*; *Crunoecia irrorata*: Lepidostomatidae) vergesellschaftet. Länge 4–5 mm.

ODONTOCERIDAE

3 | *Odontocerum albicorne*
Einzige Art ihrer Gattung in Mitteleuropa. In Norddeutschland selten, aber sonst verbreitet auf steinig-kiesigen Substraten von kleinen und großen Fließgewässern. Köcher leicht gebogen und nach hinten nur wenig verjüngt. Oft ein einzelnes Steinchen am Hinterende des Köchers befestigt. Sandkörner von außen mit Seide verfugt, mit zusätzlichen Gespinststrängen an der Innenwand des Köchers, daher sehr stabil auch bei starker mechanischer Belastung z. B. durch turbulente Strömung. Omnivor. Länge 16–18 mm.

APATANIIDAE

4 | *Apatania muliebris*
Köcher dorsoventral abgeflacht, konisch geformt, mit meist deutlich unterschiedlich großen Sandkörnern (an der Seite oft größere als auf Oberseite). In kiesig-steinigen bis felsigen Substraten von Quellen und Bächen. Weidegänger, der Aufwuchsalgen frisst. Die Larven produzieren aus Drüsenschläuchen am Prothorax ein Sekret, das Räuber (z. B. *Rhyacophila*-Larven) lähmt. Länge 5–8 mm. In Deutschland 4 Arten der Gattung.

BRACHYCENTRIDAE

7 Arten in Deutschland, 2 Gattungen (*Brachycentrus, Micrasema*). Larven leben in unterschiedlichen Fließgewässern.

5 | *Brachycentrus subnubilus*
In größeren Bächen und kleineren Flüssen. Junge Larven mit 4-kantigem Köcher, in den Pflanzenteile eingebaut sind, alte Larven haben einen zylindrischen, fast nur aus Spinnseide gefertigten Köcher mit rundem Querschnitt, der sich nach hinten etwas verjüngt. Ernähren sich als Filtrierer, indem sie sich mit der Öffnung des Köchers der Strömung entgegen wenden. Mit Borstenhaaren an Mittel- und Hinterbeinen werden Nahrungspartikel abgefangen. Länge 8–12 mm.

6 | *Brachycentrus montanus*
Art der Quellbäche bis Rhithral, fehlt im Tiefland. Köcher jüngerer Stadien mit rundem Querschnitt, diejenigen älterer Larvenstadien sind 4-seitig, mit quadratischem Querschnitt. Gleich lang zugeschnittene Pflanzenteile stoßen dabei rechtwinklig aufeinander und bilden einen scharfkantigen Köcher. Ernährung und Größe wie *B. subnubilis*.

UENOIDAE

7 | *Thremma gallicum*
In Deutschland seit 1904 nur aus dem Nordschwarzwald bekannt. Dort in schnell fließenden Bächen mit feinem Sand. Körperlänge der letzten Stadiums 5–6 mm. In den ersten Larvenstadien mit konisch geformten röhrenförmigen Köchern. Ab dem 5. Stadium mit ovalem, mützenförmigem Schild. Schützt einerseits vor Räubern, andererseits wird die Haftung auf dem Untergrund durch eine entsprechende Ausrichtung vergrößert und so das Risiko der Verdriftung reduziert. Ernährung als Weidegänger von Kieselalgen.

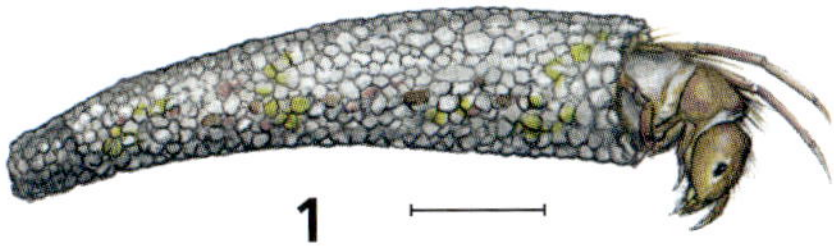

1

2

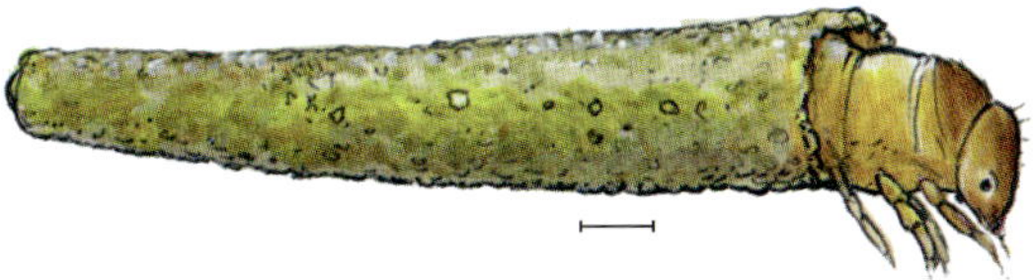

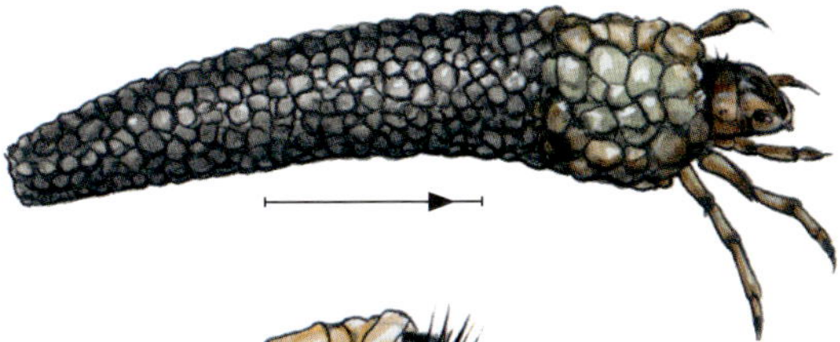

3

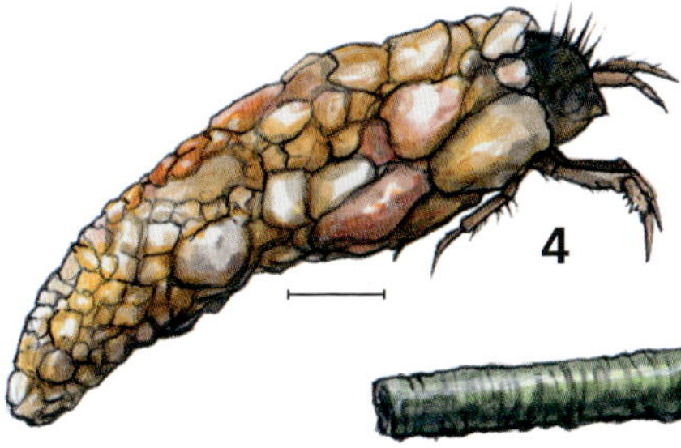

4

5

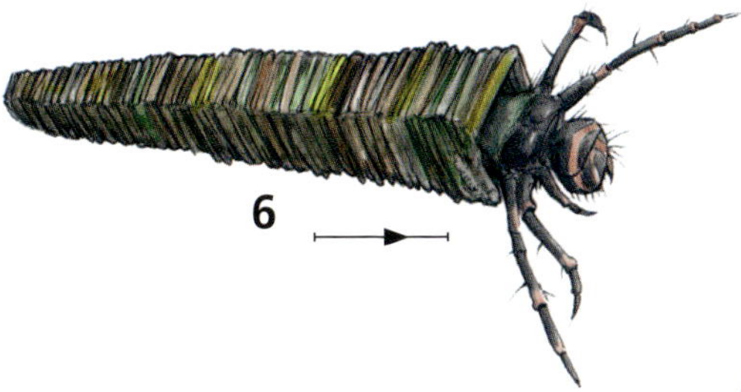

6

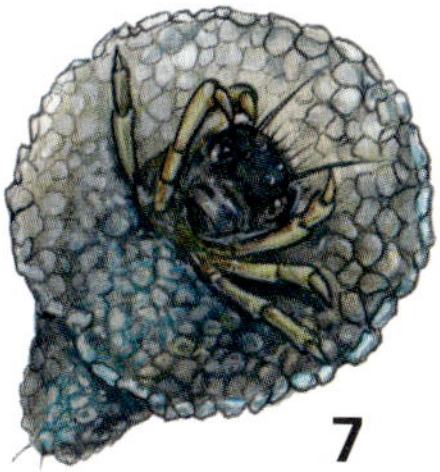

7

7a

Schmetterlinge (Lepidoptera)

Zünsler (Pyraloidea/Crambidae)

ACENTROPINAE

Die in Mitteleuropa vorkommenden Wasserschmetterlinge sind in ihrem Larvenstadium recht streng an bestimmte Wasserpflanzen angepasst, sodass sie weitgehend ihre Konkurrenz mindern. Neben dem dargestellten Laichkrautzünsler gibt es unter den häufigen und weitverbreiteten Arten noch den Igelkolben- oder Binsenzünsler (*Nymphula nitidulata*), den Krebsscherenzünsler (*Parapoynx stratiotata*), den Wasserlinsenzünsler (*Cataclysta lemnata*, vgl. S. 176, Bild 120) sowie den Weißen Wasserzünsler (*Acentria ephemerella*).

1 | Imago des Seerosen- oder Laichkrautzünslers
Elophila nymphaeata
Körper: weißlich (♀), bräunlich (♂). Flügel weiß, Zeichnung braun. Spannweite bis zu 30 mm. Flugzeit Juni–September, oft 2 Generationen im Jahr. An pflanzenreichen Stillgewässern aller Art. Zur Eiablage setzt sich das ♀ auf ein Schwimmblatt, krümmt seinen Hinterleib und heftet die Eier in Reihe auf der Blattunterseite an.

1a, b | Raupe
1a: im Köcher, **1b**: ohne Köcher
Jung: grün; ausgewachsen: hell olivbraun. Kopf und Nackenschild olivbraun, glänzend. Die Länge beträgt bis zu 25 mm.
Die Junglarven ernähren sich vom Gewebe der Schwimmblätter, hauptsächlich von Laichkräutern (*Potamogeton*). Sie ergreifen alsbald ein kleines Blatt und decken sich damit zu, während sie auf der Unterseite eines Schwimmblattes sitzen bleiben. Im Sommer schneiden sich die herangewachsenen Larven aus den Schwimmblättern je 2 größere, etwa elliptische Stücke heraus und spinnen sie mit den Längsrändern aneinander **(2)**. In diesen wassergefüllten Gehäusen leben sie während ihrer Entwicklung an der Oberfläche des Pflanzengürtels. Sie atmen über die benetzbare Haut; die Stigmen sind geschlossen. Die Atmung über die offenen Stigmen beginnt erst ab dem 3. Larvenstadium. Die Haut ist nun unbenetzbar; in feinen Oberflächenstrukturen hält sich ein Luftmantel (Plastron). Der Köcher ist fortan mit Luft gefüllt. Im Sommer sind die Köcher rund 4 cm lang und 2–3 cm breit. Die sich früh entwickelnden Larven der 1. Generation durchlaufen 5 Häutungen, die Imago schlüpft im Sommer. Sich spät entwickelnde Larven verlassen zur Überwinterung den Köcher und bohren sich in das Mark von Laichkräutern. Im folgenden Frühjahr häuten sie sich weiter, bis sie sich im Mai/Juni verpuppen. Die Puppengehäuse ähneln denen der Raupen. Sie sind in unterschiedlicher Weise an Pflanzenstängeln festgewebt. Bei der Konstruktion des Puppenköchers schließt die Raupe die sie umgebende Luft mit ein. Diese sitzt später unter den Flügeln des Schmetterlings und treibt ihn wie einen Korken an die Oberfläche. Er läuft auf dem Wasserspiegel zum Ufer und startet bald zum Flug. Die Raupe hat 3 Beinpaare an der Brust und 4 Paar Stummelfüße am 3.–6. Hinterleibssegment **(3)**.

Hautflügler (Hymenoptera)

ECHTE SCHLUPFWESPEN (ICHNEUMONIDAE)

Es gibt eine ganze Reihe von parasitischen Hautflüglern in dieser Familie, die sich auf Wassertiere als Wirte spezialisiert haben. Es wird hier nur exemplarisch auf eine besonders auffällige Art eingegangen.

2 | *Agriotypus armatus*
Schwarz, Länge etwa 10 mm. Flugzeit Ende April bis Mitte Mai. Lebensweise: Parasitoid an Larven und Puppen v. a. der Goeridae, d. h. der Wirt wird im Laufe der Entwicklung des Parasiten getötet (S. 177, Bild 121 und 122).

3 | Puppenköcher der Köcherfliege
Silo sp. (S. 278/5)
Das Atemband zeigt an, dass er von einer Puppe der *Agriotypus armatus* bewohnt wird. Sie hat ihren Wirt, die Köcherfliegenpuppe, zu diesem Zeitpunkt bereits getötet.

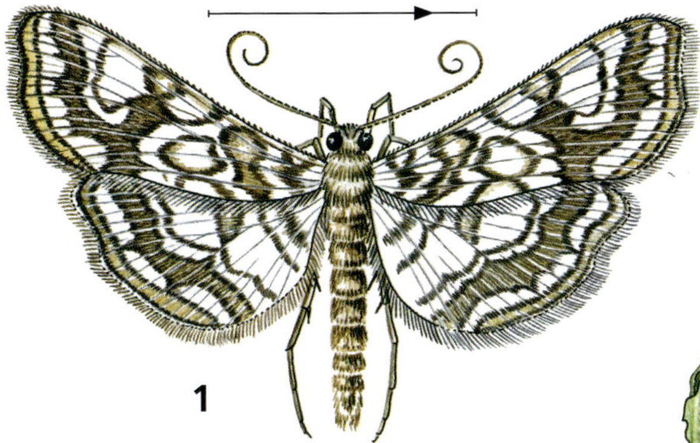

1

1a

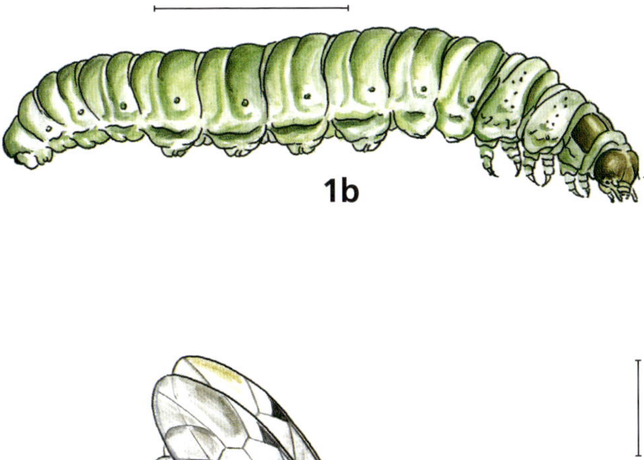

1b

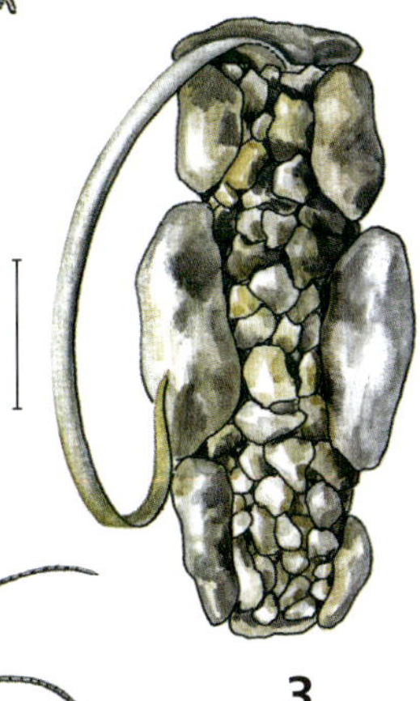

3

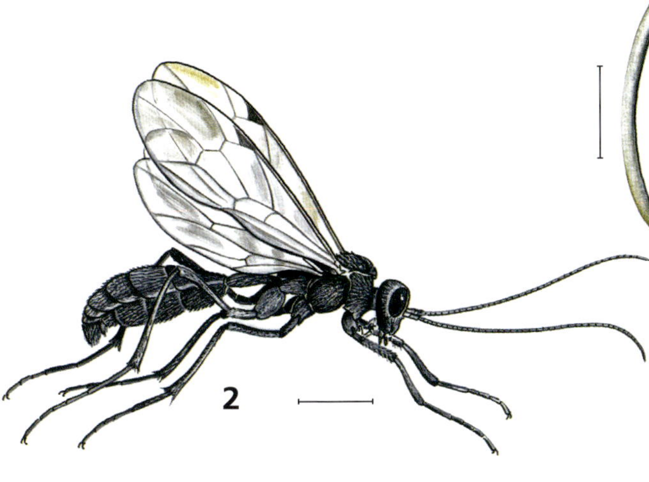

2

Spinnentiere (Arachnida)

Webspinnen (Araneae)

CYBAEIDAE

1 | Wasserspinne *Argyroneta aquatica*
Länge ♂ 10–20 mm, ♀ 8–12 mm. In stehenden pflanzenreichen und wenig belasteten Gewässern verschiedener Art. Braun. Körper (v. a. der dicht mit Fiederhärchen bedeckte Hinterleib) im Wasser von silbrig glänzender Luftschicht umgeben. Kennzeichen sind die Augenstellung (**1a**, von oben) und die 3 Stachelpaare auf dem vorletzten Glied des 1. Beinpaares **(1b)**. Häufig kommt *Argyroneta* an die Wasseroberfläche, wenn sie Luft für Unterwasserglocken benötigt (S. 178, Bild 124). Dabei streckt sie ihren Hinterleib über die Wasserfläche hinaus, um frische Luft in ihr Haarkleid (und damit ihr Tracheensystem) aufzunehmen. Sie hält dabei oft nur das Hinterleibsende mit den Spinnwarzen über das Oberflächenhäutchen hinaus und grenzt mit den kreuzweise über Rücken und Bauch gehaltenen Beinen des 4. Beinpaares eine kleine Luftmenge ab. Diese wird, wenn sich das Tier dann ruckartig mit seinem 3. Beinpaar von der Oberfläche abstößt, mit in die Tiefe gerissen. Unter Wasser läuft die Wasserspinne an Spinnfäden entlang oder schwimmt mit der Bauchseite nach oben. Beutetiere, v. a. Wasserasseln und Insektenlarven, werden mit Alarmfäden wahrgenommen, erbeutet und in der Wohnglocke bzw. speziellen Fraßglocken verzehrt. Die Unterwasserglocken liegen oft unter Wasserpflanzen verborgen.

Süßwassermilben („Hydrachnidia")

Mehr als 550 Arten in Deutschland, knapp 1 mm bis einige mm. Ihre sehr kleinen 6-beinigen Larven parasitieren meist an erwachsenen Insekten (z. B. an Libellen, Wanzen, Zweiflüglern). 4 exemplarische Vertreter:

HYDRODROMIDAE

2 | *Hydrodroma* sp.
3 Arten der Gattung in Deutschland, rot, orange oder gelb, jedenfalls auffällig gefärbt. Neben den Stillwasserarten *Hydrodroma despiciens* und *H. pilosa* kennt man erst seit Kurzem eine weitere Art der meist größeren Fließgewässer, *H. torrenticola*. Die Stillwasserarten sind in pflanzenreichen Gewässern weit verbreitet. Sie ernähren sich vorwiegend von Eiern der Zuckmücken und parasitieren v. a. Imagines von Zuckmücken sowie anderen Dipterenfamilien.

UNIONICOLIDAE

3 | *Unionicola* sp.
Unionicola-Arten sind Stillwasser-Milben, die auch weitab von der Uferzone im freien Wasser zu finden sein können, wo manche Arten planktivor leben. Ihre langen Beine sind als „Fallschirm" ausgebildet. Je nach Art legt das Weibchen Eier in Muscheln (*Unio*, *Anodonta*), Schnecken (*Viviparus*) oder Schwämme. Die Larven parasitieren Zuckmücken-Imagines. Einige Arten suchen im Laufe ihrer Entwicklung ihre bevorzugte Gruppe nur zur Häutung auf, bei anderen dienen diese auch als Nahrung.

ARRENURIDAE

4 | *Arrenurus* sp. ♂
Zahlreiche Arten. Meist gepanzerte Schwimmer in vegetationsreichen Teichen und Seen, ♂ der Untergattung *Megaluracarus* mit arttypischem verlängertem Hinterleibsanhang, ♀ glattrandig oval. ♂ heftet das ♀ oft mehrere Stunden an sich an und trägt es herum. Es setzt auf einer Unterlage Spermatophoren ab und führt das ♀ darüber. Libellen- und Dipterenparasiten, ernähren sich v. a. von Wasserflöhen und Muschelkrebsen. Größe bis 1,5 mm.

LIMNOCHARIDAE

5 | Sackmilbe *Limnochares aquatica*
In Seen und langsam fließenden Fließgewässern. Mit bis zu 5 mm Länge eine der größten Wassermilben und durch seinen sackähnlichen Habitus und die rote Färbung unverkennbar. Kann nicht schwimmen. Ernährt sich von Chironomidenlarven. Als Wirte dienen Wasserläufer i. w. S. (Gerridae, Hydrometridae, Mesoveliidae), die auf der Wasseroberfläche kletternd aufgesucht werden, und ausnahmsweise Libellen. Auffallend sind im Sommer die durch viele Larven von *L. aquatica* parasitierten Wasserläufer.

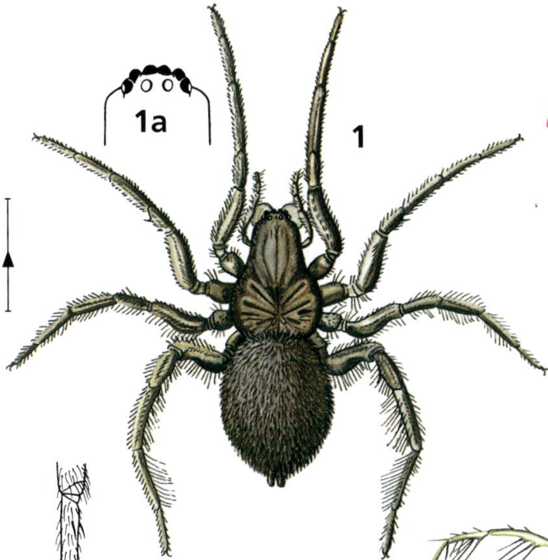
1a

1

1b

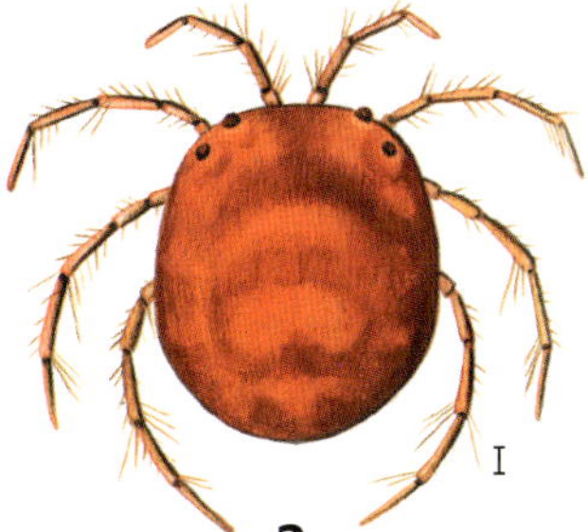
2

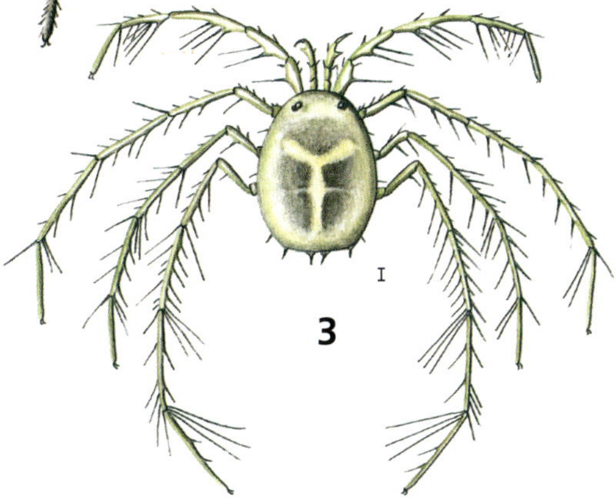
3

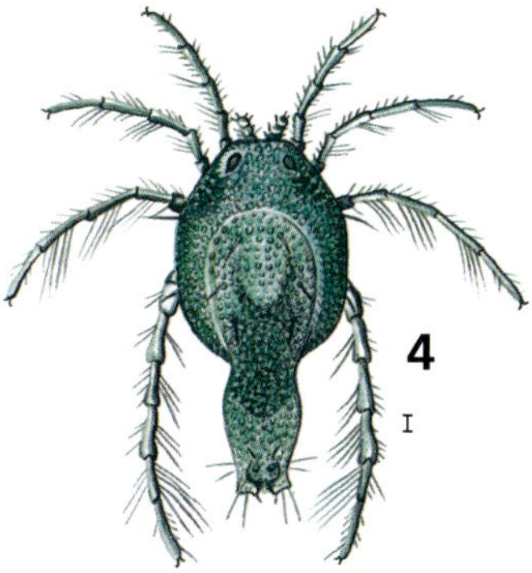
4

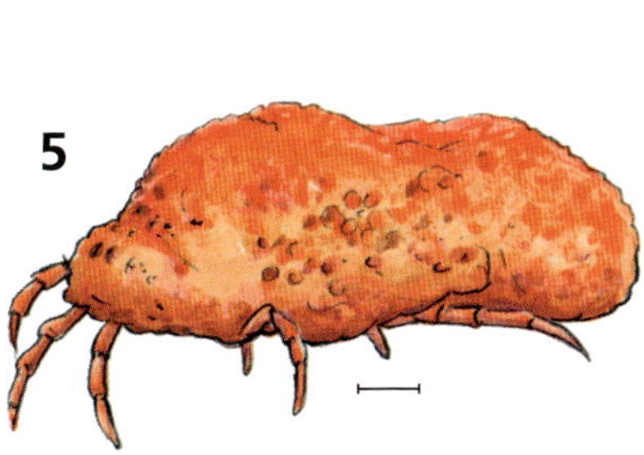
5

Muscheln (Bivalvia)

FLUSS- UND TEICHMUSCHELN (UNIONIDAE)

Die Schalenform ist mehr oder weniger länglich.

1 | Große Teichmuschel

Anodonta cygnea

In stehenden und langsam fließenden Gewässern. Schlossrand ohne Zähne (daher der Gattungsname *Anodonta*). Schale dünnwandig, länglich-eiförmig, hinterer Oberrand meist flügelförmig erhoben. Wirbel wenig aufgetrieben, etwas gerunzelt, wenig zerfressen. Bräunlich grün. Länge bis zu 200 mm. Zahlreiche Lokalformen. Zur Unterscheidung von *A. anatina*: Unterrand der Schale innen nicht verdickt.

Ähnliche Arten (ohne Abbildung):

Gemeine Teichmuschel, Entenmuschel (*Anodonta anatina*): Ähnlich der Großen Teichmuschel. Diese häufigere Art hat eine rhombisch-ovale, dickwandigere Schale. Die Länge beträgt bis zu 100 mm. Formstabiler als Vergleichsart. Zur Unterscheidung von *A. cygnaea*: Unterrand der Schale innen verdickt.

Abgeplattete Teichmuschel (*Pseudanodonta complanata*): Kann mit flachen Exemplaren von *Anodonta cygnea* verwechselt werden, da ihre Schale seitlich zusammengedrückt ist. Fließgewässerart, heute sehr selten geworden. Länge bis zu 80 mm.

Chinesische Teichmuschel

Sinanodonta woodiana

Neozoon aus Ostasien (S. 185, Bild 131), wohl über Besatz mit Fischen eingeschleppt, die mit Glochidien infiziert waren. Bevorzugt nährstoffreiche Gewässer mit schlammigem Grund. Heute auch im Aquarien- bzw. Teichhandel angeboten (Verschleppungsgefahr!). Schale oval (junge Tiere) bis kreisförmig (ältere Tiere), festschalig und innen mit deutlicher Perlmuttschicht. Wirbelfalten runzelig und gegenüber *Anodonta* weit auseinanderliegend. Länge 90–230 mm.

2 | Kleine Flussmuschel

Unio crassus

Auch Gemeine Fluss- oder Bachmuschel genannt. Nur in Bächen und Flüssen. Schloss mit Haupt- und Seitenzähnen: Rechte Schale mit 1 Hauptzahn und 1 unter dem Schlossrand gelegenen, langen, scharfen, leistenartigen Seitenzahn; linke Schale mit 2 Haupt- und 2 Seitenzähnen. Wirbel mäßig aufgetrieben. Schale dickwandig, eiförmig, kurz, kaum doppelt so lang wie hoch. Dunkelbraun bis schwarz. Länge bis zu 60 mm. Wirtsfische unterschiedlich. Oft fehlen in den Populationen Jungmuscheln. Kann über 30 Jahre alt werden. Werden erst mit 3–4 Jahren geschlechtsreif. Jungmuscheln leben 1–3 Jahre im Interstitial. 3 Unterarten. Hochgradig bedroht. [FFH-Art]

3 | Große Flussmuschel

Unio tumidus

In Flüssen, Altwässern, Seen, liebt ruhiges Wasser. Merkmale wie **2**, aber: Wirbel aufgeblasen. Schale keilförmig, etwa doppelt so lang wie hoch, oft mit radiären grünlichen Streifen. Länge 65–90 mm.

4 | Malermuschel

Unio pictorum

In stehenden und fließenden Gewässern, auch Weihern. Merkmale wie **2**, aber: Wirbel aufgeblasen. Schale schmal zungenförmig, Ober- und Unterrand fast parallel, mehr als doppelt so lang wie hoch. Gelblich grün mit dunkleren Wachstumsstreifen. Länge 70–100 mm.

FLUSSPERLMUSCHELN (MARGARITIFERIDAE)

5 | Flussperlmuschel

Margaritifera margaritifera

In klaren, kalkarmen Bächen der Urgebirge und Sandsteinformationen. Schloss nur mit Hauptzähnen, ohne Seitenzähne. Schale dickwandig, schwer, Wirbel kaum hervortretend, fast immer stark zerfressen. Rotbraun bis pechschwarz, ziemlich matt. Perlmutt bläulich weiß. Länge bis zu 120 mm. Kann 80–100 Jahre alt werden. Heutige Restvorkommen: Fichtelgebirge, Bayerischer Wald, Vogelsberg, Rhön, Lüneburger Heide, Eifel, Thüringen und Sachsen. Alleiniger Wirtsfisch: Bachforelle. [FFH-Art]

1
2
3
4
5
0
10
cm

KUGELMUSCHELN (SPHAERIIDAE)

1 | Kugelmuschel *Sphaerium* sp.
5 Arten in Deutschland. Schale fast symmetrisch. Wirbel mittelständig, nur wenig hervorragend. Gelblich oder graubraun. Länge bis zu 20 mm. **1a**: Ansicht von vorn. Häufigste Art: *S. corneum*: in Still- und Fließgewässern aller Art. Gefährdet: *S. rivicola*: Art der Flüsse.

2 | Häubchenmuschel *Musculium lacustre*
In Weihern, Gräben, Tümpeln, langsam fließenden Gewässern. Form wie **1**, aber: Wirbel röhrenförmig mit einem Häubchen. Länge und Breite bis zu 8 mm. **2a**: Ansicht von vorn.

3 | Erbsenmuschel *Pisidium* sp.
17 Arten in Deutschland. In Still- und Fließgewässern. Schale asymmetrisch: Wirbel liegt hinter der Mitte, dadurch vorderer Schalenabschnitt verlängert. Weißgelblich, hornfarben oder braun. Länge meist unter 10 mm.

DREIKANTMUSCHELN (DREISSENIDAE)

4 | Wander-, Dreikant-, Zebramuschel
Dreissena polymorpha, beide Schalen
In Flüssen und Seen, auch Altwässern. Weitverbreitet, seit den 1820er-Jahren in Deutschland. Heftet sich mit Byssusfäden an Flussmuscheln, Steine, Pfähle. Gelblich grün mit braunen Wellen oder Zickzacklinien. Unterrand konkav, Schale scharf gekielt. Höhe bis zu 18 mm, Länge bis zu 40 mm, Breite bis zu 20 mm. Ähnlich Quagga-Muschel (*D. rostriformis*): Breiter und vom Wirbel bis zum Hinterende mit gerundeter Kante. Zeichnung sehr variabel und oft fehlend. Unterrand stärker konkav, Schale ungekielt. Länge 17–32 mm.

KÖRBCHENMUSCHELN (CORBICULIDAE)

5 | Grobgerippte Körbchenmuschel
Corbicula fluminea
In Deutschland erstmalig 1983 in der Weser bei Bremen dokumentiert. Bevorzugt in Unterläufen von Flüssen und Strömen sowie in Kanälen, Flüssen und Seen, auch Altwässern. Gehäuse grob gerippt. Schale rundlich dreieckig, leicht asymmetrisch, Wirbel vorne rundlich ausladend. Farbe außen gelblich dunkelbraun, innen weiß bis blassbläulich. Länge bis 36 mm.
Ähnlich Feingerippte Körbchenmuschel (*C. fluminalis*): Bevorzugt in Flüssen und Ästuaren, im Süßwasser kleiner als im Brackwasser. Gehäuse enger gerippt, Länge bis 20 mm.

Schnecken (Gastropoda)

Den hier abgebildeten Schnecken (Vorderkiemer: Neritidae, Lungenschnecken: Ancylidae, Acroloxidae) fehlen deutliche Windungen.

SCHWIMMSCHNECKEN (NERITIDAE)

6 | Gemeine Kahnschnecke
Theodoxus fluviatilis
In kleineren bis größeren Fließgewässern, auch am Brandungsufer von Seen oder an der Uferlinie großer Seen mit Steinsubstrat. Besiedelt unverschlammte Steine oder Totholz, frisst v. a. Kieselalgen. Gewinde des Gehäuses sehr klein, halbeiförmig. Gehäusezeichnung sehr variabel. 4,5–6,5 mm hoch, 6–9 mm breit. Andere Art: *T. danubialis*, Zickzackmuster auf hellem Grund, nur Donau, von Kehlheim abwärts (erloschen?).

FLUSSNAPFSCHNECKEN (ANCYLIDAE)

7 | Flussnapf- oder Mützenschnecke
Ancylus fluviatilis, von der Seite gesehen
Meist in Fließgewässern, selten Brandungsufer der Seen. Gehäuseform variabel, Oberfläche gitterförmig. Höhe bis zu 3,5 mm, Breite bis zu 6 mm.

TEICHNAPFSCHNECKEN (ACROLOXIDAE)

8 | Teichnapfschnecke *Acroloxus lacustris*
Auf Pflanzen in stehenden Gewässern. Mützenförmiges Gehäuse, Spitze nach hinten links gebogen. Höhe bis 2 mm, Länge bis 7 mm, Breite bis 3,5 mm. **8a**: Gehäuseumriss, von der Seite. Ähnlich, nur bis 3,2 mm lang, mit durchsichtiger Schale: *Ferrissia fragilis* (Ferrissiidae): Neozoon aus Nordamerika.

1
1a
2
3
2a
4
5
6
7
8
8a

VORDERKIEMER („PROSOBRANCHIA")

SUMPFDECKELSCHNECKEN (VIVIPARIDAE)

1 | Spitze Sumpfdeckelschnecke
Viviparus contectus
Bevorzugt in pflanzenreichen Stillgewässern. Grünbraun bis schwarz, mit 3 rotbraunen Bändern. Stark stufig abgesetzte Umgänge, Apex (Spitze) spitz, Nabel offen, Höhe bis 37 mm, Breite bis 28 mm. *Viviparus viviparus*: Ähnliche Art, verbreitet in Flüssen und in mäßig bewegtem Wasser von Seen. In Wandstärke und Farbe variabel. Umgänge weniger stark abgesetzt, Apex stumpf, Nabel fast oder ganz geschlossen. Höhe bis 31 mm, Breite bis 22 mm.

ZWERG-, WASSERDECKELSCHNECKEN (HYDROBIIDAE)

2 | *Potamopyrgus antipodarum*
Neozoon aus Neuseeland. Vermehrt sich bei uns parthenogenetisch und kann sich so leicht ausbreiten. In unterschiedlichen Gewässern, auch im Brackwasser. Gehäuse glänzend gelblich bis rötlich hornbraun, mit spitzem Apex. 5,5 Umgänge. Mündung spitz-oval. Formvariabel. Höhe 6 mm, Breite 4 mm.

3 | Dunkers Quellschnecke
Bythinella dunkeri
In Quellen und Quellbächen v. a. Südwestdeutschlands, mit 4 Umgängen, die beiden letzten größer. Mündung oben stumpfeckig, nimmt gut 2/5 der Höhe ein. Grünlich. Höhe bis zu 3 mm, Breite 1,6 mm. Mehrere sehr ähnliche Arten in Süddeutschland. Verwechselungsgefahr mit der nur in Norddeutschland vertretenen, seltenen und in unterschiedlichen pflanzenreichen Gewässern vorkommenden *Marstoniopsis scholtzi*.

SCHNAUZENSCHNECKEN (BITHYNIIDAE)

4 | *Bithynia tentaculata*
In Still- und Fließgewässern. Getrenntgeschlechtlich. 5–6 Umgänge. Naht mäßig tief. Horngelb bis rötlich. Gehäuse: Höhe bis 11 mm, Breite bis 7 mm. Laich 1–1,5 cm lang, mit 50–70 Eiern. Weitere Art (v. a. Norddeutschland, nicht abgebildet): *B. leachii*. 4–5 stufig abgesetzte Umgänge mit tiefer Naht. Mündung oval. Kleiner als Vergleichsart (Höhe 4–6 mm, Breite 2–4 mm).

FEDERKIEMENSCHNECKEN (VALVATIDAE)

5 | *Valvata piscinalis*
In Still- und Fließgewässern. Grünlich, gelblich, glänzend. Höhe und Breite bis 5 mm. Mündung nahezu kreisrund. Weitere 5 Arten der Gattung in Deutschland, am weitesten verbreitet von diesen: *V. cristata*: in unterschiedlichen Gewässertypen. Gehäuse vollkommen flach, scheibenartig, Breite 2–3 mm.

SÜSSWASSERLUNGENSCHNECKEN (PULMONATA: BASOMMATOPHORA)

BLASENSCHNECKEN (PHYSIDAE)

Gehäuse linksgewunden, Mantel mit 1 oder 2 Lappen das Gehäuse umgreifend (*Physa*, *Haitia*).

6 | Quell-Blasenschnecke *Physa fontinalis*
In klaren pflanzenreichen Gewässern. Sehr lebhaft. Fühler lang, zugespitzt. Mantel schwarz gefleckt, beidseitig mit fingerförmigen Lappen (vgl. **8a**), Fuß lang und dünn. Laich klein, hoch, kreisförmig, mit etwa 10–30 Eiern. Schale sehr dünn, hornfarben, glatt, glänzend, durchscheinend. 4 Umgänge, der letzte stark aufgeblasen. Apex stumpf, gerundet. Höhe bis 12 mm, Breite bis 7 mm.

7 | Moosblasenschnecke
Aplexa hypnorum
In Gräben, Tümpeln, auch in Mooren. Tier schwarzblau, Fühler lang. Mantel ganzrandig, grau, schwarz gefleckt. Schale glatt, glänzend, gelblich bis rötlich braun, durchscheinend. 6 Umgänge, letzter nicht aufgeblasen. Höhe bis 15 mm, Breite bis 6 mm.

8 | Spitze Blasenschnecke *Haitia acuta*
Primär mediterran, durch Aquarianer verschleppt. In Deutschland verstreut vorkommend. In stehenden und langsam fließenden Gewässern. Schale gelblich hornfarben, matt glänzend. Apex spitzer als bei *Physa fontinalis*, rechter Mantellappen greift über Gehäuse (**8a**). Höhe 8–12 mm, Breite 3–5,5 mm.

1
2
3
4
5
6
7
8
8a

SÜSSWASSERLUNGENSCHNECKEN (PULMONATA: BASOMMATOPHORA)

SCHLAMMSCHNECKEN (LYMNAEIDAE)

Gehäuse rechtsgewunden und spitz-konisch oder kugelig. Tiere mit 3-eckigen Fühlern (siehe **1**) und überwiegend groß und kräftig.

1 | Spitzschlammschnecke

Lymnaea stagnalis

In pflanzenreichen stehenden oder langsam fließenden Gewässern. Verbreitet, aber nicht im Bergland Süddeutschlands. Größte Lungenschnecke Mitteleuropas. Gewinde lang ausgezogen, spitz, fast so hoch wie die Mündung. Letzter Umgang bauchig erweitert. Höhe bis 54 mm, Breite bis 27 mm. Hornfarben. Viele Standortformen.

2 | Längliche Sumpfschnecke

Omphiscola glabra

Amphibisch in pflanzenreichen Gräben und Tümpeln. Überdauert Trockenzeiten im Schlamm. Mündung nur 1/3 so lang wie Gehäuse. Höhe bis 12 mm, Breite bis 4 mm. Dunkel horngelb.

3 | Leberegelschnecke

Galba truncatula

In kleinen Gewässern, Tümpeln, Gräben. Überdauert Trockenzeiten im Schlamm vergraben. Am Gewässerrand z. B. an Pflanzen und Steinen. Zwischenwirt für die Larven des Großen Leberegels (*Fasciola hepatica*), Hauptwirte: Weidevieh. Schale wie **5**, aber mit 5–6 gewölbten, stufig abgesetzten Windungen. Höhe bis 8 mm, Breite bis 4 mm, horngelb.

4 | *Radix labiata*

In kleinen stehenden und langsam fließenden Gewässern, auch in Mooren. Im Norden seltener als in Süddeutschland. Bis in 2800 m Höhe. Letzter Umgang nicht aufgeblasen, seitlich etwas zusammengedrückt. Höhe bis 20 mm, Breite bis 13 mm.

5 | Raben-Sumpfschnecke

Stagnicola corvus

In stehenden Gewässern aller Art, auch Brack- und Salzwasser sowie langsam fließenden Gewässern. Gewinde so hoch wie oder höher als der letzte Umgang. 7 regelmäßig zunehmende Umgänge. Nähte nicht tief. Letzter Umgang nicht bauchig erweitert. Oberfläche oft runzelig. Höhe bis 34 mm, Breite bis 16,5 mm. Horngelb bis braun. Mehrere Standortformen. Mehrere weitere Arten der Gattung.

6 | Ohrschlammschnecke

Radix auricularia

Normalform in pflanzenreichen stehenden Gewässern; viele Standortformen. Gewinde spitz, kürzer als die Mündung. Letzter Umgang groß, stark ohrförmig erweitert, Mundsaum weit ausgebreitet. Höhe bis 24 mm, Breite bis 18 mm. **6a**: Mündungsseite.

7 | *Radix balthica*

In unterschiedlichen stehenden, selten in fließenden Gewässern. Schalenform sehr variabel. Normalform eiförmig, höher als breit, Gewinde kurz, kegelförmig, stumpf, Mündung breit eiförmig. Höhe bis zu 20 mm, Breite bis 14 mm.

8 | Mantelschnecke

Myxas glutinosa

Vor allem in pflanzenreichen Standgewässern Norddeutschlands. Selten. Schale sehr dünnwandig, gelblich, durchscheinend, glatt, glänzend. Mantel gelbbraun, schwarz marmoriert, kann die Schale fast umhüllen. Höhe bis 16 mm, Breite bis 15 mm. **8a**: Mündungsseite.

1
2
3
4
5
6
7
8
6a
8a

SÜSSWASSERLUNGENSCHNECKEN (PULMONATA: BASOMMATOPHORA)

TELLERSCHNECKEN (PLANORBIDAE)

Unverkennbar durch das in einer Ebene scheibenfömig gewundene Gehäuse. Anatomisch (Atemöffnung, Geschlechtsöffnung auf der linken Seite) ist das Gehäuse linksgewunden; es wird aber beim Kriechen nach links geneigt, sodass es wie rechtsgewunden erscheint. Bei dünnschaligen oder pigmentarmen Gehäusen Rotfärbung durch Hämoglobin sichtbar. In Deutschland 9 Gattungen mit 21 Arten.

1 | Posthornschnecke

Planorbarius corneus

In stehenden und langsam fließenden Gewässern. 5 rasch erweiterte, vollkommen gerundete Umgänge. Gehäuse oliv bis braun. Beim lebenden Tier Hautfalte am linken Gehäuserand. Höhe bis 12 mm, Durchmesser bis 34 mm.

2 | Gemeine Tellerschnecke

Planorbis planorbis, Unterseite

In stehenden und langsam fließenden Gewässern, v. a. im Tiefland häufig. 5–6 Umgänge, langsam erweitert, oben stark, unten schwach gewölbt. Fadenförmiger Kiel nahe der Unterseite **(2a)**. Gelblich bis hornbraun, glänzend. Höhe bis 3,5 mm, Durchmesser bis 18 mm.

2b | Gekielte Tellerschnecke

Planorbis carinatus

In Weihern und Seen. 4–5 Umgänge, rasch erweitert, beiderseits fast gleich stark gewölbt. Kiel auf der Mitte der Umgänge. Gelblich grau. Höhe bis 3 mm, Durchmesser bis 15 mm.

Gattung *Anisus*: Gehäuse-Durchmesser 6–10 mm, Umgänge an Breite kaum zunehmend.

3 | Scharfe Tellerschnecke

Anisus vortex

In stehenden und langsam fließenden Gewässern. Gehäuse dünnwandig, ganz flach scheibenförmig. 6–7 Umgänge, diese langsam erweitert, der letzte fast doppelt so breit wie der vorletzte, oben gewölbt, unten platt. Kiel scharf, nicht fadenartig abgesetzt, der Unterseite genähert **(3a)**. Die Nähte sind unten fadenförmig und oben tief eingesenkt. Schmutzig gelb. Höhe bis 1,1 mm, Durchmesser bis 9 mm.

4 | Gelippte Tellerschnecke

Anisus spirorbis

In kleinen temporären Gewässern im Tiefland. Selten. 4,5 Umgänge, rundlich, beiderseits gewölbt, nahe der Unterseite stumpfkantig. Graugelb. Höhe bis 1,4 mm, Durchmesser 5,5 mm. **4a**: Mündungsansicht.
Weiter verbreitete Art der Gattung (nicht abgebildet): Weißmündige Tellerschnecke (*Anisus leucostoma*). Meist in kleineren stehenden Gewässern, verträgt auch längeres Trockenfallen. 6–6,5 stumpf gewinkelte Umgänge, die gleichmäßiger zunehmen als bei *A. spirorbis*. Höhe bis 1,5 mm, Durchmesser bis 7 mm.

5 | Zwergposthörnchen

Gyraulus crista

In Weihern und Sümpfen, bis 13 m Wassertiefe. Normalform gerippt, oben fast platt, unten weit genabelt. 3 Umgänge. Grauweiß bis dunkel hornfarben. Höhe bis 0,9 mm, Durchmesser bis 2,8 mm, **5a**: Mündungsansicht.

6 | Glattes Posthörnchen

Gyraulus laevis

Im Pflanzengürtel von Seen. Verbreitet, aber selten. Oben in der Mitte vertieft, unten schüsselartig eingesenkt, 4–4,5 Umgänge, rund, ohne Kiel, der letzte gegen die Mündung etwas erweitert. Naht tief, glatt, glänzend, gelblich hornfarben. Höhe bis 1,5 mm, Durchmesser bis 5 mm. **6a**: Mündungsansicht.

7 | Riementellerschnecke

Bathyomphalus contortus, Oberseite

In pflanzenreichen stehenden Gewässern. 7–8 Umgänge, viel höher als breit, sehr eng riemenartig aufgerollt. Liegt oben in einer Ebene, bildet unten einen breiten, trichterförmigen Nabel. Naht tief. Braun. Höhe bis 2 mm, Durchmesser bis zu 6 mm. **7a**: Mündungsansicht, **7b**: Unterseite.

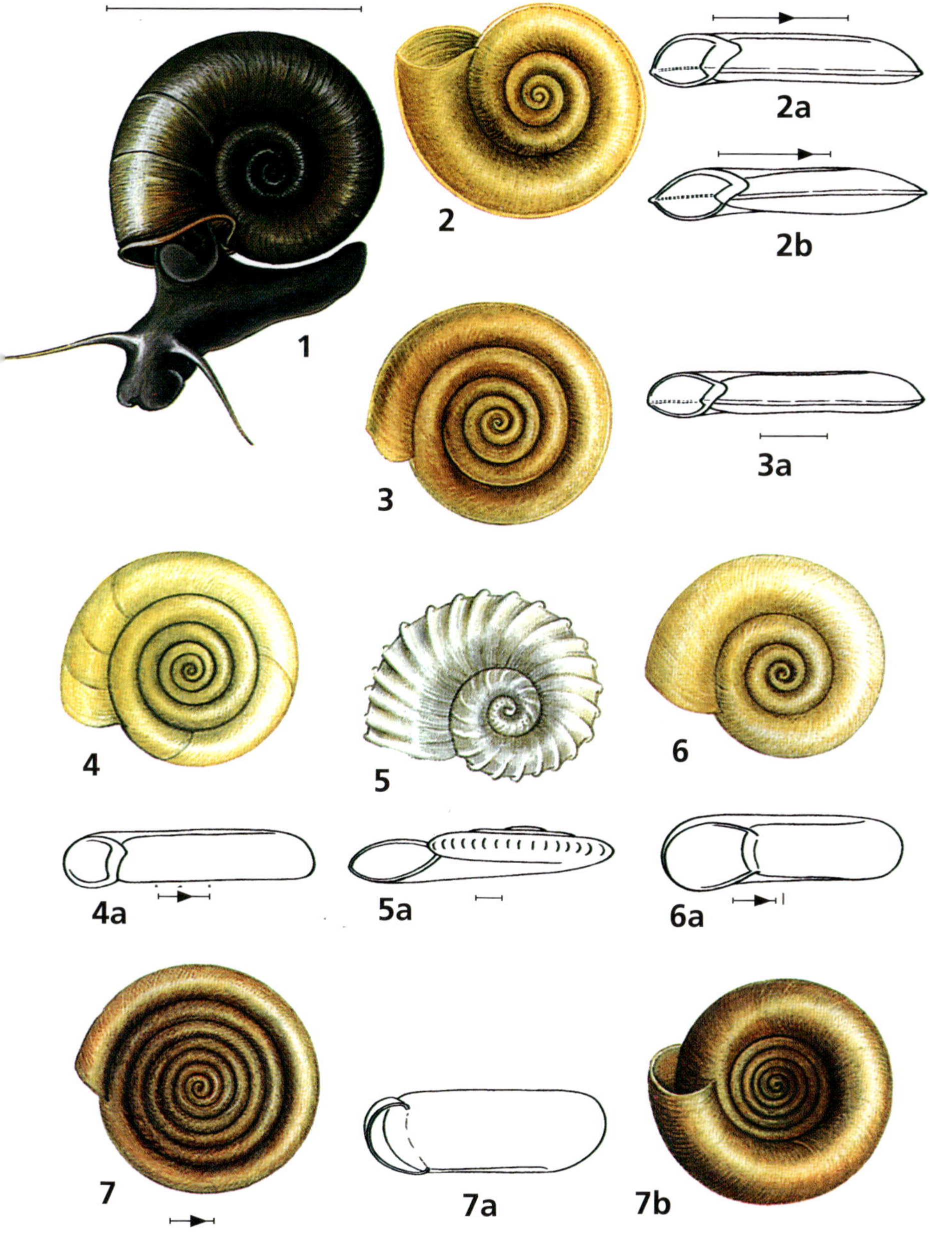
1
2
2a
2b
3
3a
4
5
6
4a
5a
6a
7
7a
7b

FORELLENARTIGE FISCHE (SALMONIDAE)

1 | Bachforelle

Salmo trutta fario

Länge: 25–40 cm. Körper gedrungen, torpedoförmig. Schnauze stumpf. Maul bis hinter die Augen gespalten. Kieferknochen, Gaumen-, Zungen- und Pflugscharbein mit vielen 1-spitzigen Zähnen. **Farbe:** Rücken oliv bis bräunlich, Seiten heller, Bauch gelblich. Auf Kopf, Rücken und Seiten schwarze und rote Punkte, Letztere meist von bläulich weißen Ringen umgeben. Farbe wechselt nach Biotop, variiert auch in einer Population. Wie alle Salmoniden mit „Fettflosse" zwischen Rücken- und Schwanzflosse (S. 190, Bild 133). **Biotop und Lebensweise:** Forellen- und Äschenregion von Fließgewässern, Seen mit kühlem, sauerstoffreichem Wasser. Stationäre Art mit ausgeprägtem Revierverhalten. Durch Lebensraumverlust bedroht. **Nahrung:** Kleintiere aller Art. **Laichzeit:** X(IX)–I(II). ♀ schlägt mit der Schwanzflosse auf Kies- oder Sandgrund eine ovale Laichgrube von 20–50 cm Durchmesser, in der die Eier (1500–2500 je kg Körpergewicht) abgegeben und vom ♂ besamt werden. Eier werden mit Substrat bedeckt. Die Bachforellen sind die Hauptwirte der Glochidium-Larven der Flussperlmuschel (vgl. S. 288/5).

2 | Regenbogenforelle

Oncorhynchus mykiss

Länge: 25–50 cm. Körperform wie **1**. **Farbe:** Kopf und Rücken oliv bis dunkelgrün, Seiten heller, mit breitem, rötlichem, regenbogenfarben schillerndem Längsband. Kopf, Rücken, Seiten sowie Rücken-, Fett- und Schwanzflosse mit schwarzen Flecken. Färbung je nach Biotop verschieden. **Biotop und Lebensweise:** Forellen- und Äschenregion, Seen. Verträgt höhere Wassertemperaturen und geringere Sauerstoffwerte als Bachforelle. Aus Nordamerika eingeführt. Ernährung und Laichverhalten wie Bachforelle. Verbreitet. **Laichzeit:** XII–V.

HECHTE (ESOCIDAE)

3 | Hecht

Esox lucius

Länge: 100 cm, selten größer. Körper lang gestreckt, Kopf lang, Schnauze entenschnabelartig, flach. Tief gespaltenes Maul mit vielen Zähnen. **Farbe:** Je nach Biotop verschieden. Rücken oliv, braun- oder graugrün. Seiten heller mit dunklen Querbinden. Bauch weißlich. Rücken-, Schwanz- und Afterflosse rötlich braun mit verschieden großen dunklen Flecken. **Biotop und Lebensweise:** Größere Fließgewässer und stehende Gewässer aller Art, auch Brackwasser. Standfisch, Lauerjäger. Verbreitet und für Deutschland ungefährdet. **Nahrung:** Fische, Lurche, Wasservögel, Kleinsäuger. **Laichzeit:** II–V. Die braunen, klebrigen Eier werden an Wasserpflanzen oder auf Gras in überschwemmten Wiesen abgelegt.

BARSCHE (PERCIDAE)

4 | Flussbarsch

Perca fluviatilis

Länge: 15–45 cm. Gedrungen, hochrückig. Kopf stumpf. Maul mit vielen kleinen Zähnen. Kiemendeckel nach hinten spitz ausgezogen. 2 getrennte Rückenflossen, die vordere durch starke Hartstrahlen gestützt. **Farbe:** Obere Körperhälfte graugrün bis dunkelgrau mit 6–9 dunklen Querbinden, Bauch gelblich bis mattweiß. After- und Bauchflossen rötlich. **Biotop und Lebensweise:** Fließende und stehende Gewässer, bis in 1000 m Höhe, auch in Brackwasser. Weitverbreitet. **Nahrung:** Je nach Größe Wassertiere aller Art, Laich. **Laichzeit:** IV(III)–V(VI). Eiablage in bis zu 1 m langen und mehrere Zentimeter breiten Gallertbändern an Wasserpflanzen oder Steine.

1

2

3

4

KARPFENFISCHE (CYPRINIDAE) I

1 | Moderlieschen

Leucaspius delineatus

Länge: 6–12 cm. Körper schlank, Maul oberständig (vgl. S. 190, Bild 134). Seitenlinie erstreckt sich nur über 7–12 Schuppen. **Farbe:** Rücken olivbraun bis graugrün, Kopf und Körperseiten silberglänzend mit einem stahlblauen, im Schwanzstiel besonders ausgeprägten Längsstreifen. **Biotop und Lebensweise:** Kleine, langsam fließende und stehende Gewässer. Schwarmfisch. Meist oberflächennah in besonnten Wasserpflanzenbeständen. Lokal gefährdet. **Nahrung:** Kleine Wassertiere aller Art. **Laichzeit:** IV–V. Die Eier werden in einem ringförmigen Band an Wasserpflanzen abgelegt und vom ♂ bewacht und durch Flossenfächeln mit Frischwasser versorgt.

2 | Elritze

Phoxinus phoxinus

Länge: 7–10 (selten 14) cm. Körper torpedoförmig. Schwanzstiel seitlich zusammengedrückt. Maul endständig. Seitenlinie erstreckt sich häufig nur bis zur Körpermitte. **Farbe:** Rücken graugrün, Seiten heller, silbrig, während der Laichzeit mit rötlicher Unterseite. **Biotop und Lebensweise:** Nährstoffarme, sauerstoffreiche Bäche, kleinere Flüsse und Stillgewässer. Oberflächenorientierter Schwarmfisch. Stark gefährdet. **Nahrung:** Kleine Wassertiere aller Art, auch Fluginsekten. **Laichzeit:** IV–VI. Eiablage gesellig meist an Steinen im Flachwasser, wandern dazu stromaufwärts.

3 | Gründling

Gobio gobio

Systematische Stellung unsicher, manchmal auch zu den Gründlingsverwandten (Gobionidae) gestellt. **Länge:** 8–14 (selten bis 20) cm. Körper gestreckt, nahezu drehrund. Schwanzstiel seitlich zusammengedrückt. Maul unterständig mit kurzen Bartfäden. **Farbe:** Rücken braungrün mit zahlreichen dunklen Punkten und kleinen Flecken. Bauch silbrig. Gelbliche Rücken- und Schwanzflosse mit Reihen dunkler Punkte. **Biotop und Lebensweise:** Bäche, Flüsse, Weiher, Seen, bevorzugt sandigen und kiesigen Boden. Auch im Brackwasser. Schwarm- und Bodenfisch. Verbreitet und ungefährdet. **Nahrung:** Kleine Bodentiere, Laich, auch pflanzliche Stoffe. **Laichzeit:** V–VI. Eier werden im Flachwasser, jeweils in Klümpchen, an Steinen oder Pflanzen abgelegt.

PLATTSCHMERLEN (BALITORIDAE)

4 | Bachschmerle (Schmerle, Bartgrundel)

Barbatula (= *Nemacheilus*) *barbatula*

Manchmal auch zu den Schmerlen (Cobitidae) gestellt. **Länge:** 8–12 (selten über 15) cm. Körper lang gestreckt, walzenförmig, hinten seitlich zusammengedrückt. Maul unterständig, am Oberkiefer 6 Barteln (4 vorn, 2 in den Mundwinkeln). Schuppen sehr klein. Deutliche, helle Seitenlinie. Starke Schleimschicht auf dem ganzen Körper. **Farbe:** Sehr variabel. Rücken graubraun, oliv; Bauch weißlich; gesamter Körper mit dunkleren Flecken. Flossen gelblich, Rücken- und Schwanzflosse mit kleinen dunklen Flecken. **Biotop und Lebensweise:** Oligotrophe Bäche und Uferregion oligotropher Seen mit Sand- und Kiesgrund. Reviertreuer Bodenfisch, der sich tagsüber gern unter Steinen versteckt. Erst ab der Dämmerung aktiv. Lokal selten und stark gefährdet. **Nahrung:** Bodentiere aller Art, Fischlaich. **Laichzeit:** IV(III)–V. Die Eier werden an Steinen, seltener an Wasserpflanzen angeklebt und vom ♂ bewacht.

1

2

3

4

SCHMERLEN (COBITIDAE)

1 | Steinbeißer

Cobitis taenia

Länge: Bis zu 12 cm. Körper gestreckt, seitlich zusammengedrückt. Maul unterständig. Am Oberkiefer 6 Barteln. Unter den Augen je 1 aufrichtbarer, 2-spitziger Dorn („Dorngrundel"). Schuppen klein, Seitenlinie kaum sichtbar. **Farbe:** Hellgrau bis graubraun. Bauch heller. Mit 2 Längsreihen Flecken, diese schwarz, manchmal blauschwarz, violett, selten rötlich. Flecken der unteren Reihe deutlich größer. **Biotop und Lebensweise:** Stehende und fließende Gewässer mit sandigem Grund. Gräbt sich tagsüber häufig bis zum Kopf ein. Nachtaktiv. Lokal selten und stark gefährdet. **Nahrung:** Kleintiere, Detritus. **Laichzeit:** IV–VI. Eiablage an Steinen, Wasserpflanzen, Wurzeln. [FFH-Art]

2 | Schlammpeitzger

Misgurnus fossilis

Länge: 20–30 cm. Körper gestreckt, vorn walzenförmig, hinten seitlich zusammengedrückt. Maul unterständig, am Oberkiefer 6 längere, am Unterkiefer 4 kürzere Barteln. Schuppen sehr klein, Seitenlinie kaum ausgebildet. Körper mit Schleimschicht. **Farbe:** Sehr verschieden. Rücken dunkelbraun, Seiten gelbbraun, Bauch weißlich orange. 1 dunkler Längsstreif vom Kopf bis zur Schwanzflosse. Viele dunkelbraune Flecken und Punkte. **Biotop und Lebensweise:** Stehende, pflanzenreiche Gewässer mit schlammigem Grund. Gräbt sich tagsüber ein und kann so wochenlanges Austrocknen überdauern. Darmatmung durch Luftschlucken und Atmung über die Haut. Auch im Brackwasser. Fast überall stark gefährdet. **Nahrung:** Kleine Bodentiere. **Laichzeit:** IV–VI. Eiablage an Wasserpflanzen. [FFH-Art]

GROPPEN (COTTIDAE)

3 | Groppe, Mühlkoppe

Cottus gobio

Länge: 10–18 cm. Körper keulenförmig. Großer Kopf, endständiges, breites Maul. Rückenflossen durch Hautsaum verbunden. Bauchflossen nahe den großen Brustflossen. Schuppenlos. **Farbe:** Je nach Untergrund verschieden: braun bis grau, dunkel marmoriert. Bauch schmutzig weiß. **Biotop und Lebensweise:** Nährstoffarme, sauerstoffreiche Fließgewässer, Brandungszone von Seen, auch Brackwasser. Nachtaktiver, reviertreuer Bodenfisch. Verbreitet, aber meist gefährdet. **Nahrung:** Kleinere Bodentiere, Fischlaich, Jungfische. **Laichzeit:** II–V. ♀ klebt Eier an die Unterseite von Steinen, ♂ bewacht das Gelege. [FFH-Art]

STICHLINGE (GASTEROSTEIDAE)

4 | Dreistachliger Stichling

Gasterosteus aculeatus

Länge: Bis 8 (maximal 11) cm. Körper schlank, zusammengedrückt, Schwanzstiel dünn. Maul endständig, schräg nach oben gerichtet. Schuppenlos, mit seitlichen Knochenplatten. Vor der Rückenflosse sind 3 bewegliche Stacheln, vor Bauch- und Afterflosse je 1 Stachel. **Farbe:** Rücken und Seiten blaugrau bis oliv, Bauch weißlich, beim ♂ während der Laichzeit Rücken smaragdgrün bis blau, Kehle, Brust und Bauch leuchtend hell- bis rubinrot. **Biotop und Lebensweise:** Ufer pflanzenreicher Gewässer. Auch in Brackwasser und Meer. Meist verbreitet und ungefährdet. **Nahrung:** Kleintiere, Laich, Jungfische. **Laichzeit:** III–VI. ♂ baut aus Pflanzenteilen und Sekret ein Bodennest, in dem 1–3 ♀ je 60–120 Eier ablegen, ♂ bewacht Nest und Junge.

Weitere Art u. a.: Zwergstichling oder Neunstachliger Stichling (*Pungitius pungitius*), bis 6 cm, mit 7–13 kurzen Rückenstacheln. Flüsse, Seen.

1

2

3

4

Fische IV

SONNENBARSCHE (CENTRARCHIDAE)

1 | Sonnenbarsch

Lepomis gibbosus

Länge: 10–20 cm. Körper hochrückig, seitlich stark zusammengedrückt. Rückenflosse nicht geteilt. Grundfarbe gelbbraun, mit zahlreichen, im durchsonnten Wasser irisierenden, bläulichen und orangeroten Flecken. Auf dem Kiemendeckel 1 schwarzer Fleck. **Biotop und Lebensweise:** Pflanzenreiche stehende und fließende Gewässer, besonders Baggerseen (ausgesetzt). Neozoon, wurde 1887 aus Nordamerika eingeführt. Vor allem im wärmeren Südwesten verbreitet. **Nahrung:** Kleintiere aller Art, Laich, Jungfische. **Laichzeit:** V–VI. Die Eier werden in seichten Mulden im Flachwasser abgelegt und von ♂ und ♀ gemeinsam bewacht, ebenso die Jungen.

KARPFENFISCHE (CYPRINIDAE) II

2 | Schneider

Alburnoides bipunctatus

Länge: 9–16 cm. Körper schlank, gedrungen, ziemlich hochrückig, seitlich zusammengedrückt. Maul endständig. **Farbe:** Rücken braun bis blaugrün, Seiten und Bauch heller. Vom Auge zieht ein breites, nahezu schwarzes Längsband bis zur Schwanzflosse. Beiderseits der stark nach unten durchgebogenen Seitenlinie je 1 Reihe kleiner schwarzer Flecken, die sich paarweise gegenüberstehen. Flossen durchscheinend, gelblich, während der Laichzeit hellorange. **Biotop und Lebensweise:** Nährstoffarme, schnell fließende Gewässer, selten in stehenden. Schwarmfisch. Selten und gefährdet. **Nahrung:** Wirbellose Bodentiere. **Laichzeit:** V–I. Laichen auf sandigem oder kiesigem Grund.

3 | Döbel

Squalius cephalus

Länge: 30–40 (selten 60) cm. Körper lang gestreckt, drehrund. Maul endständig. Schuppen groß, schwärzlich gerandet, wodurch eine netzartige Zeichnung entsteht. Afterflosse nach außen gewölbt. **Farbe:** Rücken und Kopfoberseite grau- bis braungrün, Seiten silbrig oder goldgelb metallisch glänzend, Bauch weißlich. Rücken- und Schwanzflosse grau, Letztere leicht rötlich. Brustflossen hellgrau, Bauch- und Afterflossen hellrot. **Biotop und Lebensweise:** Größere Fließgewässer aller Art, auch Seen. Selten im Brackwasser (Ostsee). In der Jugend Schwarmfisch, Alttiere einzeln. Verbreitet und nur lokal selten und gefährdet. **Nahrung:** Als Jungtiere Kleintier- und Pflanzenfresser, im Alter Raubfisch (Fischlaich, kleinere Fische, Lurche). **Laichzeit:** IV–VI. Die Eiablage erfolgt an Steinen und Wasserpflanzen.

4 | Hasel

Leuciscus leuciscus

Länge: 20–30 cm. Körper lang gestreckt, spindelförmig, seitlich etwas zusammengedrückt. Maul unterständig. Rücken- und Afterflosse leicht eingebuchtet (Unterscheidungsmerkmal zum Döbel). **Farbe:** Rücken blauschwarz, Seiten silbern glänzend, Bauch weißlich. Brust-, Bauch- und Afterflossen gelblich. **Biotop und Lebensweise:** Fließgewässer verschiedener Art. Oberflächenorientierter Schwarmfisch. **Nahrung:** Kleintiere aller Art, auch Fluginsekten, selten Pflanzen. Ältere Tiere werden mit zunehmendem Alter mehr und mehr räuberisch. Nur lokal gefährdet. **Laichzeit:** III–V. Die Eier werden vorzugsweise auf sandig-kiesigem Grund zwischen Wasserpflanzen abgelegt.

1

2

3

4

KARPFENFISCHE (CYPRINIDAE) III

1 | Karpfen

Cyprinus carpio

Länge: 30–70 (maximal bis 120) cm. Zahlreiche Zuchtrassen, besonders in Körperform und Beschuppung verschieden (z. B. Spiegel-, Leder-, Zeilkarpfen). Stamm-(Wild-)form: Körper gestreckt, seitlich zusammengedrückt. Maul endständig, mit 4 Barteln am Oberkiefer. Körper völlig beschuppt. **Farbe:** Stark wechselnd, Rücken braun-, blau- oder dunkelgrün, Seiten und Bauch heller. Flossen oft rötlich. **Biotop und Lebensweise:** Eutrophe, wärmere, pflanzenreiche stehende und langsam fließende Gewässer. Hauptsächlich nachtaktiv. Gründelt. **Nahrung:** Bodentiere aller Art, auch Pflanzenteile. **Laichzeit:** V–VII. Die klebrigen Eier werden im Flachwasser an Pflanzen abgelegt. Der Karpfen ist wärmeliebend, zum Ablaichen benötigen Wildkarpfen Temperaturen um 18 °C, Zuchtformen noch höhere Temperaturen, weshalb sie sich in nördlichen Regionen nicht fortpflanzen können. Ursprüngliche Heimat Mittelasien, Einzugsgebiete Kaspisches und Schwarzes Meer (Ungarn, Rumänien, Bulgarien).

2 | Schleie

Tinca tinca

Länge: 20–50 cm. Körper gedrungen. Maul endständig, in den Mundwinkeln je 1 Bartel. Sehr kleine Schuppen, von dicker Schleimschicht überzogen. Flossen gerundet. Bauchflossen des ♂ verlängert, mit deutlich verdicktem 2. Flossenstrahl. **Farbe:** Je nach Biotop sehr unterschiedlich. Grundfarbe dunkel- bis olivgrün, Seiten und Bauch heller, besonders bei Sonnenlicht messingfarben oder golden schimmernd. Flossen stets dunkelgrau. **Biotop und Lebensweise:** Eutrophe stehende Gewässer, auch östliche Ostsee. Häufig Beifisch in Karpfenzuchtteichen. Gründelnder Bodenfisch. Winterruhe, im Schlamm eingegraben. Verbreitet. **Nahrung:** Kleinere Bodentiere aller Art, Detritus. **Laichzeit:** V–VII. Eier (etwa 400 000 je ♀) werden an Wasserpflanzen abgelegt. Laichen bei 19–20 °C.

3 | Karausche

Carassius carassius

Länge: 15–30 (maximal 45) cm. Körper gedrungen, hochrückig, seitlich zusammengedrückt. Maul endständig. Rückenflosse auffällig lang und hoch. **Farbe:** Grundfarbe goldbraun, Rücken olivgrün, Seiten und Bauch heller. Auf der Schwanzwurzel ein dunkler Fleck. Flossen braun mit rötlichem Anflug. **Biotop und Lebensweise:** Sehr langsam fließende und stehende pflanzenreiche, auch eutrophe, sauerstoffarme Gewässer aller Art. Typische Art der Auengewässer. Stark gefährdet. Bodenfisch. Sehr zählebig, kann Austrocknung der Gewässer durch Eingraben im Bodenschlamm überstehen. **Nahrung:** Kleintiere aller Art und Pflanzenteile. **Laichzeit:** V–VI. Die klebrigen Eier werden an Wasserpflanzen geheftet.

4 | Güster, Blicke

Blicca bjoerkna

Länge: 20–30 (selten 35) cm. Körper sehr hochrückig, seitlich stark zusammengedrückt. Maul halb unterständig. Durchmesser der großen Augen größer als die Schnauzenlänge (Unterscheidungsmerkmal zum hier nicht gezeigten Brachsen). **Farbe:** Kopfoberseite und Rücken dunkeloliv, Seiten heller, silbrig glänzend. Bauch weißlich mit starkem Silberglanz. Rücken-, Schwanz- und Afterflosse dunkelgrau, Brust- und Bauchflossen am Ansatz rötlich, sonst grau. **Biotop und Lebensweise:** Seen und langsam fließende Bäche und Flüsse (Brachsenregion). Schwarmfisch. Verbreitet und ungefährdet. **Nahrung:** Kleinere Wassertiere aller Art, auch Pflanzenteile. **Laichzeit:** V–VI. Die klebrigen Eier werden an Wasserpflanzen abgelegt.

1

2

3

4

KARPFENFISCHE (CYPRINIDAE) IV

1 | Rotauge, Plötze

Rutilus rutilus

Länge: 20–25 (maximal bis 50) cm. Körper schlank, spindelförmig, hochrückig, seitlich zusammengedrückt. Maul endständig, auch leicht unterständig und ein wenig schief gestellt. Bauch zwischen Bauch- und Afterflosse gerundet (vgl. Rotfeder); Vorderende der Rückenflosse steht senkrecht über oder vor dem Ansatz der Bauchflossen. **Farbe:** Rücken dunkelgrau mit bläulichem Schimmer, Seiten silbrig glänzend, Bauch weißlich. Bauch- und Afterflossen orange- bis dunkelrot, übrige Flossen grau mit rötlicher Tönung. Augenring rot (vgl. Rotfeder). **Biotop und Lebensweise:** Langsam fließende und stehende Gewässer, Brackwasser, Nord- und Ostsee. Schwarmfisch. Verbreitet und ungefährdet. **Nahrung:** Plankton und Bodentiere aller Art, auch Wasserpflanzen und Fluginsekten. **Laichzeit:** IV–V. Die klebrigen Eier (50 000–100 000 Stück pro ♀) werden an Wasserpflanzen abgelegt.

2 | Rotfeder

Scardinius erythrophthalmus

Länge: 20–30 (maximal 40) cm. Körper hochrückig, seitlich zusammengedrückt. Maul deutlich oberständig, steht steiler als beim Rotauge. Bauch bildet zwischen Bauch- und Afterflosse einen deutlichen Kiel (vgl. Rotauge), Vorderende der Rückenflosse steht deutlich hinter dem Ansatz der Bauchflossen (vgl. Rotauge). **Farbe:** Rücken braungrün, Seiten silbrig, manchmal messinggelb glänzend, Bauch weißlich. Alle Flossen an der Basis grau, sonst kräftig rot. Augenring messinggelb (vgl. Rotauge). **Biotop und Lebensweise:** Pflanzenreiche Teile langsam fließender und stehender Gewässer, auch im Brackwasser. Schwarmfisch. Verbreitet und meist ungefährdet. **Nahrung:** Wie Rotauge. **Laichzeit:** IV–VI. Die klebrigen Eier (90 000–200 000 Stück pro ♀) werden an Wasserpflanzen abgelegt.

3 | Bitterling

Rhodeus amarus

Länge: 8–9 cm (kleinster heimischer Vertreter der Karpfenfische). Körper hochrückig, seitlich zusammengedrückt. Maul endständig. Seitenlinie reicht nur über 5–6 Schuppen. **Farbe:** Rücken graugrün, Seiten silbrig glänzend, blaugrüner Längsstreifen zieht von der Körpermitte bis zur Schwanzwurzel. Flossen außerhalb der Laichzeit blassrötlich. ♂ zur Laichzeit regenbogenfarben schillernd, untere Körperpartien rötlich, mit Laichausschlag auf der Schnauze. **Biotop und Lebensweise:** Pflanzenreiche, langsam fließende und stehende Gewässer mit schlammigem oder sandigem Untergrund. Schwarmfisch. Lokal stark gefährdet. **Nahrung:** Wirbellose Kleintiere jeder Art, auch Pflanzenteile. **Laichzeit:** IV–VI. Beim ♀ wächst aus der Geschlechtsöffnung eine mehrere Zentimeter lange, schlauchartige Hautröhre (Legeröhre), mit deren Hilfe es seine Eier (jeweils 2 bei einem Legeakt, im Ganzen etwa 40–100) in die Kiemenöffnung einer Fluss- oder Teichmuschel einbringt (S. 184, Bild 130). Das ♂ spritzt seinen Samen über die Kiemenöffnung der Muschel, sodass er mit dem Atemwasser eingesaugt wird. Die jungen Bitterlinge verlassen den Kiemenraum der Muschel erst, wenn sie schwimmen und sich selbst ernähren können. Werden mit 2 Jahren geschlechtsreif. [FFH-Art]

1

2

3

AALE (ANGUILLIDAE)

1 | Aal
Anguilla anguilla

Länge: ♂ bis zu 50 cm, ♀ bis zu 150 cm. Körper schlangenförmig, vorn drehrund, hinten seitlich zusammengedrückt. Rücken-, Schwanz- und Afterflosse zu Flossensaum verbunden. Keine Bauchflossen. Sehr kleine Schuppen, ausgeprägte Schleimschicht. **Farbe:** Rücken dunkelbraun bis oliv. Bauch gelblich („Gelb-/Grünaal"), kurz vor der Rückwanderung zum Meer Umfärbung in grauweiß mit silbrigem Glanz („Blankaal"). **Lebensweise:** Wanderfisch: Laicht in etwa 400 m Tiefe in der tangreichen Sargassosee (westlicher Atlantik). Die Junglarven („Weidenblattlarven") driften innerhalb von 3 Jahren mit dem Golfstrom und seinen Ausläufern an alle Ostküsten des Atlantiks, vom Weißen bis zum Schwarzen Meer, den Azoren, Kanaren, wandern als durchscheinende, zarte „Glasaale" (etwa 7 cm lang) in alle in den Atlantik und seine Nebenmeere mündenden Flüsse und bis in deren Oberläufe, Bäche, Weiher und Seen. Wandern auch über feuchtes Land. Nach Erreichen der Geschlechtsreife Rückwanderung zur Sargassosee. Alttiere sterben nach dem Ablaichen. In Teichen eingesetzt. Nachtaktiv. Tagsüber häufig bis auf den Kopf im Gewässergrund eingegraben. Früher häufig, heute selten geworden und gefährdet. **Nahrung:** Wassertiere aller Art.

NEUNAUGEN (PETROMYZONTIDAE)

Neunaugen sind kieferlose Fische („Agnatha", S. 190) mit aalförmigem Körper. Auf beiden Kopfseiten 7 runde Kiemenöffnungen, davor Auge und unpaare Nasenöffnung (scheinbar 9 Augen). Keine paarigen Flossen, nur Rücken- und Schwanzflosse.

2 | Bachneunauge
Lampetra planeri

Länge: Bis 16 (maximal 30) cm. Körper wurmförmig, etwa bleistiftdick. Endständiges Saugmaul mit kleinen Hornzähnen (vgl. **3a**). Zwei miteinander verbundene Rückenflossen. **Farbe:** Dunkel olivbraun, Seiten und Bauch heller. **Biotop und Lebensweise:** Bäche und Oberlauf von Flusssystemen. Hält sich tagsüber häufig unter Steinen auf. Selten und regional oft stark gefährdet. **Laichzeit:** III–VI, auf sandigem oder kiesigem Grund. Augenlose Larven (Querder: **2a**) leben als Filtrierer eingegraben in Sediment. Geschlechtsreifes Tier (Umwandlung im 4. oder 5. Jahr nach dem Schlüpfen aus dem Ei) nimmt keine Nahrung auf. Die Tiere sterben nach dem Ablaichen. [FFH-Art]
Weitere ähnliche Art (nicht abgebildet): Donau-Neunauge, *Eudontomyzon vladykovi*, bis 20 cm. In Deutschland nur von einem Fundort bekannt, einem Nebenfluss der Donau. [FFH-Art]

3 | Flussneunauge
Lampetra fluviatilis

Länge: Bis zu 50 cm. Körperform wie Bachneunauge, doch daumendick. Zur Fortpflanzungszeit 2. Rückenflosse vergrößert, beide Rückenflossen knapp voneinander getrennt. ♂ dann mit Begattungsorgan, ♀ mit „Afterflosse". **Farbe:** Einfarbig, grünlich schwarz. Bauch silberglänzend. **Biotop und Lebensweise:** Wanderfisch der Küstengewässer Europas (Nordsee, Ostsee). Laicht im Süßwasser, wo die Larven ähnlich denen der Bachneunaugen als Kleintierfresser leben. Nach 3–5 Jahren Verwandlung zum erwachsenen Tier und Wanderung ins Meer. Dort Fress- und Wachstumsperiode als Außenparasit an Fischen, z. B. Dorsch (von einem ringförmigen Knorpel gestützter Saugmund mit Hornzähnen: **3a**). Bereits nach 1 Jahr kann die Rückwanderung in die Forellen- und Äschenregion der Bäche beginnen. Alttiere sterben nach dem Ablaichen. Teils ausgestorben oder verschollen, selten. **Laichzeit:** II–V. Wanderung aus dem Meer bereits im Herbst. [FFH-Art]
Weitere Art mit ähnlicher Lebensweise (nicht abgebildet): Meerneunauge (*Petromyzon marinus*), bis 100 cm, Rücken marmoriert. [FFH-Art]

1

2

2a

3

3a

LAICH UND KAULQUAPPEN

Die Larven (Kaulquappen) der Froschlurche können mit ihrem mit Hornscheiden versehenen Kieferapparat Aufwuchs und Pflanzen abschaben. Ferner ernähren sie sich als Filtrierer; die Partikel werden an Schleim gebunden (Schleimfiltration). In vielen Habitaten sind sie die einzigen Wirbeltiere, die planktonische Primärproduzenten als Nahrung nutzen.
Gezeigt sind Laich und ältere Larven einiger heimischer Froschlurche. Mit bloßem Auge oder Lupe ist zumindest eine Gruppenzuordnung möglich. Zur Untersuchung werden die mit einem weichen Kescher gefangenen Tiere in einen wassergefüllten Plastikbeutel überführt. Da die Amphibien geschützt sind, müssen sie unbedingt in ihr Wohngewässer zurückgesetzt werden. Kaulquappen nie mit bloßen Händen berühren.

a) Atemöffnung der älteren Kaulquappe auf der Bauchseite: **1 und 2**

1 | Unken

Bombina (S. 316/2–3)

Atemöffnung hinter der Rumpfmitte. Flossensäume mit feinem Netzmuster. Die Kaulquappen bevorzugen die Bodenregion, können nicht frei im Wasser stehen. Gelbbauchunke: Süd- und Mitteleuropa, typisch in Pioniergewässern. Oberer Flossensaum reicht bis auf das vordere Rumpfdrittel. Rotbauchunke: Mittel- und Osteuropa. Oberer Flossensaum höchstens bis zur Rumpfmitte. **Laich:** In kleinen, lockeren Klumpen mit bis zu 30 Eiern, an Wasserpflanzen oder auf dem Boden.

2 | Geburtshelferkröte

Alytes obstetricans

Atemöffnung liegt näher der Maulspitze als bei **1**. **Laichschnüre:** Um Hinterbeine des ♂ (!) gewickelt (S. 316/4).

b) Atemöffnung links, After auf Mittellinie des Körpers: **3** und **4**

3 | Echte Kröten

Bufo

Schwanzende abgerundet. Oberer Flossensaum erreicht gerade das Rumpfende. Kaulquappen schwimmen als einzige beim Abweiden der Wasseroberfläche mit dem Bauch nach oben. Erdkröte: Larven bilden Schwärme, bewegen sich synchron, flüchten nicht bei Beschattung. Larven von Kreuz- und Wechselkröte sind Einzelgänger, flüchten bei Beschatten. **Laichschnüre und -zeit:** Zwischen Wasserpflanzen. Bei Erdkröte (III/IV) und Wechselkröte (IV/VI) Länge 1–5 m, bei Kreuzkröte Länge bis zu 1 m (S. 318/3).

4 | Knoblauchkröte

Pelobates fuscus (S. 318/4)

Schwanzende zugespitzt. Größte einheimische Kaulquappen (alte Quappen 9–12 cm). Beim Abweiden der Wasserunterseite stehen sie senkrecht im Wasser. **Laichschnüre:** Kurz (bis zu 50 cm) und dick (über 1 cm), um Wasserpflanzen oder Grashalme gewunden.

c) Atemöffnung links, After auf rechter Körperseite: **5 und 6**

5 | Laubfrosch

Hyla arborea (S. 320/1)

Schwanzende spitz. Oberer Flossensaum reicht fast bis zwischen die Augen. Augen seitlich, von oben und unten sichtbar. Verhalten ähnlich wie **4**. **Laich:** In walnussgroßen Klumpen, an Wasserpflanzen angeklebt oder auf dem Boden.

6 | Echte Frösche

Rana (S. 320/2–4, 322/1–2)

Oberer Flossensaum reicht höchstens bis zur Rumpfmitte, nicht so hoch wie beim Laubfrosch. Augen auf der Oberseite, nicht von unten sichtbar. Quappen sehr scheu. Artbestimmung anhand der Mundstrukturen. **Laich:** In großen, gallertigen Klumpen. Beim Grasfrosch aufsteigend, bei den übrigen Fröschen am Boden bleibend.

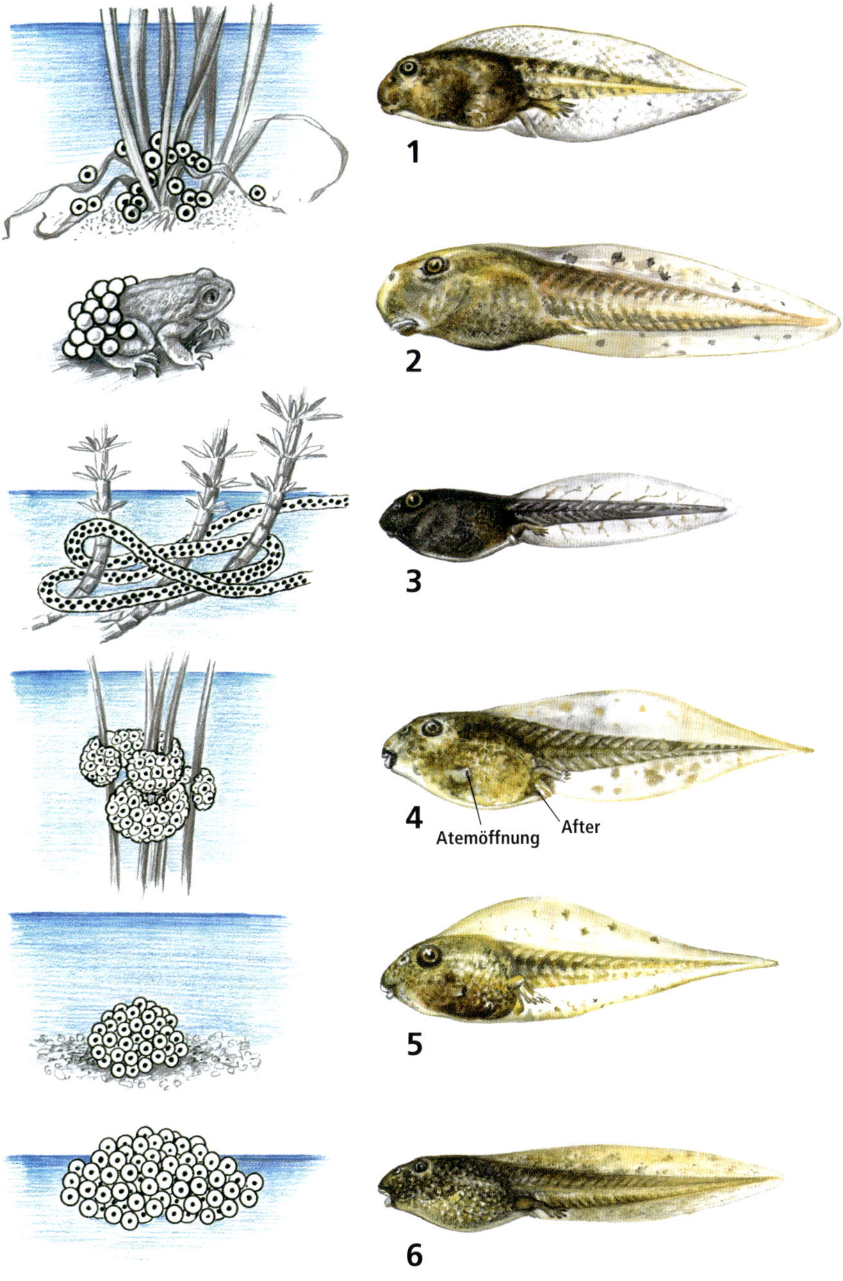
1
2
3
4
Atemöffnung
After
5
6

MOLCHE UND SALAMANDER (SALAMANDRIDAE)

1 | Feuersalamander

Salamandra salamandra

Unverkennbar. Länge 20 (maximal bis 28) cm. Gefleckter Feuersalamander (*S. s. salamandra*) hauptsächlich in Süddeutschland, mit schwefelgelben, orange- oder mennigeroten Flecken auf blauschwarzem Grund. Gebänderter Feuersalamander (*S. s. terrestris*) mit Farbmalen, zu 2 mehr oder weniger geschlossenen Längsstreifen vereint. Mittelrücken und Schwanz mit Wehrdrüsen (Gift bewirkt Augenentzündungen). Feuchte, schattige Laubwälder der Mittelgebirge und Alpen (bis 1800 m), nicht im Tiefland. Hauptsächlich regen- und nachtaktiv. Bei trockenem Wetter tagsüber z. B. unter Baumstümpfen, dort auch Winterruhe: X–II/III. Nahrung: Würmer, Insekten, Schnecken. Paarung an Land: V–VI. Befruchtung der Eier erst nach mehreren Monaten. Die Embryonen entwickeln sich in der Mutter. Die bei allen Salamandridae kiementragenden, rund 2,5 cm langen Larven **(1a)** werden schubweise in kühle, meist quell- und/oder grundwassernahe Gewässer abgesetzt (II–Anfang VI). Fressen z. B. Insektenlarven, Bachflohkrebse.
Verwandte Art: **Alpensalamander** (*Salamandra atra*), lack- oder braunschwarz, bis 16 cm, schlanker als Feuersalamander, ♀ gebiert 2 vollständig entwickelte Junge. 700–3000 m. [FFH-Art]

2 | Teichmolch

Lissotriton vulgaris

Länge bis zu 11 cm. Oberseite bräunlich, Kehle heller als Bauch, dieser orange oder gelblich; beide mit deutlichen schwarzen Flecken. Rückenseite und Flanken der ♂♂ mit dunklen, rundlichen Flecken; ihr Kopf mit 5–7 dunklen Längsstreifen. Wassertracht ♂: hoher Hautkamm vom Nacken bis zum Körperende, den Schwanz umfassend. Unterer Schwanzflossensaum bläulich und orangerot.
♀ unscheinbarer mit hellerer bräunlicher Grundfärbung. Im Tief- und Hügelland. Laichgewässer: Tümpel, Weiher, Gräben, Baggerteiche. Paarung: IV–V. **Laichzeit:** Ende IV–Anfang VI. Eier einzeln an Wasserpflanzen **(2a)**. Larvalzeit etwa 3 Monate. Nahrung: Verschiedenste Wassertiere. Nach der Fortpflanzung an Land in kühlen, feuchten Verstecken, dort auch Überwinterung. Abwanderung aus Laichgewässern meist im Juni.

3 | Fadenmolch

Lissotriton helveticus

Länge ♂ bis zu 8,5 cm, ♀ bis zu 9,5 cm. Braungelblich, meist unregelmäßig getupft. Bauch weißlich, ohne Flecken im Mittelteil, häufig mit orangegelben Längsstreifen; Kehle meist ohne Flecken. Wassertracht ♂: glattrandiger Hautsaum auf Rücken und Schwanzoberseite, fast 1 cm langer Schwanzfaden (Name). Im Tief- und Bergland, bis 1000 m. Laichgewässer: Tümpel, Weiher, Teiche, sehr langsame Fließgewässer. **Laichzeit:** III–VI. Nahrung, Abwanderung, Überwinterung wie **2**.

4 | Bergmolch

Ichthyosaura alpestris

Länge ♂ bis zu 9 cm, ♀ bis zu 12 cm. Oberseite bräunlich, bläulich, dunkel marmoriert. Auf den Flanken vom Kopf bis Körperende ein weißes, schwarz geflecktes Band, bei den ♂ durch einen blauen Längsstreifen vom orangefarbenen Bauch getrennt. Wassertracht ♂: glattrandiger, gelblich und schwarzer Rücken- und Schwanzsaum. Vorwiegend im Hügel- und Bergland, in den Alpen bis 3000 m. Laichgewässer: Tümpel, Weiher, Teiche, Seen, Gräben, langsam fließende Bäche. **Laichzeit:** II–VI. Nachtaktiv. Fortpflanzung, Nahrung: wie **2**.

1
1a
2a
♀
2
♂
♀
♂
3
♀
4
♂
Landtracht

MOLCHE UND SALAMANDER (SALAMANDRIDAE)

1 | Kammmolch

Triturus cristatus

Länge ♂ bis zu 14 cm, ♀ bis zu 18 cm, größte heimische Molchart. Grundfarbe oliv- bis schwarzbraun mit dunklen Flecken. Bauch gelborange, meist schwarz gefleckt. Flecken auf der Bauchseite größer als auf der Kehle (vgl. Teichmolch). Wassertracht ♂: hoher, stark gezackter Hautsaum auf Kopf und Rücken, an der Schwanzwurzel deutlich unterbrochen. Schwanzseiten mit bläulichem Längsband. Im Flach- und Hügelland, selten über 1000 m. Laichgewässer: Pflanzenreiche Tümpel, Weiher, Teiche, Gräben. Aufenthalt im Laichgewässer: III–VIII. **Laichzeit:** III–V. Eiablage, Nahrung, Landleben, Überwinterung wie beim Teichmolch. [FFH-Art]

FROSCHLURCHE (ANURA) I, LAICH UND KAULQUAPPEN (vgl. S. 312)

UNKEN (BOMBINATORIDAE)

2 | Gelbbauchunke

Bombina variegata

Länge bis zu 5 cm. Körper gedrungen, flach. Oberseite grau- bis olivbraun, mit großen Warzen (brennendes Drüsensekret). Unterseite blaugrau bis blauschwarz, mit hellen oder zitronengelben Flecken, ♂ mit Brunstschwielen an Fingern, Zehen und Unterarmen. Im Hügelland und Gebirge (bis 1800 m), vorzugsweise in periodisch austrocknenden Gewässern (Tümpel, Straßengräben). **Laichzeit:** III–VI. 30–40 Eier werden einzeln oder in kleinen Klumpen abgelegt. Typisches Warnverhalten: Tier wirft sich blitzschnell auf den Rücken und präsentiert die Bauchseite; Vorderbeine dabei über dem Kopf verschränkt, Hinterbeine steif nach oben gestreckt. Nahrung: Insekten, Schnecken und Würmer. Überwinterung erfolgt in Landverstecken. Glockenartiger Ruf: *ung ...ung – . . .ung*. [FFH-Art]

3 | Rotbauchunke

Bombina bombina

Sehr ähnlich **2**. Oberseite graubraun bis dunkelgrau mit schwärzlichen Flecken. Unterseite blauschwarz mit mennige- oder zinnoberroten Flecken. Im Tiefland, vorzugsweise in kleineren und größeren, aber nicht austrocknenden stehenden Gewässern. Bevorzugt fischfreie Habitate. **Laichzeit:** IV–VIII. ♂ mit 2 inneren Schallblasen, rufen lauter als **2**. Lebensweise im Übrigen wie diese. [FFH-Art]

FROSCHKRÖTEN (ALYTIDAE)

4 | Geburtshelferkröte

Alytes obstetricans

Länge bis 5 (maximal bis 6) cm. Körper gedrungen, Beine kurz. Handflächen mit 3 Höckern. Pupille senkrecht, Trommelfell häufig undeutlich sichtbar. Auf Rücken und Seiten zahlreiche Warzen, Bauch stark gekörnelt. Oberseite braun- bis aschgrau, mit dunkleren und helleren Flecken. Unterseite weißlich, Kehle und Vorderbrust häufig gefleckt, ♂ ohne Schallblase. Hügelland und Mittelgebirge (bis 2000 m). Nachtaktiver Landbewohner. Überwinterung und Paarung an Land, ♂ wickelt sich bei der Paarung 2 je 20–60 Eier enthaltende Eischnüre um die Hinterbeine, trägt diese dann 1–2 Monate und sucht erst zum Schlüpfen der Kaulquappen ein stehendes Gewässer auf. Entwicklungszeit der Kaulquappen dauert je nach Höhenlage bis zum nächsten Frühjahr. Nahrung: ähnlich wie Unken. Ruf: Kurze melodische Pfiffe. [FFH-Art]

1
♀
♂
2
3
4

Froschlurche II

ECHTE KRÖTEN (BUFONIDAE)

1 | Erdkröte

Bufo bufo

Länge ♂ bis zu 9 cm, ♀ bis zu 13 cm. Oberseite gelb-, rot-, oliv- oder dunkelbraun mit unregelmäßig verteilten Warzen, teils dunkler oder heller als Grundfarbe. Bauch heller, bisweilen dunkel gefleckt. An den Schläfen große, halbmondförmige Ohrdrüsen, Sekret wirkt über die Mundschleimhaut kleinerer Beutegreifer giftig bis tödlich. Pupillen waagerecht, Iris goldfarben, ♂ zur Fortpflanzungszeit mit Brunstschwielen an den ersten 3 Fingern. Verschiedenste Landlebensräume vom Flachland bis über 2000 m. Vor allem nachtaktiv, nur bei feuchtwarmem Wetter tagaktiv. **Laichzeit:** III–IV. Laicht in stehenden Gewässern aller Art. Laichschnüre mit bis zu 7000 schwarzen Eiern, in Zweier- oder Viererreihen. Standort- und laichplatztreu. Wanderung zu den Laichgewässern ist kalendergebunden. Nahrung: Schnecken, Würmer, Insekten, Spinnen, Asseln, kleine Wirbeltiere. Ruf: Leises *ök, ök*.

2 | Wechselkröte

Bufotes viridis

Länge ♂ 8 cm, ♀ 10 cm. Wirkt schlanker als **1**. Augen dichter zusammen als bei dieser, Iris grünlich, Pupille waagerecht, Trommelfell gut erkennbar, Ohrdrüsen nierenförmig. Oberseite: Hellgraue bis hellolive Grundfarbe mit groben dunkelgrünen Flecken und vielen kleinen roten Warzen. Verschiedenste Landlebensräume, nicht in Wäldern. **Laichzeit:** IV–VI. Ablage der Laichschnüre (bis zu 12 000 sehr kleine, schwarzbraune Eier) in kleinere stehende Gewässer. Ruf: Helles Trillern. Übrige Lebensweise wie **1**. [FFH-Art]

3 | Kreuzkröte

Epidalea calamita

Länge ♂ 4–7 cm, ♀ 5–8 cm. Oberseite oliv- oder graubraun mit undeutlichen, dunkleren Flecken und (häufig) rötlichen Warzen. Meist weißer (gelblicher) Längsstreifen in der Rückenmitte (Name). Bauch grauweiß, dunkelgrau gefleckt. Pupillen waagerecht, Trommelfell klein, ♂ mit kehlständiger Schallblase **(3a)** zur Fortpflanzungszeit mit Brunstschwielen an den ersten 3 Fingern. Sandige Böden im Tief- bis Mittelgebirgsland, bis in 1000 m Höhe. Hauptsächlich nachtaktiv, läuft schnell, springt nicht. Nahrung: Wie **1**, Überwinterung an Land. **Laichzeit:** IV–VI. Je 2 etwa 1 m lange Gallertschnüre mit je bis zu 4000 schwarzbraunen Eiern. Ruf: Lautes *ra, ra, ra*. [FFH-Art]

SCHAUFELKRÖTEN (PELOBATIDAE)

4 | Knoblauchkröte

Pelobates fuscus

Länge ♂ bis zu 6,5 cm, ♀ bis zu 8 cm. Hinterkopf deutlich ansteigend. Oberseite gelblich braun mit größeren dunkelbraunen und kleinen rötlichen Flecken. Bauch weißlich, zuweilen grau gefleckt. Augen stark hervortretend, Pupille senkrecht, ♂ ohne Schallblase. Hinterbeine mit Grabschwielen. Lockere Sandböden im Flachland. Nachtaktiv, tagsüber in Höhlen. Nahrung: Würmer, Schnecken. Bei Erregung Absonderung von Drüsensekret mit Knoblauchgeruch (Name). Nur zur Fortpflanzung in stehenden Gewässern. **Laichzeit:** IV–V(VI). Einzelne, etwa 15 cm lange Laichschnur mit höchstens 1000 unregelmäßig angeordneten Eiern. Auffallend große Kaulquappen (S. 312/4), können im Wasser überwintern und schrumpfen bei der Metamorphose zur Adultgröße. Ruf: Leises dumpfes Schnalzen, unter Wasser erzeugt. [FFH-Art]

4

2

3
3a

1

Froschlurche III

LAUBFRÖSCHE (HYLIDAE)

1 | Laubfrosch

Hyla arborea

Länge bis zu 5 cm. Rücken je nach Stimmung grün, bräunlich oder gelblich. Bauch weißlich, dunkel marmoriert, von der Oberseite durch schwarz-weißen Streifen abgegrenzt. Hinterbeine mit Schwimmhäuten. Finger- und Zehenenden mit Haftscheiben zum Klettern. ♂ mit kehlständiger Schallblase (S. 192, Bild 137). Während der **Laichzeit:** III–VI, in Nähe pflanzenreicher Tümpel, Weiher, Seeufer und Gräben. Paarung im Wasser. Larvenentwicklung etwa 2 Monate. Frösche überwiegend nacht- und dämmerungsaktiv. Nahrung: Insekten, Spinnen. Ruf: *krak, krak* in schneller Folge. Überwinterung in Bodenverstecken. [FFH-Art]

ECHTE FRÖSCHE (RANIDAE)

GRÜNFRÖSCHE *Pelophylax*

2 | Teichfrosch (Wasserfrosch)

„Pelophylax esculentus" (= *„Rana esculenta"*)

Der Teichfrosch ist eine Hybridart (daher *„P. esculentus"*), die aus fortwährenden Kreuzungen zwischen dem Seefrosch **(3)** und dem Kleinen Wasser- oder Grünfrosch (*Pelophylax lessonae*, [FFH-Art], nicht abgebildet) hervorgeht, von dem er nur mit genetischen Methoden sicher unterscheidbar ist. *„P. esculentus"* eliminiert bei der Gametenbildung den kompletten Chromosomensatz einer der Elternarten. Es gibt aber auch Populationen mit triploiden Tieren, die ohne die „Elternarten" existieren können. Länge: ♂ bis zu 7,5 cm, ♀ bis 9 (maximal bis 12) cm. Oberseite grün bis hellbraun mit schwarzbraunen oder grünen Flecken und meist hellgrünem Rückenstreifen. Unterseite weißlich, grau gefleckt. ♂ mit 2 weißlichen Schallblasen (S. 192, Bild 138). Hinterbeine relativ kurz mit großen Fersenhöckern, etwa halb so lang wie Innenzehe **(2a)**. Adulte fast ausschließlich im Wasser verschiedenster großer und kleiner Gewässer. **Laichzeit:** IV–V. ♀ legt in 1–2 Tagen mehrere Laichballen mit je etwa 300 Eiern (insgesamt bis 10 000), die absinken. Die Kaulquappen schlüpfen nach etwa 8 Tagen und entwickeln sich in 3–4 Monaten zu 2 cm großen Fröschen. Überwinterung: Jungfrösche an Land, Adulte im Bodenschlamm der Wohngewässer. Ruf: *ööc, öóc … kraak, kraak*. Nahrung: Insekten, Wirbellose.

3 | Seefrosch

Pelophylax (= *Rana*) *ridibundus*

Länge ♂ bis zu 17 cm, ♀ bis zu 18 cm (größter einheimischer Frosch!). Besonders Jungtiere sind leicht mit dem Teichfrosch zu verwechseln. Weder Körperform noch Färbung (Brauntöne überwiegen) sind sichere Unterscheidungsmerkmale. Jedoch: Kleiner Fersenhöcker **(3a)**, seine Länge ist in der Innenzehe 2,5- bis 4,5-mal enthalten. Pflanzenreiche Stellen großer Weiher, Seen, langsam fließender Flüsse des Tieflands. **Laichzeit:** IV–V. Das ♀ setzt nacheinander mehrere Laichballen mit insgesamt mehr als 15 000 Eiern ab. Die Ballen sinken ab und bleiben untergetaucht. Nahrung: Wirbellose Tiere und kleinere Fische, Frösche. Ruf: Meckerndes, schnelles *krä, krä*, dazwischen Quaklaute. Lebensweise wie **2**, jedoch Überwinterung stets im Gewässer.

BRAUNFRÖSCHE *Rana*

4 | Moorfrosch

Rana arvalis

Länge 6,5 (selten 8) cm. Kleinste einheimische *Rana*-Art. Oberseite hellbraun bis dunkelbraun, bisweilen mit dunkleren Flecken, oft mit hellem Rückenstreifen. Großer dunkler Schläfenfleck. Spitze Schnauze. Bauch weißlich, zumindest im Mittelbereich ungefleckt, ♂ zur Laichzeit leuchtend himmelblau (zumindest die Kehle). 2 innere Schallblasen. Fersenhöcker hart, am Grund der ersten, kürzesten Zehe, größer als deren halbe Länge (**4a**, Unterscheidungsmerkmal zum Grasfrosch vgl. S. 322/1a). Feuchtgebiete des Flachlands. **Laichzeit:** III–IV. ♀ legt 1000–2000 Eier in 1–2 Laichklumpen in Tümpeln, Gräben, Weihern ab. Ruf: Dumpfes *ueg, ueg …* Übrige Merkmale wie Grasfrosch. [FFH-Art]

1
4
4a
2a
2
Lage Fersenhöcker
(Hinterfuß von unten)
3
3a

ECHTE FRÖSCHE (RANIDAE)

BRAUNFRÖSCHE *Rana*

1 | Grasfrosch

Rana temporaria

Länge bis zu 10 cm. Oberseite gelb-, rot-, grau- bis schwarzbraun, selten mit hellem Rückenstreifen. Großer, dunkler Schläfenfleck. Beine mit dunklen Querbändern. Schnauze stumpf, gerundet. Bauch grau, beim ♂ bräunlich/rötlich gefleckt. Fersenhöcker kürzer als halbe Länge der 1. Zehe **(1a)**. ♂ mit 2 inneren Schallblasen. Fersengelenk reicht bei nach vorn gestrecktem Hinterbein bis zum Auge, höchstens zur Schnauzenspitze **(1b)**. Wiesen, Moore, Sumpfgebiete, feuchte, laubreiche Wälder, Gärten. Vom Flachland bis in 3000 m Höhe. Tag- und nachtaktiver Landbewohner. Nur zur **Laichzeit** (II–IV) an Gewässern aller Art, nicht an schnell fließenden. Die Laichklumpen (mit je 3000–4000 Eiern) steigen auf. Kaulquappen schlüpfen nach 3–4 Wochen, 3–4 Monate später gehen 1 cm lange Fröschchen an Land, wo sie überwintern. Adulte überwintern meist am Gewässergrund. Ruf: Dumpfes Knurren und Grunzen. Nahrung: Regenwürmer, Schnecken oder auch Gliederfüßer.

2 | Springfrosch

Rana dalmatina

Länge 8 (maximal bis 9) cm. Meist rötlich braun (Farben wie bei **1**), meist nur wenige Flecken. Bauch gelblich weiß, ungefleckt. Lange Hinterbeine: Fersengelenk reicht über die Schnauzenspitze (bei Jungtieren bis zur Schnauzenspitze) **(2a)**. ♂ ohne Schallblasen. Vorzugsweise laubreiche Wälder. Im Tief- und Hügelland. Nachtaktiver Landbewohner, nur zur **Laichzeit** (III–IV) in kleineren stehenden Gewässern. Laichballen mit 600–1200 Eiern. Ruf: Schnelles *ogk, ogk, ogk …* Nahrung: Wie **1**. [FFH-Art]

Kriechtiere („Reptilia")

SUMPFSCHILDKRÖTEN (EMYDIDAE)

3 | Europäische Sumpfschildkröte

Emys orbicularis

Länge bis zu 30 cm (Panzer). Dunkelbrauner, leicht gewölbter Rückenpanzer mit gelblichen, fächerstrahlenförmig angeordneten Strichen und Punkten, bei adulten oval, bei Jungtieren nahezu rund. Bauchpanzer hell mit dunklen Flecken. Weichteile dunkel- bis schwarzbraun, gelblich, gefleckt. Die einzige bei uns natürlicherweise vorkommende Schildkröte. In Deutschland vom Aussterben bedroht. Pflanzenreiche Weiher, Seen, Altwasser, selten in Flussbuchten. Atmen über Lungen und Haut (Mundschleimhaut, 2 Enddarmblasen). Sehr scheu. Paarung unter Wasser. Nur zum Sonnen und zur Eiablage (V) an Land. ♀ gräbt mit Schwanz und Hinterbeinen eine Grube für 10–15 etwa 3 cm lange, walzenförmige Eier. Junge schlüpfen nach 2–3 Monaten. Nahrung: Wasserinsekten, Würmer, Lurche, Fische. Überwinterung: X–IV im Gewässerboden. [FFH-Art]

NATTERN (COLUBRIDAE)

4 | Ringelnatter

Natrix natrix

Länge ♂ 70–100 cm, ♀ 100–150 cm. Rücken hell- bis dunkelgrau mit schwarzen Flecken, Bauch weißlich, dunkel gefleckt. Am Hinterkopf beiderseits ein heller, dunkel umfasster Halbmondfleck. An und in Gewässern aller Art, vom Tiefland bis in 2000 m Höhe. In gewässerreichen Gebieten teils häufig. Schwimmt sehr gut. Paarung: IV–V. ♀ legt etwa 25 walzenförmige, etwa 3 cm lange pergamentschalige Eier an feuchtwarme Brutplätze. Bis zu 18 cm lange Junge, schlüpfen nach 2–3 Monaten. Nahrung: Vor allem Froschlurche. Überwinterung an Land.

1b
2
1
2a
1a
4
3

INSEKTENFRESSER (INSECTIVORA)

SPITZMÄUSE (SORICIDAE)

1 | Wasserspitzmaus

Neomys fodiens

Länge bis 9,6 cm + bis zu 7,7 cm Schwanz. Ohrmuschel im Fell verborgen. Schwanzunterseite mit doppelreihigem Borstenkiel. Zehen der Hinterfüße mit Borstensaum. Zahnspitzen weinrot. Oberseite schwarzbraun bis schwarz. Unterseite meist silbergrau, bisweilen mit dunklen Flecken. Schwanzkiel immer silbergrau. An oligo- bis mesotrophen Gewässern aller Art. Flachland und Gebirge (bis 2500 m). Schwimmt und taucht sehr gut, gräbt Wohnröhren im Uferbereich, nutzt auch vorhandene Gänge. Fortpflanzungszeit: IV–IX, 2–3 Würfe jährlich mit 4–8 Jungen. Nahrung: Wirbellose Wassertiere, kleine Frösche und Fische.

NAGETIERE (RODENTIA)

WÜHLMAUSARTIGE (CRICETIDAE)

2 | Bisam, Bisamratte

Ondatra zibethicus

1905 aus Nordamerika eingeführt (Neozoon). Länge: Bis zu 40 cm + bis zu 27,5 cm Schwanz, dieser seitlich zusammengedrückt. Hintere Zehen mit kurzen Schwimmhäuten. Dunkelbraun, Unterseite etwas heller. An und in pflanzenreichen Gewässern im Tiefland und Mittelgebirge. Schwimmt und taucht gut (Schwanz als Seitenruder, beim Schwimmen ist der gesamte Rücken zu sehen). Baut an Flachufern kuppelförmige Wohnburgen aus Gras, Schilf, Binsen (S. 193, Bild 142), gräbt in Steilufern meterlange Röhren, die in den Wohnkessel münden und stets einen Unterwassereingang besitzen. Tag- und nachtaktiv. Fortpflanzungszeit: IV–X. Mehrere Würfe mit je 5–9 Jungen, Tragzeit: 1 Monat. Nahrung: Wasser- und Sumpfpflanzen, zur Not Muscheln und Krebse.

Eine weitere (aus Südamerika) eingebürgerte Art (S. 193, Bild 140) ist die wesentlich größere Nutria (*Myocastor coypus*), auch Biberratte oder Sumpfbiber genannt, aus der Verwandtschaft der Meerschweinchen (Länge bis 65 cm, Schwanzlänge bis 45 cm). Wegen Oberlippenspalte sind die orange bis hellroten Nagezähne immer zu sehen. Drehrunder Schwanz, beim Schwimmen sind Kopf, Rücken und Schwanz sichtbar, baut kleine Burgen wie der Bisam, allerdings mit einem Eingang über der Wasserlinie.

BIBER (CASTORIDAE)

3 | Europäischer Biber *Castor fiber*

Länge bis 100 cm + bis zu 38 cm Schwanz, dieser abgeplattet, mit Schuppen bedeckt. Beine kurz (läuft schwerfällig), hintere mit Schwimmhäuten. Fell dunkelbraun. Auwälder an Bächen, Flüssen, Seen. Schwimmt (nur Kopf und evtl. Nacken sichtbar), taucht sehr gut, Schwanz als Höhenruder. Dämmerungs- und nachtaktiv. Lebt in Familien. Wohnburgen mit Unterwasserzugang und Luftschacht: An Steilufern im Boden eingegraben, an flacheren Ufern mit Zweigen und Schlamm kuppelartig überschichtet, im freien Wasser aus Ästen, Zweigen und Schlamm. Wasserstand der Wohngewässer wird durch Dämme und Kanäle reguliert (S. 193, Bild 141). Charakteristische Fraßspuren im Lebensraum. Paarung im Spätwinter. Tragzeit 105 Tage, 2–4 Junge. Nahrung: Im Sommer Wasser- und Uferpflanzen, im Winter Rinde von Ästen (Pappeln, Weiden), die vorher im Sommer gehortet werden. [FFH-Art]

RAUBTIERE (CARNIVORA)

MARDER (MUSTELIDAE)

4 | Fischotter *Lutra lutra*

Länge ♂ bis zu 85 cm, ♀ bis zu 62 cm + bis zu 55 cm Schwanz, dieser an der Wurzel dick, spitz endend. Alle Füße mit Schwimmhäuten. Dunkelbraun, Kehle heller. Saubere, fischreiche Gewässer. In Deutschland vom Aussterben bedroht. Außerhalb der Paarungszeit Einzelgänger. Dämmerungs- und nachtaktiv. Schwimmt und taucht sehr gut, wandert über Land. Wohnhöhle wird in Uferböschung gegraben (Unterwassereingang und Luftschacht) oder es werden vorhandene Bauten genutzt. Paarung im Frühjahr, 62 Tage Tragzeit. 1–5 Junge. Nahrung: Fische, auch Flusskrebse, Bisamratten, Frösche, Wasservögel. [FFH-Art]

1
2
4
3

Literatur

Das Literaturverzeichnis steht unter
kosmos.de/tuempel-bach-und-weiher
online als Download zur Verfügung.

Register

Die **fett** gesetzten Seiten zahlen verweisen auf Textstellen mit Abbildung bzw. auf dem Text gegenüberstehende Farbtafeln.

Register

Register

Register

Register

Mit 116 Farbfotos von: Acalus Bildagentur/N. Nagel (1); H. Bellmann (10); H. Bellman/F. Hecker (31); W. Buchhorn/F. Hecker (2); W. Engelhardt (14); K. Grabow (1); A. Hartl/Blickwinkel über Hecker (3); F. Hecker (36); R. Koenig/Blickwinkel über Hecker (1); K. Rehfeld (5); Dr. J. Reichholf (1); Dr. F. Reiss (1); F. Sauer/F. Hecker (7); A. Schmidt-Rhaesa, Hamburg (1); JC Schou/Biopix (1) und N Sloth/Biopix (1).

Mit 700 Illustrationen von: C. Caspari (45); I. Engelhardt: (77); K. Elzner: (62); R. Gerecke (1); M. Golte-Bechtle (360); R. Hofmann (7); W. Lang (122); E. Schmidt (25) und R. Bott (Senckenberg-Museum, Frankfurt, 1).

Karte auf S. 65 von KOSMOS Kartografie, Stuttgart / Annette Wrobel.

Impressum

Umschlaggestaltung von BÜRO JORGE SCHMIDT unter Verwendung von vier Illustrationen von Marianne Golte-Bechtle (Blauflügel-Prachtlibelle und Laubfrosch), Erich Schmidt (Weiße Seerose) und Quagga Illustrations (sw-Zeichnung Schwimmendes Laichkraut).

Unser gesamtes lieferbares Programm finden Sie unter **kosmos.de.**
Über Neuigkeiten informieren Sie regelmäßig unsere
Newsletter, einfach anmelden unter **kosmos.de/newsletter**.

FSC
www.fsc.org
MIX
Papier | Fördert gute Waldnutzung
FSC® C015829

ISBN 978-3-440-15900-2
Projektleitung: Claudia Salata
Redaktion und Satz: Barbara Kiesewetter, München
Produktion: Markus Schärtlein
Druck und Bindung: Printer Trento
Printed in Italy / Imprimé en Italie